農業構造の現状と展望

持続型農業・社会をめざして

後藤光蔵

日本経済評論社

はしがき

　日本農業の構造分析は私の研究テーマの1つであり，これまで現地調査の報告書，またセンサス等の統計分析による論文をいくつか書いてきた．私の博士論文[1]も1970年代半ば頃までの実態調査を踏まえた水田地帯の農地賃貸借の展開と農業構造の変化をテーマとしたものであった．その論文の調査対象地域のうちの2集落（愛知県安城市T町と石川県旧寺井町U集落）についてはその後も関心を持って観察してきた．前者T町については論文を書いた時のような大掛かりな調査はできなかったが，市役所，農協，営農組合を何度か訪ねヒアリングや資料収集をしてきた．後者U集落については地域にとって念願であった県営圃場整備事業完成時の記念誌に戦前からの集落農業の歩みをまとめる原稿の依頼を受け2001,02年に資料調査や聞き取り調査に何度か訪れる機会を得た．その繋がりでその後も地域の中心的な農家のヒアリングをしてきた．このようにして日本の稲作農業の構造変化をその先頭を行く地域を通してある程度継続的に観察してきた．

　これらの地域の農業構造の変化をまとめたいというのは私にとってやり残した課題であったが，それを果たせないまま時間が過ぎてしまった．長期にわたって観察してきたとはいえやはり最も力を入れた調査分析は70年代半ばの時期であり，それをまとめることの現時点での意味に確信が持てなかったからである．しかし定年を迎える時期が近づいて来るなかで，不十分とはいえ比較的長い期間にわたって観察してきた地域農業の変化をまとめることはそれだけでも意味があるのではないかという気持ちもあり，2014年に再度2つの地域を訪ねてヒアリング等をおこなったが，やはり現実の課題に応えるような著作としてまとめる視点を見いだせないまま今日に至ってしまった．

　今回漸くこのような形でまとめることに踏み切れたのは2つの理由による．1つは，今年の3月末日に定年を迎えることになったことである．これは内容にはかかわりのない理由ではあるが，やり残した宿題を終えて現役を終えたい

という思いは私個人にとっては大きな動機であった．もう1つは友人の退任記念号への執筆を依頼され，そのために安倍内閣のもとで発表された文書，設置された各種委員会での配布資料や議事録等をかなり丹念に読んだことである[2]．この作業を通して資本による農業支配は新たな段階を迎えていることを改めて認識した．それは一方で農業そのものの行き詰まりと他方で資本主義そのものの行き詰まりとを背景としている．農業の行き詰まりは，国によって現れ方は多様であるが，日本では食料自給率の低下をもたらしている農地面積の減少，耕作放棄地の増加，農業従事者の減少と高齢化という農業の縮小・後退として端的に現れている．また他方で農産物の安全性や環境への負荷等の問題を顕在化させている工業的農業としての展開という，農業の本質にかかわる問題として世界的に共通に現れている．この2つの側面において農業は危機にあり転換点を迎えているのである．他方で資本主義も福祉国家の建設という国民を統合していく推進力を失い，新たな蓄積基盤を求めてこれまでの制度や仕組みを世界的規模で市場経済化として再編することが課題になっている．資本主義もまた危機なのである．そのために福祉国家的制度や仕組みの市場経済化や，イラク戦争に象徴される文化や社会制度の異なる国・地域の資本主義的市場経済化が進められてきた．その結果が福祉国家とは真逆な格差社会化の進展である．

　農業は人間生存の基盤である食料生産を担う産業であり，かつ自然に大きく左右されるなどの理由によって，これまで規制緩和が進められてきたとはいえ資本の活動に対して一定の制約がかけられてきた．安倍内閣の経済政策は経済成長実現の重点施策として，これまでは公共的性格を持つとして民間資本の活動を制限してきた医療や保険や教育などの分野の規制緩和に本格的に乗り出したが，農業分野もまた同じように従来とは一線を画すレベルの規制緩和と市場経済化が進められている．それは農業の行き詰まりの克服を謳いながら，本質的には資本主義の危機克服のために農業を資本の新たな蓄積基盤へと編成しなおすことを意味している．

　つまり農業に則してみると，一方でWTOやTPPの動きにみられるように，農業危機をこれまでの延長線上である新自由主義的グローバリゼーションの一層の促進によって解決するという動きが強められている．しかし環境問題や食料問題を通してそれに対抗する動きもまた形成されてきている．これまでの農

業の工業化，それを促進してきた資本主義のあり方の改革によって，持続型農業を基盤とした持続型・共生社会の建設でしか農業の抱える課題の解決はできないとする主張・運動である．現時点では前者が主流であるが，これらの2つの主張・運動が対峙しているのが現段階である．

　農業の一層の規制緩和，市場経済化が農業危機克服の方法として進められる下で，農業者，農業関係者の意見，地域住民の意向は公的な利害を損なう国民の一部の者の利権に基づくものとして否定される．この議論では，現在の農業や土地利用の制度や仕組みはそれを形成してきた農業者や地域の知恵や努力と一緒に無視され不必要なものとされている．アベノミクスの議論はこのことを端的に示している．その下で資本の論理が貫かれる基盤が作られ，農業生産，農地の所有・利用に資本の支配が貫かれるようになる．しかし現在の農業危機の克服のためには，農業の特徴や役割，さらに農業の本質を理解することが不可欠であり，そのためにはこれまでの農業者・地域の取り組みを知ることが大事ではないかとの思いをアベノミクスの農業政策を調べる中で強くした．そのために継続的に観察してきた地域農業の動向をまとめることも意味のあることと考えるようになり，これまでの2集落の調査を中核的経営の規模拡大の動向，それに伴う経営耕地の分散化とその止揚という視点を中心にして第II部としてまとめることにした．

　さらに先に触れたような現在の農業をめぐる状況を整理し，安倍内閣の下での農業危機の解決をめぐるせめぎ合いをその中に位置付ける必要があると考え，それを第I部としてまとめた．その際に，現在の農業危機を戦後の国際的な食料・農業システムの矛盾の顕在化として把握し，その解決をめぐる問題状況を新自由主義的グローバリゼーションの克服による解決と新自由主義的グローバリゼーションの一層の徹底による解決の対抗として把握すること，もう1つは農業危機の現れ方の共通性と同時に日本的特徴を明らかにすることを問題意識としてまとめた．

　農業保護から農業の市場経済化への転換はウルグアイ・ラウンドを契機に本格化した世界共通の動きであるが，その下で日本は極めて低い自給率の持続，耕作放棄地の増加，農業従事者の減少や高齢化など，先進諸国の中で最も農業の縮小・後退が顕著であるという特徴を持つ．それは戦後の国際的な食料・農

業システムの矛盾の顕在化を先に触れたように資本の蓄積構造の再編成として，新自由主義の徹底によって解決しようとする方向が，従来から農業を軽視してきた日本では最も先鋭的に農業生産の縮小として現れているからである．

今述べてきたことからわかるように，本書は第Ⅰ部の構想があり，それに基づいて調査し第Ⅱ部を書いて出来上がったわけではない．したがってⅠ部とⅡ部の整合性については読者の判断に委ねるしかないが，私としては農業危機の新自由主義的解決に対して，現場の努力を大切にして持続可能な農業・地域を形成していくことこそが重要であり，それこそが今求められているとの考えは本書全体の底流に流れていると考えている．そのような農業，地域を基盤として社会全体も持続型・共生社会が可能になるのではないだろうか．

本書の成り立ちについて簡単に記し，はしがきとしたい．

1) 博士論文の中心部分は東京大学社会科学研究所の助手終了論文「稲作経営受委託の構造―農民層分解の現段階―」（東京大学社会科学研究所紀要『社會科學研究』第28巻第6号，1977年）である．本書の第Ⅱ部第1章として収録した．
2) 「アベノミクスの農業構造政策―企業の農業参入と地域をめぐって―」（『創価経営論集』第39巻第1・2・3合併号，2015年3月）．

目次

はしがき

第Ⅰ部　日本の農業構造の現状把握
―その評価と今後の展望をめぐって―

第1章　農業構造の変化とその評価 …………………………………………… 3

　第1節　80年代後期を画期とする農業の縮小段階 ………………………… 3
　　（1）農業生産と農産物輸入の推移　3
　　（2）日本農業の後退・縮小化　7
　第2節　農業構造変化の現状 ………………………………………………… 11
　　（1）農業の縮小傾向下での大規模経営の成長　11
　　（2）大規模経営の構造再編推進力　22
　　（3）政府の現状認識――2015年食料・農業・農村基本計画　28
　第3節　農業構造変化と農業生産の動向 …………………………………… 35
　第4節　農業構造変化の評価 ………………………………………………… 41

第2章　国際的農業危機
　　　　―戦後の国際食料・農業システムの矛盾の顕在化― ……………… 44

　第1節　戦後の国際食料・農業システムと日本の農業政策 ……………… 44
　　（1）戦後の国際食料・農業システム　44
　　（2）日本の戦後農業政策の特徴　59
　第2節　アグリビジネスによる食料・農業支配 …………………………… 73
　第3節　農業・食料システムの矛盾の顕在化――グローバル資本主義の
　　　　下での農業危機 ……………………………………………………… 80
　　（1）途上国の飢餓問題　82

　　　　（2）　工業的農業の脆弱性，食料消費の歪み　89
　　　　（3）　農業による環境破壊　93

第3章　農業危機克服の道 …………………………………………… 101

　第1節　資本主義の転換と農業 ………………………………………… 101
　　　　（1）　資本主義の現段階　101
　　　　（2）　ポスト・グローバル資本主義社会と農業　102
　第2節　農業危機克服の方向——持続型社会，共生社会 ……………… 111
　　　　（1）　農業とはどのような産業か　111
　　　　（2）　農業危機克服をめぐる対抗　113
　第3節　農業危機克服の担い手——農業構造分析の課題 …………… 129
　　　　（1）　農業構造分析の課題　129
　　　　（2）　農業の再構築とその担い手論　134

第II部　農業構造変化の事例分析
—大規模化と経営耕地の団地化に焦点を当てて—

第1章　稲作経営受委託の構造
—農民層分解の現段階— ………………………………………… 147

　第1節　序——課題と分析視角 ………………………………………… 147
　　　　（1）　はじめに　147
　　　　（2）　農民層分解の論理　149
　　　　（3）　戦後日本資本主義の構造と農業　154
　　　　（4）　現段階における農民層分解の論理　157
　　　　（5）　本稿の課題　170
　第2節　経営受委託の展開——統計による概観 ……………………… 172
　　　　（1）　「農業生産組織」の形成と展開　172
　　　　（2）　経営受委託の展開　175
　第3節　経営受委託展開の現段階 ……………………………………… 194
　　　　（1）　北陸自営兼業地帯の事例——石川県小松市N町　196

　　　　(2)　東海雇われ兼業地帯の事例——愛知県安城市T町　205
　　　　(3)　経営受委託展開の現段階　224
　　第4節　経営受委託における借地料の検討 ………………………………… 225
　　　　(1)　受託農家の諸類型　225
　　　　(2)　借地料の検討——小松市N町を素材として　247
　　第5節　大規模受託経営の成立構造 ………………………………………… 264
　　　　(1)　大規模受託経営の生産力構造　264
　　　　(2)　大規模受託農家・組織成立のメカニズム　293
　　第6節　経営受委託に関する諸論点の検討 ………………………………… 304
　　　　(1)　経営受委託展開の現段階と地域性　304
　　　　(2)　現段階における経営受委託の構造　306
　　　　(3)　大規模「借地型」受託経営の生産力構造　319
　　　　(4)　大規模「借地型」受託農家の性格について　322

第2章　大規模農家の成長と経営耕地分散の動向
　　　　—石川県U集落— ………………………………………………………… 328
　　第1節　U集落の農業構造の変化 …………………………………………… 328
　　　　(1)　戦後農業の特徴　328
　　　　(2)　農業構造の変化　332
　　　　(3)　U集落農業の展開　340
　　　　(4)　地域農業・地域社会維持の担い手　343
　　第2節　圃場整備を契機とする担い手農家の経営耕地の変化 …………… 346

第3章　経営耕地分散解消の取り組み ……………………………………………… 364
　　第1節　経営耕地の分散状況 ………………………………………………… 365
　　　　(1)　経営水田の分散状況　365
　　　　(2)　経営耕地分散の問題性　368
　　　　(3)　望ましい団地の面積規模　371
　　第2節　経営耕地団地化の道筋 ……………………………………………… 373
　　　　(1)　取り組み事例の類型化　373

　　　　(2)　圃場分散克服の道筋　376
　　　　(3)　今後の課題　377
　　第3節　経営耕地団地化の契機としての圃場整備 …………………… 379
　　　　(1)　圃場整備事業の変化　379
　　　　(2)　圃場整備による流動化の進展　380
　　　　(3)　圃場整備を契機とした担い手農家の経営耕地団地化の進展　381
　　　　(4)　今後の課題　383
　　第4節　農場的土地利用に向けた利用調整の仕組み――所有権と利用権の分離 ……………………………………………………………… 384
　　第5節　むらづくり・地域づくりとしての農地の利用調整と農場的土地利用の実現 ………………………………………………………… 387
　　第6節　おわりに――農場的土地利用実現のために ………………… 387

第4章　2地域の農業構造変化の現段階
　　　　―担い手経営体の現状と地域農業― ……………………………… 390

　　第1節　安城市T町T営農組合 …………………………………………… 390
　　　　(1)　T営農組合の現状と地域農業における比重　390
　　　　(2)　T営農組合の経営状況　394
　　　　(3)　新たな課題　397
　　第2節　U集落の農業とT農場 …………………………………………… 400
　　　　(1)　T農場の経営　400
　　　　(2)　T農場の特徴　406
　　　　(3)　集落農業の変化と地域　407
　　第3節　小括 ……………………………………………………………… 410

あとがき …………………………………………………………………… 413
索引 ………………………………………………………………………… 416

第Ⅰ部　日本の農業構造の現状把握
―その評価と今後の展望をめぐって―

第1章
農業構造の変化とその評価

農業構造の統計的分析はこれまでいくつか行ってきた[1]．分析の視点や構造変動の評価について，基本的にこれまで書いてきたものと変化はないが，ここでは2010年までのセンサスを使い，1985年を画期とする日本農業の縮小段階への転換に焦点を当ててまとめておきたい．

第1節 80年代後期を画期とする農業の縮小段階

(1) 農業生産と農産物輸入の推移

まずはじめに図I-1-1と図I-1-2によって60年代以降の日本農業の動向を改めて概観しておこう．①農産物輸入数量指数は1960年以降一貫して上昇しているが，85年以降の上昇傾向はそれ以前に比べて一層顕著となっている（図I-1-1）．農業総生産額（農業の国内総生産GDP）に対する農産物輸入額の比率は，95年頃から顕著な上昇を見せている（図I-1-2）．②農業生産の状況はどうか．農業生産指数は1986年をピークにそれ以降低下に転じている．農業総生産額は1984年までは上昇していた．それ以降94年頃までは変動があるが傾向的には緩やかに減少し，それ以降は明確な減少に転じている．90年代半ばからの農業総生産額の減少は交易条件の低下と軌を一にしている（以上図I-1-1）．農業総産出額（品目別生産数量×品目別農家庭先販売価格の合計）と農業生産所得（農業総産出額－物的経費〈減価償却費及び間接税を含む〉＋経常補助金等）の実質額（農産物総合価格指数と消費者物価指数を使用）での指数を見ると，前者は1986年をピークに減少に転じている．実質生産農業所得は70年代終わり以降急速に減少し，82年頃から94年頃までは横ばいで推移

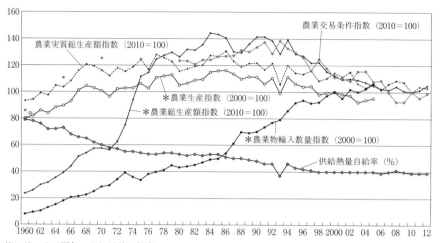

注：1) ＊は暦年，それ以外は年度．
　　2) 実質農業総生産額の物価指数は 2000＝100 で計算．
資料：農水省「生産農業所得統計」，「農業物価格統計」，「食料・農業・農村白書参考統計表」，「食料・農業・農村の長期統計」による．

図 I-1-1　農業生産と農産物輸入の推移 (1)

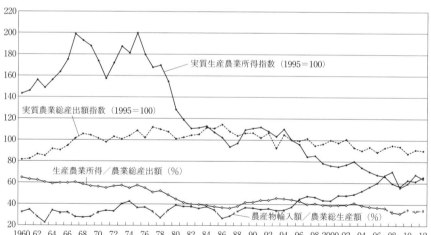

注：農産物価格指数（農産物総合）の 1994 年までは年度．それ以外はすべて暦年の数値．実質は物価指数 2010 年＝100 で計算．
資料：農水省「生産農業所得統計」，「農業物価格統計」，「白書参考統計表」．総務省「e-Stat」消費者物価指数．

図 I-1-2　農業生産と農産物輸入の推移 (2)

した後，94年から再び減少に転じている（図I-1-2）．③カロリー自給率は60年度以降70年代の半ばまで急速に低下し（1960年度79%→75年度54%），その後80年代の半ばまでの10年間は世界的な食料危機の影響もありほぼ横ばいで推移した後（75年度54%→85年度53%），85年度以降再び低下し98年度には40%と極めて低い水準になった（図I-1-1）．そのため1999年制定の食料・農業・農村基本法では，食料の安定供給の確保が基本理念の重要な柱として掲げられた．その理念実現のために，新基本法に基づいて作成された食料・農業・農村基本計画（2000年3月閣議決定）で2010年度のカロリー自給率目標が45%と設定された（この目標は2010年3月の基本計画で2020年度50%と引き上げられた）．しかしその後も自給率の向上を実現することはできず，かろうじて40%，39%の水準で維持されてきている．結局，自給率目標は2015年3月の基本計画では実現可能性という理由でそれまでの50%から再び45%に引き下げられた．

以上の諸指標からわかることは，日本の農業は80年代半ばを画期として縮小段階へと転換し，その傾向は95年以降一層顕著になったということである．このことを農業生産と農産物輸入との関連で見ると，80年代半ばまでの自給率の低下は，農業生産は増加していたがそれを超える輸入の増加を原因としているのに対して，特に90年代半ば以降明確になるのは輸入の増加と同時に農業生産が縮小し，自給率の低下が顕著になったことである．一言でいえば日本農業の相対的縮小期から絶対的縮小期への転換が，80年代半ばを画期として進んだということである[2]．

この変化の要因として農産物消費の動向も影響している．図I-1-3は農産物の国内消費仕向け量の推移を見たものである．国内消費仕向け量が大きく増加したのは，野菜は70年代終わりまで，果実は70年代初めまで，穀類は粗粒穀物の増加により80年代初めまで，肉類，牛乳・乳製品は90年代半ばまでである．その後，すべての部門で増加は緩慢になり，既に減少の段階を迎えている部門もある．

例えば穀類（食用穀物＋粗粒穀物）の国内消費仕向け量は，80年代に入るとその増加テンポは緩やかになり，その後80年代半ばから90年代半ばまで停滞した後，減少へと変化している．しかし食用穀物の国内消費仕向け量は大ま

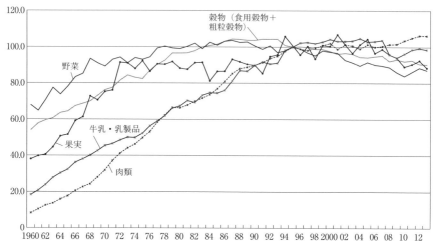

注：1) 牛乳及び乳製品については輸入飼料用乳製品（脱脂粉乳及びホエイパウダー）は除いて計算してある．
　　2) 肉類には鯨肉を除く．
資料：農水省「食料需給表　平成25年度版」．

図 I-1-3　国内消費仕向け量の推移（1995年度＝100）

かに言えば既に60年代半ば以降一貫して減少しているのであり，90年代中頃までの穀物の消費仕向け量の動向は粗粒穀物が増加していたことに規定されていた．したがってその後の穀物消費仕向け量の減少は，粗粒穀物の消費仕向け量が減少に転じたことによる．これは肉の消費量の停滞に加えて肉そのものの輸入（牛肉の輸入自由化の影響が大きい）が増えてきたことによる．

先に触れたように農産物の消費は既に減少段階（主として高齢化と人口減少による），また部門によってはその前段階としての停滞段階を迎えているのである．それゆえ80年代半ばまでの時期のように輸入の増大と国内生産の増大が併進することはあり得ず，輸入の増大の下で国内生産が減少する局面に至っているのである．

以上のように統計は，日本農業が80年代半ばを画期として拡大から縮小へ転換し，その縮小傾向が90年代中頃以降顕著になるという縮小局面に移行したことを示している．

この時期は85年のプラザ合意を背景に前川レポート（86年）によって国際

協調型経済構造（輸出偏重から内需拡大重視の）への転換が打ち出され，輸入拡大のための諸施策が本格的に実施された時期にあたる．同レポートは農業について「基幹的作物を除く農産物の輸入拡大」を謳っていた．他方86年はガット・ウルグアイ・ラウンド開始の年でもある．その下で日本の米輸入制度がガット違反であるとするアメリカ精米業者協会によるアメリカ政府への提訴，アメリカ政府による20品目のガット提訴など，日本に対する農産物輸入自由化の圧力が強まり，74年以降22品目で推移してきた農産物の輸入制限品目は88年以降10年間で5品目に減少している．牛肉，オレンジ，オレンジジュースなど，日本の農業生産に大きな影響を与える品目が輸入自由化されたのである．

　一般会計国家予算に占める農業関係予算の割合は1970年までは上昇し10.8%になったが，90年には3.6%にまで低下している[3]．その後1994年度補正予算から2001年度補正予算まで事業費6兆100億円，国費2兆6,700億円のウルグアイ・ラウンド関連予算があり，その割合は若干上昇するが，2000年度になると90年度よりさらに低下し，2012年度は2.1%にまで減少している．

(2) 日本農業の後退・縮小化

　農業の縮小局面への移行は農業構造にも大きな変化をもたらしている．

　85年以降の変化として注目される点は，まず農家数の減少率の高まりである．これまで5年間の農家減少率は，高かった70〜75年でも8.4%であったが，85年以降は表I-1-1にあるように9%台，10%台に高まった．表にはないが規模別に見ると0.5ha未満農家戸数の減少戸数が急増した．構造動態統計によれば都府県0.5ha未満層の離農率が85年以降顕著に高まったからである．規模を縮小しながら一度0.5ha未満層に滞留する流れに対して，0.5ha未満層が離農する流れの方が太くなる局面に変化したのである．

　しかし農家減少率の高まりは，構造変革の要因として作用するよりも農業の縮小要因としてより強く作用してきた．表I-1-1で耕地面積の変化（「耕地及び作付面積統計」）をみると，5年間の減少率は85年までは低下傾向にあり80〜85年は1.5%減であったが，85年以降その減少率は再び上昇に転じ85〜90年

表 I-1-1　農業の動向（後退・

	単位	1975 (70-75)	80 (75-80)	85 (80-85)	
各年数値					
農家戸数	千戸	4,953	4,661	4,376	
農業就業人口	千人	7,907	6,973	6,363	＊5,428
うち65歳以上割合	％	21.0	24.5	29.1	＊26.6
基幹的農業従事者	千人	4,889	4,128	3,696	＊3,465
うち60歳以上割合	％	24.3	27.8	36.4	＊34.1
耕地面積	千ha	5,572	5,461	5,379	
農地利用					
経営耕地面積	千ha	4,783	4,706	4,577	
耕地利用率	％	103.3	104.5	105.1	
耕作放棄地（農家・非農家）	千ha	131	123	135	
不作付地	千ha	210	184	140	＊130
耕作放棄地率	％	2.7	2.5	2.9	
（耕作放棄地＋不作付地）率	％	6.9	6.4	5.8	
前5年間の変化					
農家戸数	増減率	−8.4	−5.9	−6.1	
農業就業人口	増減率	−23.6	−11.8	−8.7	
うち65歳以上割合	ポイント増減		3.5	4.6	
基幹的農業従事者	増減率	−31.2	−15.6	−10.5	
うち60歳以上割合	ポイント増減		3.5	8.6	
耕地面積	増減率	−3.5	−2.0	−1.5	
農地利用					
経営耕地面積	増減率	−7.2	−1.6	−2.7	
耕地利用率	ポイント増減	−5.6	1.2	0.6	
耕作放棄地（農家・非農家）	増減率		−6.1	9.8	
不作付地	増減率	94.4	−12.4	−23.9	
耕作放棄地率	ポイント増減		−0.1	0.3	
（耕作放棄地＋不作付地）率	ポイント増減		−0.6	−0.5	

注：1）　90年以降は新農家定義．
　　2）　＊は販売農家の数字である．
　　3）　耕地面積，耕地利用率は「耕地及び作付面積調査」それ以外は「農林業センサス」の数値．
資料：農水省『農林業センサス』および『農林省統計表』

2.5％減，90～95年3.9％減，95～2000年4.1％減と2000年まで高まっている．耕作放棄地の増加が顕著になるのも85年以降の特徴である（増加率80～85年9.8％，85～90年65.6％，90～95年12.4％，95～2000年40.6％）．耕地利用率

第1章 農業構造の変化とその評価　9

縮小化）

	90		95		2000	2005	2010
	(85-90)		(90-95)		(95-00)	(00-05)	(05-10)
	3,835		3,444		3,120	2,848	2,528
	5,653	＊4,818	4,902	＊4,139	＊3,891	＊3,353	＊2,606
	35.7	＊33.1	46.3	＊43.5	＊52.9	＊58.2	＊61.6
	3,127	＊2,927	2,778	＊2,560	＊2,400	＊2,241	＊2,051
	48.2	＊46	60.8	＊58.4	＊66.5	＊69.9	＊74.3
	5,243		5,038		4,830	4,692	4,593
	4,361		4,120		3,884	3,608	3,353
	102.0		97.7		94.5	93.4	92.2
	217		244		343	386	396
	160	＊152	165	＊156	＊278	＊201	＊203
	4.7		5.6		8.1	9.7	10.6
	8.2		9.4		14.7	14.7	16.0
	－12.4		－10.2		－9.4	－8.7	－11.2
	－9.4	＊－11.2	－13.3	＊－14.1	＊－20.5	＊－13.8	＊－22.3
	7.0	＊6.5	10.6	＊10.4	＊9.4	＊5.3	＊3.4
	－14.9	＊－15.5	－11.2	＊－12.5	＊－6.3	＊－6.6	＊－8.5
	12.0	＊11.9	12.6	＊12.4	＊8.1	＊3.4	＊4.7
	－2.5		－3.9		－4.1	－2.9	－2.1
	－4.5		－5.5		－5.7	－7.1	－7.1
	－3.1		－4.3		－3.2	－1.1	－1.2
	65.6		12.4		40.6	12.5	2.6
	14.3	＊16.9	3.1	＊2.6	＊78.2	＊－27.7	＊1.0
	2.0		0.9		2.5	1.6	0.9
	2.5		1.1		5.3	0	1.3

も70年以降を見ると85年までは僅かながら上昇していたが85年以降減少に転じ2005年には93.4％，2010年には92.2％にまで低下している．この耕地利用率と関係する不作付け地は85年を境に増加に転じている．それらの結果，

85年までは大きな変化はなかった耕作放棄地と不作付け地の合計面積の割合が，90年8.2%，95年9.4%，2000年14.7%，2005年14.7%，2010年16.0%と85年以降増大しているのである．以上のように農業の後退・縮小傾向は85年以降顕著である[4]．

　農業労働力の状況も85年以降，日本農業が後退・縮小的性格を強めていることを裏付ける．農業就業人口，および基幹的農業従事者の変化を見ると，共に75～80年を底として85年以降，再び減少率が高まっている．基幹的農業従事者は底をついたためかその減少率は95年以降小さくなってきたが，農業就業人口の減少率は，95～2000年になると20%を超え，2005～10年になってもその減少率はなお高い．高齢化も進んでいる．農業就業人口に占める65歳以上の割合は65年から85年までの各5年は4.4，3.4，3.5，4.7ポイントの上昇であったが，85～90年は7.0ポイント，90～95年は10.6ポイント，95～2000年は9.4ポイントと，85年以降顕著な上昇を見せているし，基幹的農業従事者に占める60歳以上の割合も同じように85年以降増加している．中・高卒業が高度成長以前で，多くが自家農業に就業し日本農業を支えてきた昭和1ケタ世代（1927～44年生まれ）がリタイアしているから労働力問題は深刻である．

　また2000年時点で，耕地面積に対する水田面積の割合が70%以上の集落のうち，稲作部門が1位の主業農家が1戸でもある集落の割合は，半分に過ぎないのである．平地農業地域では66%と過半を占めるが，山間農業地域では34%，中間農業地域では46%と，地域農業の衰退化が進んでいる．

1) 例えば「農民層分解と階級構成」（磯辺・常盤・保志編『日本農業論（新版）』有斐閣，1993年）．「『総自由化体制』下の日本農業—農業構造再編の方向—」（『土地制度史学』第155号，1997年4月）．「日本農業経営の展開方向」（山崎農業研究所編『21世紀農政の課題—価値観の転換と農業・農村』農山漁村文化協会，1998年）．「農業構造の現状と構造政策の評価」（農業問題研究学会編『農業構造問題と国家の役割』筑波書房，2008年）．「農業生産の縮小段階における農業構造の変化—1980年代半ば以降の日本農業—」（武蔵大学論集第57巻第3・4号，2010年3月）等．
2) 北出は自給率の動向を農業生産と関連づけ，①60～75年の相対的低下期，②75～85年の低下緩和期，③85～95年の絶対的低下期，④95年～現在までの低下深化期に時期区分をしている．これとの関係でいうと，本稿はこの①・②期と③・④期に存在する大きな局面の違いに焦点を当てている．北出俊昭著『食料・農業の崩壊

と再生』筑波書房，2009年6月，34-43頁．
3）「平成26年版 食料・農業・農村白書参考統計表」による．一般会計国家予算も農業関係予算も補正後のものである．
4）1995年農業センサスの分析を行った宇佐美繁は，1985年以降の日本農業の「衰退・再編過程で生じている……（中略）……諸現象の総体を『世紀末構造変動』と表現」し，そこでは注目すべき諸現象として5つが挙げられている．そのうち4つを列記しておく．①85年以降，農家数が本格的に減少する段階に入った．②農家数の減少が5ha以上層の急増に見られる「農業構造変革的農地流動化」をもたらすと同時に，農地面積の減少や耕作放棄地の増加など「農業衰退的流動化」をもたらしている．増加した5ha以上農家数と減少した500万haの耕地面積のいずれもが20世紀初頭の数字に回帰した．③日本農業の「漸進的側面」を体現していた北海道で初めて農地面積が減少した．⑤形成されてきた大規模経営はこれまでの農民経営のレベルとは性格を異にする段階に到達している．宇佐美繁編著『1995年農業センサス分析 日本農業―その構造変動―』農林統計協会，1997年，67-69頁．

第2節　農業構造変化の現状

(1)　農業の縮小傾向下での大規模経営の成長

　見てきたように総体として主要な傾向は縮小・後退化にあるが，その中で経営規模拡大の動きや農家以外の農業経営体の増加など農業構造の変化が見られることもまた事実である．
　先の注4で触れたように，宇佐美繁は95年農業センサス分析において，構造変化として都市的土地利用や耕作放棄の増大に結びつく「農業衰退的流動化」と，規模拡大を指向する農家群へ農地が集積される「構造変革的流動化」の2つの流れを指摘した．小田切徳美は2005年センサスの分析で「構造変革的流動化」の流れの新たな特徴として，集落営農を中心とする「農家以外の事業体の躍進」「土地利用型部門における農家以外の事業体の確かな生成」を指摘している．さらにそのような「構造変革的流動化」の中に，危機対応という性質があることを指摘し，「新しい農政には，後退局面を抑え，危機対応の側面の中にある前進面を伸ばすことが求められている」[1]と述べている．
　2010年センサスに関しても実態調査を含め多くの研究成果が公表されている[2]．それらは宇佐美の指摘した2つの流れが特徴として継続しながら，借地による農地流動化が水田を中心に加速し，農家以外の農業事業体への農地の集

積が進んでいることを明らかにしている．つまり 2000〜05 年の動向と比較すると，衰退化の動きに対して構造再編の動きがより注目される結果だったということである．しかしこの評価の基礎となる農地集積等の数値は実態よりも過大に把握されているという見解も多い．2007 年施行の水田・畑作経営所得安定対策への対応として設立された実態を伴わない名目的な組織が，2010 年センサスで農業経営体（組織経営体）として把握され，それによって構造変化の動きが実態以上に強調されているのではないかという懸念である[3]．

　第 1 節では 80 年代後半以降の農業の縮小・後退の側面を主として検討したので，ここでは構造再編の側面に焦点を当てその状況を見ておこう．

　まず借地の現状である．表 I-1-2 は農家と「販売を目的とする農家以外の農業事業体」（以下ではこれを「農業事業体」と略記する）について，借入耕地のある経営体の割合と経営耕地と田の借地面積率を見たものである．借入耕地のある経営体の割合は北海道が最も高く 41% を占める．次いで沖縄，北陸が高い．借地面積率は経営耕地よりも水田が高い．水田の借地面積率は沖縄（57%），北九州（45%），北陸（44%），東海（41%）が高い．府県別でみると，耕地では，佐賀，富山，滋賀，石川，福井で借地率が 45% を超え，田では佐賀で 67%，沖縄で 57%，富山，滋賀，石川で 50% を超えている．北海道は借地のある経営体率は高いが耕地・田の借地率は低い．借地のある経営は多いが現状では自作地を主とした規模拡大であることがわかる[4]．

　都府県の 3ha 未満販売農家は 85 年以降一貫して減少しているので，表 I-1-3 では 3ha 以上の販売農家の動向を整理した．都府県では 3〜5ha の農家は 95 年までは増加し，その後は減少に転じている．4〜5ha 農家は 2000 年までは増加し以後は減少に転じている．2000 年以降は 5ha 以上農家が増加し，農家戸数の増加と減少の境界は 5ha になっている．このように，農家数が増加する階層と減少する階層の境界は，徐々に上昇している．北海道でも同じように戸数の増減を分ける境界規模は上昇しているが，その境界となる規模は都府県に比べて大きい．85〜90 年には増加していた 15〜30ha 規模層も 90〜95 年以降は減少に，さらに 30〜50ha 農家も 95〜2000 年以降は減少に転じている．増加と減少の分岐は 50ha になっているのである．

　このことを念頭に，また後の表 I-1-5 にあるように 5ha 以上経営（農家＋農

表 I-1-2 販売農家と販売目的の農家以外の農業事業体のうち借入耕地のある経営体の割合と借地面積率（2010年）

	①借入耕地のある経営体の割合	借地面積率 ②経営耕地	借地面積率 ③田
全　　　　　国	22.6	27.8	34.1
北　海　　道	40.5	21.2	24.0
都　府　　県	22.3	30.3	35.4
東　　　　　北	21.3	28.3	30.7
北　　　　　陸	30.7	41.4	44.1
北　関　　東	23.1	28.2	29.7
南　関　　東	19.7	23.3	30.7
東　　　　　山	18.8	26.5	38.5
東　　　　　海	16.9	29.8	40.9
近　　　　　畿	21.5	28.4	36.2
山　　　　　陰	20.9	29.7	34.7
山　　　　　陽	18.5	26.3	32.1
四　　　　　国	20.4	20.8	28.5
北　九　　州	27.6	37.2	44.6
南　九　　州	29.7	34.4	33.0
沖　　　　　縄	36.2	31.4	57.4
経営耕地借地率上位15県			
佐　　　　　賀	30.1	57.7	66.8
富　　　　　山	28.9	51.6	53.7
滋　　　　　賀	33.0	48.2	51.6
石　　　　　川	32.6	46.6	51.3
福　　　　　井	28.6	45.9	49.5
福　　　　　岡	25.7	38.2	46.1
鹿　児　　島	30.6	37.4	38.2
山　　　　　形	28.2	36.2	40.7
新　　　　　潟	31.4	35.5	37.6
三　　　　　重	22.0	33.8	39.8
大　　　　　分	24.6	32.1	37.5
島　　　　　根	19.7	31.6	37.9
沖　　　　　縄	36.2	31.4	57.4
岐　　　　　阜	14.2	31.3	40.7
熊　　　　　本	30.4	31.3	35.5
経営耕地借地率下位10県			
福　　　　　島	21.5	22.1	23.9
北　海　　道	40.5	21.2	24.0
愛　　　　　媛	22.6	18.9	30.8
徳　　　　　島	16.9	16.4	20.4
奈　　　　　良	18.8	16.2	20.9
山　　　　　梨	18.8	15.9	26.0
和　歌　　山	20.3	10.8	20.2
神　奈　　川	11.5	9.4	19.7
大　　　　　阪	9.2	8.5	13.3
東　　　　　京	5.4	5.6	5.4

注：①②③の算出において分子は販売農家と販売目的の農家以外の農業事業体の数値．分母は，①②については総農家と販売目的の農家以外の農業事業体の数値，③については総農家の田面積が得られないため販売農家と販売目的の農家以外の農業事業体の数値を使用．
資料：農林業センサス．

表 I-1-3　経営耕地面積規模別農家数の変化

		年	3.0〜5.0ha	3.0〜4.0	4.0〜5.0	5.0ha 以上	5.0〜10.0
都府県	増減戸数	1985-90	6,782			7,288	
		90-95	1,748			9,258	
		95-00	−2,367	−2,914	547	7,762	5,466
		2000-05	−5,285	−4,968	−317	6,986	3,794
		05-10	−8,082	−7,996	−86	7,299	3,682
	増減率	1985-90	7.3			38.1	
		90-95	1.8			35.0	
		95-00	−2.3	−4.1	1.9	21.8	18.0
		2000-05	−5.3	−7.2	−1.1	16.1	10.6
		05-10	−8.6	−12.5	−0.3	14.5	9.3
			3.0〜5.0ha	3.0〜4.0	4.0〜5.0	5.0ha 以上	5.0〜10.0
北海道	増減戸数	1985-90	−4,320			−3,114	
		90-95	−3,137			−5,537	−5,135
		95-00	−2,136			−5,790	−3,853
		2000-05	−1,971			−5,373	−3,436
		05-10	−1,479	−688	−791	−4,628	−2,909

資料：各年農林業センサス．

業事業体）は経営体数のシェアで全国 4.0%，都府県 2.3% とわずかであることから，5ha 以上の経営をここでは大規模経営として検討していく．

　表 I-1-4 を見てみよう．都府県の経営規模 5ha 以上，10ha 以上の大規模農家戸数は着実に増えている．しかし各 5 年間の増加戸数を見ると，5ha 以上農家は 85〜90 年，90〜95 年と大きく増加したがそれ以降 95〜00 年と 00〜05 年の増加戸数は減少している．次の 5 年間，05〜10 年は増加に転じているがその増加戸数は 90〜95 年，95〜00 年の時期には及ばない．10ha 以上農家の各

(経営耕地面積 3.0ha 以上販売農家)　　　　　　　　　　　　　(単位：戸，%)

10.0〜15.0	15.0ha 以上			
		15.0〜30.0	30.0〜50.0	50.0ha 以上
1,519	777			
1,865	1,327			
1,980	1,637	1,326	251	60
46.0	37.8			
38.7	46.9			
29.6	39.4	36.8	55.8	56.6

10.0〜15.0	15.0ha 以上		30.0ha 以上		
		15.0〜30.0		30.0〜50.0	50.0ha 以上
	1,444	196	1,248		
−837	435	−637	1,072	319	753
−1,371	−566	−1,216	650	−203	853
−1,550	−387	−773	386	−97	483
−1,149	−570	−812	242	−70	312

年間の増加戸数は 05〜10 年まで増加を続けている．(しかし北海道では 05〜10 年の 5 年間，10ha 以上農家でも減少．30ha 以上では増加が継続している．)
2010 年の農家全体に占める割合は，5ha 以上農家が 2.3%，10ha 以上が 0.6% であるが，経営耕地面積に占める割合は 21.7%，9.8% を占めるに至っている．北海道は 10ha 以上農家の割合が 51.1%，30ha 以上が 21.8%，経営耕地ではそれぞれ 92.5%，63.4% を占めるまでになっている．北海道の経営耕地面積規模で見た農業構造変化の動きは，都府県の二歩も三歩も先を進んでいることがわ

表 I-1-4 大規模

			1980 (75-80)	1985 (80-85)
I. 経営耕地規模別農家戸数（都府県）				
	戸数（戸）	5ha 以上（北海道 10ha 以上）	13,407	19,130
		10ha 以上（同 30ha 以上）	1,786	2,415
	5年間増減戸数（戸）	5ha 以上（北海道 10ha 以上）	4,735	5,723
		10ha 以上（同 30ha 以上）	806	629
	総戸数に占める割合（％）	5ha 以上（北海道 10ha 以上）	0.3	0.4
		10ha 以上（同 30ha 以上）	0.0	0.1
II. 経営耕地規模別農家（都府県）				
	経営耕地面積（ha）	5ha 以上（北海道 10ha 以上）	98,550	139,947
		10ha 以上（同 30ha 以上）		
	総経営耕地面積に占める割合（％）	5ha 以上（北海道 10ha 以上）	2.6	3.9
		10ha 以上（同 30ha 以上）		
III. 販売金額別農家戸数（全国）				
	戸数（戸）	1,000 万円以上	70,569	109,204
		3,000 万円以上		17,707
	5年間増減戸数（戸）	1,000 万円以上	47,545	38,635
		3,000 万円以上		
	総戸数に占める割合（％）	1,000 万円以上	1.5	2.5
		3,000 万円以上		0.4
IV. 販売目的の農家以外農業事業体（全国）				
	事業体数		8,092	7,539
	5年間増減数		160	－553
	経営面積（ha）		83,452	74,724
	5年間増減面積（ha）		7,791	－8,728
V. 経営耕地面積の変化（都府県：千 ha）				
	①総農家		－137	－174
	②5ha 以上（北海道 10ha 以上）		37	41
	③販売目的の農家以外の農業事業体		－3	－9
	②＋③		34	32
VI. ④耕作放棄地（農家＋非農家）の変化（都府県，千 ha）			0	7
VII. 分析（倍）				
	⑤＝①／②		3.7	4.2
	⑥＝①／(②＋③)		4.0	5.4
	⑦＝④／②		0.0	0.2
	⑧＝④／(②＋③)		0.0	0.2

注：1)　「V．経営耕地面積の変化」，「VI．耕作放棄地の変化」は5年間の増減面積である．
　　2)　85-90年以降は新しい農家規定による．
　　3)　「VII．分析」は総経営耕地の減少面積及び耕作放棄地面積の増加面積が，5ha 以上農家の経営耕地したもの．
資料：農水省「農林業センサス」．

第 1 章　農業構造の変化とその評価

経営の動向

1990	1995	2000	2005	2010	参考：2010（北海道）
(85-90)	(90-95)	(95-00)	(00-05)	(05-10)	(05-10)（北海道）
26,418	35,676	43,438	50,424	57,723	26,145
3,424	5,359	7,655	10,847	14,464	11,152
7,288	9,258	7,762	6,986	7,299	−1719
1,009	1,935	2,296	3,192	3,617	242
0.7	1.1	1.4	1.8	2.3	51.1
0.1	0.2	0.3	0.4	0.6	21.8
195,266	274,344	350,480	431,818	523,249	870,393
	80,649	117,642	171,626	235,664	596,406
5.9	8.9	12.1	16.4	21.7	92.5
	2.6	4.1	6.5	9.8	63.4
133,161	164,299	147,739	144,278	120,367	24649
21,915	28,969	26,532	30,156	25,285	8370
23,957	31,138	−16,560	−3,451	−23,911	−3,018
4,208	7,054	−2,437	3,624	−4,871	5,278
3.5	4.8	4.7	5.1	4.8	48.1
0.6	0.8	0.9	1.1	1.0	16.3
7,474	6,439	7,542	13,742	19,937	1,283
−65	−1,035	1,103	6,200	6,195	120
82,154	88,285	101,473	166,144	340,452	65,621
7,430	6,131	13,188	64,671	174,308	7,916
−223	−233	−210	−98	−230	−25
55	79	76	81	91	4
7	3	11	51	166	8
62	82	87	132	257	12
99	25	96	39	12	−2
4.0	2.9	2.8	1.2	2.5	6.3
3.6	2.8	2.4	0.7	0.9	2.1
1.8	0.3	1.3	0.5	0.1	
1.6	0.3	1.1	0.3	0.0	

の増加面積及び，それと販売目的の農家以外の農業事業体の経営耕地の増加合計面積とを比較

表 I-1-5　大規模経営の比重（2010年）

(単位：%)

		全国	北海道	都府県
経営体数	Ⅰ：総農家	100.0	100.0	100.0
	5ha以上	3.6	63.8	2.3
	10ha以上	1.6	51.1	0.6
	1,000万円以上	4.8	48.1	3.9
	3,000万円以上	1.0	16.3	0.7
	Ⅱ：「農業事業体」	100.0	100.0	100.0
	5ha以上	51.9	72.1	50.6
	10ha以上	40.5	63.4	39.0
	1,000万円以上	61.6	75.1	60.7
	3,000万円以上	38.0	57.2	36.7
	Ⅲ：Ⅰ＋Ⅱ合計	100.0	100.0	100.0
	5ha以上	4.0	64.0	2.7
	10ha以上	1.9	51.4	0.9
	1,000万円以上	5.2	48.8	4.3
	3,000万円以上	0.0	0.2	0.0
経営耕地面積	Ⅳ：総農家	100.0	100.0	100.0
	5ha以上	43.0	97.4	21.7
	10ha以上	33.0	92.4	9.8
	1,000万円以上	36.5	84.7	17.6
	3,000万円以上	15.5	45.3	3.8
	Ⅴ：「農業事業体」	100.0	100.0	100.0
	5ha以上	96.7	99.4	96.0
	10ha以上	91.9	98.2	90.4
	Ⅵ：Ⅳ＋Ⅴ合計	100.0	100.0	100.0
	5ha以上	47.9	97.5	29.3
	10ha以上	38.4	92.7	18.0
	（1,000万円以上）	42.3	81.9	25.8
	（3,000万円以上）	20.3	46.2	9.5

注：1)　「農業事業体」は「販売目的の農家以外の農業事業体」．
　　2)　経営耕地規模，販売金額規模の農家の数値は販売農家のもの．
　　3)　経営耕地面積の「Ⅵ」の（1,000万円以上）（3,000万円以上）は「農業経営体」の数字．
資料：農水省「2010年農林業センサス」．

かる[5]．

　しかし販売金額規模で見るとどうか．同じ表I-1-4で全国の販売金額1,000万円以上，3,000万円以上の農家戸数を見ると，2010年でその割合はまだ4.8％と1.0％に過ぎない．そのことよりも1,000万円以上農家は95年以降既

に減少に転じ，そのシェアも横ばいないし，2005～10年には低下していることの方が問題である．販売金額3,000万円以上農家も95年までは戸数は順調に増加し，割合も上昇していたが95年以降は95～00年，05～10年は戸数の減少，05～10年は割合の低下，と順調に成長を続けているとは見えない．つまり先に見たように経営面積では規模拡大の動きが継続しながら，それは販売金額の拡大（経営の確立）には結びついていない．

　先に触れたように5ha以上農家の増加戸数が95年以降減少傾向にあるのに対して，「販売目的の農家以外の農業事業体（以下「農業事業体」と略記）」（全国）は逆に95年以降，特に2000年以降その増加が顕著となっている．経営耕地面積は85年以降増加を続け，95年以降はその増加は一層顕著である．特に00～05年，05～10年の増加が著しい．00～05年は経営体数の増加により，また05～10年は経営体数の増加に加え1経営体当たりの経営面積の増加による．

　都府県の5ha以上農家と「農業事業体」の合計経営耕地面積（表I-1-4の「②＋③」）の変化を見ると，85年以降が1つの画期となって増加し，さらに2000年以降その増加は一層顕著となっている．この動向は主として「農業事業体」の成長によるものであることもわかる．

　ここで2010年時点での大規模農家（この表では経営耕地面積5ha以上，10ha以上，販売金額1,000万円以上，3,000万円以上を取り上げた）の比重を表I-1-5で見ておこう．まず経営体数で見ると農家の場合，総農家に占める経営耕地面積5ha以上，10ha以上，あるいは販売金額1,000万円，3,000万円以上という大規模農家の割合は都府県ではまだ僅かである．しかし北海道では10ha以上農家が51.1%，3,000万円以上農家が16.3%を占めるようになっている．北海道の農業構造は都府県とは異なる段階に達していることが分かる．「農業事業体」（販売目的の農家以外の農業事業体）について見ると，販売金額3,000万円以上の経営体が都府県でも36.7%を占めるように「農業事業体」は大規模な経営が多い．また表にはないが例えば販売金額1,000万円以上の農家と「農業事業体」の経営体数を比較すると，北海道では農家が「農業事業体」の26.0倍であるのに対して都府県では8.5倍である．北海道は農家中心の展開であるのに対して，都府県の大規模経営では「農業事業体」の比重が大きい．

　次に経営面積の比重で大規模経営の展開を見てみよう．いうまでもなく経営

表 I-1-6 上層農家の農業経営の動向（都府県農家）

		借地率(%)	土地利用率(%)	10a当たり農業労働時間	家族農業労働時間1時間当たり農業所得(円)	経営耕地10a当たり農業所得(千円)
平均	1975	8.2	103.5	236	522	118
	1985	11.5	104.1	183	560	98
	1995	16.4	95.8	138	764	100
	2000	19.8	92.6	120	626	71
	2005	22.3	87.3	113	671	70
	2013	31.1	88.8	95	703	61
7～10ha	1995	42.6	104.5	61	1281	75
	2005	50.9	97.4	56	1476	70
	2013	58.0	102.2	55	1407	66
10ha以上	1995	42.5	94.0	36	1967	61
	2005	66.4	103.3	28	2238	54
	2013	70.8	105.1	28	2106	48
10～15ha	2005	59.5	101.2	36	1812	58
	2013	63.0	107.4	42	1620	58
15～20ha	2005	54.7	101.0	26	2913	64
	2013	68.1	100.1	26	2341	49
20ha以上	2005	80.4	107.2	20	2890	45
	2013	78.4	106.3	18	2880	39

注：1）平均の欄の75, 85年は農家平均, 95年以降は販売農家.
　　2）2004年に調査体系の見直しがあったため2000年と05年は厳密には接続しない.
資料：農水省「農家経済調査報告」,「農業経営動向調査」,「経営形態別経営統計（個別経営）」.

面積で見た比重の方が経営体数で見た比重よりも大きい．例えば経営耕地10ha以上の経営（農家＋「農業事業体」）に都府県では18%の経営耕地が，北海道では93%の耕地が集積している．農家と「農業事業体」の販売金額1,000万円以上，3,000万円以上の合計経営耕地面積のシェアを計算することは統計数値が得られず出来ないので，「農業経営体」（2005年センサスから導入された分類で，2000年センサスまでのおおよそ「販売農家」＋「農家以外の農業事業体」＋「農業サービス事業体」に相当する）の数値を示しておいた．都府県では経営体総数（農家＋「農業事業体」）の僅か4.3%を占める販売金額1,000万円以上の経営に，全経営耕地（「農業経営体」の総経営耕地）の4分の1，25.8%の農地が集積している．しかし3,000万円以上になると経営耕地の集積

家計費充足率 (%)	可処分所得／家計費
41.4	1.35
21.4	1.23
23.7	1.31
19.0	1.27
26.3	1.01
30.5	1.02
101.1	1.32
108.6	1.28
114.1	1.36
86.6	1.12
149.7	1.59
161.1	1.62
119.2	1.32
140.0	1.37
185.4	1.79
154.2	1.69
208.5	2.20
203.1	1.96

率はまだ9.5%に過ぎない．しかし北海道では販売金額1,000万円以上の経営に耕地の81.9%，3,000万円以上でも46.2%の農地が集積している．

表I-1-4に戻ろう．耕作放棄地（同表④）は85年以降顕著になった．85〜2000年は，正確に言えば85〜90年と95〜2000年は耕作放棄地の増加と大規模経営（上記，5ha以上農家と「農業事業体」）の経営耕地の増加は同程度であったことがわかる（同表⑧＝④／②＋③）．2000年以降は大規模経営の経営耕地の増大が一層顕著になる（特に「農業事業体」）一方で，耕作放棄地の増加はそれ以前の時期に比べれば緩やかになってきている．この数字からだけでは確たることは言えないが，大規模経営の成長によって耕作放棄地の増加が抑制されるという状況が作られてきているようには見える．

以上のように現時点の日本農業は，縮小・後退と構造再編が同時に進行しているのであるから，その上に立って検討すべき課題は以下の2つということになるだろう．1つは構造再編の動きが日本農業の縮小・後退を押し止めるほどに力強いものであるかどうかの検討である．2つ目は構造再編で増加し，耕地面積シェアを拡大している，大規模農家，農業事業体が農業を持続させ得る，経営内容において担い手としての内実を持った経営であるかどうかの検討である．前者は構造再編の現実の量的評価であり，後者は将来の展望に関わる規模拡大農家の質的評価ということになろう．

第1の課題について，表I-1-4の「VII. 分析」の⑥と⑧を見てみよう．⑥は都府県について5年間の農家の経営耕地の減少面積①と5ha以上農家と農家以外の農業事業体の経営耕地の増加面積（②＋③）を比較したものである．2000年までは後者を大きく超える農地面積が減少していたことが分かる．2000年以降の⑥の値は小さくなり1を割ってはいるが，農地の減少を食い止

めるほどに大規模経営が成長しているわけではない．2005～10年でも5ha以上農家と「農業事業体」の合計経営面積（②＋③）が25.7万ha増加しているが一方で全体の経営面積（①）は23万ha減少している．農業生産を増大させ自給率を上昇させることが現在の重要な課題であるから，経営耕地面積の減少には注目せざるを得ない．耕作放棄地の増加，大規模経営の経営面積との関係を見た⑧についても同じことがいえる．以上のように85年以降の借地拡大による大規模経営の成長という構造再編の動きは，経営耕地面積の減少や耕作放棄地の増加を抑制するように作用している可能性はあるが，その減少や増加を押し止めるほどに力強いものとは現段階では言えない．この動きに農業の縮小・後退を逆転させる展望を見出すことはまだ難しいように見える．

(2) 大規模経営の構造再編推進力

大規模経営の成長は，望ましい農業構造を作り出す推進力となりうる経営実態を備えているのかどうかという第2の課題である．その答えを得るためには本格的な検討が必要であり統計分析だけでは限界がある．したがってここでは全面的な検討はできないが，いくつかの論点について触れておきたい．

まず経営の内実である．表Ⅰ-1-6の調査報告書（「農家経済調査報告書」「農業経営動向調査」「経営形態別経営統計（個別経営）」）の数値で3点だけ指摘しておきたい．①10a当たり農業労働時間は減少しているが，7～10ha農家のそれは農家平均のそれと比べると95年は44％，2013年は58％，10ha以上農家のそれは26％，29％と相対的な10a当たり労働時間は増加している．また7～10ha以上の規模の大きい農家の土地利用率は100％を超え，農家平均の利用率よりは高い．これらには大規模農家の農業の内実の一端が窺える．②家族農業労働1時間当たり農業所得は，農家平均に比べ7～10ha農家で95年1.7倍，2013年2倍である．特に15ha以上を超えると，格差は拡大し4倍くらいになっている．2013年の家族労働1日当たり所得（表の1時間当たり所得を8倍した）は7～10ha農家で11,256円，10～15ha農家で12,960円，15～20ha農家は18,728円，20ha以上農家は23,040円である．2012年の製造業賃金（1人1日当たり）は常用労働者5人以上事業所の平均で18,947円，うち5～29人規模の事業所のそれは13,583円である．大まかに言えば10～15ha以上の経

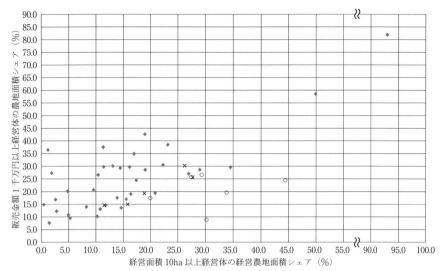

注：○は米の農業産出額が1位でその割合が50％以上，×は同30～50％の県である．
資料：「2010年農林業センサス」．

図 I-1-4 府県別農業経営体の経営耕地10ha以上及び販売金額1千万円以上経営体の経営耕地面積シェア（2010年）

営では製造業の零細企業の雇用者賃金並みの所得を実現している．7～10ha農家のそれはその水準には届いていない．③しかし，農業所得による家計費充足率は7ha以上の農家では100％を超え，農業所得で家計費を賄うことができている．15haを超えると家計費充足率はさらに一段高くなっている．それに対して農家平均では非常に低く，また75年から2000年にかけて急速に低下している．

7ha以上の大規模農家は農業所得で家計を賄うことができてはいるが，時間当たり所得は零細企業の賃金水準並みであるというのが大まかに見た現状である．

図 I-1-4は都道府県別の「農業経営体」について経営耕地10ha以上の「農業経営体」と，販売金額1,000万円以上の「農業経営体」の農地シェア（農地集積率）の関係を見たものである．10ha以上「農業経営体」への農地集積率は，北海道，佐賀，富山，岩手，福井，石川の順に高いが，富山，岩手，福井，石川は販売金額1,000万円以上「農業経営体」への農地集積率は低い．表

表 I-1-7　大規模農業経営体への農地集積率の高い

	全農業経営体の経営耕地の水田率	経営耕地 10ha 以上農業経営体			販売金額規模農地集積率	
		農地集積率		水田率	1千万円以上農業経営体	2千万円以上農業経営体
		経営耕地	水田			
北海道	20.8	93.2	79.5	17.7	81.9	63.8
岩手	64.2	34.5	25.3	47.0	29.7	20.8
富山	96.9	44.4	45.0	98.2	24.5	10.7
石川	87.8	30.2	29.8	86.7	9.0	3.7
福井	93.7	33.8	34.7	96.2	19.7	8.4
佐賀	84.2	49.9	58.4	98.4	58.5	46.1

注：10ha 以上農業経営体への農地集積率 30% 以上の県．
資料：「農林業センサス」及び「生産農業所得統計」(2010年).

表 I-1-8　大規模農業経営体の変化（2005-10年）

		2005年	2005-10年変化						2010年
		経営体数	非農業経営体へ	同規模の経営体として継続	下位へ規模縮小	下位から上昇	新設	不明	経営体数
北海道	20ha 以上	100.0	22.9	73.6	3.5				100.0
				73.0		7.8	1.0	18.2	
	30a 以上	100.0	19.8	76.0	4.3				104
				73.0		10.1	1.2	15.7	100.0
都府県	5ha 以上	100.0	8.5	76.0	15.5				100.0
				62.1		27.4	5.9	4.6	
	15ha 以上	100.0	12.3	73.8	13.8				182
				40.6		28.3	22.8	8.3	100.0

資料：「2010年農林業センサス」．

I-1-7によれば，これら4県は水田率と農業産出額に占める米の割合が示すように稲作の比重が高い県である．稲作経営の農業所得率が他の営農類型と比べて高いわけではないので[6]，稲作に特化した地域では，例えば10ha以上の経営へ農地集積が進んでも，それは販売金額で見た大規模農家の形成には結びついてはいないということができるだろう．また図中の○の県は米の農業産出額が1位で，その割合が50%以上（秋田，新潟，富山，石川，福井，滋賀），×の県（宮城，山形，福島，島根，山口）は同じく30〜50%を意味する．つまり稲作の比重の高い県である．11県中7県は経営耕地面積10ha以上の農業経

県（2010年）　　　　　　　　　　（単位：％）

農業産出額			
第1位		第2位	
部門	構成比	部門	構成比
生乳	30.6	米	10.7
ブロイラー	21.8	米	19.9
米	67.0	鶏卵	6.0
米	51.6	鶏卵	8.1
米	63.2	鶏卵	4.8
米	19.9	肉用牛	10.9

営体への農地集積率が25％以上と高い．とはいえ販売金額1,000万円以上の農業経営体の農地集積率は高いわけではない．先に述べたように農地集積による大規模経営の成長は，販売金額においての大規模化とは直結していないことが確認できる．

　つまり稲作地帯を中心に農地の流動化が進み大規模経営の成長が見られるが，それは販売金額で見る限り安定的な経営の確立をもたらす農業構造の再編とは言えない．稲作における農地の流動化は，稲作の経営条件の悪化の下で作り出されている農地の貸し手と借り手によってもたらされている．つまり規模拡大も農業で生き残るために，つまり専業農家としての限界規模の上昇に促迫された農地集積という性格が強いということを示している．

　2つ目は，経営の内容にも関係するが，安定性の問題である．表I-1-8は農業センサス農業構造動態分析報告書で，北海道20ha以上と30ha以上，都府県5ha以上と15ha以上の「農業経営体」の，2005年から10年にかけての変化を見たものである．北海道の「農業経営体」は，20ha以上でも30ha以上でも農業から離脱する（「非農業経営体へ」）「農業経営体」が20％前後でかなりの比率である．先に見てきたように北海道は大規模経営への農地集積が突出して進んでいるが，その経営は安定的とはいえない．同じ経営面積規模の「農業経営体」として継続していたのが20ha以上では73.6％，30ha以上では76.0％である．先に触れたように北海道の大規模経営は個別の農家が多く，借地農家の割合は高いが，その借地面積の割合は低い．つまり中心は自作地による拡大である．農地購入と急激な規模拡大に対応した機械・施設の導入に必要であった巨額の資金（負債）は，生産調整や米価低下などの稲作環境の悪化の下で，経営の重圧になっているのである．

　都府県の5ha以上および15ha以上の「農業経営体」をみると，農業を止め

表 I-1-9　大規模農業経営体の同一規模階層継続率（2005-10 年）
（単位：％）

5ha 以上農業経営体		15ha 以上農業経営体	
北関東	81.0	東海	80.5
南関東	80.1	南関東	78.3
南九州	79.8	近畿	77.2
北陸	78.5	北陸	77.0
東海	77.5	山陰	76.6
東山	77.4	北関東	74.4
東北	76.7	東北	73.7
近畿	76.7	東山	73.7
山陰	73.7	南九州	72.2
四国	73.5	山陽	72.1
山陽	72.6	四国	69.4
沖縄	70.3	沖縄	58.1
北九州	59.5	北九州	52.0

注：2005 年の 5ha 以上，15ha 以上の農業経営体が 2010 年に 5ha 以上，15ha 以上の農業経営体として継続した率．
資料：「2010 年農林業センサス」．

てしまった経営体はそれぞれ 8.5％ と 12.3％，同じ面積規模の経営体として継続しているものは 76.0％ と 73.8％ であった．都府県の場合には農業から離脱する経営体は少ないが，規模を縮小し下位階層へ移動する経営体の割合が北海道に比べて高いので，同規模の経営体として継続する割合は同じ程度となっている．ただしこの動きには地域的な差異も大きいことが推察される．表 I-1-9 は農業地域別に 5ha 以上，15ha 以上の農業経営体の 2005～10 年にかけての継続率（それぞれ 5ha 以上，15ha 以上として継続した割合）を見たものである．特に 15ha 以上の農業経営体の継続率の地域的差異が大きい．

　もう 1 点，特徴的なのは，都府県の 2010 年の 15ha 以上の経営体を見ると新設された割合が 22.8％ と高いことである．先に触れた政策対応による組織化を反映した数字であるかもしれない．

　最後に労働力の状況を見ておこう．表 I-1-10 は 5ha 以上の販売農家 1 戸当たりの基幹的農業従事者数を見たものである．都府県では 10ha までは基本的に 2 人，10～20ha は 2.5 人，20ha 以上は 3 人の家族労働力で，北海道では 10ha までは 2 人，10～25ha は 2.5 人，25ha 以上は 3 人の家族労働力で農業労働が行われている．販売農家の経営面積規模別の雇用労働力の統計がないので，農業経営体について見たものが表 I-1-11 である．ほぼ半分の経営が臨時雇いを雇用している．常雇いについて見ると雇い入れた経営体当たりの人数は，例えば都府県で見ると，30ha 以上では 1.6 人を超えて多いように見える．しかし経営者（集団営農の構成員などを含んだもの）1 人当たりで見ると 100ha 以上経営でも 0.1 人に過ぎない．雇用延べ人日（①＋②）を見ると，北海道は家

族労働の補完的役割，都府県の方はそれよりも多いが基本的には家族労働の補完としての雇用と見てよいだろう．

最後に表 I-1-12，表 I-1-13 を見ておこう．表 I-1-12 は農業後継者のいない販売農家の割合とその経営面積の割合を見たものである．同居の農業後継者も他出の農業後継者もいない販売農家の割合も，その農家の経営耕地面積の割合も 2005 年に比べ 2010 年は減少している．しかし全国の数字でそれぞれ 40.6%，43.2% もあるし，農業地域別で見ると北海道，北九州，南九州，沖縄の状況がより深刻である．特に大規模経営への農地集積の先端地域，それも組織ではなく農家が中心の構造再編が進んだ北海道で，同居農業後継者も他出農業後継者もいない農家割合が 68.6% と最も高く，それらの農家の農地面積が 57.6% を占めている．北海道で全国の先進として規模拡大を進めてきた経営の経営内容が，後継者を確保できる水準にはないことを示すものであろう．北海道でも組織化を含む再度の再編が必要になるのかもしれない．

表 I-1-13 も農地の流動化の進展が指摘されながら，主業農家も組織経営体も存在しないという農業集落が，都府県で 37.3% も存在することを示している．そのような集落が山陰（53.6%），山陽（57.6%）に多いだけでなく，東海（43.0%），近畿（40.9%）などにも多いのである．

表 I-1-10 販売農家 1 戸当たりの基幹的農業従事者数（2010 年）

（単位：人）

	男女計	男	うち 60 歳未満
北海道			
5.0〜7.5	2.0	1.1	0.4
7.5〜10.0	2.1	1.2	0.5
10.0〜15.0	2.4	1.3	0.7
15.0〜20.0	2.6	1.4	0.9
20.0〜25.0	2.6	1.5	0.9
25.0〜30.0	2.8	1.6	1.0
30.0〜40.0	2.8	1.6	1.1
40.0〜50.0	2.9	1.7	1.1
50.0〜100.0	2.9	1.7	1.2
100.0ha 以上	3.1	1.8	1.3
都府県			
5.0〜7.5	2.1	1.2	0.6
7.5〜10.0	2.2	1.3	0.7
10.0〜15.0	2.4	1.4	0.8
15.0〜20.0	2.5	1.5	0.9
20.0〜25.0	2.7	1.6	1.0
25.0〜30.0	2.7	1.6	1.0
30.0〜40.0	2.8	1.7	1.1
40.0〜50.0	3.0	1.7	1.1
50.0〜100.0	2.9	1.7	1.1
100.0ha 以上	2.8	1.8	1.0

資料：「2010 年農林業センサス」．

表 I-1-11 農業経営体の労働力の雇用状況

	①常雇い				②臨時雇い（手伝い等を	
	雇入れた農業経営体の割合	雇入れた農業経営体当たり実人数	雇入れた農業経営体当たり延べ人日	雇入れた農業経営体の経営者1人当たり実人数	雇入れた農業経営体の割合	雇入れた農業経営体当たり実人数
北海道						
5.0〜7.5	7.1	0.2	33.8	0.2	46.7	3.4
7.5〜10.0	6.7	0.2	32.9	0.2	52.7	3.8
10.0〜15.0	6.3	0.2	29.4	0.1	57.0	4.3
15.0〜20.0	7.4	0.2	40.8	0.2	62.3	5.1
20.0〜25.0	7.7	0.2	40.3	0.2	65.2	5.6
25.0〜30.0	8.2	0.2	45.6	0.2	65.4	6.0
30.0〜40.0	9.7	0.4	70.4	0.4	63.2	6.7
40.0〜50.0	13.9	0.4	91.9	0.3	58.0	5.4
50.0〜100.0	20.9	0.6	153.8	0.5	48.6	4.6
100.0ha以上	52.7	3.1	778.8	1.0	58.3	4.5
都府県						
5.0〜7.5	8.0	0.2	50.5	0.2	53.6	3.5
7.5〜10.0	10.3	0.4	74.8	0.2	59.4	4.2
10.0〜15.0	13.8	0.5	111.7	0.2	61.5	4.8
15.0〜20.0	17.0	0.7	134.6	0.2	60.7	5.5
20.0〜25.0	20.5	1.0	182.0	0.1	55.3	5.7
25.0〜30.0	22.0	1.0	184.1	0.1	54.1	5.8
30.0〜40.0	25.1	1.6	292.7	0.1	51.8	7.0
40.0〜50.0	29.1	2.7	550.0	0.1	47.1	6.1
50.0〜100.0	32.6	2.6	521.6	0.1	43.5	6.8
100.0ha以上	38.3	5.1	1,189.0	0.1	42.5	8.7

注：①常雇いの項の「経営者1人当たり」の経営者とは「男女を問わず，その農業経営に責任を持つ者を し，出資のみで実際の仕事に従事していないものは含まない．
資料：「2010年農林業センサス」．

(3) 政府の現状認識——2015年食料・農業・農村基本計画

今まで検討してきたような農業構造変化の現状を，政府はどのように認識しているのか，最新の食料・農業・農村基本計画（2015年3月閣議決定）を見ておこう．

基本計画は「まえがき」で，農業生産の現場で100haを超える大規模経営や，地域のエネルギーと先端技術を活用した施設園芸経営など従来の想定を超える新たな経営の出現や6次産業化，海外への輸出などの取り組みが始まって

第1章　農業構造の変化とその評価

(2010年)　　　　　　　　　　　　(単位:人,人日,％)

含む.)		①+②	
雇入れた農業経営体当たり延べ人日	雇入れた実農業経営体の割合	雇入れた農業経営体当たり実人数	雇入れた農業経営体当たり延べ人日
58.7	49.1	3.6	92
60.3	54.7	4.0	93
60.5	59.2	4.5	90
64.2	64.6	5.3	105
63.2	67.6	5.8	104
62.2	67.9	6.2	108
69.8	66.2	7.1	140
72.2	62.8	5.7	164
88.5	55.9	5.2	242
352.2	74.5	7.6	1,131
64.0	55.8	3.8	114
78.6	62.0	4.6	153
97.9	65.0	5.4	210
110.2	64.8	6.2	245
126.3	60.2	6.7	308
142.3	58.3	6.8	326
188.4	56.4	8.6	481
194.5	52.3	8.8	744
233.8	51.2	9.5	755
412.7	51.4	13.9	1,602

いい,集落営農や協業経営の構成員」を含んだものである.但

いると述べている.また農業構造は,利用権の設定等による農地集積が一定程度進展し,現在,認定農業者や集落営農等が農地を利用する面積は,全体の約半分を占めているとしている.同時に公表されている「農業構造の展望」では2014年現在,「担い手」(今回の基本計画で改めて①「効率的かつ安定的な農業経営体」:主たる従事者が他産業従事者と同等の年間労働時間で地域における他産業従事者とそん色ない水準の生涯所得を確保しうる経営体と,②「それを目指している経営体」,具体的には,ア:「認定農業者」,イ:将来認定農業者となることが見込まれる「認定新規就農者」,ウ:将来法人化して認定農業者となることが見込まれる「集落営農」と定義した)が利用する農地面積(所有権,利用権,基幹3作業の作業受託)は全体の約半分を占めていると指摘している.法人経営体の数は,近年,10年間で約2倍のペースで増加し,また2009年の農地法改正によりリース方式での参入が自由化されたため,一般企業の農業参入も改正前に比べ勢いを増すなど,農業構造は変化してきていると評価している.同時に農業・農村の価値が再認識されつつあるなど農業をめぐる状況の変化も指摘している.

表I-1-14で上記の「担い手」への集積面積の状況を確認しておこう.2010

表 I-1-12 農業後継者のいない農家及び経営耕地面積の割合（販売農家）

(単位：％)

	2005年			2010年		
	同居農業後継者がいない	他出農業後継者もいない	同経営耕地面積の割合	同居農業後継者がいない	他出農業後継者もいない	同経営耕地面積の割合
全国	55.8	45.4	48.8	58.6	40.6	43.2
北海道	78.9	75.4	65.5	75.7	68.6	57.6
都府県	55.2	44.6	42.3	58.1	39.8	37.2
東北	49.7	40.2	37.0	52.2	36.3	32.4
北陸	47.5	38.3	36.6	52.4	37.8	34.9
北関東	52.5	44.5	41.1	55.4	40.6	36.8
南関東	52.2	44.7	42.7	56.1	41.9	39.6
東山	58.3	46.9	46.8	59.6	40.3	39.7
東海	48.6	39.4	38.7	52.6	36.7	35.9
近畿	53.1	41.6	41.2	56.4	35.9	35.9
山陰	54.0	41.2	39.9	55.5	34.8	33.9
山陽	61.3	43.2	42.2	63.6	35.9	34.2
四国	60.5	47.0	45.6	63.6	40.3	39.1
北九州	62.5	52.2	50.0	65.6	46.7	44.2
南九州	79.2	67.0	63.4	79.5	57.0	53.2
沖縄	83.3	72.7	71.7	79.0	48.0	44.1

資料：各年「農林業センサス」．

年度末から14年度末にかけて停滞していた農地集積は，14年度末から15年度末にかけ作業受託を含めた集積率が48.7％から50.3％に，集積面積が220.8千haから227.1千haへと，農地中間管理機構が動き始めることによって増加に転じている．

集積の担い手をみると，集積面積の90％弱は認定農業者が集積している．認定農業者の数は2010年度末以降減少しているが，集積面積も集積率もわずかであるが増加している．担い手へ農地面積の50％が集積されていると政府の文書等で書かれると，農業構造が大きく変化し安定的な経営が育っている印象を受けるが，その数字にはいくつかの問題がある．まず「担い手」という概念が明確ではないという点である．「食料・農業・農村基本法」はその第21条で「効率的かつ安定的な農業経営を育成し，これらの農業経営が農業生産の相当部分を担う農業構造を確立するため……必要な施策を講ずるものとする」と

表 I-1-13　主業農家・組織経営体の有無別農業集落数割合（2010 年）

(単位：%)

	主業農家あり			主業農家なし		
	組織経営体あり	組織経営体なし	計	組織経営体あり	組織経営体なし	計
全国	12.6	47.3	59.9	3.8	36.4	40.1
北海道	19.2	59.1	78.3	2.0	19.7	21.7
都府県	12.2	46.6	58.9	3.9	37.3	41.1
東北	21.5	54.9	76.4	2.4	21.2	23.6
北陸	14.6	34.5	49.1	10.5	40.4	50.9
北関東	12.4	63.0	75.4	1.3	23.2	24.6
南関東	8.7	57.8	66.5	1.5	32.1	33.5
東山	12.4	42.4	54.8	3.6	41.6	45.2
東海	10.3	42.8	53.1	4.0	43.0	46.9
近畿	10.9	40.4	51.3	7.7	40.9	48.7
山陰	9.1	31.7	40.8	5.5	53.6	59.2
山陽	5.0	34.0	39.0	3.6	57.5	61.0
四国	6.0	49.9	55.9	1.9	42.3	44.1
北九州	16.6	49.3	65.9	3.2	30.9	34.1
南九州	10.8	52.4	63.2	2.5	34.3	36.8
沖縄	24.3	58.1	82.4	1.5	16.1	17.6

資料：「2010 年農林業センサス」．

謳っている．農業生産を支える経営は「効率的かつ安定的な農業経営」であり，それは「主たる従事者の年間労働時間が他産業従事者と同等であり，主たる従事者1人当たりの生涯所得がその地域における他産業従事者とそん色ない水準を確保し得る農業経営」と定義されている．したがって安定的な農業生産の基盤としての農業構造がどの程度作られているのかは，「効率的かつ安定的な農業経営」による農用地あるいは農業生産のシェアで示されるべきものである（以前の農業基本法の下で，目指すべき経営像とされた「自立経営」の農家数や経営耕地面積，農業生産額に占めるシェアが発表されていたように）．しかしその「効率的かつ安定的な農業経営」を目指す「認定農業者」制度が重要な施策として位置づけられることによって，「効率的かつ安定的な農業経営」とそれを目指す「認定農業者」の区別が概念では明確なのだが，前者を統計数値として把握することは困難であるし（生涯所得を確保しえているかどうかを毎年変動する年間所得でどう判断するのか），施策実施上の取り扱いでは区別する必要がないなどの理由によってあいまいになってしまっている．表 I-1-14

表 I-1-14 「担い手」の農地利用集積の推移

(単位：万 ha, %)

	実数			割合		
	2006年3月末	2010年3月末	2014年3月末	2006年3月末	2010年3月末	2014年3月末
農地利用集積面積	180.6	221.1	220.8	100.0	100.0	100.0
認定農業者	157.1	195.5	198.6	87.0	88.4	89.9
基本構想水準到達者	17.5	9.7	8.8	9.7	4.4	4.0
集落営農経営	6.0	15.9	13.5	3.3	7.2	6.1
自作地	112.8	124.6	117.1	62.5	56.4	53.0
認定農業者	99.4	117.8	111.4	55.0	53.3	50.5
基本構想水準到達者	13.3	6.8	5.7	7.4	3.1	2.6
借入地・作業受託地	67.9	96.5	103.7	37.6	43.6	47.0
借入地	47.1	66.2	79.1	26.1	29.9	35.8
認定農業者	43.6	63.7	76.7	24.1	28.8	34.7
基本構想水準到達者	3.5	2.5	2.3	1.9	1.1	1.0
作業受託地	20.7	30.3	24.7	11.5	13.7	11.2
認定農業者	14.1	14.0	10.5	7.8	6.3	4.8
基本構想水準到達者	0.6	0.4	0.7	0.3	0.2	0.3
集落営農経営	6.0	15.9	13.5	3.3	7.2	6.1
担い手の農地利用集積率 (%)	38.5	48.0	48.7			
認定農業者数（千経営体）	200.8	249.4	231.0			
担い手別の利用集積面積						
認定農業者利用集積面積	157.1	195.5	198.6	100.0	100.0	100.0
自作地	99.4	117.8	111.4	63.3	60.3	56.1
借入地	43.6	63.7	76.7	27.8	32.6	38.6
作業受託地	14.1	14.0	10.5	9.0	7.2	5.3
基本構想水準到達者利用集積面積	17.5	9.7	8.8	100.0	100.0	100.0
自作地	13.3	6.8	5.7	76.0	70.1	64.8
借入地	3.5	2.5	2.3	20.0	25.8	26.1
作業受託地	0.6	0.4	0.7	3.4	4.1	8.0
集落営農利用集積面積	6.0	15.9	13.5	100.0	100.0	100.0
作業受託地	6.0	15.9	13.5	100.0	100.0	100.0

注：2015年3月末「農地利用集積面積」は227.1千ha、「担い手への農地利用集積率」は50.3％である。

資料：農水省「農地中間管理機構の実績等に関する資料」(2015年5月)による．2014年3月末までは農水省「担い手の農地利用集積の概要について」(www.maff.go.jp/j/keiei/koukai/pdf/sutokku.pdf, 2015年7月12日アクセス)．

に「基本構想水準到達者」という項目があるがそれはきわめて少ない．実態としては「認定農業者」の中にも「効率的かつ安定的な農業経営」が含まれているだろうからである．加えて「将来認定農業者となることが見込まれる認定新規就農者」や「将来法人化して認定農業者となることが見込まれる集落営農」も「担い手」とされている．つまり「担い手」の概念は「担い手」（＝「効率的かつ安定的な農業経営」）と「担い手」になることが期待されるものを含めて，「担い手」育成のための農業施策の対象という意味合いで使われていて，「担い手」の概念が変化しているのである．「担い手」に農地面積の50％が集積されたというのも，今後安定的な経営体を目指す「担い手」も含めての数字なのである．加えて3作業以上の作業受託を含んで把握されるようになった点でも，農地集積率の数字は拡張されている[7]．

　2015年基本計画の構造展望では，担い手の農地集積率8割という目標と合わせて，新たに持続可能な農業の実現という観点から年齢構成を重視して農業就業者（基幹的農業従事者及び雇用者）の農業労働力の見通しが示された．農地集積は手段であり，重要なのはそこで作り出される経営だからである．農業の持続可能性という観点からは，農業就業者が確保できる構造が作り出せるのかどうかが大切なのである．「担い手」が先に述べたように「効率的かつ安定的な農業経営」を意味するものでなく，それを目指す経営まで含んだ概念となっているから，担い手の農地利用カバー率と同時に担い手の経営の質に目を向けることは重要である．

　基本計画も，上で触れたような前進的動きは「いまだ農業・農村の発展を力強く牽引しているとは言えず，農業就業者の高齢化や農地の荒廃など農業・農村をめぐる環境はきわめて厳しい状況にあり，多くの人々が将来に強い不安を抱いているのが現状である」（1頁）と述べている．つまり構造変化の前進的側面は後退・縮小の動きを押し止めるまでには至っておらず，なお後者が主要な潮流だということである．これがリアルな現状認識である．とすればその状況を逆転させ，農業の危機を克服することが重要になるが，そのために政府はどのような政策を提起しているのだろうか．

　今回の基本計画は，「このため，食料・農業・農村の全ての関係者が，従来の生産や販売の方法，それぞれの役割等を単に踏襲するのではなく，発想を転

換し，多様な人材を取り込みつつ，新たな仕組みの構築や手法の導入等にスピード感を持って取り組んでいかなければならない」「農業の構造改革や新たな需要の取り込み等を通じて，農業や食品産業の成長産業化を促進するための産業政策と，農業の構造改革を後押ししつつ農業・農村の有する多面的機能の維持・発揮を促進するための地域政策を車の両輪として進める……食料・農業・農村施策の改革を推進していく」と述べている．規制緩和・構造改革の新たな段階へ踏み出す宣言であり，政府の農業危機の克服策の核心は企業の持つ人材，資本力，情報，ノウハウを農業，食品産業に呼び込むことにある．これによって農業をアベノミクスの中核である成長戦略に資する分野として再編しようとしているのである．

1)　その後のセンサス分析は，生源寺眞一編『21世紀日本農業の基礎構造―2000年農業センサス分析―』農林統計協会，2002年，小田切徳美編『日本の農業―2005年農業センサス分析―』農林統計協会，2008年．小田切についての引用等は同書33頁及び36頁．
2)　橋詰登等『集落営農展開下の農業構造―2010年農業センサス分析―』農林水産政策研究所，2013年，安藤光義編著『日本農業の構造変動　2010年農業センサス分析』農林統計協会，2013年，安藤光義編著『農業構造変動の地域分析』農山漁村文化協会，2012年，などがある．
3)　小田切は，2005年センサスの特徴とした集落営農を中心とする農家以外の農業事業体の躍進も，政策の実施以前ではあるが，すでに「担い手」として政策対象になる方向で動き出していたことを背景にしていると指摘している．前掲『日本の農業―2005年農業センサス分析―』3頁．
4)　なお2005年センサスからの採用された新しい定義，「農業経営体」（2000年センサスまでのおおよそ「販売農家」＋「農家以外の農業事業体」＋「農業サービス事業体」に相当する）で，同じ借地経営体率，経営耕地借地率，田借地率をみると，経営耕地借地率，田借地率では表 I-1-2 の数値と大きな違いはないが，借地経営体の割合には大きな違いある，例えば北陸の借入耕地のある経営体の割合は，表 I-1-2 では30.7％であるのに対して，「農業経営体」でみると42.5％となる．南九州も29.7％に対して46.9％である．その差が小さいのは北海道と東北である．
5)　安藤が北海道について「構造政策は『卒業』した」（前掲『日本農業の構造変動2010年農業センサス分析』，11頁）と表現し，その意味を「北海道では『担い手』の選抜は既に終了」「大規模経営が増加するような状況にはない」「課題は，この限られた数の農業経営体で農地を守っていくこと」（前掲『農業構造の地域分析』，142頁）と述べている．後に触れるように，大規模化した経営も不安定である．今度はこれらの経営によって農業が持続的に維持される構造を作り出す政策が重要になっ

ているのである．
6) 2010年までの営農類型別の農業所得率は「平成24年版　食料・農業・農村白書付属統計表」参照のこと．
7) 農業基本法の下では，農業を担う経営像として提起された「自立経営」が，農家数，経営面積，農業生産額においてどの程度の比重を占めているかが公表されてきた．「食料・農業・農村基本法」になり農業生産を担う農業経営は「効率的かつ安定的な農業経営（主たる従事者の年間労働時間が他産業従事者と同等であり，主たる従事者1人当たりの生涯所得がその地域における他産業従事者とそん色ない水準を確保し得る農業経営）とされた．そして基本法第21条で「効率的かつ安定的な農業経営が農業生産の相当部分を担う農業構造を確立する」ことが目標として掲げられた．しかしこの水準に達した農業経営がどの程度いるのかという数値は公表されてはこなかった．したがって基本法の時と比べて農業を支えうる経営が育っているのかを客観的に知る数字はない．「担い手」への農地集積率がその指標として使われるのだが，その中心に据えられているのは「効率的かつ安定的な農業経営」を目指して取り組んでいる「認定農業者」である．

第3節　農業構造変化と農業生産の動向

　日本農業は様々な課題を抱えている．現在の重要な課題は食料・農業・農村基本法でも掲げられている食料の安定供給，食料自給率の向上，その基盤である農業自給力の強化である．したがって農業構造の変化も，この課題と結びつけて評価することが必要である．構造再編の動向が農業生産力の強化に結びついているのかどうかを最後に検討しておきたい．

　煩雑なので表は省略したが，1960～62年，1990～92年，2008～10年の各3か年（以下ではそれぞれ〈60年〉〈90年〉〈08年〉と記す）の農業地域別平均農業総産出額の全国に占めるシェアの変化を見ると，一貫して拡大しているのが北海道，北関東，北九州，南九州である．逆に一貫してシェアを低下させたのは北陸，東山，近畿，山陰，山陽，四国である．東海はこのタイプに近いが9.3％，9.0％，9.0％と〈90年〉から〈08年〉は同じシェアで推移した．これらと違う推移を見せたのが東北（〈60年〉から〈90年〉は上昇，〈90年〉から〈08年〉は低下）と南関東（同低下→上昇）である．沖縄は〈60年〉のデータが得られないが，〈90年〉から〈08年〉はそのシェアは上昇している．

　〈60年〉と〈08年〉の全国農業総産出額構成比を比較すると，その変化の特

表 I-1-15 農業総産出額および生産農業所得の変化（1990-2010

		年次	農業産出額					
			計	耕種				
				小計	米	野菜	果実	花き
全国	増減率	1990-2010	−26.8	−30.5	−49.2	−8.4	−19.8	−8.6
	構成割合	1990	100.0	70.8	27.4	21.8	8.3	3.4
		2010	100.0	67.2	19.0	27.2	9.1	4.3
北海道	シェア	1990	9.9	8.0	6.5	6.4	0.7	2.2
		2010	12.0	8.7	6.8	9.0	0.7	3.6
	増減率	1990-2010	−11.0	−25.0	−47.0	29.1	−24.6	50.0
	構成割合	1990	100.0	57.3	18.0	14.1	0.6	0.8
		2010	100.0	48.3	10.7	20.4	0.5	1.3
東北	シェア	1990	17.3	18.1	28.3	10.9	19.9	4.7
		2010	15.2	15.4	24.2	10.4	23.2	7.3
	増減率	1990-2010	−35.6	−40.9	−56.5	−13.1	−6.6	43.6
	構成割合	1990	100.0	74.4	45.0	13.8	9.6	0.9
		2010	100.0	68.2	30.4	18.6	13.9	2.1
北陸	シェア	1990	6.1	7.4	14.7	3.1	1.8	3.3
		2010	5.0	6.1	15.0	2.7	2.1	3.4
	増減率	1990-2010	−40.2	−42.4	−48.1	−19.5	−9.9	−4.8
	構成割合	1990	100.0	85.8	66.3	11.2	2.5	1.8
		2010	100.0	82.6	57.5	15.0	3.8	2.9
北関東	シェア	1990	10.0	9.8	8.8	13.7	3.6	8.3
		2010	11.0	11.0	10.3	15.3	4.3	6.9
	増減率	1990-2010	−19.7	−21.6	−41.0	2.0	−2.4	−23.8
	構成割合	1990	100.0	69.0	24.2	29.8	3.0	2.8
		2010	100.0	67.3	17.8	37.8	3.6	2.7
南関東	シェア	1990	8.0	8.7	5.5	15.0	3.4	12.3
		2010	8.6	10.1	6.7	14.7	4.5	12.7
	増減率	1990-2010	−21.6	−19.3	−38.2	−10.0	7.9	−5.5
	構成割合	1990	100.0	76.2	18.7	40.5	3.5	5.2
		2010	100.0	78.6	14.7	46.5	4.8	6.3
東山	シェア	1990	4.0	4.8	3.0	4.5	14.1	6.4
		2010	3.7	4.8	3.1	3.9	13.1	5.4
	増減率	1990-2010	−33.5	−30.5	−47.1	−20.1	−25.6	−23.0
	構成割合	1990	100.0	83.2	20.3	24.2	29.0	5.4
		2010	100.0	86.9	16.2	29.1	32.4	6.2
東海	シェア	1990	9.0	9.1	5.8	11.2	7.2	23.4
		2010	8.7	9.3	5.6	9.9	8.0	23.7
	増減率	1990-2010	−28.7	−28.8	−51.1	−19.0	−11.2	−7.3
	構成割合	1990	100.0	71.6	17.7	27.0	6.7	8.9
		2010	100.0	71.5	12.2	30.7	8.3	11.5

第1章　農業構造の変化とその評価

畜産小計	加工農産物	生産農業所得
−16.8	−16.2	−39.1
28.2	0.6	42.3
32.1	0.7	35.2
15.0	0.1	9.3
19.4	0.0	12.4
7.8	−100.0	−18.6
42.6	0.0	39.7
51.7	0.0	36.3
15.2	1.8	18.7
15.0	3.0	16.6
−18.0	41.7	−46.1
24.8	0.1	45.8
31.6	0.1	38.4
3.0	1.6	6.2
2.7	2.1	6.1
−26.6	9.1	−40.2
14.0	0.2	42.9
17.1	0.3	42.9
10.3	10.7	10.7
11.0	12.3	11.6
−11.2	−4.2	−33.8
28.9	0.6	45.0
31.9	0.8	37.1
6.6	1.3	9.7
5.7	1.6	8.1
−28.2	0.0	−49.1
23.3	0.1	50.8
21.3	0.1	33.0
2.2	2.1	4.3
1.4	6.6	3.3
−49.2	164.3	−53.0
15.5	0.3	45.1
11.9	1.2	31.8
8.3	33.4	8.4
7.1	29.2	8.1
−28.6	−26.8	−41.3
26.1	2.2	39.7
26.2	2.3	32.7

徴は米の低下（農業総産出額に占める割合，44.8%→21.2%）と野菜（同10.5%→26.0%），畜産（同，20.1%→31.0%）の拡大である．米に関しては，東北が非常に大きなシェアを占めているが，〈60年〉20.6%→〈90年〉27.3%と拡大した後，〈08年〉には25.7%に低下させている．野菜の拡大が顕著であったのは北関東（〈60年〉シェア10.0%→〈08年〉35.8%），南関東（同18.2%→44.4%），四国（同10.8%→33.6%），北九州（同7.9%→30.3%）であり，畜産の拡大は北海道（同19.9%→50.6%）と南九州（同19.4%→56.7%）で顕著であった．

表I-1-15は農業地域別農業産出額，生産農業所得の1990～2010年の変化を整理したものである．この間，全国の農業総産出額は26.8%，生産農業所得は39.1%減少している．どちらについても増大させた農業地域はない．全国の減少率よりも小さかった地域は農業産出額では北海道（11.0%減），北関東（19.7%減），南関東（21.6%減），北九州（24.3%減），南九州（15.5%減），沖縄（13.6%減）の6農業地域，生産農業所得では北海道（18.6%減），北関東（33.8%減），山陽（25.4%減）北九州（33.3%減），南九州（35.3%減），沖縄（24.4%減）と南関東に代わって山陽が入る．逆に農業産出額を，35%を超えて大きく減らした地域は東北（35.6%減），北陸（40.2%減），山陰（39.0%減），30～35%減の地域は東山（33.5%減），近畿（33.7%減），山陽（32.6%減），四国（32.6%減）である．
生産農業所得では45%を超えて減少したのは東北（46.1%減），南関東（49.1%減），東山（53.0%減），四国（48.4%減）の4地域，40～45%減の地域は

表 I-1-15 つづき

		年次	農業産出額					
			計	耕種				
				小計	米	野菜	果実	花き
近畿	シェア	1990	5.9	6.5	6.4	6.3	10.9	7.2
		2010	5.4	6.3	6.9	5.3	10.8	5.5
	増減率	1990-2010	−33.7	−32.2	−44.8	−23.1	−20.1	−29.8
	構成割合	1990	100.0	77.3	29.6	23.2	15.3	4.1
		2010	100.0	79.0	24.6	26.9	18.4	4.4
山陰	シェア	1990	1.8	1.8	2.1	1.4	2.7	1.7
		2010	1.5	1.4	2.0	1.3	1.4	1.0
	増減率	1990-2010	−39.0	−44.9	−51.4	−14.6	−58.9	−49.3
	構成割合	1990	100.0	71.4	32.9	16.8	12.7	3.4
		2010	100.0	64.5	26.2	23.5	8.5	2.8
山陽	シェア	1990	3.8	3.7	4.7	2.9	4.8	2.9
		2010	3.5	3.3	5.1	2.3	4.8	2.6
	増減率	1990-2010	−32.6	−37.8	−45.5	−27.0	−20.1	−20.4
	構成割合	1990	100.0	69.1	33.9	16.3	10.5	2.6
		2010	100.0	63.8	27.4	17.7	12.4	3.1
四国	シェア	1990	5.2	5.6	2.9	7.3	10.9	7.1
		2010	4.8	5.4	3.3	5.9	9.9	5.0
	増減率	1990-2010	−32.5	−32.2	−42.7	−26.5	−27.1	−35.9
	構成割合	1990	100.0	76.0	15.3	30.8	17.4	4.7
		2010	100.0	76.4	13.0	33.6	18.8	4.4
北九州	シェア	1990	10.7	11.1	8.7	11.0	16.4	10.0
		2010	11.1	11.9	8.6	13.3	13.2	13.2
	増減率	1990-2010	−24.3	−25.4	−49.6	10.5	−35.3	20.2
	構成割合	1990	100.0	73.1	22.2	22.3	12.7	3.2
		2010	100.0	72.0	14.7	32.6	10.8	5.1
南九州	シェア	1990	7.3	4.7	2.6	5.5	3.1	6.7
		2010	8.4	5.4	2.5	5.5	3.2	6.7
	増減率	1990-2010	−15.5	−20.6	−50.6	−8.1	−16.6	−8.6
	構成割合	1990	100.0	45.6	9.6	16.4	3.5	3.1
		2010	100.0	42.9	5.6	17.8	3.5	3.4
沖縄	シェア	1990	0.9	0.9	0.0	0.8	0.4	3.9
		2010	1.1	1.0	0.0	0.6	0.7	3.1
	増減率	1990-2010	−13.6	−21.6	−14.3	−37.3	40.5	−27.5
	構成割合	1990	100.0	66.1	0.7	19.1	3.5	13.9
		2010	100.0	60.0	0.6	13.9	5.6	11.7

注：生産農業所得の構成割合の数値は生産農業所得率（農業総産出額に対する割合）である。
資料：農水省「生産農業所得統計」。

第1章　農業構造の変化とその評価

畜産小計	加工農産物	生産農業所得
4.5	10.6	5.3
3.3	9.6	5.1
−39.1	−23.9	−41.8
21.6	1.1	37.9
19.9	1.2	33.2
1.8	0.0	1.6
1.6	0.2	1.5
−24.0	—	−43.9
28.4	0.0	38.7
35.4	0.1	35.6
4.2	0.9	2.8
4.0	0.4	3.5
−20.7	−66.7	−25.4
30.7	0.1	31.4
36.2	0.1	34.8
4.3	1.0	5.3
3.5	0.5	4.5
−32.7	−57.1	−48.4
23.6	0.1	43.5
23.5	0.1	33.2
9.6	25.0	10.5
9.4	13.5	11.5
−18.8	−54.8	−33.3
25.3	1.4	41.3
27.1	0.8	36.4
13.8	11.2	6.0
14.6	21.0	6.4
−12.1	57.3	−35.3
53.3	0.9	34.9
55.4	1.7	26.7
1.1	0.1	1.1
1.4	0.0	1.4
2.8	−100.0	−24.4
33.7	0.1	49.8
40.0	0.0	43.5

北陸（40.2％減），近畿（41.8減），山陰（43.9％減）の3地域である．

　その結果，農業産出額の全国に対する構成割合を見ると，僅かでもシェアが上昇したのは北海道（2.1ポイント），北関東（1.0ポイント），南関東（0.6ポイント），北九州（0.4ポイント），南九州（1.1ポイント），沖縄（0.2ポイント）である．

　以上見てきた農業産出額，生産農業所得の動向と農地集積率との関係を確認することはできるだろうか[1]．1990～2010年間に農業産出額，生産農業所得を増大させた農業地域はない．そこで表Ⅰ-1-16は農業産出額と生産農業所得の全国に占めるシェアを拡大した農業地域と農地集積率との関係を見ようとしたものである．そこからわかることは，農業産出額のシェアを高めた地域には大規模経営の農地集積率が高い地域（典型は北海道，北関東，北九州）と集積率はあまり高くない地域（典型は南関東）がある．これはシェアの上昇が依存する生産部門，土地利用型部門と土地をあまり利用しない部門の比重に関係する．もう1つのタイプは東北や北陸のように，大規模経営への農地集積率が高いのに農業産出額や生産農業所得のシェアが低下した地域である．いずれも米への依存が極めて高い地域である．

　以上のように農地集積の進展が農業産出額を拡大させている地域はない．しかし農業産出額の比重を高めることの役割を果たしている．規模拡大の条件はできてもそれを安定的な経営体の確立に結びつけ，さらには地域の農業生産を維持・拡大することに結びつけることは容易ではない．繰り返しになるが，規模拡大の取り組みには農業経営継続の限界規模上

表 I-1-16 大規模経営への農地集積と農業生産の動向

①農業産出額と農業生産所得のシェア上昇農業地域（1990-2010 年）

	農業総産出額のシェア			生産農業所得のシェア	
	1990	2010		1990	2010
北海道	9.9	12.0	北海道	9.3	12.4
北関東	10.0	11.0	北関東	10.7	11.6
南関東	8.0	8.6			
北九州	10.7	11.1	北九州	10.5	11.5
南九州	7.3	8.4	南九州	6.0	6.4
沖縄	0.9	1.1	沖縄	1.1	1.4
			山陽	2.8	3.5

②耕地面積規模別「農業経営体」の耕地面積集積率（2010 年）

	5ha 以上	10ha 以上	20ha 以上	30ha 以上
全 国	51.4	41.7	32.7	26.2
北海道	① 97.8	① 93.2	① 80.6	① 67.1
東北	② 42.2	③ 26.5	③ 16.7	③ 12.4
北陸	③ 41.1	② 27.8	② 18.7	④ 12.3
北関東	⑥ 31.9	⑦ 17.5	⑨ 9.1	⑧ 6.4
南関東	⑬ 18.1	⑫ 9.8	⑬ 5.3	⑬ 3.4
北九州	④ 33.2	④ 22.6	④ 16.5	② 12.6
南九州	⑦ 31.8	⑨ 14.3	⑫ 6.2	⑪ 4.0
東海	⑧ 27.3	⑤ 20.9	⑤ 15.3	⑤ 11.4
沖縄	⑤ 32.7	⑭ 14.6	⑥ 6.1	⑩ 4.3

注：②表の農業地域の数字は集積率の高い順につけた順位である．
資料：農水省「生産農業所得統計」，「農林業センサス」．

昇への対応という性格のものも多い．特に稲作などではそういえるであろう．消費の停滞・縮小と自由貿易化の一層の推進による国内市場の縮小，加えて消費者の食料品支出の食品産業への帰属割合が高まり，農業への帰属割合は低下しているなどの条件の下では，農業の安定的経営を作り出すことは難しい．規模拡大の動きを安定的な農業生産の担い手経営の成長につなげるためには，規模拡大を支援するだけでは困難である．

1) 農水省「農地中間管理機構の実績等に関する資料」（2015 年 5 月）には府県別の

農地利用集積率（2015年3月末）が掲載されている．集積率が最も高いのは北海道で87.6%である．全国の集積率50.3%を超える県は高い順に，佐賀69.1%，秋田60.6%，新潟54.0%，福井53.8%，山形53.6%，富山53.5%で，北海道を含めて7道府県である．40〜50%の県は東北が3県（青森，岩手，宮城），他に茨城，石川，滋賀，九州が3県（福岡，熊本，宮崎）の合計9県である．逆に20%未満が9府県（千葉，神奈川，山梨，京都，大阪，兵庫，奈良，岡山，広島），20〜30%が10都県である．都府県間の格差が大きいこと，概して東北，北陸，九州が高く，南関東，近畿，中国，四国が低いことの2つが特徴である．

第4節　農業構造変化の評価

　これまで見てきた日本農業の構造変化は次のようにまとめられる．①85年を画期とし，95年以降さらに加速化した農業生産の縮小等に見られる日本農業の縮小傾向は，なお日本農業の構造変化の主要な流れとして継続している．②しかし他方で農地流動化も加速化し，借地による経営規模の拡大（農家および農家以外の農業事業体，特に後者の成長）も進展している．しかしこの動きが農業の縮小に歯止めを掛け得る状況にはない．つまり基本的には宇佐美の指摘した2つの流れが継続しているということである．③規模拡大は農業技術の進展，農業環境の悪化による農業経営継続に必要な限界面積規模の上昇への対応という性格のものも，農地流動化が顕著な稲作では多い．農地の出し手の増加をチャンスに経営内容において確立した経営を目指すという前進的な動きだけではないのである．つまり農地の出し手も受け手も，農業をめぐる環境の悪化によって作り出されているという性格を持った流動化の比重が大きいということである．したがって規模拡大農家の増加を経営面積規模と販売金額の2つの面から見てみると，経営面積規模で見るほどには販売金額で見た大規模農家が成長しているわけではない．継続性にも弱さがあり，農業生産の減少に歯止めを掛け得る展望の持てる安定した経営体が生み出され増加しているとはいえない．④その上に，基本計画の「まえがき」にもあるような100haを超える経営（2010年センサスでは都府県で16戸，そのシェア0.0%，北海道で551戸，同1.3%存在する）や先端技術を活用した施設園芸など，雇用労働力にも依拠したようなこれまでの常識を超える経営も出現している．技術革新によって一定の条件があれば，そのような経営が成立することが可能であることを示

すものである．しかし，何百 ha という経営は大規模な農地集積を可能とする特別の地域的条件の下での存在であり，一般化するとはいえない．さらに，そのような極端に少ない農業経営によって農業生産が行われるようなあり方が，地域にとって望ましいのかという別の側面からの問題も出てくる．⑤したがって農地の流動化の進展による大規模経営（農家，組織）の展開が地域農業，さらには日本農業の縮小・後退に歯止めを掛け，その拡大を担う構造へ逆転させることができるのかどうかの綱引きは今後とも続いていくのである．

　このような構造変化をもたらしている主要な要因は次の3つである．1つはいうまでもなく農業部門を収奪する独占資本の力である．不等価交換による資本による収奪は，一国的な独占企業連合の支配する独占資本主義段階から，多国籍独占企業連合が支配するグローバル資本主義段階へと強化されてきている．農業経営を継続するために必要な設備投資は，機械や施設の大型化によって拡大を続けている．設備投資の拡大は金融機関の支配を強める．他方で農産物の価格形成における資本の力も，食品産業の展開に伴う食品産業への販売割合の上昇，大型小売業の成長による支配力の強化，輸入拡大による価格競争の組織化等々によって，強化されてきている．これらの関係を通して資本の収奪は強化されてきた．これが農業構造の変化を規定する主要な要因であり，そのために農業の縮小，衰退化が変化の基調となっているのである．

　とはいえ農業は縮小そして崩壊に向かってのみ進むわけではない．農業構造は農業政策によっても規定されている．農業政策は基本的には資本の利害を反映しているが，他方で国を維持していくためには農業生産者の抵抗や要求，国民の食料・農業に対する要求も反映せざるを得ないという性格を持つ．グローバル企業化したとはいえ，資本は国の仕組みを使って蓄積を促進する側面を持っているので，国という枠組みを全く無視するわけにはいかないからである．農業は人間生存の基礎をなす食料生産を担っているから，国の不安定化をもたらすことのないようには農業を維持しようとする力が働くのである．これが第2の要因である．

　第3の要因は，農業者としての生き残りをかけて，運動や抵抗すると同時に政策を利用したり，政策に乗っかったりしながら経営の存続を目指す農業者の存在である．現代の農業者は科学的知識，経済・社会的知識を身に付け，技術

力や経営力，また発信力や人とのコミュニケーション力というような社会的能力も豊かな，昔の農業者とは違う農業者である．この能力の高い農業者たちの努力が農業技術の変化をも活用しながら，規模の拡大や雇用労働力の利用，販売への努力等により農業生産の担い手として成長しているのである．したがってこれらの大規模経営の増加は，新しい技術開発を背景とした農業者による生き残りをかけた規模拡大，専業経営としての限界規模の上昇に対応した規模拡大の結果である．とはいえこの農業者の努力によっても，1番目に指摘した資本による収奪を突き破って成長することは一般的には困難である．つまり技術，労働市場，借地等の条件変化を背景に規模や雇用労働力において従来とは異なる経営が農業生産の担い手として成長する条件ができながら，しかしその動きも資本の収奪・支配の下にあるという限界を持っているのである．したがってその限界を突き抜けて安定的な経営として成長し，農業生産拡大の担い手となるには政策のあり方を含めて，資本の収奪を突き崩さなければ不可能なのである．

　上向的な動きと下向・解体的な動きとの対抗は今後とも継続する．しかし，これまでは農業は人間生存の基盤である食料生産を担う産業であり，かつ自然に左右されるという農業の特徴から，農業政策や貿易のあり方に一定の考慮が払われてきた．しかし資本主義そのものが危機を迎え，農業を一層深く資本の蓄積の基盤に組み込もうとする時代を迎えている．それは下からの成長を更に困難にするだろう．新しい転換点を迎えている農業をどのように考えていくか，これは第2章，第3章の課題である．

第2章
国際的農業危機
―戦後の国際食料・農業システムの矛盾の顕在化―

　戦後日本の食料・農業の生産・貿易・消費のあり方は，大枠においてアメリカのイニシアティブの下で形成され機能してきた戦後の国際的な食料・農業・貿易の秩序に規定されてきた．本章の目的は，第1章で検討した日本農業の現状を国際的な問題状況の中で位置づけ，少し広い視野から理解しようとするものである．

第1節　戦後の国際食料・農業システムと日本の農業政策

(1)　戦後の国際食料・農業システム

　戦後の各国また国際的な食料・農業のあり方は，それぞれの国の農業政策また国際機関のシステムを基盤として形成されたものであるが，それを規定した国際的な枠組みを総体として食料・農業システムと捉え，その特徴を簡単に見ておこう[1]．

　第1の特徴は，先進諸国が大恐慌を契機に価格支持による農業保護政策を採用し展開していったことである．典型であるアメリカについてみて見ると，その制度は以下の①～③の3つから成っている[2]．

　①1933年の農業調整法（Agricultural Adjustment Act）を出発点とし，1938年農業調整法によって整えられた価格支持制度である．アメリカ農業の黄金時代と言われる第1次大戦前の時期（1909年8月～1914年7月）と同等の購買力を持つ農産物価格水準，いわゆる「パリティ価格」を目標とし，保証する価格水準を「パリティ価格」の何％として決め[3]，その価格水準を実現するために返済義務のない融資（価格支持融資）が，農産物を担保に商品金融公社

CCCによって与えられた．商品を引き揚げなければ返済する必要がないので，融資単価が最低価格保証となる．対象農産物の範囲を1950年時点で見ると，1つは恒常的に価格支持の対象となる品目，これは基礎的な作物，綿花，小麦，トウモロコシ，タバコ，コメ，落花生と非基礎的品目としての酪農製品，羊毛，甜菜，サトウキビ等に分かれる．もう1つは価格支持の対象ではあるが必ずしも恒常的に実施されるものではない大豆，綿実，燕麦，大麦等がある．もちろん価格支持の対象となっていない野菜や果実等の品目もあり，農業者の販売額で見ると全く価格支持の対象となっていない品目の販売額は，1950～60年時点で全農産物販売額の55%前後である[4]．価格支持融資による価格支持は，1973年農業法（The Agriculture and Consumer Protection Act of 1973）によって生産費を基準とし，需給状況をも勘案して決定される目標価格と市場価格の差額（正確には価格支持融資が生きているので，市場価格が融資単価を下回っていれば，融資単価との差額．いずれにしても農業者には目標価格が保証される）を農民に支払う不足払い制度へ移行した．ただし，制度としては60年代中頃に事実上の不足払い制度へ移行していたが（輸出拡大を狙いにした融資単価の引き下げとそれを補填するための支払いの導入），目標価格が生産費を基準とする制度となったのは73年農業法による．この生産調整を条件とした不足払い制度は96年農業法（The Federal Agriculture Improvement and Reform Act of 1996）までアメリカの農業政策の柱として機能した．

この価格支持制度がうまく機能し続けるためには②輸入制限と③輸出補助が必要であった．そのためアメリカは，FAOによる供給管理と食糧援助を目指した世界食料委員会構想に反対の立場を取り，またアメリカの提案から始まった国際貿易機関設立のITO憲章を，議会の反対が激しかったために審議にかけることも結局はしなかった[5]．またITO憲章の一部を活かして作られたGATT協定でもアメリカの意向によって輸入制限と輸出補助の禁止条項から農業は除外された[6]．商品や通貨の自由な移動を原則とするアメリカの政策とは矛盾するが，価格支持により農家所得を保証しようとするアメリカの農業政策に適合する国際的ルールを求めたのである[7]．

1955年にはGATTでウェーバーがアメリカに与えられ，「米国の農産物輸入政策は事実上国際的な法的制約の枠外におかれることになった」[8]．またア

メリカの支持価格は国際価格水準をかなり上回っていたので輸入数量制限が広範に行使された[9].

輸出補助金についても同様である．一次産品に関する輸出補助金の規制も，アメリカの反対によって ITO 憲章草案で検討された制度の一部のみが GATT 協定に盛り込まれるにとどまった．その結果，輸出補助金については通報し協議しなければならないという弱い義務規定のみでスタートしたのである[10]．価格支持は農業生産力の上昇に拍車をかけ過剰をもたらし，農産物価格や農業収入を不安定化する可能性があるから，農産物貿易に関しては輸出補助禁止の例外規定が農産物価格支持施策の維持にとって必要だったのである．

アメリカの価格支持制度は作付け制限を伴っていたが，生産を抑制する効果には限界があった．既に抱えていた余剰農産物問題は，価格支持の下で一層深刻化していった．生産者は劣等地での生産を止める代わりに優等地で収量の増大に力を入れたからである．例えば 1926～30 年の単収と比べると，1956～60 年の単収は小麦は 1.6 倍，トウモロコシは 2 倍，大豆は 1.8 倍に上昇している（後の表 I-2-3 参照）．したがって価格支持施策には，価格を低下させずに余剰農産物を処理する方法が必要であった．フード・スタンプ（食料配給券）や学校給食などの福祉的な公共サービスでの使用と「援助」という名で行われた輸出補助によるダンピング輸出がその役割を担った．もちろん後者が大きな比重を占めた．

この余剰農産物の輸出を促進するために大きな意味を持った法律が，1954 年の農業貿易促進援助法（The Agricultural Trade Development and Assistance Act of 1954, PL480）であった．それまでマーシャル・プラン，次いで MSA 協定（1953 年の 550 条改正により農産物輸出を盛り込む）に基づく余剰農産物の輸出により余剰在庫の解消に努めてきたが，MSA 協定は軍事条約であったために（売却代金を現地通貨で積み立てさせ，それをアメリカの軍事援助や軍事物資の買い付けに使用する．一部は受け入れ国が自国の軍需産業の育成に使用する）意図するほどには輸出は拡大せず，新しい施策を必要としていた．新しく制定されたこの法律による輸入は輸入国の通貨によって可能であり，外貨不足に悩む当時の状況においてアメリカの余剰農産物輸出に大きな役割を果たした[11]．ヨーロッパ，南米，東南アジアに派遣された海外市場視察団が把握し

た当時の食糧事情——アメリカにとっての脅威は諸外国で自給率を高めようとする気運がたかまっていること，外貨不足で買いたくても買えない状況がこの気運に拍車をかけている等——を踏まえた法律だった．

　農産物を通常の商業的取引よりも有利な条件で輸出する形態としては，その取引を経済的視点から見れば，援助から限りなく通常の商業的取引に近い条件で行われるものまである．いずれにしてもアメリカ農産物の需要が作られるという点では同じである．アメリカの余剰農産物の処理においては，食料援助という名の下で行われた補助付き輸出が大きな役割を果たした．手塚眞によれば，食料援助のほとんどはこの「農業貿易促進援助法」と国際開発局によって行われ，それらは「政府特定計画輸出」に分類される．これ以外の農産物輸出は「商業的輸出」に分類されるがその中にも様々な政府補助を付与されたものがある．手塚の作成した表によれば[12]，1956年時点では輸出全体に占める「政府特定計画輸出」の割合は輸出全体の38%，また「政府特定計画輸出」以外の輸出「商業的輸出」の中の補助金付き輸出が17%を占めているので，合計54%が政府の補助を受けていることがわかる．その後「政府特定計画輸出」の割合は減少するが，その他の補助金付き輸出は増えるので，60年代半ばまでは合わせて55%程度の比重を保っている．その後「政府特定計画輸出」は，70年代半ば以降は5%前後にまで比重を低下させている．他方で補助金付き輸出は食料危機によりソ連の大量輸入が起き，国際価格が上昇した時期までは20%強の比重を保っていた．

　第2の特徴は，以上の価格支持と輸入制限，輸出補助とがセットとなったアメリカの農業施策のあり方が，それぞれの国の政治や経済の状況，また社会の歴史や文化に規定されて国毎の特徴を持ちながらも，先進諸国に基本的には同じように具体化されていったことである[13]．それはアメリカの施策の根幹である国内市場を重視する価格支持制度を維持するためには，同じような仕組みが他の先進諸国でも作られることが必要だったからである．先に触れたようにガットの農業に関する規定も，アメリカの主導によって国内市場重視の施策に適合するように作られた．

　例えば共通農業政策CAPはアメリカ同様の価格支持，輸入制限（可変課徴金），輸出補助金からなる域内農業保護の施策として作られた．その際ヨーロ

ッパ農業の中心である小麦や乳製品に関しては高い水準の保護が行われたが、アメリカの主要な輸出農産物のトウモロコシと大豆は CAP の輸入制限から外されていた[14]．アメリカ同様の国内市場重視の政策がとられながらアメリカの利害は貫かれ，戦後の国際的な食料・農業秩序形成におけるアメリカのイニシアティブがそのことに表れている．ただし価格支持による国内農業の保護は農業者保護という点では共通しているが，食料の安全保障の観点から自給率向上を目的とした多くのヨーロッパ諸国と輸出国アメリカとでは，その意味するところは異なる．

以上述べたように大恐慌以降，特に戦後に整えられてくる価格支持を核とする各国の農業保護政策は，それぞれの国の状況や歴史を背景として形成されてくるが，しかし国際的な関係を無視することはできない．その国際的関係の調整においてアメリカのイニシアティブが働いていたのである．この国際的食料・農業秩序は，多くの国々が第2次大戦による大きな被害を受け，アメリカが圧倒的な力を持った政治的・経済的状況の下でアメリカ農業の拡大と支配力強化の基盤となった．表 I-2-1 は輸出国としてのアメリカの位置の変化を見るために小麦を例に整理したものである．1860年代はロシアが世界第1の小麦

表 I-2-1　主要国の小麦の輸出量

(単位：1,000トン)

年平均	カナダ	アメリカ	アルゼンチン	オーストラリア
1852-54		128		-24
1860-64		721		6
1870-74		1,130		*76
1880-84	836	2,590	34	249
1890-94	208	2,571	762	239
1900-94	546	2,979	1,493	409
1910-14	2,154	2,223	2,118	1,260
1920-24	5,059	5,051	3,721	2,023
1930-34	5,427	1,355	3,603	2,742
1940-44	5,787	305	2,497	860
1950-54	6,717	7,758	2,151	1,676
1960-64	9,792	16,618	2,385	5,290
1970-75	14,183	29,825	2,242	8,694

注：オーストラリアの＊1870-74 は不完全な70, 71年を除いた1872-74年の平均である．
資料：B.R. ミッチェル編 / 斎藤眞 監訳『マクミラン世界歴史統計3　南北アメリカ・大洋州篇』(原書房, 1985).

輸出国であったが，1870年代になるとアメリカはヨーロッパへの小麦輸出を増やし，ロシア，東欧を超える輸出国としての地位を築いた．しかしその後，カナダ，アルゼンチン，オーストラリアなどの新興輸出国の成長によって，戦前，1910年代～30年代はそれら主要輸出諸国の中の1つに過ぎなかったのである．それが戦後60年代70年代になると，最大の輸出国として圧倒的な地位を築いたのである．アメリカの主要な穀物トウモロコシ等を入れて穀物全体としてみればこの動向は一層明瞭になる[15]．

表I-2-2は，戦後にかけてのアメリカの農産物貿易の動向を見たものである．この表から綿花，タバコを中心とするアメリカの農産物輸出は，戦後，小麦，飼料穀物，植物性油脂（大豆・飼料原料）を中心とするそれに大きく変化を遂げていったことがわかる．

表I-2-3は戦後アメリカの輸出農産物として重要な位置を占めるようになったトウモロコシ，小麦，大豆の生産の動向を整理したものである．小麦，トウモロコシは，主として戦前は収穫面積，その後は単収の増加（1926～30年に対して66～70年，トウモロコシは約2.7倍，小麦は1.97倍）によって生産量を一貫して増加させてきた．1926～30年を基準とすると1966～70年の生産量は1.77倍，小麦は1.67倍の増加であった．他方で大豆は1930年代以降急成長した新興の作物である．急速な収穫面積の増加と同時に収量も上昇し，生産量

表I-2-2　アメリカの農産物の輸出状況

(単位：100万ドル，%)

	1931-35年平均	1946-50年平均	1960-63年平均
農産物輸出合計	731.7	3222.5	4962.4
変化(1931-35年平均=100)	100	440	678
主要品目の割合			
肉類・同製品	3.2	3.6	2.8
鳥卵・酪農製品	0.9	8.4	2.1
パン用穀物・同調整品	5.5	27.8	22.3
粗穀・同調整品	1.3	7.0	12.7
植物性油脂・採油用種子等	0.9	4.5	12.0
タバコ	14.2	8.3	7.7
綿花	50.1	20.9	16.2

資料：木内信胤，市橋靖子『アメリカ農業の研究』世界経済調査会，1965，表14（42頁）より計算．
　　　原資料はStatistical Abstract of U.S. 1963.

表 I-2-3 アメリカの小麦, トウモロコシ, 大豆の生産量等の変化

	トウモロコシ			小　麦			大　豆		
	収穫面積 万ha	生産量 万トン	単収 トン/ha	収穫面積 万ha	生産量 万トン	単収 トン/ha	収穫面積 万ha	生産量 万トン	単収 トン/ha
1866-70	1,388	2,210	1.59	756	637	0.84			
1926-30	4,026	6,312	1.57	2,440	2,358	0.97	27	24	0.88
1946-50	3,421	7,869	2.30	2,845	3,224	1.13	456	310	0.68
1966-70	2,671	11,202	4.20	2,068	3,941	1.91	1,622	2,862	1.76
変化 (1926-30=100)									
1866-70	34	35	102	31	27	87			
1876-80	60	65	108	54	49	90			
1886-90	76	77	102	60	55	92			
1896-00	92	102	111	78	73	93			
1906-10	98	110	112	75	77	102			
1916-20	103	109	106	99	91	93			
1926-30	100	100	100	100	100	100	100	100	100
1936-40	92	94	102	96	92	96	504	714	142
1946-50	85	125	147	117	137	117	1,659	2,649	160
1951-55	81	126	157	100	124	124	2,314	3,607	156
1956-60	77	154	200	83	136	164	3,292	5,990	182
1961-65	66	151	229	80	140	176	4,373	8,275	189
1966-70	66	177	268	85	167	197	5,904	12,108	205

注：収穫面積, 生産量はエーカー及びブッシェルを ha, トンに換算した.
資料：1866-1955 は Historical Statistics of the United States Colonial Times to 1957, 1956-70 は同 to 1970.

の拡大は著しかった.

　表 I-2-4 は 60 年初頭以降の世界の主要穀物と大豆の生産量や貿易量の変化を見たものである. 貿易量に占めるアメリカの比重を見ると, 小麦では 1980 年代初頭に 45%, トウモロコシでは 79%, コメでは 24% を占めるようになっている. 食料穀物と飼料穀物の中心である小麦とトウモロコシでアメリカは支配的地位を確立していったのである. アメリカにとって重要作物の 1 つである大豆については, 貿易量に占めるアメリカのシェアの数値は得られない. その生産量は小麦, トウモロコシ, コメに比べて少ないが, 生産量の拡大は最も急速でまた生産量に占める貿易量の割合も最も大きいことがわかる. 大豆粕は重要なたんぱく質飼料として輸入国の畜産の拡大を支えたのである.

　表 I-2-5, 2-6, 2-7 は, 小麦, トウモロコシ, 大豆について, アメリカ, 日

表 I-2-4 世界の小麦, トウモロコシ, コメ, 大豆の生産量, 貿易量の推移

小麦

年平均	生産量 千トン	輸出量 千トン	輸出量／ 生産量（%）	貿易量に占める 米国シェア（%）	飼料用／ 全消費量（%）
1960/61-61/62	226,750	45,403	20.0	38.4	13.7
1969/70-71/72	318,224	56,119	17.6	30.6	23.4
1979/80-81/82	432,801	92,035	21.3	45.7	21.2
1989/90-91/92	555,148	105,737	19.0	26.0	21.6
1999/00-01/02	584,645	106,869	18.3	26.2	18.3
2009/10-11/12	677,377	142,714	21.1	20.8	19.2
2012/13-14/15	699,904	154,427	22.1	12.8	19.5

トウモロコシ

年平均	生産量 千トン	輸出量 千トン	輸出量／ 生産量（%）	貿易量に占める 米国シェア（%）	飼料用／ 全消費量（%）
1960/61-61/62	203,681	17,084	8.4	35.3	66.5
1969/70-71/72	282,205	33,051	11.7	49.3	66.2
1979/80-81/82	425,351	73,595	17.3	79.1	67.8
1989/90-91/92	478,868	64,206	13.4	58.6	67.7
1999/00-01/02	600,662	75,614	12.6	65.2	70.2
2009/10-11/12	849,495	101,623	12.0	47.1	59.0
2012/13-14/15	949,442	113,624	12.0	20.6	60.5

米（精米ベース）

年平均	生産量（籾） 千トン	生産量（精米） 千トン	輸出量 千トン	輸出量／ 生産量（%）	貿易量に占める 米国シェア（%）
1960/61-61/62	218,127	149,061	6,275	4.2	12.4
1969/70-71/72	308,112	209,957	8,252	3.9	20.1
1979/80-81/82	393,596	267,993	12,061	4.5	24.0
1989/90-91/92	517,518	349,951	12,684	3.6	16.9
1999/00-01/02	599,018	402,636	24,534	6.1	12.1
2009/10-11/12	674,760	452,637	35,484	7.8	10.2
2012/13-14/15	707,541	474,545	41,162	8.7	2.8

大豆

年平均	生産量 千トン	輸出量 千トン	輸出量／ 生産量（%）	搾油用／ 全消費量（%）
1960/61-61/62	31,837	7,249	22.8	72.4
1969/70-71/72	42,173	12,167	28.8	76.9
1979/80-81/82	86,799	27,641	31.8	83.3
1989/90-91/92	106,260	26,922	25.3	83.4
1999/00-01/02	173,691	50,821	29.3	85.3
2009/10-11/12	255,098	91,766	36.0	88.2
2012/13-14/15	289,185	110,146	38.1	88.2

注：1) 輸出量は Marketing Year である．
    2) 貿易量に占めるアメリカのシェアは全輸入量におけるアメリカからの輸入量（Trade Year）．
    3) 大豆のみ 1960/61-61/62 年の数字は 1964/65-66/67 年の数字である．
資料：USD「PSD Online」（2015 年 2 月 24 日アクセス）．

表 I-2-5　アメリカ，EU，日本の小麦需給の推移

年平均	アメリカ					
	生産量 千トン	輸出量 千トン	消費量 千トン	輸出量/生産量 %	輸入量/生産量 %	飼料用/全消費量 %
1960/61-61/62	35,217	18,643	16,254	52.9	0.5	6.2
1969/70-71/72	40,040	17,630	21,721	44.0	0.1	26.9
1979/80-81/82	66,228	42,272	21,888	63.8	0.1	11.6
1989/90-91/92	61,204	32,511	31,652	53.1	1.5	24.8
1999/00-01/02	58,706	28,221	34,664	48.1	4.5	19.9
2009/10-11/12	57,743	28,229	30,705	48.9	5.1	11.3
2012/13-14/15	58,177	28,017	34,714	48.2	7.0	19.5

年平均	日本					
	生産量 千トン	輸入量 千トン	消費量 千トン	輸入量/生産量 %	輸入量に占める米国シェア(%)	飼料用/全消費量 %
1960/61-61/62	1,656	2,803	4,176	169.3	33.5	5.8
1969/70-71/72	557	4,741	5,253	851.2	51.7	4.2
1979/80-81/82	570	5,672	6,085	995.1	58.9	2.6
1989/90-91/92	899	5,613	6,067	624.4	54.4	8.7
1999/00-01/02	657	5,883	6,150	895.4	53.5	11.9
2009/10-11/12	664	5,908	6,233	889.8	57.6	5.9
2012/13-14/15	840	6,240	6,833	742.9	34.6	13.7

年平均	EU－28							
	生産量 千トン	輸入量 千トン	輸出量 千トン	消費量 千トン	輸出量/生産量 %	輸入量/生産量 %	輸入量に占める米国シェア(%)	飼料用/全消費量 %
1960/61-61/62	48,058	17,919	3,771	62,255	7.8	37.3	23.0	19.4
1969/70-71/72	67,729	17,299	9,864	75,974	14.6	25.5	15.1	31.2
1979/80-81/82	85,886	10,539	15,899	80,954	18.5	12.3	42.7	31.9
1989/90-91/92	124,380	3,433	24,544	99,195	19.7	2.8	24.8	40.6
1999/00-01/02	126,627	5,401	16,355	117,453	12.9	4.3	32.2	47.1
2009/10-11/12	138,190	5,780	20,698	125,233	15.0	4.2	17.6	44.6
2012/13-14/15	144,382	4,920	28,534	119,833	19.8	3.4	10.9	43.1

注：1)　輸出量と輸入量は Marketing Year の数値．
　　2)　輸入量に占めるアメリカのシェアは Trade Year の数値で計算．
資料：USD「PSD Online」(2015 年 2 月 24 日アクセス)．

本，EU との関係に注目して整理したものである．まず各表のアメリカについての部分からわかることを簡単に触れておこう．小麦については生産量に対する輸出割合が高いこと，ただし輸出量も輸出率も 80 年代初頭がピークである

表 I-2-6 アメリカ，EU，日本のトウモロコシ需給の推移

年平均	アメリカ							
	生産量 千トン	輸入量 千トン	輸出量 千トン	消費量 千トン	輸出量/ 生産量 %	輸入量/ 生産量 %	飼料用/ 全消費量 %
1960/61-61/62	95,315	33	8,734	88,316	9.2	0.0	91.2
1969/70-71/72	122,650	54	16,090	106,549	13.1	0.0	90.5
1979/80-81/82	192,085	18	57,486	127,614	29.9	0.0	86.5
1989/90-91/92	194,241	211	48,074	153,406	24.7	0.1	76.1
1999/00-01/02	244,260	269	48,962	197,180	20.0	0.1	74.3
2009/10-11/12	320,109	554	45,307	281,150	14.2	0.2	43.4
2012/13-14/15	328,518	1869	37,233	286,055	11.3	0.6	43.2

年平均	日本							
	生産量 千トン	輸入量 千トン	輸出量 千トン	消費量 千トン	輸出量/ 生産量 %	輸入量/ 生産量 %	輸入量に 占める米国 シェア(%)	飼料用/ 全消費量 %
1960/61-61/62	115	1,909	0	2,021		1,660.0	36.5	95.0
1969/70-71/72	35	5,521	1	5,556		15,774.3	61.8	78.2
1979/80-81/82	4	12,939	0	13,010		323,475.0	86.9	79.8
1989/90-91/92	2	16,295	0	16,217		814,750.0	84.4	76.8
1999/00-01/02	1	16,284	0	16,272		1,628,400.0	89.8	73.8
2009/10-11/12	1	15,504	0	15,633		1,550,400.0	86.2	71.0
2012/13-14/15	1	14,978	0	15,000		1,497,800.0	41.9	70.0

年平均	EU-28							
	生産量 千トン	輸入量 千トン	輸出量 千トン	消費量 千トン	輸出量/ 生産量 %	輸入量/ 生産量 %	輸入量に 占める米国 シェア(%)	飼料用/ 全消費量 %
1960/61-61/62	19,363	10,735	1,553	28,446	8.0	55.4	29.6	76.2
1969/70-71/72	30,819	19,159	4,926	44,887	16.0	62.2	46.0	80.2
1979/80-81/82	44,398	25,042	1,351	67,922	3.0	56.4	96.1	83.4
1989/90-91/92	44,238	5,099	1,520	47,913	3.4	11.5	69.0	77.4
1999/00-01/02	57,182	2,762	964	59,049	1.7	4.8	8.5	79.4
2009/10-11/12	61,849	5,419	1,984	65,233	3.2	8.8	6.6	76.9
2012/13-14/15	65,772	11,760	2,365	74,867	3.6	17.9	3.8	75.9

注：表 I-2-5 に同じ．

こと，トウモロコシは，輸出量は大きいが輸出割合は小さく，国内向け飼料としても多くが消費されていること，大豆は一貫して輸出量を増加させ，2010年代になるとトウモロコシを凌駕するようになっていることなどがわかる．食料としての小麦，飼料としてのトウモロコシ，大豆によって農産物輸出大国ア

表 I-2-7 アメリカ，EU，日本の大豆需給の推移

年 平 均	アメリカ						
	生産量 千トン	輸入量 千トン	輸出量 千トン	消費量 千トン	輸出量/生産量 %	輸入量/生産量 %	食用以外/全消費量 %
1964/65-65/66	21,045	0	6,297	15,179	29.9	0.0	100.0
1969/70-71/72	31,174	0	11,641	21,846	37.3	0.0	100.0
1979/80-81/82	54,860	0	22,938	31,206	41.8	0.0	100.0
1989/90-91/92	52,945	86	16,899	35,257	31.9	0.2	100.0
1999/00-01/02	75,317	91	27,529	49,153	36.6	0.1	100.0
2009/10-11/12	88,808	410	39,638	49,297	44.6	0.5	100.0
2012/13-14/15	94,065	1,245	43,126	50,227	45.8	1.3	100.0

年 平 均	日 本						
	生産量 千トン	輸入量 千トン	輸出量 千トン	消費量 千トン	輸出量/生産量 %	輸入量/生産量 %	食用以外/全消費量 %
1964/65-65/66	235	2,021	2	2,181	0.9	860.0	74.5
1969/70-71/72	128	3,293	0	3,388	0.0	2,572.7	78.4
1979/80-81/82	193	4,288	0	4,444	0.0	2,221.8	82.3
1989/90-91/92	230	4,571	0	4,809	0.0	1,987.4	81.2
1999/00-01/02	231	4,899	0	5,113	0.0	2,120.8	80.7
2009/10-11/12	224	3,026	0	3,295	0.0	1,350.9	70.9
2012/13-14/15	213	2,875	0	3,042	0.0	1,349.8	68.1

年 平 均	ＥＵ－28						
	生産量 千トン	輸入量 千トン	輸出量 千トン	消費量 千トン	輸出量/生産量 %	輸入量/生産量 %	食用以外/全消費量 %
1964/65-65/66	3	3,949	2	3,954	66.7	131,633.3	100.0
1969/70-71/72	104	7,599	32	7,667	30.8	7,306.7	100.0
1979/80-81/82	441	15,661	221	15,892	50.1	3,551.2	99.9
1989/90-91/92	2,197	13,619	305	15,518	13.9	619.9	99.4
1999/00-01/02	1,437	16,860	31	18,113	2.2	1,173.3	99.4
2009/10-11/12	1,123	12,408	70	13,346	6.2	1,104.9	99.1
2012/13-14/15	1,297	12,758	70	14,137	5.4	983.7	99.1

注：表 I-2-5 に同じ．

メリカが形成されてきたのである．

　同じ3つの表によってEU，日本とアメリカとの関係について見よう．小麦について見ると，アメリカは生産量のうち50%前後を輸出している．輸出量は70年代に急増し，その後大きく減少したが，現在は緩やかな減少傾向にあ

る．日本はほとんどが輸入であり，輸入量は60年代に急増，70年代もかなりの増加を見せている．輸入先の比重はアメリカが圧倒的で，80年代初めは60％近くがアメリカからの輸入であった．EUは輸出量を増加させ，逆に輸入量を減少させ，80年代初めには輸入地域から輸出地域へ転換を遂げている．輸入量に占めるアメリカの比重は80年代初めには40％を超えているが，その後は急激に低下している．またEUでは小麦を飼料としても使用しているが，日本ではほとんどが食用である．トウモロコシについて見ると，日本は輸入量が多く，アメリカからの輸入の比重が高いことが特徴である．EUは輸入量を急速に減らしてきている．それに対して大豆は異なる動きを見せている．大豆はアメリカ，EUでは食用としてではなく飼料・油[16]として使われる．食料としての消費が一定の比重を占めているのは日本だけである．大豆もアメリカは生産量を拡大すると同時に輸出量も増大させている．それに対して日本とEUでは，生産量の比重は小さく輸入の割合が高い．

　以上のように戦後の国際的な食料・農業調整秩序の下でアメリカは小麦，トウモロコシ等の穀物や大豆の生産を拡大し，国際市場でも支配的地位を確立しえたのである．輸出におけるその比重の上昇は80年代初頭にかけて顕著に進展した．

　この背景として図I-2-1にあるように，70年代初めまで国際価格が安定していたことがあげられる．国際価格の安定は貿易を拡大し，また途上国に輸入食料依存の開発モデルを普及させるうえで重要だったという．国際小麦協定は1949年に調印され1969年まで繰り返し補足協定が結ばれた．輸出国にとって国際価格の安定・安価が，将来にわたって安定的な輸出の確保と貿易の拡大にとって重要だと認識されていたからである[17]．

　第3の特徴は，アメリカの余剰農産物処理が日本や途上国の農業のあり方に大きな影響を与えた点である．

　アメリカの総合的な対外経済援助の始まりであるマーシャル・プランについて，フリードマンは「大西洋の農業・食料関係の基礎を確立すると同時に，後に第三世界にも適用されることになる外国援助の特殊なメカニズムを創出した」が「マーシャル・プランの下では，余剰処理よりも復興の方が重要であった．……アメリカのマーシャル・プランの担当者たちは，当然の理解として，

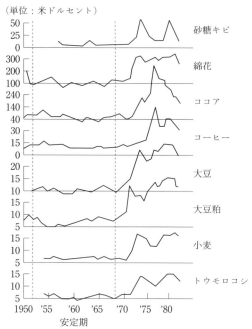

図 I-2-1　主要農産物の国際価格のすう勢
　　　　　（年間平均価格）

資料：デヴィッド・グッドマン，マイケル・レッドクリフ
　　ト編　日本農業研究所編『国際農業危機』日本農業
　　研究所，1992，32頁より引用．
　　原資料はM. Marloie, L'internationalisation de l'ag-
　　riculture française, (Paris, Editions Ouvtieres,
　　1984, page 14). FAOの特定価格シリーズから算
　　定したもの．

余剰農産物の処理を最小限に抑えた．ヨーロッパの食料および農業に対するマーシャル援助の40％は，農業復興のための飼料や肥料の輸入に使われた．余剰が食料援助の形で低開発諸国に向けられるようになった1954年以降，このバランスは変化した」と指摘している[18]．この指摘にあるように食料・農業関連の援助物資として，マーシャル・プランでは小麦・小麦粉，綿花というアメリカの余剰農産物と同時に飼料，肥料，トラクター等農業機械など，復興のための物資も輸出されている[19]．

　アメリカは余剰小麦の販路を，ヨーロッパから日本と途上国に求めた．PL480はマーシャル・プランの仕組みを踏襲したものだが，マーシャル・プランのように相手国の農業復興に配慮する姿勢は薄れ，余剰農産物処理を優先するものに変化していった．アメリカの小麦を援助として受け入れた国々は，援助輸入の下で食料自給国から恒常的な輸入依存国に転換を遂げていった．途上国では開発，経済発展が至上命令であり，農業は工業発展を支えるものとして評価されていたため，安価に輸入可能であればそれへの転換が行われたのである．アメリカは余剰農産物の処理を通して自給的色彩の濃い途上国経済を自由貿易に巻き込んでいった．表I-2-8は1960年以降の国別・地域別

表 I-2-8　農産物輸出の推移

(単位：億ドル，％)

年平均	輸出額 世界	輸出額シェア		純輸出額			
		アメリカ	E U	途上国	アメリカ	E U	日 本
1961-65	367	16	22	70	15	−112	−22
1966-70	458	15	26	75	12	−118	−33
1971-75	925	17	31	89	74	−177	−79
1976-80	1,797	18	33	121	161	−281	−138
1981-85	2,173	18	35	16	183	−196	−194
1986-90	1,905	20	17	83	128	−281	−395
1991-95	2,479	21	18	−17	213	−104	−328
1996-2000	3,066	19	18	−46	173	−43	−356
2001-03	3,181	18	17	−61	104	−45	−338
2004	3,912	16	19	−34	40	−40	−396

注：1)　1986年以降のEU，先進国，世界計はEU（2003年まではEU15，2004年はEU25）の域内流通を除いた数値．
　　2)　輸出額はFOB価格，輸入額はCIF価格である．
資料：農水省『海外食料需給レポート2008』平成21年3月．原資料はFAO『FAOSTAT』．

に農産物貿易の変化を見たものである．アメリカは90年代にかけて輸出額シェアを，また純輸出額を拡大させてきたことがわかる．しかしその後，アルゼンチンやオーストラリア等の成長によってピークを迎え，減少傾向に転じている．純輸入地域のEUは，戦後，純輸入額を増加させてきたが，90年代に入ると減少傾向に転じている．一貫して純輸入額を増大させ続けている日本とは対照的である．日本については後に改めて触れたい．途上国の変化は際立っている．農産物の純輸出地域であった途上諸国は輸入地域に転換させられたのである．

　第4として，農産物の価格支持制度は家族経営の保護と同時に農業・食品関連企業の成長を促した．その過程を通じてアグリビジネスに対する家族農業の技術的，社会的な依存・従属の関係が助長され，それによる支配という関係が作り出された．価格支持制度の下で農民が受け取る補助金額は生産量に左右される．したがって生産量の増大と労働生産性の上昇が所得の増大に結びつくため，化学肥料，化学農薬，濃厚飼料，農業用機械・施設などの使用に拍車がかかるからである[20]．農業の工業化は，価格支持の下での集約的技術競争によって促進されたのである．巨大な農業関連企業は，加工食品の開発・普及が進む

にしたがって食品製造,流通部門を通して食品部門でも大きな支配力を持つようになり,巨大なアグリビジネスに成長していく.農業の工業化とアグリビジネスによる農業支配の進展である.

アメリカの代表的なアグリビジネス,カーギルを例にとると,大豆加工に乗り出したのが 1943 年である.ヨーロッパへアメリカ産穀物,油糧種子の輸出に本格的に取り組むために 1953 年にアントワープに子会社トラダックス (Tradax, Belgique, S.A.) を設立し,3 年後の 1956 年に Tradax International, S.A. としてその本部をスイスのジュネーブに設立している[21].

1920 年代 30 年代に開発された化学肥料や化学農薬,工業生産される濃厚飼料,遺伝工学的育種技術による品種改良,農業の機械化などを基盤とする農業の工業化は,戦後普及し国際的にも伝播し,農業の土地生産性と労働生産性を急速に上昇させた.生産者は生き残りのために新しい技術の導入という踏み車を回し続けることになった.

この農業の工業化は以下のような 3 つの変化をもたらした.①農民の流出,農場数の減少による大規模農業と経営の単純化(複合経営の単一経営化,輪作から単一栽培化)である[22].②自然に依拠した農業の姿を環境問題の原因となる産業に変化させた.③トウモロコシ・大豆を原料とする工業的飼料生産,集約的工場的畜産,肉食偏重の食習慣という農業・食のあり方を作り出し,アメリカを発信地として世界的に広がっていった.家畜遺伝子の改良,家畜の栄養と「健康」管理の増進,穀物飼料の収量と生産量の増大が飼料価格を低下させ肉類や酪農品の価格を低下させた.アメリカの 1 人当たり肉類の消費量の推移を見ると,1950 年代以降の増加が著しい.50 年に対する 59 年の消費量は牛肉 1.2 倍,豚肉 0.98 倍,特に鶏肉は著しく 1.4 倍に増加している[23].

1961 年のアメリカ農産物輸出の輸出先国の比重を見てみよう.穀物及び同製品(農産物輸出額の 42.5%)は OECD のヨーロッパ諸国へが 38.6%,日本へが 4.9% を占めている.飼料用穀物(同 1.7%)では,ヨーロッパ諸国が 40.4%,日本が 12.0%,油糧種子類(同 7.7%)はヨーロッパが 46.1%,日本が 29.4% を占めている[24].

これまで 4 点に整理して述べてきた戦後の食料・農業システムによって,アメリカ,EU,日本,途上国に注目すると,アメリカを中心とする食料・農業

の結びつきが形成された．その関係においてアメリカは農業大国・農産物輸出大国になり，EUは輸入地域から穀物について見れば輸出地域へ転換した．逆に日本は輸入国としての性格を一層強化してきた．また途上国は農産物の輸出地域から輸入地域へと大きく転換させられた．この過程は農業，さらには食品の工業化を促進し，アメリカ型の食生活が伝播し，アグリビジネスの農業・食料支配が国際的に構築され確固たるものとなる過程でもあった．

(2) 日本の戦後農業政策の特徴

アメリカの穀物在庫は52年以降急増し，小麦を例にとると，60～62年の平均在庫量3,660万トンは年間の生産量とほぼ同じであり，これは4大輸出国（カナダ，アルゼンチン，オーストラリア，アメリカ）の抱える全在庫量のほぼ70％にあたる．粗粒穀物の在庫も60～62年平均で約7,000万トンであった．国連食糧農業機関FAOではアメリカ農産物と競合しないように選択的・効率的拡大（selective and efficient expansion）を，との勧告が行われるようになった時期でもあった．戦後日本の食料増産政策も50年代の初めころから変化の兆しを見せ始めた．

小麦や飼料穀物を輸入に依存する方向へ歩みだす契機として，MSA（Mutual Security Act 相互安全保障法）とPL480による輸入があった．MSAによる輸出の販売代金は現地通貨で積み立て，アメリカが軍事援助や軍事物資の買い付けに，また一部は受け入れ国が自国の軍需産業の育成等に使うものであった．条件の1つとしてこの輸入が，アメリカおよび友好国の通常の取引を排除・代替しないことが決められていたので，従来の普通貿易や国際小麦協定に基づいて，アメリカやカナダ等から輸入していた小麦の上乗せとして輸入された

日本ではMSA協定による輸入は53～54年にかけて1回，PL480に基づく輸入は55年，56年の2回行われた．小麦が最も多いが，その他に米，大麦，綿花，葉タバコ等が輸入されている．PL480による輸入代金の一部は，アメリカ農産物の市場開拓のために使われることが約束されていたが，これを使って小麦の多様な市場開拓が行われた．日本食生活協会との事業契約によるキッチンカーの運行，全国食生活改善協会との事業契約による製パン技術者講習会などがよく知られている．また1954年に，奨励法ではあるが学校給食法が成

立し,「小麦粉形態を基本とした学校給食の普及拡大」が明記された．学校給食を通じての市場拡大の取り組みも行われた[25]．アメリカ小麦の日本市場への販売戦略は功を奏し，58年にカナダに奪われた日本への小麦輸出国第1位の地位を，1963年に奪い返している．

　日本の食料増産政策も変化する．52年の「食糧増産5か年計画」の目標は，米麦1,750万石の増産と540万石の輸入減であったが，54年の食料増産計画では1,350万石の増産と，130万石の輸入増に変わっている．以下では小麦と飼料政策について触れておきたい．

　まず小麦について．1952年に食糧管理法が改正され，麦の供出制度は廃止され自由市場における売買が認められた上で，買入申し入れに対しては政府買入価格による無制限買入となった（つまり生産者の売渡義務の廃止と政府による買入義務の存続）．最低価格支持としての政府買入価格は，50年，51年産の平均価格を基準価格とし，農家購入品などの価格パリティの変動を加味した方式で決定されることになった．この時点では国際価格の方が高かったので輸入（国家貿易であった）には輸入補助金が必要であった．しかし53年以降小麦の国際価格は一層下落し，国内価格よりも低くなり輸入補助金は不必要になった．政府の買入価格は，上記方式により国際価格の動向とは切断されていたので，国際価格より高くなり国産小麦はすべて政府に集まることになった．したがって小麦の食管会計は国産麦については赤字，外国麦については黒字，合計で黒字として推移した．

　しかし買入麦価が高かったわけではない．再生産を保証しえない水準の買入価格によって麦の生産は縮小していった．他方で小麦の払い下げ価格は，製粉コストの上昇分を食管会計で負担し，米価と小麦粉価格の比率を一定に保つように決められたので，米の売渡価格に対する小麦の売渡価格の比率は低下している．その下でパンと精米の価格の比率も低下を遂げ，パンの消費拡大が促進され，アメリカ小麦の需要の定着と輸入量の増大が進んだのである．小麦の国内生産量のピーク1940年（179万トン）を戦後一度も回復することなく，2014年産で85万トンにまで落ち込んでしまった．

　飼料については，1958年に「政府が輸入飼料（飼料用の麦類，ふすま，とうもろこしその他農林水産大臣が指定するもの―引用者）の買入，保管及び売渡を

行うことにより，飼料の需給及び価格の安定を図り，もって畜産の振興に寄与することを目的とする」(第1条)「飼料需給安定法」が作られた．その第5条第3項は「輸入飼料の売渡をする場合の予定価格は，当該飼料の原価にかかわらず，国内の飼料の市価その他の経済事情を参しゃくし，畜産業の経営を安定せしめることを旨として定める」としている．この規定は本来ならば，輸入飼料の国際価格が異常に高い時に発動されるべき内容である．しかしこの規定によって低価格での輸入飼料の払い下げがおこなわれ，輸入飼料依存の畜産が展開されることになったのである[26]．

飼料総合需給表（農林省畜産局）によれば飼料の総供給量（供給量はT・D・N/可消化養分総量換算）に占める粗飼料の割合は60年46.2％から65年40.1％，70年32.8％と減少し濃厚飼料への依存が高まっていく．濃厚飼料は輸入が多いので（濃厚飼料に占める輸入飼料の割合は，60年度33.5％，65年56.8％，70年67.4％）飼料の輸入依存を高めていくことになる．総供給量に占める輸入飼料の割合は，60年の18.0％から65年33.4％，70年45.3％へと高まっていった．

表I-2-9は上に述べてきた小麦と飼料穀物の輸入が拡大していった様子を見るために整理した．60年代半ばまでに輸入飼料による畜産拡大のレールが完成したことがわかる．他方，食用穀物の輸入は70年代半ばにかけて拡大し，その後停滞気味に推移した後90年代に再び増加している．

小麦と飼料穀物に即して輸入依存政策の展開を見てきたが，戦後の増産政策からの転換を明確にしたのは1961年の農業基本法であった．農業基本法の生産政策は，「選択的拡大」「生産性向上」を内容とする農業生産の増大であり，それまでの「条件なしの増産」からの転換であった．選択的拡大とは「需要が増加する農産物の生産の増進，需要が減少する農産物の生産の転換，外国産農産物と競争関係にある農産物の生産の合理化等」(第2条第1項1号)を意味する．消費の動向と海外農産物との競争（小麦や飼料穀物で見たように競争力で劣る農産物は国内生産を放棄し輸入に依存する，具体的に言えばアメリカ産農産物との競合を避ける）の観点から農産物を選択し生産拡大を進めるということである．この時点ではそのような条件を付けたうえではあるが，まだ「農業総生産の増大を図る」ことを生産政策の目的としていた[27]．

表 I-2-9 穀物の生産と輸入の推移

年度平均		食用穀物			飼料穀物		
		国内生産量	純輸入量	国内消費仕向け量	国内生産量	純輸入量	国内消費仕向け量
量（千トン）	60-61	14,344	2,811	17,030	2,496	1,868	4,360
	64-66	13,794	4,424	17,744	1,410	5,768	7,138
	69-71	13,103	4,031	17,873	736	10,296	10,990
	74-76	12,661	5,584	17,632	267	14,544	14,475
	79-81	11,245	4,895	17,345	409	19,342	19,479
	84-86	12,577	5,767	17,368	382	21,433	21,487
	89-91	11,069	5,721	17,167	340	22,292	22,497
	94-96	11,542	7,217	17,172	228	21,304	21,126
	99-01	9,924	6,529	16,652	210	20,779	20,574
	04-06	9,673	6,451	16,237	187	20,108	19,860
①推移・指数	60-61	100	100	100	100	100	100
	64-66	96	157	104	56	309	164
	69-71	91	143	105	29	551	252
	74-76	88	199	104	11	779	332
	79-81	78	174	102	16	1,035	447
	84-86	88	205	102	15	1,147	493
	89-91	77	204	101	14	1,193	516
	94-96	80	257	101	9	1,140	485
	99-01	69	232	98	8	1,112	472
	04-06	67	229	95	7	1,076	456
②構成比（％）	60-61	84	17	100	57	43	100
	64-66	78	25	100	20	81	100
	69-71	73	23	100	7	94	100
	74-76	72	32	100	2	100	100
	79-81	65	28	100	2	99	100
	84-86	72	33	100	2	100	100
	89-91	64	33	100	2	99	100
	94-96	67	42	100	1	101	100
	99-01	60	39	100	1	101	100
	04-06	60	40	100	1	101	100

注：1) 3年間の平均数値（ただし60-61年度は2年間）に基づいて計算．
　　2) ①は60-61年度平均を100とした推移．②は国内消費仕向け量を100とした時の割合．ただし在庫の増減があるので国内生産量と純輸入量を合計しても国内消費仕向け量にはならない．
資料：農水省「食料需給表　平成19年度版」．

　この政策の下で，日本農業の柱であると同時に日本の需要に適する品質の米が低価格で輸入できる条件のなかった米については食管制度が維持され，1952年二重米価制，1960年生産者米価の「生産費・所得補償方式」の導入によっ

て，他の農産物に比べて安定的で相対的に高い米価が実現する．稲作技術の研究は国の研究機関でも重視され，省力化が進むと同時に兼業農家でも専業農家と遜色ない収量が可能な稲作技術が形成されたのである．これが米過剰の生産面での原因であった．他方で小麦の研究は国の試験場では切り捨てられ，後に米過剰の下で稲作からの転換を図るときに明らかになったように，小麦種子の継続的な保存さえ試験場で行われていなかったのである．

つまり日本は主食である米については，国内生産を重視し保護する施策によって余剰が発生するまでに生産が拡大した点では欧米と同じであった．しかしパンと肉を中心とする食の欧米化は，自国の農業生産を基盤にしてではなく，輸入農産物を基盤として進められた．60年代以降食料自給率が一貫して低下していくレールが敷かれたのである．工業発展優先の経済政策の下で農業は軽視されてきたのである．

日本の農業政策の理念の特徴を理解するには，同じ敗戦国であった西ドイツと対比することが有効である．第2次大戦後のドイツも戦後直後は同じように食料不足の解決が緊急の課題であった．しかし経済復興とその後の高度経済成長の下で（失業率：1950〜54年7.9％，55〜59年2.5％，60〜64年0.6％）50年代，農工間の所得格差の拡大が大きな問題となってきた．この所得格差の拡大という経済的状況とドイツ農民連盟（DBV）の運動を背景にして1955年農業法が成立した．この法律によって「家族農場の中枢的重要性が成文化されたばかりでなく，農業部門が製造業賃金と匹敵する所得を稼ぐ機会を与えられるべきであるという均衡の原則が確立」[28]したとされる．その評価は農業法の第1条と第4条に基づいている．なおこの所得均衡の理念は，EECの農業政策への統合化が進められる中でも中心的な要素であり続け，ローマ条約の共通農業政策の目的にも継承されている[29]．

西ドイツ農業法の重要な柱である所得均衡の考え方は，戦後の西ドイツの経済政策の基本理念である社会的市場経済に基づいている．社会的市場経済論はレプケらによって理論的に展開され，戦後，経済相エアハルトによって経済政策として具体化された理論である．この社会的市場経済論を，島野卓爾はエアハルトの「われわれの政策の中身はSPD（社会民主党―引用者）よりさらに社会的なものになるだろう．真に健全で生産的な経済を基盤にしてこそ，道理に

叶った社会政策が実施できるからだ」[30]という言葉を引用し,「万人のための福祉」を目的に,それを「競争を通じての福祉」という道筋で実現しようとするものであると述べている[31].また祖田修はレプケを取り上げ,社会的市場経済論について以下のように述べている[32].社会的市場経済論は,自由─規制,個人原理─集散原理,自由放任主義─共産主義,という対立原理の中で,それらの長短を「生産的に総合」する第三の立場である.それは「『自由と規制の生産的総合』を意図するが,その際自由とは市場原理の重視であり,規制とは市場社会の維持のための『干渉主義的傾向を克服した国家の社会的均衡のための政策的措置』,すなわち市場の失敗が予想される領域についての,不可欠の是正政策ないし『枠の政策』を意味する.具体的には財政政策,福祉政策ないし,市場原理に一定の修正的な枠をはめる社会政策,空間整備政策,教育政策,環境政策,そして農業政策がこれに属する」.さらにケインズ経済学と異なる点,あるいはアメリカ,日本などと異なる点として,①インフレ対策などに見られる長期安定性,②国土・地域政策の徹底に見られる地域主義的性格,③中産階級を中心にした生活の質や均衡・平等のための社会政策を重視する社会性,④市場原理を重視しつつも,市場の失敗に広く目配りする総合性,を挙げている.

　以上からわかるように,所得や生活の均衡という公正を重視する社会政策的観点からも,また大都市の抑制,中小都市と農村との結合という分散型の国土形成を望ましいとする観点からも,日本に比べて農業が全体の経済・社会のあり方の中にきちんと位置づけられ,重視されてきたのである.三上禮次は「日本の農業基本法は,その農業構造改善政策などについて西ドイツ農業法をならったもの」といわれるが「この両者には本質的な相違がある」「西ドイツ農業法が食糧自給を基本理念とするのに対し,日本の基本法は,国際分業論を基本理念とする」[33]と指摘している.表I-2-10は農業法の下で所得均衡がどのように実現されたかを見たものである.基本法制定後の僅か2年間の推移であるが,「比較賃金を得,かつ投下資本について$0.1 \sim 3\frac{1}{3}\%$の利子を得ているもの」の農地面積割合は15.2%から24%に増加し,逆に「比較賃金の80%以下を得,かつ投下資本について利子を生じていないもの」の農地面積割合は29.1%から9.6%に大きく減少している.これに対して日本の農業基本法で同じ所得均

表 I-2-10 純所得が一定の労働報酬および資本報酬を カバーしている程度による農地面積の分布

年　度	農用地面積に諸める割合	
	1956/57	1958/59
比較賃金を得，かつ投下資本について $3\frac{1}{3}$% 以上の利子を得ているもの	2.8	7.1
比較賃金を得，かつ投下資本について 0.1〜$3\frac{1}{3}$% の利子を得ているもの	15.2	24.0
比較賃金の 80〜100% を得，かつ投下資本について利子を生じていないもの	52.9	59.3
比較賃金の 80% 以下を得，かつ投下資本について利子を生じていないもの	29.1	9.6
合　　計	100.0	100.0

注：1）区分は 1955 年農業法に定められた基準による．
　　2）総農用地面積は 5ha 以上の保有地．
資料：The Ministrial Committee for Agriculture and Food／後藤康夫訳『西欧農業の回顧と評価』(農政調査委員会 1963) 197 頁．
　　　原資料は 1960 年グリーン・レポート．

衡を実現する経営として謳われた自立経営の経営耕地面積のシェアは，表 I-2-11 にあるように大きく見れば高まることはなかったといってよいだろう．

表 I-2-12 は西ドイツの農産物自給率の推移を見たものである．食用穀物の小麦，ライ麦は 1950/51 年度以降自給率を上昇させている．小麦について見ると表 I-2-13 にあるように，西ドイツだけでなく OEEC 諸国全体で見ても生産量は増加し純輸入量は減少している．表 I-2-12 に戻って飼料用・工業用穀物の自給率を見ると，食用とは違って低下している．その結果，輸入飼料による生産物を除く農産物の自給率は，60 年以降低下を見せている．この時点では西ドイツでも輸入飼料への依存が進んだことを示している．

その後の動きを農水省の「食料需給表」によってみて見よう．1961 年時点での穀物自給率を見ると，ドイツ（東西ドイツ合計）63% に対して日本は 75% とむしろ日本の方が高い．先に触れたが，穀物自給率の両国の違いはその後に顕著になる．1963 年にドイツ 71%，日本 63% と逆転し，その後ドイツは変動がありながらも上昇傾向をたどり，1998 年に 100% を超え，2000 年頃まで上昇させている（130% 強）のである．これに対して日本はほぼ一貫して

表 I-2-11 自立経営農家の比重

	自立経営農家のシェア (%)		
	戸数	農業粗生産額	耕地面積
1960	8.6	23	24
65	9.1	27	22
66	9.9	27	21
67	12.9	35	32
68	9.9	30	28
69	8.5	28	21
70	7.0	25	18
71	4.9	21	13
72	7.0	28	20
73	8.1	30	24
74	8.6	32	26
75	9.5	36	28
76	9.4	37	28
77	7.8	34	25
78	9.5	39	29
79	8.0	35	26
80	5.6	30	19
81	5.3	28	15
82	5.0	27	19
83	5.6	30	18

注：戸数の70年以降のシェアは農業所得に，生産調整奨励金等の補助金を加えて算出した数値．
資料：農水省資料．

低下させ，2013年度は29%にまで低下している．主食用穀物の自給率も59%に低下しているが，特に飼料穀物の自給率は極めて低い（飼料穀物を含めた飼料自給率は27%）[34]．

この違いの原因は次のように理解することができるだろう．まず食の変化が日本は大きかったことである．1965年と2001年の消費量の変化を穀類，肉類，油脂類について見ると，日本は順に33%減，3,337%増，179%増である．これに対してドイツは2%減，55%増，89%増，アメリカは40%増，28%増，54%増，イギリスは2%減，8%増，32%増と日本のように大きく食料消費の構造が変化した国はない[35]．パンと肉などの動物性たんぱく質の消費拡大という食の欧米化は，栄養改善や食の近代化であるという考えの下で推進されたからである．このことは日本の食料自給率低下は止むを得なかったという文脈において農水省の文書などでは取り上げられることが多い．しかしこれが意味することは，欧米諸国では食の変化への対応はこれまでの農業生産の量的拡大で対応可能であったのに対して，従来の食生活を転換させるパン食，肉食に対応する農業生産を確立し，食料自給率を維持・上昇させるには，日本では腰を据えた真剣な取り組みが必要だったということである．にもかかわらず日本の経済政策，それに基づく農業政策は，工業生産力の上昇を第1とするものであった．大きく変化する食生活に対応する農業の確立のためには，西ドイツ以上に真剣な自給率向上を目指す農業政策が必要だったのである．しかしその姿勢が，西ドイツに比べても弱かったとす

第2章　国際的農業危機

表 I-2-12 西ドイツの農産物自給率の推移

(単位：%)

年　度	1935/36 から 38/39	1950 /51	1960 /61	1966 /67
穀物	78	70	79	70
うち小麦	65	51	75	71
ライ麦	89	84	99	94
飼料用・工業用穀物	80	78	73	63
油脂	58	42	49	50
うち植物油脂	4	6	5	5
全食料 (穀物換算)				
輸入飼料による生産物を含む	89	76	77	77
輸入飼料による生産物を含まず	79	72	70	63

注：各経済年平均.
資料：三上禮次『農産物価格支持制度の研究』(九州大学出版会，1984) の表
　　7-4 (113頁) の一部を引用.
　　元の資料は同書124頁参照のこと.

表 I-2-13 西ドイツの小麦，小麦粉の
生産と貿易

(単位：100万トン)

年　度	1951-52	1955-56	1959-60
西ドイツ			
生産	2.9	3.4	4.5
輸入	2.3	2.6	2.1
輸出	……	0.4	0.8
純輸入	2.3	2.2	1.3
OEEC 加盟国計			
生産	33.2	42.0	46.2
輸入	14.8	12.2	11.9
輸出	1.1	3.5	3.7
純輸入	13.7	8.7	8.2

注：1)　小麦粉は小麦に換算してある.
　　2)　1951-52 は暦年の数値.
　　3)　……は単位未満で切り捨て.
資料：The Ministrial Committee for Agriculture and Food／後藤康夫訳『西
　　欧農業の評価と展望』(農政調査委員会，1963) の第3表 (17頁) より
　　一部引用.

れば，先に触れた両国の自給率の動向の差異は当然の結果だったということである．それは事実上の単独占領から始まり従属的関係にあった余剰農産物を抱える農業大国アメリカの下で自立的な農業を打ち立てるには，それを支える確

固とした農業展開の理念が必要だったのである．日本はむしろ農産物の輸入とその下での工業化を重視したのである．

　日本でも戦後各地で日本農業にふさわしい畜産導入の試みが行われた．例えば，私が調査した事例では新潟県西蒲原郡でも戦後，水田裏作で飼料を供給する水田酪農が試みられ一定の広がりを見せた．しかし安価なトウモロコシや大豆の輸入による飼料供給の下では水田酪農は優位性を持たず，輸入飼料に依存した工場的畜産経営に道を譲らざるを得ずやがて消滅していったのである[36]．

1)　戦後の各国の農業，食料，貿易，またそれを繋ぐものとしての農業政策を，アメリカのイニシアティブを重視した国際的な連関において把握する視点については，以下の研究から示唆を受けた．ハリエット・フリードマン著/渡辺雅男・記田路子訳『フード・レジーム　食料の政治経済学』こぶし書房，2006 年，ヘンリー・バーンスタイン著/渡辺雅男監訳『食と農の政治経済学　国際フード・レジームと階級のダイナミックス』桜井書店，2012 年．ただしアメリカのイニシアティブと各国の状況に根差した内発的な動きとの関係をどのように理解するかの実証的な検証は，総括的評価が目的のこれらの著作では十分ではないが，例えば次のような記述「アメリカが自国の国内市場を保護していたため，他の国々は，国内市場に重点を置く，アメリカと同様の農業政策を実施することを強いられた．国内の農業プログラムを保護するためのアメリカの貿易制限は，他の国々が自国内の農業・食料セクターに焦点を当てることを助長した．各国は，フード・レジームの中での彼らの位置に合わせて政策を修正しつつ，アメリカの国内部門における調整を踏襲していった．ヨーロッパ大陸の国々にとって，これは，関税中心の農業保護政策を止め，国内農産物の維持を中心に貿易保護を設計しなおすことを意味した」（前掲，フリードマン 2006：17-18 頁）からは，アメリカのイニシアティブを非常に重視していることがわかる．
2)　たくさんの研究があるがここでの叙述は主に以下の文献を主に参考にしている．服部信司『アメリカ農業・政策史　1776-2010』農林統計協会，2010 年，三上禮次『農産物価格政策支持制度の研究―ヨーロッパ・アメリカの例について―』九州大学出版会，1984 年，マレイ・R. ベネディクト著/山口辰六郎監修『アメリカ農業政策史』農林水産業生産性向上会議，1958 年，木内信胤・市橋靖子『アメリカ農業の研究』世界経済調査会，1985 年．
3)　38 年農業調整法では 52〜75％ の範囲での支持，第 2 次大戦時 41 年には 85％ 水準での固定支持，さらに 42 年には 90％ 水準での支持が義務化され，この水準が 53 年まで継続された．
4)　Statistical Abstract of the United States 1961 による．
5)　世界食料委員会構想は 1947 年 8 月の国際会議で米英の反対で否決された．国際貿易機関の設立を目指す ITO 憲章もアメリカ議会には提出されなかった．

6) 農産物の輸入数量制限を実施しうる GATT の例外規定の根拠はいくつかあるが，最も重要な例外（第 11 条 2 項(C)(1)）はアメリカの農業政策上の要請に合うように策定された．T.E. ジョスリン等著 / 塩飽二郎訳『ガット農業交渉 50 年史』農山漁村文化協会，1998 年，24-25 頁．
7) 1933 年農業調整法（同 1935 年改正条項）は，輸入が一定の基準を超えて増大，あるいはその恐れがある時は，大統領に関税の引き上げまたは輸入割り当てを実施する権限を与えていた．前掲『ガット農業交渉 50 年史』25 頁．
8) 前掲『ガット農業交渉 50 年史』44 頁．アメリカに与えられたウェーバーは後に西ドイツやベルギーに与えられたものとは違い期限がないものだった．
9) 例えば，綿花，小麦及び小麦粉，さらにはバター及びチーズの輸入は 1933 年農業調整法第 22 条に基づいて，また米，油脂の輸入は 1942 年第 2 次世界大戦戦力法に基づいて規制・制限された．それ以外にも例えば砂糖は，1937 年砂糖法に基づく割り当てによる規制が行われていた．前掲『ガット農業交渉 50 年史』300 頁．

1950 年のガットの報告には農産物輸入に対する数量制限が広範囲に行われていることが述べられている．この時代の主要な農産物輸入国のうちイギリスは，食料の輸入を直接制限することはなかった．西ドイツは国際収支上の理由による例外を主張，日本は 1955 年まで一般協定の署名国になっていなかった．小規模輸出国の不満はアメリカの数量制限の行使に集中していた．前掲『ガット農業交渉 50 年史』41 頁及び 301 頁．
10) GATT，第 16 条第 1 項セクション A．前掲『ガット農業交渉 50 年史』29-30 頁．
11) アメリカは戦時中から戦後にかけて諸外国の経済復興支援のための様々な援助を行ってきた．しかし場当たり的な援助政策から総合的な政策理念や長期的な観点に基づく援助政策への転換は，マーシャル・プランをもって始まるという．マーシャル・プランは朝鮮戦争の勃発により MSA（相互安全保障法）援助に吸収されていく．しかしそれによって経済援助よりも軍事援助的色彩が強くなったという（永田実『マーシャル・プラン』中公新書，1990 年，140 頁）．この状況をうけ余剰農産物の処理を目的に PL480 は作られたのである．
12) 手塚眞『米国農業政策形成の周辺』御茶の水書房，1988 年，60-65 頁，143-150 頁．表は 62 頁の表 2-6 参照のこと．
13) クルト・プフォーゲル著 / 加藤一郎訳『西ドイツ農業法への道』（農政調査委員会，1962 年）には，農業保護政策の基盤である農業の均衡理念が，西ドイツ農業法に結実されるまでの過程が，西ドイツの国内・国外要因から分析されている．またスウェーデンやスイスの大恐慌以降の価格支持政策についても，それらの国の状況の下で必然化されていくものとして分析されている．
14) アメリカはヨーロッパの小麦や乳製品の保護政策を支持し，その代わりに EC は共通農業政策の輸入制限からトウモロコシと大豆を外した．アメリカのトウモロコシ・大豆の輸出収入は，小麦で失った輸出収入より大であったとフリードマンは書いている（前掲『フード・レジーム 食料の政治経済学』23 頁）．手塚も，EC では穀物価格は政策的に高く維持され国際価格と大きく乖離する一方，油粕，キャッサバ，コーングルテン，柑橘パルプなどの非穀物濃厚飼料の輸入関税は一般に低いと

述べている(前掲『米国農業政策形成の周辺』210頁).

なお,ガット交渉において CAP をアメリカがどのように受け入れたのかについては,ピーター・フィリップス著/塩飽二郎訳『ガット・ウルグアイラウンド農業交渉と EC の小麦政策』(全国食糧振興会,1992年)が参考になる.245頁等.

付表 OECD 諸国の小麦・小麦粉とトウモロコシの輸入の変化

	輸 入			非加盟国からの純輸入
	加盟国間	その他諸国	合計	
小麦・小麦粉 貿易量の変化				
1952	100	100	100	100
1959	486	75	88	58
貿易量(千トン)				
1952	394	12,575	12,969	11,721
1959	1,913	9,479	11,392	6,799
トウモロコシ 貿易量の変化				
1952	100	100	100	100
1959	117	196	194	197
貿易量(千トン)				
1952	127	3,749	3,876	3,744
1959	148	7,363	7,511	7,360

注:1) ひき割り小麦および小麦粉は小麦粉に換算したもの.
　2) イギリスについての推計値を含む.
資料:表 I-2-10『西欧農業政策の回顧と評価』(農政調査委員会,1963年)付第6表(120頁)を加工したもの.

　この付表は後藤康夫訳『西欧農業政策の回顧と評価』(農政調査委員会 1973年)の付第6表(120頁)から小麦及び小麦粉とトウモロコシを取り出して OEEC 諸国の輸入の動向を整理したものである.OEEC 諸国外からの輸入は小麦・小麦粉に関しては減少し,トウモロコシに関しては増大していることがわかる.

15) 手塚前掲書には,小麦を含む穀物の地域別に見た純輸出入量の1934〜38年からの変化の表がある(9頁,表1-1/Lester R. Brown『Building a Sustainable Society』からの引用).これによると1934〜38年では純輸出地域とその量は北米500万トン,中南米900万トン,東欧・ソ連500万トン,アフリカ100万トン,アジア200万トン,大洋州300万トン,逆に純輸入地域は西欧2,400万トンである.世界の多くの地域からヨーロッパに輸出されていた構造であった.この構造は1980年になるとがらりと変わっている.純輸出地域は北米1億3,100万トン,大洋州1,900万トンの2地域になり,アジア6,300万トンと東欧・ソ連4,600万トンが大きな純輸入地域に変わっている.中南米,アフリカも純輸入地域に転換している.1934〜38年時点で唯一の純輸入地域であった西欧は戦後も一貫して純輸入地域であるが,1970年純輸入

量3,000万トンから80年1,600万トンへと減少させている．やがては純輸出地域となりアメリカと輸出戦争を繰り広げるようになるのである．

16) 農水省が2010年度の世界の大豆の用途について整理した資料によれば，2.3億トンの大豆のうち直接食用，また直接飼料用として利用されるのはそれぞれ6%であり，残りの88%は食用油，そしてその油粕が飼料用に使われている．

17) 小麦協定は1967年までは価格帯を中心としたもので，調印した輸出入国はいずれも少なくとも取引量の50%について，この価格帯の順守が義務付けられていた．67年以降はすべての取引量まで，また協定加盟国と非加盟国間の取引についても適用が義務付けられていた．しかし49年協定によって設置された国際小麦理事会は，買い手と売り手に協定事項順守を迫るために介入することはほとんどなかった．価格の安定はこの協定によるというよりも輸出国間で直接合意することが多かった．1959～67年までソ連とインドは大量かつ不規則に買い付けても国際協定で改訂した価格帯に収まってきた．これは主要輸出国，カナダと米国間（70年まで，両国の貿易シェアは70%以上．在庫の80%以上）の合意によるところが大きいという．

なお，他の資料，FAOによる1960年以降の世界の名目価格による食料価格指数も，1973年までは僅かな上昇を伴いながら安定的に推移していることがわかる．JAICAF『世界食料農業白書2014年報告』29頁．

18) 前掲『フード・レジーム　食料の政治経済学』23-24頁．
19) 前掲永田『マーシャル・プラン』125頁．なお1948年4月1日～1951年6月末までの援助総額のうち89%は贈与である．同128頁．
20) アメリカのエーカー当たり施肥量は1950年を100とすると59年には202となり，さらに69年には481，79年には561と急増している（前掲服部『アメリカ農業・政策史　1776-2010』70頁）．機械化の進展もトラクターの普及台数を見ると1930年920千台，45年2,354千台，55年4,345千台となっている（『Historical Statistics of the United States Colonial Times to 1957』）．
21) カーギルのHP（http://www.cargill.com/index.jsp）のTimelineによる．カーギルジャパンの設立も1956年であった．
22) 戦後の農業，農村の変化は，酪農経営の経験を持つというジャーナリスト，ハンフリースによるイギリスの同じ農場の1950年と1985年を比較した記述で具体的に知ることができる．ジョン・ハンフリース著/永井・西尾訳『狂食の時代』講談社，2002年，21-39頁．
23) Statistical Abstract of the U.S. 1961による．なお基礎食料，飼料穀物，畜産物を中心とした低価格での食料供給政策は，工業分野の「フォーディズム」を農村側で補完するものであり，ルーズベルト大統領の「どのガレージにも車を，どの器にもチキンを」という約束の具体化であったとD.グットマン，M.レッドクリフト編『国際農業危機』（日本農業研究所，1992年）は述べている（8-9頁）．
24) 前掲木内・市橋『アメリカ農業の研究』187頁，表56による．
25) アメリカによる小麦の市場開拓の取り組みについては高嶋光雪『日本進攻—アメリカの小麦戦略』家の光協会，1979年．多様な取り組みが行われたことがわかる．まさに「戦略」であった．

26) 以上の小麦と飼料に関しては，横山英信『日本麦需給政策史論』八朔社，2002年，阪本楠彦編『日本農業年報 XIX—農産物過剰』（御茶の水書房，1965 年）所収の阪本楠彦，持田恵三，中内清人の論文．またトウモロコシの日本への輸出拡大の経緯については，アメリカ農務省海外事務局 Gain Report（No. JA8521，2008 年 11 月 5 日「日本向け米国飼料穀物輸出の歴史」（米国大使館農産物貿易事務所，所長マイケル・コンロン著，アメリカ穀物協会仮訳）等を参照した．米国産の大麦，トウモロコシ，グレイン・ソルガム等の輸出市場の開拓を目指すアメリカ穀物協会は，1960 年にワシントン D.C. に創設されているが，最初の海外事務所は日本事務所であり 1961 年に東京に開設されている．

27) 農業基本法第 2 条（国の施策），第 1 項 1 号「需要が増加する農産物の生産の増進，需要が減少する農産物の生産の転換，外国産農産物と競争関係にある農産物の生産の合理化等農業生産の選択的拡大を図ること」，同第 2 項「土地及び水の農業上の有効利用及び開発並びに機械技術の向上によって農業の生産性の向上及び農業総生産の増大を図ること」，第 9 条（農業生産に関する施策）は「国は，農業生産の選択的拡大，農業の生産性の向上及び農業総生産の増大を図るため，前条第 1 項の長期見通しを参酌して，農業生産の基盤の整備及び開発，農業技術の高度化，資本装備の増大，農業生産の調整等必要な施策を講ずるものとする」．

28) マックス・J. ヘッファー「ドイツ連邦共和国における農業危機の構造次元」（デヴィッド・グッドマン，マイケル・レッドクリフ編著/斎藤真監訳『国際農業危機』日本農業研究所，1992 年，167 頁．

　農業法の第 1 条：「農業にドイツ国民経済の前進的発展への参与を確保し，かつ，国民に食糧の最善の供給を確保するために，一般経済政策上および農業政策上——とくに商業・租税・金融および価格政策上——の諸手段により，農業は，農業に現存している他の産業部門に対する自然的に制約された経済上の不利益を調整し，その生産性を向上させうる状態に置かれなければならない．これによって，同時に，農業従事者の社会的地位が，これと比較しうべき職業群と均等にされるべきである」．

　また「家族農場の中枢的重要性が成文化されたばかりでなく」という評価は，農業法の第 4 条で，連邦政府の連邦議会および連邦参議院に対して，家族労働力・雇用労働力の比較可能な職業群・賃金群の賃金に相当する賃金の達成程度，経営管理者への適正な報酬の達成程度，資本に対する適正な利子の達成程度等を含んだ「農業の状態に関する報告書」の提出が決められている．その際に「正常な管理のもとで農民家族の経済的生存を継続的に保障する，平均的な生産諸条件を備えた経営から，基本的に出発すべきである」と書かれていることによる．以上の農業法第 2 条，第 4 条は，クルト・プフォーゲル著/加藤一郎訳『西ドイツ農業法への道』農政調査委員会，1962 年，228-229 頁による．

29) ローマ条約の農業政策の目的には，「農業人口に対し特に農業従事者の個人所得を増やすことにより適正な生活水準を保証するための農業所得の維持」という均衡の理念が含まれている（前掲『国際農業危機』，167 頁）．

　フェネルもローマ条約に引き継がれる通称スパーク・レポートの農業政策の目的，「価格安定，供給安定，正常な効率を持って営まれている農場に対する適正所得保障，

および農業構造調整に必要な期間に対する配慮」はドイツ農業基本法の掲げる目的と類似し，これはローマ条約（第39条）にも継承されていると述べている．ローズマリー・フェネル著／荏開津典生監訳『EU共通農業政策の歴史と展望―ヨーロッパ統合の礎石―』農山漁村文化協会，1999年，28頁．
30) 島野卓爾『ドイツ経済を支えてきたもの』（知泉書館，2003年），13頁．
31) 同，20頁．
32) 祖田修『農学原論』（岩波書店，2000年）87頁，88頁．なおレプケの「真の分散」（大都市を犠牲にして．新しいいくつかの小規模の中心を作ること），「あらゆる巨大な規模，あらゆる巨大な関係は人間にふさわしい尺度に合わせて，縮められなければならない」「人間の身の丈」に合うもの，「人間的要因」によって経済が再構成されなければならない，という指摘は現代社会の抱える問題の解決の核心を突いている．171頁．
33) 前掲，三上『農産物価格支持制度の研究―ヨーロッパ・アメリカの例について―』77頁．ただし西ドイツの食料自給政策は1955年農業法ではなく，連合軍占領終了により貿易管理権が復権した1951年の食料輸入貯蔵公社の設立をもって始まるという．それを日本のMSA小麦協定と対比させ，その違いを述べている．77頁．
34) 粗食料ベースの比較である．農水省，食料・農業・農村政策審議会・企画部会（2004年9月16日）提出資料による．
35) 農水省，食料・農業・農村政策審議会第18回企画部会（2004年9月16日）関連資料．
36) 拙稿「畜産の展開―水田酪農の発生とその展開―」（西蒲原土地改良区編『西蒲原土地改良史』下巻，1981年，第3章第7節），拙稿「戦後農業技術の展開と農業構造の変化」（山崎俊雄編『技術の社会史―技術革新と現代社会』有斐閣，1990年）．

第2節　アグリビジネスによる食料・農業支配

　農業生産にとって工業の提供する農業資材が重要になり，それを生産する農業資材産業の役割が大きくなった．また食のあり方の変化の中で食品産業（食品製造業，食品流通業，外食産業）が重要な役割を担うようになった．これらの産業を担う企業は，農業・食料に係る事業の多様な展開に伴ってそれぞれの事業分野で生まれ成長すると同時に，1つの企業が農業資材産業と食品産業の両分野にわたって，さらに農業生産分野にも事業範囲を拡大してきた．
　農・漁業で供給されたものが消費者の台所で調理されて完結するという，単純であった食料の生産・消費のあり方が，食品産業の介在とその成長によって複雑化した[1]．食料の生産と消費のあり方を理解するためには，それらの企業

の実態と企業間の関連，それらの企業と生産者，消費者との関係を把握することが必要となった．そのように変化し複雑化した食料の供給を総体として把握するためにフードシステムが，またそのシステムを担い強い影響力を持つようになった農業・食料関連企業を表すものとして，アグリビジネスという言葉が使われるようになった．したがってアグリビジネスという言葉は，フードシステムを担う企業間の関係を含めた総体を指すものであるが，同時に農業・食料に関連する事業を営む個々の企業を指しても使われている．

現段階の代表的なアグリビジネスは3つに分類できる．第1は総合的なアグリビジネスで，通常，アグリビジネスという言葉で思い浮かべる企業である．出自から見ると，穀物メジャーなどの伝統商社型（カーギル，バンゲ等），製粉や搾油などの食品加工会社から出発している加工業者型（ADM〈アーチャー・ダニエル・ミッドランド〉，コナグラ等）の2つがあるという[2]．ただしこのアグリビジネスの分野ではカーギル，ADM，バンゲ，中でもカーギルとADMに収斂されてきているという．これらのアグリビジネスは原材料農産物の調達，流通，食品原料の生産では大きな比重を占めているが，消費者用食品の事業分野は相対的に弱いという．第2は加工食品に特化するネスレなどの巨大食品企業である[3]．第3は巨大小売業である．

フォーチュン誌によれば，アメリカのアグリビジネスの2011年粗収益順位は以下の通りである．食品製造のADMは39位，タイソン・フーズは93位，スミスフィールド・フーズは216位（カーギルは非公開株式会社なので出てこない），消費者向け食品部門のペプシコは43位，クラフト・フーズは49位，ゼネラル・ミルズ166位，サラ・リーは166位，ケロッグは199位等，よく知られた企業が続いている．世界的にはスイスのネスレが消費者向け食品部門ではトップである．フード・サービスのマクドナルドは111位，ユム・ブランズは214位，スターバックスは229位である．小売業部門ではウォルマートが国内的にも世界的にも第1位である．

ここではアグリビジネスの食料・農業支配の特徴について本書にとって必要な範囲において見ておきたい[4]．

第1．アグリビジネスの寡占化，独占化の進展である．寡占化は例えば肉牛の屠殺・加工という個々の分野で進展するに留まらず，飼料供給に始まって加

工処理までという一連の流れ全体を通して企業の寡占化（垂直的統合）が進んでいる．

　例えば，アメリカの食品製造業部門の 2011 年の上位 4 社への集中度は，家畜の屠殺・加工処理では肉牛で 82%，豚で 63%，家禽で 52% である．また飼料生産の上位 4 社への集中度は 44% で，例えばカーギルは，肉牛，豚の屠殺・加工でも飼料生産でも上位 4 社に顔を出している．直営農場やインテグレーションの展開によって巨大食肉企業（タイソン・フーズ，カーギル，スミスフィールド・フーズなど）は飼養・肥育から屠殺・加工までの垂直的統合を実現している．そのほかの部門の 4 社集中度は，製粉は 52% であるが，ウエット・コーン・ミリングは 87%，大豆加工処理は 85% と高い．また上記の 7 分野の上位 4 社にカーギルが含まれる分野は 5 分野にわたる．ADM も 4 分野で上位 4 社に含まれている[5]．

　種子，農薬，肥料などの生産資材の分野の集中の状況[6]，また最も集中が進んでいるといわれる小売業部門のそれについても多くの文献が触れている[7]．大型小売業の寡占化の進展は，食品製造業の販売先としてもその比重を増加させる（例えばゼネラル・ミルズのウォルマート向け販売額が売上高に占める割合は 2002 年 12% から 2010 年 35% に上昇している）．

　フードシステムの特徴は砂時計の構造に規定され，食品産業の支配力が強いが，その中でも大型小売業が強い支配力を持つようになってきたのである．

　第 2. アグリビジネスによる統合化（垂直的統合）は上記で触れたように農業生産部門にまで及んでいる．家畜の屠殺場や穀物を受け入れるエレベーターが少数の企業に集中されてくればくるほど，生産者には以前のように相手先企業を選択する余地がなくなり，両者の関係において企業の支配力が強くなってくる．

　さらにアグリビジネスは，直営農場と契約生産（contract farming）という形態によって農業生産の自らのシステムへの統合化を深め，農業への影響力，支配力を強化していった．例えばアグリビジネスの肉牛肥育頭数上位 4 社の 1999 年と 2011 年の頭数は，12 年間で 135 万頭から 198 万頭と 47% も増加している[8]．直営農場の規模は拡大してきているのである．アメリカではメガ・ファームという大規模農場が成長し，2001 年の統計では全体の 3% を占める

販売金額 50 万ドル以上の農場が販売金額では 37% を占めている．そのメガ・ファームにおいてもアグリビジネスの直営農場が上位を占めている．

　他の側面からみて見よう．豚の屠殺・加工会社の肉豚の調達方法にはスポット取引（現物市場），契約による継続的取引，そして自社所有（直営農場）の 3 つのルートがある．スポット取引のシェアは 97 年 44% が 2001 年には 17% に減り，直営農場からの調達が 0.2%，契約による調達が 82.5% だという．特にパッカー上位 20 社の場合はスポット取引の割合は 1% に過ぎないという．2006 年 1 月時点になると，全肉豚の 70% が契約，20% がパッカー自身の保有・屠畜であり，スポット・マーケットを通しての取引は 10% に減ってきている[9]．契約生産の比重，さらに直営農場の比重が増大してきていることがわかる．

　このように農業の統合化の手段としては契約生産が重要な意味を持っている．少し古い数字であるが，アメリカの農業全体について，大江徹男の論文[10]でその状況を見てみよう．農畜産物に関して契約に関係した生産額の総生産額に占める割合は，91～93 年平均値は 28.9% であったが 2003 年には 39.1% に増加している．2003 年の部門別数値は，作物全体では 30.8%（甜菜 95.5%，果物 68.1%，綿花 51.4%．トウモロコシや大豆等の穀物では 14% 程度），畜産物では 47.4%（卵を含む養鶏 88.2%，養豚 57.3%，酪農 50.6%，肉牛 28.9%）である．作物は販売契約が一般的であり，畜産は生産契約が大部分を占めるという．この数字からもわかるように，アメリカの契約生産はまずブロイラーに導入され，1950 年代から 60 年代にかけて注目されるようになったという．その後他の分野にも広がっていったのである．

　タイソン・ファームズ社のブロイラーの契約生産の事例について見てみよう[11]．契約生産の相手は 100 エーカー（約 40ha）前後の農地を所有し，年平均 25 万羽の食鶏を産出し，粗収入は約 65,000 ドル，純収益は約 12,000 ドルの生産者である．タイソン社がひな鳥，飼料，獣医活動を提供し，農業経営者は労働，鶏舎，敷地を提供している．農業経営者はタイソン社の「ブロイラー飼育指針」を厳守する義務が課せられているので指揮権は企業にあり，重要な意思決定は企業がおこなう．その意味で農業者は独立した自営農業者ではなくなっている．実質的には会社の指示に従って働く労働者，ブロイラー生産から始

まり鶏肉の生産に至る大きな流れ作業の一部を担う労働者といってよいだろう．その見返りとして比較的安定した収入が得られている．1棟当たり10万ドルを上回る鶏舎の建設資金調達のために，ブロイラー生産者は農地を抵当に入れる．返済期間は一般に10年から15年であるが，鶏舎の借入資金の返済が終了するまでには施設の更新が必要となり，結果として負債から逃れられる農業者はいないという．また先に触れたように，企業の集中が進めば，複数の企業と契約することはできなくなり力関係は農業者にとって不利になっていく．

　私は以前，北部タイで日本に輸出される冷凍枝豆の製造企業と農民との生産契約を調査したことがある．それは上記のブロイラーと同じように，企業の提供する種子，肥料，農薬，技術（栽培指導者が生産期間中は村に住んで指導する）を使って生産する．しかし，農業者や企業の性格（例えば地元企業の段階にあるのか多国籍企業の段階にあるのか等），したがって両者の関係，によってその持つ意味合いは異なる．タイの事例ではむしろ，資金や技術不足のために個人ではできなかった新しい作物の導入，新しい技術の吸収が可能になったという農民にとってプラスの作用も，企業による支配・収奪という側面と同時に大きい．つまりこの枝豆の契約生産の持つ意味合いは，今後両者の性格の変化の中で変わっていくのである[12]．

　第3．アグリビジネスは独占的大企業に成長を遂げると同時に多国籍企業，複合企業（コングロマリット）という特徴も持つようになった．カーギルについて簡単に見ておこう[13]．カーギルはWilliam W. Cargillによって1865年にアイオワ州コノバー（Conover）に穀物の貯蔵と売買を業として設立された．いろいろ変化はあるが，現在まで続くミネアポリスに本社を移したのが1890年，ニューヨークに事務所を開いたのが1922年である．1936年にカーギル・エレベーターなどに分かれていた会社を統合し，カーギル株式会社を設立している．後に事業分野の柱として育っていく大豆加工へは1943年，ウエット・コーン・ミリング[14]には1967年に進出している．1970年代までは穀物の取引が中心であったが，食料危機など国際的な需給逼迫期，1970年代の穀物取引による巨額の利潤[15]を基金として，他企業のM&Aを行うことよって事業部門の拡大を図った．その後も新事業分野への進出，あるいは事業拡大という経営展開の節目にはM&Aが行われている．その結果，現在では，大きな事業分

野として見ても，①農業，②食品，③金融，④工業の広い分野にわたって事業を展開する複合企業（コングロマリット）となっている．①農業分野は，穀物や油糧種子等の一次産品を購入，加工，食料品や飼料の製造会社への販売である．また農業生産者に農畜産経営関連のサービスと製品を提供している．②食品分野は食品製造業，外食産業，小売業への食材，飲料原料，卵や食肉，保健栄養食材，食品添加物の販売である．③金融部門は農業，食品，金融およびエネルギー分野の顧客に対するリスクマネジメントと金融のコンサルタント事業である．④工業分野は工業用の塩，でんぷん，鉄鋼の販売である．また農業由来の再生可能な商品の開発と販売もしている．カーギルのホームページにはさらに詳しい事業の説明があるが，以上によってもその広範囲な事業展開を知ることができよう．

　カーギルの多国籍企業化の展開は，先に述べたようにまず1953年にヨーロッパに穀物と油糧種子の輸出を本格化するための子会社（トラダックス）を設立したことから始まる．現在では70か国で，150,000人の従業員を雇用し事業を展開する多国籍企業になっている．2012年のホームページでは65か国，従業員数139,000人であったから拡大を続けていることがわかる．

1) 　農水省の資料によれば，2005年の国内農林水産生産額9.4兆円と輸入食用農水産物1.2兆円の合計10.6兆円のうち食品製造業が7.2兆円（69％）を取り扱い，3.3兆円（31％）が直接最終消費者に行く．また，飲食費の最終消費額73.6兆円の帰属額は，原料農水産物の供給者（農林水産業）へ10.6兆円（14.5％．国内生産へ9.4兆円・12.8％，輸入農産物へ1.2兆円・1.6％）残り85.5％は食品産業に帰属する．
　　アメリカでは，国内及び海外の食品加工業者がアメリカの農場から産出される農畜産物の90％以上を取り扱う．残りが未加工で消費者に届けられる．2002年時点で消費者が食品に対して支出した金額のうち，食品製造業者や流通業者が提供する行動やサービスに対するものが81％，残り（19％）が農場に支払われることになる．アメリカ農務省経済調査局（USDA-ERS）Steve W. Martinez "The U.S. Food Marketing System : Recent Developments, 1997-2007（三石誠司訳）『アメリカの食品マーケティング・システム：最近の変化（1997/2007年）』（農政調査委員会　のびゆく農業977/978，2009年）．
　　単純な比較はできないが，アメリカの方が，直接消費者が消費する割合は低く食品産業の比重が高い．しかし消費者の飲食費の生産者への帰属割合は高い．
2) 　茅野信行『アメリカの穀物輸出と穀物メジャーの成長』（中央大学出版部，2002年）で，穀物メジャーを伝統商社型，加工業者型，生産者団体型，異業種参入型に

分類している．2000年代初頭までに生産者団体型，異業種参入型は消滅し，伝統商社型，加工業者型に収斂していったことを述べている．この伝統商社型，加工業者型が総合的なアグリビジネスに成長していったのである．
3) 2008年国際流通研究所資料では，世界の食品メーカーの売上ランキングの1位はネスレで103,313百万ドルであった．日本企業も上位50位以内に12社，キリンホールディング，サントリー，アサヒビール，味の素など，が入っている．日本企業の特徴は国内の売り上げに大きく依存している点である．味の素の国内販売比率は69％，日本ハムは90％であるのに対して，ネスレ，ユニリーバのヨーロッパでの販売比率は28％，32％に過ぎない．

　遠藤は，戦前から戦後にかけてのアグリビジネスの原型として，①アメリカの穀物メジャー，②途上国でバナナ，パイナップル，オレンジ果汁等をプランテーション農業，契約農業で生産し，先進国市場に輸出販売するデルモンテ等の米国系企業，③旧植民地でコーヒー，茶，ココア，などの原料となる熱帯産品を独占的に調達加工してきたネスレ，ユニリーバ等の欧米系企業を挙げ，その後の80年代，90年代の変化について触れている．日本のアグリビジネスについては，大規模寡占型の食品産業が多国籍アグリビジネスの対日進出を受け，それへの対応としてライセンス生産や合併などを展開していると特徴づけている．遠藤保雄『戦後国際農業交渉の史的考察』（御茶の水書房，2004年）399頁，404頁．
4) アグリビジネス，穀物メジャーに関する本，論文は多数出版されている．最近のものとして，小沢健二の一連の論文がある．「穀物メジャーに関する一考察（1）」～「同（4）」（日本農業研究所研究報告『農業研究』第23号2010年，24号2011年，26号2013年，28号2015年）．アメリカのアグリビジネスを対象に，総体として把握しようとしている．またいくつかのアグリビジネス企業を経営に立ち入って分析している．私の論述もこの論文に多くを負っている．
5) 上記，小沢論文2013，72頁表11による．
6) 例えば『地球白書　2002-03』によれば，野菜種子は上位5社が世界市場の75％を占有している．種子全体の供給について，ラジ・パテル著／佐久間智子訳『肥満と飢餓』（作品社，2010年）は10社が世界全体の半分を供給し，アメリカ国内の農薬に関しては総売上額の84％が10社による．農薬に関しては2015年には3社による寡占状態になると予測している（同書133頁）．E. Millstone他著／大賀圭治他訳『食料の世界地図　第2版』（丸善，2009年）は2004年，6企業が世界の農薬製造の77％を占有し，これらの農薬会社が商業化された遺伝子組み換え作物の種子の大部分を供給していると述べている（46頁）．
7) 前掲『食料の世界地図　第2版』によれば，世界の食品の小売金額の19％は10社が占有し，2007年売上高1位のウォルマートストアーズは米国内に3,800店舗，世界13か国以上に3,065店舗以上を持っている（86頁）．また前掲『肥満と飢餓』によれば，小売部門は最も集中化が進んでいる部門で，スーパーマーケット4社の2004年の集中度は45％に達しているという（133頁）．

　このことはゼネラル・ミルズ，ケロッグ・フーズ，コナグラ・フーズ各社のウォルマート向け販売額が売上高に占める割合（2002年→2010年）を急速に高めるよう

に作用する．ゼネラル・ミルズ（12%→35%），ケロッグ（12%→20%），コナグラ（NA→18%）．
8) 上記，小沢論文2013，72頁表11による．
9) 大江徹男「NAFTA下におけるアメリカ農業の構造変化―養豚を対象に」（農業問題研究学会編『グローバル資本主義と農業』筑波書房，2008年）184-185頁，およびアメリカ農務省経済調査局（USDA-ERS）Steve W. Martinez著・三石誠司訳『アメリカの食品マーケティング・システム：最近の変化（1997-2007年）』（農政調査委員会　のびゆく農業977-978, 2009年）48頁．
10) 前掲大江2008：184頁．
11) アメリカでブロイラーの契約生産が注目されるようになったのは，1950年代から60年代にかけてである．飼料企業等が自社で孵化させたひなをブロイラー農業者に提供し，農業者が育てたブロイラーを，建設した自社直営のブロイラー処理加工施設で加工処理するという仕方が広がっていった．F. マグドフ等著/中野一新監訳『利潤への渇望』（大月書店，2004年）78-79頁，119-120頁．
12) タイの冷凍枝豆の契約生産の事例は拙稿「北部タイにおける日本向け冷凍枝豆生産と枝豆の契約栽培（1）」「同（2）」（『武蔵大学論集』第54巻第2および3号，2006年11月，2007年1月）．
13) 前掲小沢論文，およびカーギルのHPによる．
14) トウモロコシの加工利用として画期的なもの．トウモロコシを原料とした砂糖の代替物「ブドウ糖果糖液糖（HFSC）」の製造である．1969年に実用化された．アメリカでは砂糖は輸入制限によって保護されていたために高価であったこと，また液体で使用しやすいことによって急速に需要は伸び，アメリカでは1990年代末から2000年代初めにかけて砂糖の消費量を凌駕した．前掲ラジ・パテル『肥満と飢餓』144-146頁．
15) 穀物商社は食料危機のような需給ひっ迫期，穀物価格の高騰期に企業収益を増大させる．これは2008年の食料危機の時にもいえる．カーギルのHPで「売上高および営業外収益」と「純利益」の推移を見ると，2005年会計年度（以下略）709億ドル，15億ドル，06年752億ドル，7億ドル，07年883億ドル，23億ドル，08年1,204億ドル，40億ドル，09年1,166億ドル，33億ドルと推移している．05～08年の変化は前者で1.7倍，後者で2.7倍に増加している．現時点，2014年は1,349億ドルと18億ドル，2015年は1,204億ドルと16億ドルであるから．特に「純利益」は停滞気味である．

第3節　農業・食料システムの矛盾の顕在化――グローバル資本主義の下での農業危機

アメリカのイニシアティブの下で形成された先進諸国の価格支持制度を核とする戦後の国際食料・農業システムは，アメリが絶対的輸出国であった時代は

機能したが，他の国々の生産力が上昇してくるにしたがって様々な矛盾を顕在化させた．先進国では農業生産の拡大が過剰問題を発生させるようになった．戦後の食料不足問題から過剰問題への転換である．そのために過剰農産物処理のために先進国では補助金付き輸出が促進された．これはアメリカと EU 間を典型とする先進国間の輸出競争を激化させると同時に，輸出補助金を使うことのできない途上諸国と先進諸国との矛盾を激化させることになった．こうして農産物貿易システムの矛盾が顕在化してきた．

価格支持制度のための財政負担，余剰農産物の保管のための財政負担，過剰処理のための輸出補助金の増大等，先進諸国では農業への財政負担が大きな問題とされるようになった．

他方で戦後のシステムは，農業生産力を上昇させたにもかかわらず，世界の飢餓問題を解決することはできず，むしろ悪化させさえした．飢餓は解決すべき重要かつ緊急な課題として国際社会に突き付けられ続けている．

これまで述べてきたように，生産力の上昇を促す価格支持制度の下で農業の工業化が促進され，食のあり方も，所得増大とともに成熟化と言われる変化を遂げてきた．カロリー源の，炭水化物から脂肪やたんぱく質への移行，食の外部化，サービス化と言われる中食や外食の比重の増大である．農と食の変化とその相互作用の下で，農業・食料関連企業（生産資材産業，農産物製造・加工業，流通業，小売業，外食産業等）が急速な成長を遂げ，それは独占企業，多国籍企業，多様な企業の吸収合併による複合企業という特徴を持つようになった．農業生産部門も直営やインテグレーション化によって統合化が進んだ．アグリビジネスによる農業支配という状況が作り出されたのである．

アグリビジネスの成長は農業の工業化を促進し，自然循環機能に依拠し，その機能を豊かにすることによって持続するという，農業の本来のあり方を壊してきた．それは持続性を持つ農業の自己破壊であると同時に，環境破壊と農産物の安全性の問題を通して人間の生存を脅かすようになってきたのである．

つまり，農業危機とは，農業や農産物貿易のシステム（政策や制度）の下でのアグリビジネスの成長が，農業生産者と途上国の経済的困難を増大・深化させたこと，2つには農業や食料の工業化が，自然環境に依拠した産業である農業の本質を破壊し，環境問題や食品の安全性などの問題を顕在化させたことを

意味する．これらの問題は，これまでの農業や農産物貿易のシステムでは解決できないだけでなく，従前のシステムそのものが農産物過剰や財政負担，輸出競争等の矛盾を深化させ，機能不全に陥っているのである．

以上のような農業危機は，多国籍企業が自らの経済活動，資本蓄積に適合するように国内的・国際的な経済・社会のあり方を編成しなおすグローバル資本主義段階への移行とともに顕在化した．したがってグローバル資本主義は，戦後の国際的農業・食料システムの矛盾の顕在化である農業危機を，一層の市場経済化によって解決しようとしてきている．国内的には，農業を含め公共の観点から市場規制の下にあった教育，医療等の分野の市場経済化である．国際的には途上国，その他の社会制度の異なる国々への市場経済の導入である．途上国の農業に関して言えば，世界銀行「構造調整計画」(Structural Adjustment Program) に基づく融資が市場経済化促進の梃子となった．これらは社会主義陣営の解体による冷戦構造の崩壊，農業者の比重の縮小，労働運動の衰退，機会の平等論・自己責任論の浸透など政治的，社会的，思想的な変化を背景にして進められている．

他方で，農業危機はグローバル資本主義によって作り出され激化させられていると把握し，グローバル資本主義そのものの止揚によって解決しようとする理論や運動も顕在化してきている．環境，食料，貧困，経済活動の民主的管理などを具体的な課題とした運動である．しかし現状は国際的には，WTO交渉，TPPなどの動きに見られるように前者が主導権を握りながら，後者がその動きに歯止めを掛け得るのかという両者の対抗の中で動いているし，それぞれの国内においても同様な状況にある．

ここでは，アグリビジネスの成長とグローバル資本主義によって顕在化した農業危機，その具体的現れとして，途上国の飢餓問題，生産システムの脆弱性と食料供給の二極化，そして農業の環境問題を採り上げ，それらについて概観しておきたい．

(1) 途上国の飢餓問題

先に触れたように飢餓の撲滅は国際社会が直面している緊急の課題である．農業が中心的産業である途上国が，飢餓に苦しむということは（もちろん先進

国にも飢餓が存在しているが）経済・社会の仕組みに起因することを意味している．

栄養不足人口[1]の減少を目指し国際社会は具体的目標を掲げて取り組みを呼びかけてきた．1996年11月のFAO主催の「食料サミット」では，2015年までに栄養不足人口を90年水準の半分にすることを，さらに2000年9月の国連ミレニアム・サミットの「ミレニアム開発目標／MDGs」では，人口増加の下で絶対数の半減よりは，より現実的な栄養不足人口割合の半減を，同じく2015年までの目標とした．その目標は世界全体では栄養不足人口5億人と同人口割合9.3%，開発途上地域では4.9億人と11.6%を達成することであった[2]．

その後も引き続きFAOによる食料サミットの開催，また洞爺湖サミットでは，サミットとして初めて食料問題に関する特別声明が出されるなどしてきたが，開発途上地域の栄養不足人口の現状は図I-2-2の通りである．90～92年に比べ絶対数では20%減少したが，食料サミットの目標とは大きな乖離がある．飢餓人口割合の半減というミレニアム開発目標は，達成可能な状況に近づいているとFAOは評価しているが，地域格差が大きく，アフリカ，特にサハラ以南の地域の栄養不足人口は減少どころか増加している．

途上国の飢餓の原因を農産物貿易の変化から見ておこう．表I-2-14は70年代以降の世界の農産物貿易を品目別に見たものである．農産物貿易は穀物や油糧種子などの比重が減り，乳製品，野菜，果実などの非伝統的農産品が伸びてきている．また単価も非伝統的農産物の方が上昇した（「トン当たり貿易額の変化」）．表I-2-15は輸出入の品目別比重を途上国等のグループごとに整理したものである．この表からわかることは，後発途上国は輸出において熱帯産飲料，原材料等の比重を高め，輸入においては相変わらず穀物の比重が高いということである．その他の途上国は，輸出では熱帯産飲料や原材料のシェアを減らし，園芸産品など非伝統的農産品の比重を高め，輸入については穀物の比重を減らして来ている．後発途上国が依存している熱帯産品は価格の低下が著しい産品である[3]．途上国でも，園芸や果実等の新しい，相対的に価格条件の良い農産物の輸出を増やしている国々と，伝統的な熱帯産品を輸出し穀物を輸入する途上国への分化が見られるのである[4]．途上国は1970年以降，傾向としてGDPに占める食料輸入の割合を急速に高めるが，その中でも依然として伝

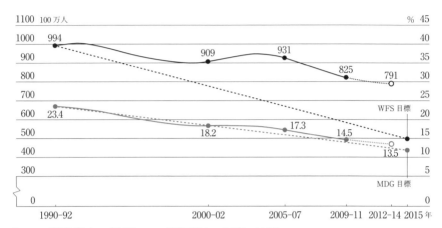

注： ── 栄養不足人口（左軸）　── 栄養不足人口の割合（右軸）
資料：FAO/JAICAF『世界の農林水産』No. 837（2014 冬号）より引用．

図 I-2-2 開発途上地域における栄養不足人口の推移：ミレニアム開発目標（MDG）と世界食料サミット（WFS）目標への進渉度

統的な熱帯産品輸出に依存する後発途上国は，より厳しい状況に置かれているのである．

　表 I-2-16 は輸出農産品の交易条件（輸入農産品と輸出工業品に対する）を見たものであるが，途上国の輸出農産品の輸入農産品に対する交易条件は，先進国に比べて悪化している．

　農産品の貿易は一次産品よりも加工農産品の伸びが著しい．FAO の報告書によれば，1981〜2000 年の間の加工農産品輸出の伸びは年 6% であるのに対して一次産品は 3.3% であった[5]．加工農産品の貿易の拡大の恩恵は主として先進国が受けている[6]．

　その 1 つの例としてコーヒーをみると，コーヒー貿易の拡大は焙煎コーヒーの拡大によるところが大きい．コーヒーの総輸出に占める焙煎コーヒーの比重は 1975〜80 年から 1998〜2002 年の間に 3% から 16% に伸びた．しかし焙煎コーヒーの輸出に占める 10 大コーヒー生産国のシェアは 8% から 2% に低下している[7]．つまり生産国は生豆を輸出し，先進国は生豆を輸入し加工し付加価値をつけて，焙煎コーヒーやインスタントコーヒーとして世界に輸出する構造が作られてきたのである．加えて焙煎業者，大型小売業等の力が強く価格決

第 2 章　国際的農業危機

表 I-2-14　食料農産物の輸出動向

(単位：万トン, 百万ドル)

	① 1971-73 年		② 2001-03 年		輸出量・額の変化 ②/①(倍)		トン当たり貿易額変化 2001-03/1971-73 (倍)
	輸出量	輸出額	輸出量	輸出額	量	額	
穀物	13,898	11,606	27,483	38,104	1.98	3.28	1.66
油糧種子	2,048	3,351	7,582	17,450	3.70	5.21	1.41
肉類	683	7,170	2,632	46,891	3.85	6.54	1.70
乳製品	2,475	3,472	7,453	29,042	3.01	8.36	2.78
野菜類	631	1,274	2,518	15,678	3.99	12.31	3.08
果実類	1,867	2,893	4,398	23,006	2.36	7.95	3.38

注：1) 穀物は米, 小麦, トウモロコシ, その他粗粒穀物の合計.
　　2) 増減率は年平均 (%) である.
　　3) FAOSTAT の計数による.
資料：加瀬良明論文 (農業問題研究学会編『グローバル資本主義と農業』筑波書房 2008 年) より引用 (14 頁), 加工.

表 I-2-15　農産物輸出入額に占める産品別占有率

(単位：%)

		輸　出　割　合				輸　入　割　合			
		低開発途上国	その他途上国	市場経済移行国	先進国	低開発途上国	その他途上国	市場経済移行国	先進国
1961- 1963 年	穀物	16	8	30	33	41	48	23	15
	油料作物	20	11	8	13	13	10	8	14
	肉類	1	4	16	12	4	3	4	10
	乳製品	0	0	5	8	4	5	1	4
	砂糖	2	14	11	3	14	8	12	7
	園芸産品	2	7	6	9	3	4	5	10
	熱帯産飲料	21	27	0	2	7	6	5	16
	原材料	38	29	24	20	15	17	41	24
	全農産品	100	100	100	100	100	100	100	100
1999- 2000 年	穀物	5	11	19	16	40	27	12	8
	油料作物	14	26	16	14	24	24	15	15
	肉類	1	9	15	21	4	9	14	20
	乳製品	0	1	11	11	5	7	4	8
	砂糖	4	7	3	3	9	5	11	2
	園芸産品	4	15	6	14	2	6	13	20
	熱帯産飲料	28	15	7	7	3	4	12	13
	原材料	43	16	25	15	13	19	19	13
	全農産品	100	100	100	100	100	100	100	100

資料：FAO/JAICAF 訳『世界農産物市場の現状　2004』国際食糧農業協会, 2005 年 9 月.

表 I-2-16　農業の交易条件

	先進国		低開発途上国		他の開発途上国	
	輸出農産品/輸入農産品	輸出農産品/輸出工業品	輸出農産品/輸入農産品	輸出農産品/輸出工業品	輸出農産品/輸入農産品	輸出農産品/輸出工業品
1961-62	102	105	120	190	115	175
1970-72	99	112	121	175	125	169
1980-82	94	109	120	165	125	164
1990-92	100	100	100	100	100	100
2000-02	104	89	86	76	97	90
2002	105	92	84	70	98	89

注：1)　輸入農産品価格に対する輸出農産品価格の比．農産品の単位価格は産品単位輸出価額の加重合算産品の輸出価額を，本表で扱っている国グループにおける農産品輸出の総価額に対する割合で除る．係数はしたがって，基準期間，1990-92 年＝100 に対する指数である．輸入品の単位価額にも同れている．
　　　2)　輸出工業製品の価格に対する輸出農産品の価格の比．1)と同じ方法で推定されているが，分母は位価額である．
　　　3)　世界農産物輸出価格は輸出品の単位価額で，上記と同様に推定され，1990-92 年＝100 を基準とし出の単位価額によって調整されている．
資料：FAO『世界農産物市場の現状　2004』国際食糧農業協会，2005 年 9 月．

定権を全く持たない産地の農民の取り分は極めて少ない構造が出来上がっているのである[8]．

　このような構造が作られていく原因として，もちろん生産国における資金や技術の不足が挙げられるが，同時に先進諸国が原料に対する関税よりも中間産品，最終製品に対する関税をより高く設定している関税のあり方も問題として指摘されている．これが原料生産国が加工して輸出することをより難しくしている．

　さらに砂糖や植物油のような伝統的な途上国の産品の代替工業品が開発され，消費の拡大する食品の原料として安価に供給されるようになった．サトウキビに代わってトウモロコシから作られる高果糖コーンシロップが，また植物油に代わってマーガリンやショートニング，あるいは工業的飼料の副産物である大豆油などである．これらによって消費の拡大は途上国農業の生産拡大に結びつかず，むしろ価格低下の圧力となった．これもまた途上国農業に困難をもたらした．

　以上見てきたように途上国農業の困難は拡大しているが，同時に野菜や果実等の生産に取り組むことができた途上国と，引き続きコーヒー等の熱帯産品輸

世界農産物輸出価格（調整値）
128
129
127
100
92
94

値．加重値は各て算出されていじ方法が用いら

工業輸出品の単て世界工業品輸

出を主とする途上国との格差，食料危機と石油危機の同時発生の下で食料と石油の輸入に対する支払い能力の格差，によって途上国間の分断も進んできたのである[9]．

さらに途上国の農業生産と農産物貿易のあり方を規定するものとして，IMFや世界銀行の決定する「構造調整計画」（SAP/Structural Adjustment Program）に基づく融資が大きな意味を持った[10]．辻村英之は，タンザニア・コーヒーに関する構造調整政策の例を報告している[11]．タンザニアのルカニ村はコーヒー危機に直面し，コーヒーの老木の伐採，農薬投入などの管理の放棄などによって，また価格が上昇したトウモロコシへの転換によってコーヒーの生産量は急激に減少した．タンザニアのコーヒー産業には，1994年世銀・IMFの構造調整政策が適用され（国としては86年から構造調整政策を開始し，生産・サービス部門から医療・教育などの部門に至るまで自由化を進めた），その結果，①協同組合による単一集荷経路の自由化により民間業者による買い付け業務，加工・精選業務が認められ，輸出業務を担ってきた多国籍企業・その子会社が参入した，②政府補助金の廃止，民間業者の参入により農薬などの投入財の価格が高騰し，そのためにコストの増加や管理の手抜きが生じたことを報告している．市場経済化の強制により協同組合が弱体化され，アグリビジネスによる支配が進んだのである．

70年代は産油国の潤沢な資金，オイルダラーが民間の銀行によってあらゆる借り手に貸し付けられた．しかし1982年にメキシコで債務危機が発生したように，70年代末から世界的不況，金利の上昇による対外債務の膨張の下で途上諸国に，債務返済のために新たな融資を必要とする状況が生まれた．このような融資は民間の資金では対応できず，世界銀行やIMFのような公的資金を原資とする国際機関が対応したが，その際，これらの機関が作成する「構造調整計画」の受け入れが融資の条件であった．

構造調整計画は，新自由主義に基づく債務返済を優先する経済政策であり，実質的にIMF・世銀の管理によって運営される．途上国は経済主権を失うことになったと批判された．構造調整計画は「ワシントン・コンセンサス」と呼

ばれるように，アメリカ主導の下で新自由主義（1979年サッチャー，1981年レーガン政権発足）を途上国に広げる役割を果たした．それは70年代の債務問題の原因を肥大化した政府機構，政府による様々な規制などの経済構造にあるとし，「価格の自由化を中心として，①為替レートの自由化，②金利の自由化，③貿易の自由化，④外資の自由化，⑤民営化，⑥規制緩和，⑦公共支出改革，⑧税制改革，⑨財政の自律，⑩私的所有権の保障」[12]，を実現しようとするものである．

この政策の下で，財政均衡，通貨規制の撤廃，貿易自由化や関税引き下げ，行政機構の縮小，公的部門の民営化等が実施された．

農業部門について言えば，輸出志向農業を目指したプランテーションなどでの単一作物の大規模化が進められた．それは自給的な食料生産の縮小でもあった．また市場経済化によって農業，農業者の市場や価格に対する政策的支えが廃止されていった．しかし，この政策はうまく機能するより，より多くの困難を農業にもたらした．環境親和的な自給的農業から輸出志向の単一作物への転換は，生態系の破壊など環境問題をもたらした．自給的な食料生産の縮小は，食料の継続的輸入を可能にする輸出農産物の成長や，工業を含む経済力の強化がなければ飢餓の原因となる．各国で輸出用として生産の拡大が行われた農産物の競合による価格の低迷，通貨規制の撤廃が途上国の通貨レートを引き下げ，それによる輸出価格の低下，また規制の緩和によるアグリビジネスの支配力の

表 I-2-17 アフリカの農産物貿易（2004-07年平均）

		輸 出 額			輸 入 額	
		合　計	うちアフリカ	域内貿易割合	合　計	うちアフリカ
合　計		17,520	3,423	19.5	24,299	2,892
主な品目	穀物	975	656	67.3	10,546	643
	油糧種子	952	238	25.0	2,706	218
	乳製品	229	127	55.5	2,320	168
	砂糖	1,364	506	37.1	1,830	367
	野菜・果実	4,599	365	7.9	1,864	428
	コーヒー・ココア・茶	5,147	513	10.0	842	344
	その他	4,254	1,018	23.9	4,191	724

資料：FAO/JAICAF『世界の農林統計』No. 627（2012夏号）の表（2頁）より作成．

強化などによって途上国農業の困難は増し,飢餓問題は深刻化したのである.

表Ⅰ-2-17 はアフリカの 2004～07 年の農産物貿易の状況を見たものである.農産物貿易は純輸入であり,伝統的な熱帯産品(コーヒー,ココア,茶)をアフリカ以外の国々に輸出し,食料である穀物をアフリカ以外の国々から輸入する構造は変わっていない.

「SAP によって融資を受けても,国際競争の中で途上国は翻弄され,開発はうまく行かず,借金は増大していき,途上国の格差は拡大していった.さらに国内でも格差が見られるようになった.例えば,外資流入が見られたタイでも外国資本と結びついた都市層と農村の人々との間に格差拡大が起こった」との評価が途上国の状況を示している[13].

この構造調整計画融資は,途上国に市場ルールを「自発的に」採用させるという安上がりな方法だったとラジ・パテルは述べている[14].

(2) 工業的農業の脆弱性,食料消費の歪み

戦後の農業生産力の上昇によって現代農業は,脆弱性を抱えるようになった.

ホーケン等は,品種改良によって極端に特殊化された農作物は今後,頻発するであろうと考えられる異常気象や気候変動から一層深刻な影響を受けるだろうと警告している.健全な生態系に依存する,多様な遺伝子を持った天然の植物個体群が,何百万年にもわたって自然淘汰され,突然の変化に対する優れた適応力を備えているのとは対照的に,品種改良によってつくり出された作物は,気温や湿度,日照時間などといった変化に対する適応力が低いからである[15].

今後気候変動に起因する異常気象の発生する可能性は高まるように思われる.FAO の資料に,1981～2009 年の年次別の食料危機(食料緊急事態)発生の要因別に見た国数の統計がある[16].それによると,1985 年以降食料危機(食料支援を必要とする事態)発生の国数は増加をたどっている.その要因を見ると人為的災害(戦争)が多いこと,2000 年代前半から自然災害(循環型)が減少しているのに対して自然災

(単位:百万ドル,%)

域内貿易割合	純輸出入額
11.9	-6,779
6.1	-9,571
8.1	-1,754
7.2	-2,091
20.1	-466
23.0	2,735
40.9	4,305
17.3	63

害（突発型）が増えていることがわかる．これは干ばつや悪天候，病害虫といった緩慢に作用する自然災害と区別して洪水，サイクロン，ハリケーン，地震，噴火，バッタ類の害といった突発的に発生する災害をまとめたものである．自然災害（突発型）の増加が気候変動に関係しているならば，減っているとされる病害虫や悪天候という自然災害（循環型）の質や頻度にも影響が出てくる可能性があるだろう．

　2つ目は農業・食物の連鎖が巨大アグリビジネスに支配され，そのシステムがグローバル化したことに伴い，病原菌，気象，交通事情，原発等々に規定される脆弱性を持つようになった[17]．これは農産物の輸出国が少数の国に集中している状況の下では大きな問題となる．

　工業的大規模畜産が抱える問題は，作業員の保健・衛生や環境への影響などもあるが，ここでは生産の脆弱性に限って触れたい[18]．アメリカではブロイラーと七面鳥は90％以上が鶏舎内飼養であり，1万5千羽～5万羽が1つの密閉鶏舎内で生涯を終える．養豚業でもこうした変化は急速で，1994年から2001年にかけて工業的大規模生産の国内総生産に占める比重は10％から72％に増加したという．つまり，畜産も，1棟の畜舎の大規模化，経営の大規模化による飼育頭羽数の増大，経営の地域的集中，という3つの点で集中化が進んでいる．

　一般論としては，庭先養鶏に比べて施設型養鶏の方が衛生管理が行き届き，作業者が常時注視しているので疾病の発生に対して適切に対応できるとされるが[19]，下記の3点が生産における新たなリスクを生み出しているという．①ウイルスによる疾病が，飼育されている家畜が集中している工業的畜産では蔓延しやすいこと．②2004年のカナダ，ブリティッシュ・コロンビアで家禽類の鳥インフルエンザ感染が急速に拡大した原因は，密集して立地する密閉型鶏舎がそれぞれ行う排気を通じてウイルスが伝播した疑いがあるという．③家畜排泄物に混じっていた未消化の飼料を野鳥が食べて，鳥インフルエンザを媒介するなど，家禽排泄物に対する規制が弱いことから発生するリスクである．

　工業化された農業および食品産業によって供給される食品についても，遺伝子組換え作物，残留農薬，食品添加物などによる食品の質の問題，食料のロス・廃棄の問題，食の格差問題など多くの問題がある．そのうちのいくつかを

表 I-2-18 食料ロスの状況
(2010・8-2011・1 調査)

(単位：kg, %)

	ヨーロッパ 北アメリカ	サハラ以南アフリカ 南・東南アジア
① 1人当たり年間生産量	約 900	約 460
② 1人当たり年間食料ロス	280〜300	120〜170
③うち消費段階でのロス	95〜115	6〜11
②÷①×100	31〜33	26〜37
③÷②×100	34〜38	4〜9

資料：FAO 編集・JAICAF 訳『世界の食料ロスと食料廃棄』2011 年.

見ておきたい．

　食料のロスについては FAO の要請によってスウェーデンの研究所が行った調査研究がある[20]．この報告書は世界全体で消費向けに生産された食料のおおよそ3分の1，年間約13億トンが生産から消費に至るフードチェーン全体を通してロスとなっていると推計している．表 I-2-18 によれば生産量に対するロス量の割合，ロス率は先進諸国と途上諸国の間に大きな差はない．先進諸国の特徴は消費段階でのロス率が大きいことである．ヨーロッパ・北アメリカでは34〜38％であるのに対して，サハラ以南のアフリカ，南・東南アジアでは4〜9％である．報告書は，低所得国の食料ロスの主たる原因は収穫技術，厳しい気候条件での貯蔵と冷却施設，インフラ，包装およびマーケティング・システムにおける財政的，経営的，技術的制約に関連していること，中・高所得国の食料ロスは，主としてサプライ・チェーンにおける各アクター間の協調の欠如と消費者の習慣にあることを指摘している．先進工業国の消費段階での食料ロス（2億2,200万トン）は，サハラ以南アフリカの食料純総生産量（2億3,000万トン）に匹敵する量である．いずれにしても食料ロスは，フードチェーンの広域化，食料の生産と消費の大きな変化に起因する．

　FAO の数値も日本の数値も非常に大まかなものであることを念頭に置いた上で，表 I-2-19 で日本の現状をみて見よう．日本の食料ロス率（②／①×100）は33.1％，FAO の報告書のヨーロッパ・北アメリカの31〜33％と同水準である．また可食部分のロス・廃棄の割合（⑤＋⑥）／②）は23％である．これは FAO の消費段階でのロス率と同じものであるかどうか正確にはわから

表 I-2-19 食品廃棄物とその利用
(2012 年度推計)
(単位:万トン, %)

	廃棄量等		
①食用仕向け量	8,464		
②廃棄物	2801	償却・埋立	
③事業系廃棄物	1916	→ ⑦ 326	
⑤うち可食部分	331		
④家庭系廃棄物	885	→ ⑧ 829	
⑥うち可食部分	312		
可食部分のロス・廃棄 (⑤+⑥)	643	(⑦+⑧)/①×100	13.6
②/①×100	33.1	(⑦+⑧)/②×100	41.2
③/②×100	68.4	⑦/③×100	17.0
④/②×100	31.6	⑧/④×100	93.7
(⑤+⑥)/①×100	7.6		
(⑤+⑥)/②×100	23.0		

資料:農水省『食品ロス削減に向けて』2014 年 12 月,により作成.

ないが,近いものであると考えられるので比較すると,ヨーロッパ・北アメリカのそれは 34〜38% であり,日本よりは高くなっている.日本の可食部分のロス量 643 万トンは,2011 年の世界の食料援助量が約 400 万トンであったことと比べると大変な量であることがわかる.

なお食料のロスは,環境との関係でも資源の無駄や無用な温室効果ガスの排出として問題になる.FAO はこの視点からの指摘も行っている[21].

食料消費に関わる問題としては,1 つはアグリビジネスによって製造された世界的に共通の食品が店頭に並ぶようになり,食の画一化が促進されたことがあげられる.これは人々の生活の根底にある食という文化,またそれを基盤に形成され継承されてきた地域文化の喪失を意味する.これに抵抗する運動はスローフード運動などとして広がっている[22].また地域の農産物を重視する産直,CSA(Community Supported Agriculture),AMAP(Association pour le maintien d'une agriculture paysanne)などの運動もこの側面を持つ.

もう 1 つは食料消費の格差の形成という問題である.一方で国や地域間での格差のみならず国内での所得格差も拡大している.日本も,相対的貧困率(2010 年)の高さが OECD 34 か国中アメリカに次いで 6 番目が示すように,急速に格差社会化が進んできた.他方で生活や暮らし,環境,平和,途上国問

題などの解決を求めて多様な社会運動も展開している．この状況のもとで，運動や活動家たちの提起した問題を選択的に取り込むことによって「農業・食料セクターにおいても，新たな資本蓄積の動きが始まりつつあるように見える」[23]とフリードマンは書いている．「多くのオーガニック運動をオーガニック産業に効果的に取り込む」，「環境にやさしいと文化的に認められている生産物を販売すること等を通じて，利潤の新たな確保を図る」という資本の取り組みである[24]．これは「食文化の標準化をもたらした戦後のレジームと異なり，富裕な消費者と貧しい消費者との間の不平等を固定化させ，深刻化させる恐れがある」，「ますます国境を越えた階級となりつつある富裕な消費者と貧しい消費者にほぼ対応して，2つの差別化されたサプライ・チェーンが存在している．双方を主導しているのは民間資本であり，同じ企業が異なる階級の消費者に向けて品質の高い商品と安価な商品とを販売していることもある．アメリカでは，ホール・フーズ（1960年代の反体制的な言葉が見事に取り入れられた）とウォルマートという2つのスーパーマーケット・チェーンが，この2つの階級別の市場を象徴している」と述べている[25]．日本で頻繁に起きている食品に関わる問題の一端（もちろんすべてではない），最近も廃棄された食品が廃棄業者を介して店頭に並べられていた等々の問題が報道されたが，この文脈（格差社会化と食生活）において理解できるだろう．最近ではエンゲル係数の上昇も指摘されている．所得の頭打ちと関係しているとすれば食料消費の格差は一層進むだろう．

(3) 農業による環境破壊

人間の生産と消費が資源消費量と廃棄物量を増大させたことによって（人口増と1人当たりの量の増大による），地球の有限性を強く認識させられるようになった．どちらも人間の存在の持続性に関わる，資源の有限性と地球の循環能力（浄化能力）の限界という問題である．農業もまた工業的農業への展開によって資源の浪費と環境破壊の産業に変化してきた．農業の環境問題とは環境への負荷が自然の許容限界を超え，人間の存在を，3つの内容において（健康障害として人間そのものを，食料供給を担う農業生産の基盤を，人間の快適な生活を）脅かすレベルになったことを意味する．

イギリスでは「いつの時代にも，農業経営者はインフラストラクチャの維持に責任を負う田園地域の管理人とみなされてきた」という[26]．しかし，拙稿[27]で触れたようにそのイギリスでも，環境保全のための農業活動の規制が1981年野生生物・田園地域法によって始まった．この法律は，環境保全を目的に指定された区域内の環境に悪影響を及ぼす恐れのある農業活動について，担当部局が協議を求めることを可能にするものである．この協議に基づいて農業者，土地所有者の「自発的取り組み」によって規制しようとするものであった．さらに1986年の農業法（農業，農産物及び園芸，田園地域並びに関連諸問題に関する規定を定める法律）では，農漁業食糧大臣（ウェールズ，スコットランドについては国務大臣）に農業的な土地利用が，①地域社会の経済的，社会的利益，②自然景観（地形及び動植物），③田園の快適さ，考古学的特徴の保全，④国民のレクリエーション要求，と調和のとれたものとなるよう配慮，努力することを求めている．さらに後のCAPのESA（Environmentally Sensitive Areas）制度の元となる環境保全地域の指定と，その地域での環境保全農業の実施のための助成処置などが決められた．

これらの背後に農業が環境破壊的になっているとの批判があることは明らかである．このような主張は，①食料の不足から過剰への転換，②環境保護団体の会員数にも表れているが，環境問題一般への関心と運動の高まりを背景に顕在化したのである．

農業による環境破壊は，1つは化学肥料・農薬の投入，濃厚飼料の利用，機械化などによる集約化，大規模化，経営の単一化・専門化を原因としている．工業的農業化，工場的畜産化の進展である．もう1つは農業の縮小による農業の持つ環境保全機能等の多面的機能の喪失である．両方とも，商品生産を基盤とし，農産物の価格支持という保護政策によって促進された．商品生産の下で国内的にも国際的（自由貿易原則に促迫され）にも生産条件の悪い地域が切り捨てられてきた（ただし農産物の国際競争力は為替レートや各国の農業政策に左右され単純ではない）．価格支持政策は優等地，大規模経営への生産の集積を進める性格を有することは既に述べた．

したがって農業・農村環境問題は簡潔に整理すると上記の2つの変化によって，①国土保全（災害防止）機能の低下，②自然環境の破壊（農業生産基盤の

破壊，健康障害，地球環境問題），③生物種の減少（生物生息地の破壊），④景観の破壊（文化や生活条件の破壊）として顕在化してきた問題である．

次に極めて深刻な二酸化炭素濃度の上昇による地球温暖化問題における農業の比重をみておこう．『平成24年度食料・農業・農村白書』[28]によれば2011年度における日本の温室効果ガスの排出量は，13億800万トン（CO_2換算，以下同じ）で，京都議定書の基準年の12億6,100万トンに比べて3.7%増加している．しかし農林水産業（燃料の燃焼，家畜排せつ物の管理，肥料の施用等）の排出量は3,596万トンで，基準年の5,425万トンから34%減少している．したがって2011年度の農林水産業分野の割合は2.7%であり，日本では農林業分野の比重は大きくないと述べている．しかし世界的に見ると排出源としての農業の比重は無視できない[29]．

ここでは農業の環境問題を具体的に取り上げることはしないが，各国の農業政策において，環境政策や地域政策がその比重を高めてきていることが示すように，農業の環境問題は重要な問題となっている[30]．環境政策において先進的なEUについて簡単に触れておこう[31]．2003年改革を経てCAPの施策は従来中心であった価格・市場・所得政策に対して，農村振興施策（構造政策，地域政策，環境政策等）が第2の柱として明確化された．また価格・市場・所得政策については1992年マクシャリー改革から支持価格を引き下げ，価格によらない直接支払いを導入し，2003年のCAP改革で生産要素（各作物の作付面積等）と切り離して，過去の支払い実績を基準にした品目統合的な直接支払いに移行した．この改革によってCAPの歳出は価格政策支払いが減り，直接支払い（生産にリンクした直接支払いから生産と切り離された，デカップルされた直接支払いに移行）が大きな部分を占めるようになると同時に，第2の柱である農村振興施策のための歳出が増えるという変化を見せてきた．

農業環境政策は1985年のEC委員会報告『共通農業政策の展望』（グリーンペーパー），85年法令797/85「農業構造の効率の改善に関するEC理事会規則」に基づいて，条件不利地域政策の整備拡充，ESA制度（Environmentally Sensitive Areas）の導入，農地の植林事業への助成などとして1987年から実施されるようになった．この段階の中核的な施策，ESA制度は農業者との契約によって環境保全的農業を実施するものであった．その後の動きはこの農業者の意

向に依存した環境政策の一般化にあり，先に触れた拡大する直接支払いの給付の条件に，環境保全的農業の実施を結びつける方向で環境政策が展開されてきた．

まず99年の農業環境や農村政策に関する規則の統合では「適切な農業活動基準（Code of Good Agricultural Practice）」が導入され，これが直接支払いの条件となったので，言い換えれば，これを達成することが生産者の義務となった．環境支払いはこの義務に対する代償としての支払いではなく，この基準を上回るレベルの環境保全の農法の実行に対して実施されるという仕組みになったのである．2003年CAP改革で直接支払いに関わるクロス・コンプライアンスが強化（義務化は2005年）され，法律に基づく法定管理要件（SMR: Statutory Management Requirements）と良好な農業・環境条件（GAEC: Good Agricultural and Environmental Conditions）の2種類の遵守が義務づけられた．これを守らない農業者には直接支払いの減額が行われるのである．その意味で農業環境にも汚染者負担の原則が導入されるようになったといえる．SMRは環境，食料・飼料の安全性，野生生物の保護等に関連する既存のEUの18の法律・規則の遵守である．GAECは各国が，EU規則に定める事項（土壌浸食に係わる基準，土壌有機物に係わる基準，土壌の物理性に係わる基準，生息地の劣化防止のための維持管理に係わる基準）について，農業者が遵守すべき規則を定め，直接支払い受給の条件とするものである．この基準を超える高いレベルの環境保全型の農業の実施には環境直接支払いが行われるのである．

環境政策の整備がEUの農業をどの程度環境保全型に変化させているのかについて，モニタリングが行われている．古い数字であるがこれによれば，例えばEUのhaあたり窒素肥料の消費量は増加傾向に歯止めがかかり（61〜97年の動向），農薬の消費量（1990〜2001年の動向）は減少傾向を示している．EU-15カ国の有機農業の全作付面積に占める割合（93〜2003年の動向）は，2003年には4％を占めるまでに高まった．しかし，1991年の硝酸塩指令に基づく「脆弱地域」の指定面積は，1999年は加盟国国土の35.5％であったものが2006年には44.9％に増加している．環境問題は引き続き大きな問題なのである[32]．

1) 栄養不足人口をFAOは以下のように定義している．「カロリー摂取量が最低食事エネルギー要求量（MDER）に満たない状態にある人々の数．MDERは軽労働および身長に応じた最低許容体重にとって必要なエネルギー量で，人口の性別や年齢構成に応じて国や時代によって異なる．」なおFAOは飢餓と栄養不足は同じ意味を持つものとして互換的に用いている．
2) 基準となる1990～92年の栄養不足人口は世界1,014.5百万人，開発途上地域994.1百万人，人口割合は世界18.7％，開発途上地域23.4％である．
3) FAO編集・国際食糧農業協会訳『世界農産物市場の現状　2004』の付録第1表によれば，2002年の実質価格は1981～83年を100とした時，カカオ23，コーヒー21，砂糖31であり，最も低下が著しい産品である．また前掲『食料の世界地図』には1980年から2000年までのカカオの価格が載っているが，これもほぼ30％の水準に向け低下している．1980年から2000年の時期はFAOの食料の名目価格指数は，変動はあるがほぼ横ばいだった時期である．
4) ただし輸出志向型農業への取り組みが一定の成功を収めていると指摘されていたタイでも，私が滞在していた時期（2005年3月末～2006年3月）に適度・中庸を求めるSufficiency Economy（「足るを知る経済」）という理念が提起されていた．農業に関しても輸出偏重にブレーキを掛け，経営内に池での魚の養殖を取り入れるなどの資源の循環と活用の拡大，自給生産の重視などが模索されていた．
5) FAO編集/FAO協会訳『世界農産物市場の現状　2004』（2005年）26頁．
6) FAO編集/FAO協会訳『世界食料農業白書　2005年報告』（農山漁村文化協会，2006年）によれば，農産物輸出に占める加工品の比重は，先進国では1962年60％であったが2002年には70％を超えている．途上国でも同じ時期45％から65％に高まっているが，後発開発途上国は1962年の33％が1990年代20％以下，2002年約28％と極めて低い（数字はすべて約である．グラフからの読み取った数字）．31頁．
7) 前掲『世界農産物市場の現状　2004』（2005年）26頁．
8) コーヒーに関しては以下のような文献が参考になる．OXFAMインターナショナル『コーヒー危機』（筑波書房，2003年），辻村英之『おいしいコーヒーの経済論』（太田出版，2009年），『増補　おいしいコーヒーの経済論』（同，2014年），同『農業を買い支える仕組み　フェア・トレードと産消提携』（太田出版，2013年），ジャン＝ピエール・ボリス『コーヒー，カカオ，コメ，綿花，コショウの暗黒物語』（作品社，2005年），ラジ・パテル『肥満と飢餓－世界フード・ビジネスの不幸のシステム』（作品社，2010年），など

少し古いがコーヒーのフード・チェーンを，前掲『世界農産物市場の現状　2004』は2,500万の農家・労働者と5億の消費者を，4国際貿易業者（シェア39％），3焙煎業者（シェア45％），30食品雑貨業者（シェア33％）が結びつけ，最終販売価格が各部門に帰属する割合は，農家10％，農業外加工21％，輸出業者8％，保険・運賃2％，世界的貸付業者8％，焙煎業者29％，小売業者22％と述べている．30-31頁．

コーヒー生産の特徴について辻村は以下のような点を指摘している．生産者は小

規模な家族経営が主で，例えばタンザニアでは生産量の 9 割は小農民の 1ha 程度の家庭畑で生産されている．これまでは国際価格はニューヨーク先物価格を基準として，それ以前の価格はそこからコスト・利益をマイナスして決定され，それ以降の価格もコスト・利益をプラスして決定されていたが（ということは流通業者，加工業者等はコスト・利潤を確保でき，しわ寄せが生産者に行く仕組みであることを意味する），近年は量販店の力の増大によって変化しつつあるという．またコーヒーの実質価格は 1970 年代 322 US セント /1 ポンド（327.45g）→80 年代 215 US セント→90 年代 109 US セント→2000～05 年 56 US セントと低下してきている．そのために世界でも最低コストの生産地，ベトナム・ダクラク省での Oxfam の調査では，02 年初めの生産者価格は生産コストの 60％だと報告されている．

9)　「なぜアフリカは食料輸入国となったのか？」（FAO 編集・JAICAF 訳『世界の農林業』No. 827，2012 夏号，6-19 頁）は，途上国の農産物貿易の変化をアフリカについて述べている．この報告を通してこれまで述べてきたことをもう少し実感をもって知ることができる．アフリカは 1980 年に農産物の純輸出地域から純輸入地域に転換し，純輸入額はその後も増加を続けている．品目別にみると純輸出額はコーヒー，ココア，茶という伝統的な熱帯産品が最大であり，純輸入額は穀物が最大である．熱帯産品を輸出し穀物を輸入するという途上国の 1 つの典型的な農産物貿易の姿である．先に触れように，この構造の下で熱帯産品の価格が低下していけば穀物の輸入により多額のお金が必要になる．飢餓がむしろ深刻化して行くのである．

10)　構造調整計画に基づく融資については，長坂寿久「IMF・世銀と途上国の債務問題—NGO の視点から」（季刊『国際通貨と投資』No. 69, 2007 年秋），及び前掲：ラジ・パテル 2010 を参考にしている．

11)　前掲：辻村『おいしいコーヒーの経済論』：92-98 頁．

12)　前掲：長坂 2007：129 頁．

13)　前掲：長坂 2007：128 頁．しかし世銀も 1995 年以降効率重視の政策から効率と公平の両者を重視する姿勢へ変化してきたと長坂は述べている（129 頁）．

14)　前掲：ラジ・パテル 2010：124 頁．

15)　ポール・ホーケン等共著 / 佐和隆光監訳『自然資本の経済』（日本経済新聞，2001 年）312 頁．

16)　FAO 編集 /JAICAF 翻訳『世界食料農業白書　2010-11 年報告』70 頁．

17)　ポール・ロバーツ著 / 神保哲生訳『食の終焉』（ダイヤモンド社，2012 年）．近年日本でも温暖化や物流の発達による農業生産環境の変化によってこれまで国内で発生が確認されていなかった病害虫（例えばプラムポックスウイルス等）の被害が起きてきている．

18)　『のびゆく農業 984　インフルエンザと工業的畜産生産』（農政調査委員会，2010 年）．

19)　前掲『のびゆく農業 984　インフルエンザと工業的畜産生産』では，2004 年のタイ政府の調査で，鳥インフルエンザ（H5N1）が発生し感染する確率は庭先養鶏よりも大規模工業的養鶏の方が著しかったという調査結果を紹介している．

20)　FAO 編集 /JAICAF 翻訳『世界の食料ロスと食料廃棄』2011 年．スウェーデン

食品・生命工学研究機構（Swedish Institute for Food and Biotechnology）が2010年8月から2011年1月に実施した調査研究である．
21) 「世界の食料ロス・廃棄が環境に与える影響」（FAO編集/JAICAF訳『世界の農林水産』No. 835, 2014夏号）.
22) スローフード運動については，カルロ・ペトリーニ著/中村浩子訳『スローフード・バイブル　イタリア流・もっと「食」を愉しむ術』（日本放送出版協会，2002年）.
23) 前掲『フード・レジーム　食料の政治経済学』: 66頁．
24) 同『フード・レジーム　食料の政治経済学』: 67頁．この問題に関連して，日本でも大規模小売業者がフェアトレード商品を取り扱うことをどう評価するかに関する論争がある．辻村英之『農業を買い支える仕組み　フェアトレードと産消提携』（太田出版，2013年）．なお日本のフェアトレードの状況については，長坂寿久「世界フェアトレード指標2007」（季刊『国際貿易と投資』No. 74, 2008年冬号），同『世界のフェアトレード市場と日本』（No. 75, 2009年春号）など参照のこと．
25) 以上の引用は，前掲『フード・レジーム　食料の政治経済学』からである．
26) ジョン・マーチン『現代イギリス農業の成立と農政』（筑波書房，2000年）213頁．
27) 拙稿「戦後イギリス農業の構造変化と農政の方向」（花田仁伍編『現代農業と地代の存在構造』（九州大学出版会，1990年）所収，同「戦後イギリス農政の展開とその特徴」（中野・大田原・後藤編『国際農業調整と農業保護』農山漁村文化協会，1990年）所収．
28) 農水省『平成24年度食料・農業・農村白書』（農林統計協会）266頁．
29) 例えば，独立行政法人農業環境技術研究所『農業と環境』No. 133（2011年5月1日）にある「農業分野の温室効果ガスに関するグローバル・リサーチ・アライアンス(1)」(http://www.niaes.affrc.go.jp/magazine/133/mgzn13310.html) はIPCC第4次評価報告書によって，2004年の農業分野からの温室効果ガス排出量は地球全体で，CO_2換算量で，年間51〜61億トンと見積もられ，人間活動にともなうすべての温室効果ガス排出量の13.5%を占めていると述べている．さらに林業分野の排出（主として，森林から農地への土地利用変化を原因とする）も加えると，全人為排出量の約3分の1を占めることになり，地球温暖化に対する農業の影響はきわめて大きいと書いている．

また FAO の推定値によれば，1991〜2000年と2001〜10年の各10年間の農業からの平均温室効果ガスの排出量（CO_2換算）は，46億1.300万トンから49億8.400万トンに8%増加している．農業及び林業等土地利用からの純排出量の合計は，同じ10年間平均で74億9,700万トンから81億300万トンに8%増加した．したがって農業部門の排出量の農業及び林業等土地利用からの純排出量に占める比重は約62%で変化はなかったが，森林等の吸収量を除いた排出量に占める割合は，44%から50%に増加している．なお2001〜10年平均の人為的排出量は約440億トンなので，森林の吸収量を除いた農業及び林業等土地利用の排出量の割合は約22%（森林吸収分を差し引くと18%），農業の排出量割合約11%である．

2011年の農業からの排出量は史上最高の53億3,500万トンで，FAOは2050年には63億トン以上に達すると予測している．なお農業分野からの排出の内訳（2001〜11年）は，主なものを見ると家畜の腸内発酵が40%，草地における残留排泄物15%，合成肥料13%，水稲栽培10%，堆肥管理7%等となっている．FAO編集／JAICAF訳『世界の農林水産』No. 836（2014年秋）．

30)　例えば，前掲『現代イギリス農業の成立と農政』，荘林・木下・竹田『世界の農業環境政策』（農林統計協会，2012年），服部信司『アメリカ農業・政策史 1776-2010』（農林統計協会，2010年）等参照のこと．

31)　石井圭一「EUにおける農業所得政策の展開」（JAC総研ブックレットNo. 11『農業収入保険をめぐる議論　我が国の水田農業を考える（上巻）』2015年），是永東彦「2011年CAP改革提案の基本的性格」（農水省『平成23年度海外農業情報調査分析事業欧州地域事業実績報告書』2012年）等参照．

32)　農水省『諸外国における農業環境施策及び土壌保全施策』（第8回「今後の環境保全型農業に関する検討会」2008年3月，配布資料）．

第3章
農業危機克服の道

第1節　資本主義の転換と農業

(1)　資本主義の現段階

　戦後の農業・食料システムの矛盾が顕在化する70年代，80年代以降は資本主義論においても多くの論者によって新たな段階への移行期と捉えられている．大恐慌以降，先進資本主義諸国が目指してきた資本主義国家のあり方（国家の経済過程への介入による完全雇用と経済成長の達成，大量生産・大量消費社会の実現，福祉行政と社会保障制度の拡充，を基盤とした福祉国家）の転換が始まったからである．この資本主義の歴史的位置づけについては様々な見解がある．

　例えば加藤榮一は，資本主義の発展段階を，資本主義の萌芽期である重商主義段階から始まる前期資本主義，さらに1890年代央以降の中期資本主義，それに続く1980年代初めからの段階を後期資本主義としている．つまり80年代以降を資本主義の歴史的展開の大画期としてとらえている[1]．それに対して，1970年代末以降を，戦後を画期とする現代帝国主義の第2段階，つまり現代帝国主義の小画期としてとらえる位置づけもある[2]．

　さらに，1970年代前半は「資本主義の終わりの始まり」，つまり資本主義の終焉への大転換の始まりというさらに大きな画期とする水野和夫の捉え方がある．水野が資本主義の終焉の始まりとするのは，現状の低い金利水準では利潤が成立し得ていない，つまり利潤獲得を目的とする資本主義が資本主義として機能していないと分析しているからである．それは70年代半ば以降，市場規

模の拡大と交易条件の上昇が困難になったからだという．交易条件の悪化は原油価格の高騰が原因であり，前者は市場の地理的拡大と少子化による販売数量の増加が鈍化したからである．市場の「地理的・物的空間」の制約により実物経済での利潤の獲得が困難な時代になったのである．それは資本蓄積と賃金上昇の併進，つまり資本と雇用の共存状態が不可能になることを意味する．日本についても「平成19年版経済財政白書」は景気回復期の経常利益と賃金の関係について，1999年第1四半期から始まる景気回復期以降は，企業の経常利益の増加が賃金上昇をもたらさず負の関係に転じていることを分析している[4]．

そのため金融経済化が促進された．アメリカは，IT（情報技術）を基盤とする金融帝国化へ舵を切り金融自由化を進め，1980年代半ばからは金融業への利益の集中が顕著な「電子・金融空間」に依存する資本主義へ転換した[5]．日本も金融自由化を進め（1996年，金融ビッグバン），この後を追ったのである．

さらに資本は蓄積のための周辺部を見つけ出し，それを蓄積基盤として新たに組み込むことが必要になった．それがアメリカでのサブプライム問題，日本での非正規雇用者問題，EUでのギリシャ，キプロス等の経済危機問題等の原因であり本質であると水野はいう．新自由主義的グローバリゼーションの進展の下で国際的にも国内的にも格差が拡大する時代になったのである．中間層の没落は民主主義の基盤の崩壊を意味し，政治的不安定化も進行する．

(2) ポスト・グローバル資本主義社会と農業

新自由主義に基づくグローバリゼーションは，グローバル企業の蓄積基盤の地球規模での再編成であり，環境問題や貧困問題など多くの矛盾を生み出している．したがってこれを，新自由主義的グローバリゼーションから排除された民衆のイニシアティブでどのように変革していくかについても，多様な主張が展開されている[6]．

ここでの関心は，グローバル資本主義に対抗する議論において，農業がどのような役割を果たすものとして位置づけられているかという点にある．しかしそれを全面的に論じるだけの能力はないので，ここではスーザン・ジョージに代表される「オルター・グローバリゼーション」，ジャン＝ルイ・ラヴィルら

の「連帯経済」，またセルジュ・ラトゥーシュらの「脱成長」の主張をそれぞれの著作によって簡単に見ておくことにしたい[7]．

いずれの議論も経済成長を前提として福祉国家を謳った資本主義が（途上国では開発至上主義が）環境破壊，貧困・格差，排除を顕在化させてきた現状を，力点の置き方に違いはあるが批判し，それを変革しようとしている点では一致している．違いは，変革を進める手がかり・方法とその運動の基礎となっている理念・理論にある．根本の思想が異なるとする「脱成長」論[8]が，「オルター・グローバリゼーション」や「連帯経済」の政策提言（トービン税，タックス・ヘブンの廃止・規制等）や様々な実践（CSA や AMAP などの産直運動等々）を評価するのは解決すべき課題がなんであるのかの認識に共通性があるからである．とすれば運動の現段階では，その違いよりも運動を推進する上で補完，協力が可能な関係にあると理解できるだろう．

アタック（ATTAC）やスーザン・ジョージが推進する「オルター・グローバリゼーション」運動は[9]，単なる「反グローバリゼーション」の運動ではなく，「グローバル・ジャスティス」を求める市民運動である．現代のグローバリゼーションの本質は「新自由主義に基づく」，「企業主導[10]の」，「金融に引きずられた」グローバリゼーションである．そのグローバル資本主義は，アメリカの政治的，経済的，社会的，エコロジー的なすべての分野における決定・監督，またアメリカのイニシアティブの下にある世界銀行とIMF，WTO，そしてOECDとG8などの国際機関や組織を推進者として推し進められてきた．その政策は，すべての活動分野での競争の刺激，インフレの抑制，輸出の拡大，資本の自由な国際的移動，企業・高所得者への課税額の縮小，タックス・ヘブンの維持，民営化，労働市場の規制緩和による労働者同士の競争の激化，公共サービスの有料化などの実践である，つまりグローバリゼーションは，人々が歴史的に手に入れてきた権利をできるだけ多く剥奪しようとするものである．その結果が，国家間また国内における格差の拡大の進展と環境破壊である．

それとの闘いは，過去に得た利益を守り可能な限りその利益を拡大する運動である．そのような多くの闘争の累積的結果として資本主義の挫折があり，もう1つの世界が実現される．それにはヨーロッパの主導権が必要であるとスーザン・ジョージは言う．グローバル・ジャスティス運動の多数派の主張は，第

2次大戦後の西ヨーロッパで発展した，課税，再配分，民主的参加に基づく「ヨーロッパ・モデル」と同じであり，これは，後退したとはいえ現在も部分的に存続し，アメリカ・モデルよりも望ましいモデルだからである．それゆえもう1つの世界の構築には，政治的，経済的，エコロジー的な諸側面において，ヨーロッパがアメリカの対抗勢力としての役割を果たせるかどうかが重要であると述べている[11]．

彼女らが実現しようとする世界は，地球上すべての人々に一定水準の生活（食料，水，住宅，基礎教育，保健・医療．公共サービス等）を保障する世界である．そのためには世界的規模のケインズ経済的な課税と再分配計画が必要であるとする．そのためのお金は，巨大企業の利益や国際的金融市場などの領域に存在するから，タックス・ヘブンの取り締まり，企業への課税の強化，自由貿易からフェアトレードへの転換等によって資金を調達し，それを世界規模で再分配する仕組みによって実現できるという[12]．これは世界経済を活性化させ，経済や社会を決定する政治の場を多くの人々に開くことでもある．

スーザン・ジョージは，グローバル・ジャスティス運動の目標を8つにまとめている[13]．そのうち本稿との関連の深い提起は以下の通りである．1つ目は1789年のフランス人権宣言，1948年の世界人権宣言に謳われている目標の実現，つまり世界の全人類に対する健康と福利の実現である．そのために．国際的な課税と世界銀行，IMF，WTOなどの国際機関の廃止や根本的改革を求めている．それによって国際機関の職員が世界の人々に奉仕する「公務員」としての性格を実現することが必要だと述べている．2番目は石油依存を止めて地球温暖化を防止することである．3番目は生態系への対策であり，ピグー税（「グリーン税」）を提起している．5番目としては，世界人口の半数を占める小農民が，家族の食料をより多く生産できるように優遇し伝統的な技術の改良を促す政策である．その土地固有の技術の復活等が，目覚ましい収量の向上をもたらすからである．8番目には連帯は地元から始まるとしている．

このような目標が実現される政治制度の姿をスーザン・ジョージは，社会主義に民主主義を加えた制度（「社会民主主義」ではなく）としている[14]．

「連帯経済」という言葉の出現は19世紀中葉，資本主義経済が発達し始めた頃に遡り，資本主義に必然に付随する失業問題等の解決を図るための「社会に

よる経済のコントロール」を意味していたという[15)16)].

　この言葉が，市民社会が担う「社会正義と連帯を求めるグローバル運動」を表現する言葉として用いられるようになるのは2001年1月，ブラジル，ポルトアレグレで開催された世界社会フォーラムを契機としている．グローバル資本主義の矛盾が顕在化する中で，にもかかわらず問題解決における政府の役割が縮小化し，「市民社会」の役割が注目されるようになり，市民団体の唱える「連帯経済」への関心が高まったからである．

　伝統社会は，社会的つながりの維持を富の生産より優先する社会であった．市場経済は，人間の自由・平等な関係を前提とするが，価格だけによって財を配分する市場経済は，人と人との社会的つながりを財・貨幣の交換関係に縮小していく．しかし市民社会の目指す人と人との関係には自由・平等に加えて，例えばフランス革命で付け加えられた友愛があるという．したがって友愛つまり連帯の領域においては国家の責任範囲が拡大し，市場経済を補完する非市場的経済が生み出されたが，しかし福祉や保健というような制度的な連帯が組織化されていく中で，福祉活動を特徴づけてきた自発的な参加という友愛・連帯にとって不可欠な側面が薄れてきた．さらにこの問題を置くとしても，経済的・社会的コントロールによって福祉社会を築き上げることができるとする見通しも，新自由主義の下で国家の役割の縮小化にともなって崩壊してきているのが現状である．したがって市民社会が政府の失敗，市場の失敗を是正する試みの中で社会の民主化，人権の強化，環境保全と再生等をはかっていくことにより，人間と人間中心の経済を確立しようとするのが連帯経済である．「連帯経済イニシアチブの活力と発展の特徴は，市場・非市場・非貨幣の資源間にハイブリッド化を起こすことにある」「連帯経済」は「『市民参加を通じて経済を民主化することに貢献する様々な活動の集合体である』」[17)]と定義されるのはこのような意味においてである．

　連帯経済が主張されるようになる背景に，次の2つの危機が存在するとラヴィルは述べている[18)]．1つは価値の危機である．貨幣経済の進展の下で個人の目的は量的な財産の追及へ画一化されていった．個人の解放を保証するはずの貨幣経済の下で，個人の自由は「自発性，唯一性，異質性を否定する」逆説的なものに転換したのである．このGNP偏重の価値観の崩壊である．1970年代

以降，新しい社会運動は生活の高い「質」を要求するようになった．それに応えるためには，経済政策を生活様式への政策（社会生活の様々な領域への人々の参加，環境保護，男女や異なる年齢層の間の関係などを考慮に入れた）に変えることが必要になった．この新しい社会運動の根底に，高齢化，小規模世帯の増加と多様化，女性の労働力化の進展などの人口や家族における変化がある．

さらに国家の役割，その再分配機関の官僚的で中央集権的性格への批判である．経済成長の成果の再分配による保険・保護のシステムは，最低限の社会的つながりを維持してきたとはいえ，新しい連帯を創出してはこなかったのである．

第2の危機は経済的危機である．国内需要の鈍化の下で国際市場での競争は激化し，製品の差別化が重要な競争手段となる．また雇用を維持する新たな生産活動を探さなければならなくなる．このような市場の変化は新しい科学技術，「情報革命」を生み，従来の生産秩序を転換させた．サービス，販売業務，無形の投資等が重要になり，市場経済を基礎づけてきた物的設備により質が一定として測定できる財を生産するという枠組みは崩れ，市場や国家による調節機能の限界が露呈してきたと述べている．

この経済危機の下で市場経済の内部でリストラが進み失業が増大すると，財政的困難が生じ福祉国家への批判も増大した．

この危機の克服は，市場を重視する新保守主義でも国家の役割を重視する進歩主義でも，市場と国家の位置づけ・関係に関する従来の議論，二元論に立っていては解決できないというのが「連帯経済」論の立場である．協同組合，非営利組織（NPO），近隣コミュニティにおける対人サービスなどの相互扶助的で非貨幣的経済活動を強化し，市場経済からも国家の公共政策からも排除されている社会的弱者の社会的自立を促進することが重要なのである．周辺化された人々のエンパワーメントと新しい公共空間の創出を行い，市民社会の要求を通じて国家と市場経済の関係を調整し，新しい福祉国家の建設が可能になるのである．

民主的かつ連帯的な倫理に基づく新しい社会経済運動として，実際に以下の3つの取り組みが始まっているという[19]．①社会的目的と，協同・参加・連帯の原理に基づく組織化により，従来の資本制企業や行政の生産するものとは異

なる財や・サービスの生産である．②倫理的・連帯的・生態学的な関心に基づく日常的な経済行為の広がりである．公正に消費する，連帯的な金融機関に貯蓄する，有機農業による食材を購入する，生活において環境に配慮した照明・暖房器具や移動手段を選択する等々である．③国際舞台における，WTO，IMF批判，国際的な債務帳消しやタックス・ヘブンの廃止，金融移動の制限などを求める主張や運動の展開である．

次に「脱成長」論について，その現状認識と理論の特徴を見てみよう．1980年代半ば以降の金融市場政策（規制緩和，ボーダレス化，間接金融から直接金融への移行）は，国家による規制の枠組みを解体したので，地域間，諸個人間での富の不平等が急激に進展した．その過程は自然の略奪，世界の欧米化，地球の単一化を促進し，経済発展は文化の多様性を破壊したのである．したがって現代の危機は，金融的・経済的・社会的・生態学的だけでなく，より根本的には文化的，文明的危機だと捉えている．

この理論の特徴として，以下のような点を挙げることができるのではないかと思う[20]．

①上に述べたように，これまでの発展論，成長論からの脱却は経済問題ではなく文化問題であり，経済中心主義，経済学中心主義からの脱却を意味する．つまり経済学を中心に据えた認識方法からの転換を謳っているのである．経済学の認識パラダイムを相対化（脱中心化）すると言っている．すなわちこれまで核としてあった発展主義を根底から解体することによって，単一的な思考の支配する社会，また世界の商品化に対して戦うことができるのだという．発展という概念はそもそも西洋特有の概念であり，例えばそれをアフリカの諸言語に翻訳することは難しいのだとも述べている．

②自然環境の危機を重視している．「脱成長」論は，人間社会の不平等と生態系の破壊を同時に是正する理論として先進諸国の「エコロジカル・フットプリント」の縮小の必要性を述べている．それは有限の世界で無限の資本蓄積を求める資本主義を否定する論理につながっている．したがって経済成長は漸次的に縮退させ，これに合わせて経済や社会の制度も収縮していく必要があるとしている．

③多元主義の主張である．西欧近代固有の発展や開発という世界観に基づく

近代化政策は途上諸国の貧困を解決せず，文化様式・社会関係，自然環境を破壊し，自律性の喪失をもたらした．したがって途上国を，成長論理や経済合理性とは全く異なる論理で社会編成を行う自律的な社会と評価し，先進国も単一の成長・発展パラダイムから自由になることを謳っている．多元的価値観に基づく社会の実現である．自然支配と進歩の価値観がなければ発展という思想は意味がなくなり，自然と人間の共生が実現するという．

④社会のあり方としてローカルな自律社会を望ましい姿としている．経済的には生産と消費のローカリゼーションの自主管理，政治的には民主的討議と意思決定を行う公共空間のローカリゼーションと自主管理を謳っている．具体的には，産直ネットワーク AMAP，補完通貨，スローフード・スローシティ運動などの事例，統合する理論としてエコロジカル・フットプリント自治体などが挙げられている．

以上からわかるように，「脱成長」の主張は，開発・成長・発展というヨーロッパ社会に特有の理念を地球規模に一般化したことに問題の核心があり，目指すべきは新自由主義的でない他のグローバリゼーションを求めることではなく，グローバリゼーションの否定，再リージョナル化による多様な世界の共存であるということになる．

以上の3つの理論は，ポスト・グローバル資本主義社会の構想において共通する視点を持っている．第1は，市場関係を媒介にした人と人との関係を，人々の自律的な参加による協同，連帯の倫理によって作り変えていくことの重要性である．第2の視点は，この取り組みを，地域を基盤とした経済の構築と人々の自律的参加による民主的仕組みによって行うことの重要性の指摘である．第3に，環境問題は人類にとって極めて急を要する解決すべき課題であるという認識である．

これらの指摘は農業の本質，自然と共存しなければ持続性を持ちえない，生産の面においても生活の面においても，人と人との協同を必要とする生産活動であり，それゆえ自然的にも，社会的にも，地域を基盤にして成り立っている，という農業の本質に適合している．次の経済・社会において農業が重要であるのみならず農業の論理を基礎にして次の時代を構築することの必要性の主張でもある．このように経済・社会の「農業化」が次の時代の課題であるとすると，

すぐにその基盤をなす農業のあり方が次の問題として問われることになる．現状の農業の危機をどのように克服し，次の社会の基盤にふさわしい農業をどのように構築していくのかという問題である．農業もまた環境問題を考えればわかるように，批判される現代資本主義構築の共犯者であることを否定できないからである．

1) 以上は，加藤榮一『現代資本主義と福祉国家』(ミネルヴァ書房，2006 年)．加藤は資本主義の発展段階を，経済課程，国家システム，世界システムの視点から，前期資本主義は純粋資本主義化傾向，自由主義国家化，パックス・ブリタニカ，中期資本主義は組織資本主義化傾向，福祉国家化，パックス・アメリカーナと特徴づけている．なお前期・中期・後期資本主義は仮の名前としている (240-247 頁)．
2) 後藤道夫「第一部　帝国主義と大衆社会統合—現代帝国主義把握の歴史的構図」後藤道夫・渡辺治編 / 後藤道夫・伊藤正直著『講座 現代日本 2 現代帝国主義と世界秩序の再編』(大月書店，1997 年) 所収．
3) 水野和夫『資本主義の終焉と歴史の危機』(集英社新書，2014 年)．水野によれば「利子率＝利潤率が 2% を下回れば，資本側が得るものはほぼゼロ」であるという．10 年国債の利回りは日本・イギリスは 1974 年，アメリカは 1981 年をピークに低下し，日本は 1997 年に，アメリカ，イギリス，ドイツは 2008 年以降 2% を下回る状況になっている．2% を下回る状況は，これまでの歴史で最も国債利回りが低かった 17 世紀初頭のイタリア・ジェノヴァで 11 年間続いて以来であると述べている (14-15 頁，19-20 頁)．
4) 日本の景気回復期における賃金と経常利益の関係を見ると，1986 年第 4 四半期から始まる景気回復期までは両者には正の相関関係が見られるが，99 年第 1 四半期から始まる景気回復期以降は，両者には正の相関関係は見られなくなっている．企業の経常利益が増大しても賃金は増加せず減少しているのである．内閣府「平成 19 年版経済財政白書」46 頁，第 1-1-40 図．
5) 水野によれば，全産業の利益に占める金融業のシェアは 1929〜84 年平均では 12.3% であったのに対して 1985〜2013 年平均は 20.2% に上昇している．特に 1995 年以降の上昇が著しく，2001〜07 年 (住宅バブル発生期) には 25.4% を占めるまでになっていた (2002 年は頂点で 30.9%)．前掲，水野『資本主義の終焉と歴史の危機』，27 頁，27 頁図 4 および 31 頁．
6) 例えば中野佳裕は，①ラトゥーシュ等の〈ポスト開発〉/〈脱成長〉(デクロワサンス) 論者：あらゆるグローバリゼーションを拒否，政治と経済の再ローカリゼーションを主張する立場 (グローバリゼーションに対する立ち位置としては完全拒否)，②アントニオ・ネグリ (マルチチュード理論) やドミニーク・プリオン (ATTAC 代表者) らの資本主義的なグローバリゼーションを拒否する立場 (同，部分的拒否)，③ダニエル・コーエン，パスカル・ラミーらの「改革主義的」なグローバリゼーシ

ョンを提唱する立場（同，改革主義），④アラン・カイエ，ジャック・ジェネルーらの「現実主義・理想主義総合」としてのグローバリゼーションを提唱する立場（同，現実主義的・理想主義的変容），と整理して紹介している．セルジュ・ラトゥーシュ著・中野佳裕訳『経済成長なき社会発展は可能か？―〈脱成長〉と〈ポスト開発〉の経済学』（作品社，2010年）の「日本語版解説」308-309頁．

また杉村昌昭は，①グローバリゼーション自体を拒否する立場：セルジュ・ラトゥーシュ，②資本主義的グローバリゼーションを拒否する立場：アントニオ・ネグリ，③グローバリゼーションの実態を踏まえながら，理念的かつ現実主義的に改良しようという立場：ジャック・ジェネルー，があると整理している．スーザン・ジョージ著，杉村昌昭・真田満訳『オルター・グローバリゼーション宣言』（作品社，2004年）の「訳者あとがき」320頁．

なお，両者ともフランスの学術雑誌『REVUE DE MAUSS』（第20号，2002年）の特集「いかなるもう1つのグローバリゼーションか？」を参照にしていると記している．

7) スーザン・ジョージ著／杉村昌昭・真田満訳『オルター・グローバリゼーション宣言』（作品社，2004年），スーザン・ジョージ著／荒井雅子訳『金持ちが確実に世界を支配する方法　1％による1％のための勝利戦略』（岩波書店，2014年），西川潤・生活経済政策研究所編著『連帯経済―グローバリゼーションへの対案』（明石書店，2007年），ジャン＝ルイ・ラヴィル編／北島健一・鈴木岳・中野佳裕訳『連帯経済―その国際的射程』（生活書院，2012年），セルジュ・ラトゥーシュ著／中野佳裕訳『経済成長なき社会発展は可能か？―〈脱成長〉と〈ポスト開発〉の経済学』（作品社，2010年），同著者／同訳者『〈脱成長〉は，世界を変えられるか？　―贈与・幸福・自立の新たな社会へ』（作品社，2013年）．

8) ラトゥーシュは次のように述べている．「〈ポスト開発〉学派，〈脱成長〉派，または『経済成長に反対する者たち』による分析は，問題の核心を『新自由主義／超自由主義』やカール・ポランニーが呼ぶところの『形式経済』ではなく，経済性の本質として捉えられるところの成長理論に位置づける点において，今日のグローバル経済を批判するその他の潮流（オルター・グローバリゼーション運動または連帯経済）が提示する分析ならびに立ち位置とは，一線を画する」「重要なことは，国家による［市場経済の］制御／調整や贈与と連帯の論理による経済のハイブリッド化といった，多少なりとも強力な治療薬の投与によって『悪い経済』を『良い経済』（良い成長・良い開発・良い発展―引用者）に置き換えること……（略）……ではなく，経済から抜け出すことである」．前掲，『経済成長なき社会発展は可能か？―〈脱成長〉と〈ポスト開発〉の経済学』10頁．

9) 前掲，スーザン・ジョージ『オルター・グローバリゼーション宣言』による．

10) スーザン・ジョージはこれらの企業を「多国籍企業」とは言わず「超国家的企業」という．これらの企業は出自にかかわらずマーケット・シェア，利潤とりわけ「株主の利益」のために同じ目標を目指す．しかしこれらの企業は多くの指標からみてそれぞれの出自の国と緊密に結びついているからである（前掲：スーザン・ジョージ 2004：23頁））．

11) 前掲『オルター・グローバリゼーション宣言』141-150頁.
12) 同,173頁.
13) 同,176-198頁.
14) 同,126頁.
15) 「連帯経済」という用語の出現は既に19世紀中葉,資本主義経済が発達し始めた頃に遡ることができるという.また「社会的経済」という用語が,フランスで19世紀前半に使われるようになった.いずれも資本主義に必然な破産,失業,貧富格差,貧困等の解決のためには,社会組織の非営利的再編成が必要という考えによるものである.
　これらの「社会による経済のコントロール」の概念は19世紀〜20世紀に社会的経済,非営利経済,協同組合経済として発達したが,その後ケインズ主義の「国家による経済のコントロール」に席を譲った.近年の「大きい国家」批判のなかでボランタリー部門,社会的セクター,市民社会(NPO, NGO)セクター等の重視として息を吹き返した.前掲,『連帯経済―グローバリゼーションへの対案―』12-13頁.
16) なお以下の連帯経済に関する叙述は,『連帯経済―グローバリゼーションへの対案―』および前掲　ルイ・ラヴィル編『連帯経済―その国際的射程』による.
17) ローラン・フレス「第6章　連帯経済の政治次元」前掲,『連帯経済―その国際的射程』240頁.
18) ジャン＝ルイ・ラヴィル「第1章　連帯と経済」前掲,『連帯経済―その国際的射程』64-69頁.
19) 前掲,ローラン・フレス「第6章　連帯経済の政治次元」241頁.
20) 前掲,中野佳裕による「セルジュ・ラトゥーシュ2010」の「日本語版解説」を参照.

第2節　農業危機克服の方向——持続型社会,共生社会

(1) 農業とはどのような産業か

　農業はどのような産業か,その特徴はいかなる点にあるか.これについては様々な視点から論ずることが可能である.しかしその核心は以下の2点にあると思う[1].

　1つは,農業は,太陽エネルギーが植物,動物,人間,微生物へと循環する自然の循環過程に依拠した産業であり,したがって本来持続的なものである.生物世界は人間もその中の一部として組み込まれた食物連鎖を形成しているが,その中に人類は,人間を頂点とする農業という特有の食物連鎖のシステムをつくりだした.

坂本慶一が「農業とは，地球上の生態系（ecosystem）を基礎として成り立つ生命系（living system）を構成する特定の生物の利用・育成をとおして，人間の『生』の実現に不可欠な物質・情報を獲得するための主体的・計画的な営みである」[2]と書いているのはこの意味であると思われる．したがって農業の開始は自然に埋没していた人間が自然からの離脱を開始することを意味した[3]．

農業における人間と自然との関係は，農業が人間の目的行為・計画行為であるがゆえに共生の関係と同時に人間から見た雑草や病害虫の排除という敵対的関係の側面ももっている[4]．とはいえ人間自らと多くの生命体にとって，生物世界という大きな枠組みにおいても，また人間を頂点とする農業という枠組みにおいても，望ましい生態的環境条件を維持しなければならないという制約を受けているのである．尾関周二も「人間社会は自然生態系から自立しつつも同時に大枠では，都市や国家といった社会システムは，自然生態系システムのサブシステムといえるものであり，（略）自然の環境の中に大きく位置」していると述べている[5]．

自然に働きかけ，それを人間にとって有用なものに作り変えるという生産行為は，農業も工業も同じである．しかし農業は大きな自然の再生産の循環の一環をなし，その循環を持続させなければ農業も継続しえないし，その自然の循環をより豊かにすることが農業生産の安定や上昇を可能にする[6]．

2つ目の特徴は，農業は地域固着的な農地を主要な生産手段とし，それと結びついた自然の中で，それらを対象として営まれるということである．人々による自然への働きかけは，生産力段階が低ければ低いほど，共同性を持ち，農業は共同の取り組みとして行われる．また農村住民は生存の基盤である農業に規定され，生産と同時に生活の面においても結びつきを持って生活してきている．農業が営まれる空間は農業者たちが生活する農村空間でもある．したがって必然的に，農業は地域社会や地域文化形成の基盤として，それらと深い結びつきを持ってきたのである．

末原達郎は富山県射水郡下村の調査を通して，「農村の年中行事がいかに農産物の増大を願う生産儀礼と深く関わりあっているのか，また，農業生産のリズムが村落生活のリズムといかに一致しているか，さらに村落共同体としての共同作業や共同の行動が，農業労働だけでなく休日やレジャーにいたるまでの，

農村生活全体をいかに支配していたか」を明らかにしている[7].

このような特徴を持つ農業も,市場経済化と工業化の中で大きく変化してきた.このうち後者の変化は,人間の自然認識の変化と結びついている.農業は自然の循環機能に依拠した産業であるがゆえに,自然を人間との関係においてどのように認識するかに農業のあり方は規定されるのである.それゆえ近代社会における機械論的・人間中心的自然観（デカルトに代表される人間と自然を分離した人間中心的な自然観とニュートンに代表される物理学中心の機械論的自然観を基礎とした自然観＝デカルト的・ニュートン的自然観）への転換が,農業の工業的農業への変化の理由として挙げられるのである[8].この自然観は物質的豊かさを尺度とする「進歩」の思想と結びつき農業の工業化が促進されてきたのである.

(2) 農業危機克服をめぐる対抗

市場経済化と工業化の下で,農業が多くの矛盾を露呈させていることは既に第2章で述べた.農業の危機は,資本主義の危機と関連して時を同じくして発生している.そのため,資本は危機克服の方法として一層の市場経済化（非市場国家・地域の取り込みによる市場経済地域の地理的拡大と,公共的性格を理由として存在する非市場領域の規制緩和）によって資本の活動領域,蓄積基盤の拡大を図ろうとしている.人間の生存の基盤である食料生産を担い,なおかつ自然や気候に左右され,またグローバル資本主義段階の下で,非資本家経営である多数の農民経営によって生産が担われている農業は,教育や医療,福祉,雇用などの分野と同じようにその市場経済化に一定の規制・制約が設けられてきた.これらの分野の規制緩和による市場経済化が,経済危機克服の方法として強力に進められてきているのである.

デフレから成長経済への転換の「エンジン」は「民間の活力」であり,そのために重要なのは規制改革とEPA等の経済連携の推進である[9]と主張するアベノミクスの政策もまさにそれである.「日本再興戦略〜JAPAN is BACK」（2013・6・14閣議決定）は,これまで民間が入り込めなかった「官業」分野として医療などの社会保障分野,エネルギー産業,公共事業と同時に農業を挙げ,これらはこれまでは民間の力の活用が不十分で,創意工夫が活かされにくかっ

たが，民間活力によって成長分野へと転換可能であり，そのために規制・制度改革を断行し，「規制省国」を実現すると述べている[10]．

つまり資本の推進する農業危機克服策は，国内・国際両方における農業の規制緩和，市場経済化の推進である．これは第2次臨時行政調査会（81年3月発足，83年3月最終答申），プラザ合意（85年9月），前川レポート（「国際協調のための経済構造調整研究会」報告），農政審報告「21世紀へ向けての農政の基本方向—農業の生産性向上と合理的な農産物価格の形成を目指して」（86年11月）の下で追及され，また国際的にはGATT・UR合意によって本格化した農業の規制緩和，市場経済化，国際化の一層の促進，新たな段階での推進である．

他方で先に述べたように，この状況は危機の根源を新自由主義に基づくグローバル資本主義と捉え，その克服を目指す新しい経済・社会を実現しようとする様々な理論と運動も生み出している．農業においても，アグリビジネスの支配によって進められてきた工業化された農業を拒否し，自然循環に依拠しその循環をより豊かにしていく農業，住民参画により民主的に運営される地域と結びついた農業，農民経営としての自律性を取り戻す農業，の重要性が認識され，それへの転換を目指す取り組みが模索されている．同時に，それは農業の変革に留まらず，工業と工業の論理に基づく経済・社会のあり方も農業的論理によって変革すること（工業の「農業化」）の重要性を訴えている．

農業の危機をめぐっては以上のように2つの路線が対立している．前者は新自由主義に基づく危機克服の道であり，後者はこれまでの自然観を転換し自然生態系に基づく農業への転換によって持続型社会，共生社会を実現しようする道である．

1）新自由主義の徹底——アグリビジネスの支配強化による解決

先にアベノミクスにおける農業の位置づけについて触れた．その本質は，農業を資本の経済活動の場として開放し，資本の蓄積基盤として一層深く組み込むことにある．アメリカの農業関連企業は，農業資材生産，流通，食品製造，さらには農業部門まで垂直的統合を進めその支配を強化してきたことに触れた．資本の支配は，大規模流通業を核としさらに強化されている．日本では，農業関連分野において垂直的統合，コングロマリット，多国籍企業という特徴を併

せ持つような，アメリカで典型的なアグリビジネスは一般的でない．その理由として戦前の歴史的背景にも規定され，戦後においても農業分野は相対的に国の関与によって資本の自由な活動が制約されてきたことが大きい．例えば米などの主要穀物の種子の育種とその供給，家畜の屠殺場の設置とその運営，米穀などの主要食糧の流通，農地の権利取得とその利用等々，民間の自由な活動が法律上制限されたり，法律上制限されていなくても事実上活動が制約される状況があった．例えばアメリカのアグリビジネスは，カントリエレベーターや屠畜場・食肉加工場の所有を梃子にして農業支配を強めていったが，日本では資本にとってのそのような環境はなかったということである．また農業者の組織である農協が，国の政策の事実上の実施機関として大きな役割を果たしてきたことも，民間資本の活動を制約することにつながっていた．それらの規制等は徐々に緩んできてはいるが，大きなビジネスの可能性を持つ農業分野を資本の自由な活動の対象とするには，資本にとってはまだまだ制約が大きいのである．

アベノミクスは農地制度や農協制度などの戦後農政の枠組みを最終的に壊し，農業に関連する領域を資本に本格的に開放すること，さらには農業生産にも外部資本の本格的参入を実現させることを意図している[11]．米・農地・農協・農業委員会など戦後の農業に関わる制度の全面的・根本的な改変を狙い着実に実行してきている．「戦後レジームからの脱却農政」と称される所以[12]である．

第2は，WTO交渉やTPPなどの2国間・多国間協定締結の推進である．先に途上国の飢餓問題に触れたが，ウルグアイ・ラウンド農業合意は，途上国にとって期待していた結果をもたらすものではなかった．2001年11月のカタール・ドーハの閣僚会議で開始されたWTO発足後初となるラウンドは，正式には途上国の意向を受けて「ドーハ・開発・アジェンダ」という名称で行われている．しかし途上諸国と先進諸国間との利害の対立，国内における格差拡大による矛盾の先鋭化，利害の対立，が激しくなっている状況を反映し，簡単にはまとまらなくなってきている．

世界規模でのWTO交渉が難航する中で，2国間・多国間協定の締結が進められている．

日本もFTAに代わって取り扱う対象分野を広げることによって利害の調整が容易になり合意し易いEPA（経済連携協定）の締結に取り組み，すでに

「発効済み」が14,「署名済み」が1,交渉中が10となっている(2016年2月4日現在). またTPP締結に向けてもアメリカと一緒になってイニシアティブを発揮した.

資本は, あくまで農業分野を国内経済においても貿易においても市場経済化することによって, その危機を突破しようとしているのである.

2) 自然生態系に基づく農業への転換——持続型社会, 共生社会実現の道
①農法の転換

工業的農業から自然生態系に依拠した農業への転換は, 自然をどう認識するか, 生産過程に自然をどのように位置づけるかの問題といえる. これは農業だけにかかわらず近代の経済システムである資本主義経済全体にかかわる問題である. したがって近代の生産システムが環境問題を激化させてくる中でそれに対抗するための様々な環境思想が作り出されてきた.

祖田修はそれらの環境思想を以下の4つに整理している[13].

①「生物界の共生と循環システムを工業生産システムに導入する『生命系の経済学』(ポランニー, エキンズ, 玉野井芳郎)」

②「地球は生物の中心として, それ自体一個の生命体のようであり, 必要物資を自給する有機体(地球生命圏)であるという『ガイア仮説』に立ち, もし人類が地球ガイアの自己調整機能を破壊しようとすれば, ガイアが地球から人間を除去するだろうとの思想(ラヴロック)」

③「人口と物質的な財のストックとが, ……(略)……ある一定の好ましい水準に維持されているような経済, つまり『定常経済』を目指す思想(ダリー)」

④「仕事と人生への意欲をわかせ, 失業を防ぐ, この環境に負荷を与えない中間技術あるいは適正技術を採用すべきだとする small is beautiful の思想(シューマッハー)」

これらは必ずしも問題としている焦点が一致しているわけではないが, 一部重なり合いながら環境問題を考える際の多様な視点を提示している.

例えば岩崎徹は玉野井芳郎の「広義の経済学」とシューマッハーの「中間技術」「人間的技術」論に農業転換の手がかりを求めている[14]. 玉野井は, 近代社会の経済体制は生命体を核とする生態系をふまえた農業を基礎とするような

工業社会であるべきだったのに現実はその逆であった．未来社会は「産業構造そのものが何よりもまず自然・生態系に適合した形へと転換すること，農業・第１次産業を核とする産業構成とする経済システムをつくることが要請される」[15]と述べ，そのための理論として「広義の経済学」を提唱している．

　シューマッハーも経済学的判断やその方法論の一面性（人間は死んでしまう長期よりも短期をはるかに重視する，私的に所有されている以外の環境がコストの定義の中に入ってこない）を指摘している．自然を「資本」と捉えるならば保全に留意する必要があるのに，そのように把握していないので環境を台なしにしてもその行為は経済的でありうるし，逆に環境を守り長持ちさせる行為はコストがかかり不経済だとされるのである．したがって人間を環境ぐるみで取り扱う学問，「超経済学」が必要と述べている[16]．

　農業に焦点を当てると，祖田は，農業を「地域資源を保全・活用して，人間に有用な生物を管理・育成し，それを通して経済価値，生態環境価値，生活価値を調和的に実現しようとする人間の目的的・社会的営為」と定義し，その実現のために経済価値の実現を目指す「生産の農学」と生態環境価値，生活価値を目指した「生の農学」を統合する必要があり，また上記の３つの価値を顔の見える地域社会，「生の場」において調和的に実現すること，そのためにも中小都市を含む持続的な農村地域の形成を目指す「場の農学」が必要となったと述べている．さらにこの持続的地域の世界的連鎖の上にのみ，地球温暖化などの環境問題等の解決も可能になると指摘している[17]．

　尾関周二は「共生」をこの問題を解く際のキーワードとしている．農業は個別の動植物との共生を基礎にして，それらの動植物を取り巻く自然生態系と社会の「共生」関係を作り出す．農業の本来的あり方は，人間と特定の植物・動物を含め自然生態系との共生なのであり，生態系に依拠することのない「工的活動」から自然生態系に即し，共生・循環する「農的活動」を基礎とする社会的労働へ転換することが重要であり，持続可能な環境保全型農業は近代文明を超えて行く「救済者」となりうると述べている[18]．

　自然を現代の経済システムの下でどのように位置づけるべきかを詳しく論じたのがポール・ホーケン等の『自然資本の経済』[19]である．少々長くなるがその主張を見ておきたい．

経済が順調に機能するためには，人的資本，金融資本，製造資本に加えて，資源，生命システム，生態系のサービスなどの自然資本が必要である．自然資本は，何千もの種が複雑にかかわり合う地道な活動の産物であり，人間活動で作り出せない生命を支える生態系の総和であるという特徴を持っている．生態系サービスは文明にとって不可欠であるが複雑で未知な部分が多く，技術的に代替することが難しいのに既に人間の活動はそれに大きな打撃を与えていると警告している[20]．

さらに産業革命以降主要な経済観念となった資本主義の思考様式，例えば環境に関する「資源の不足が，代替資源開発の引き金となる」「環境保全への配慮は必要だが，高い生活水準を維持しようとするのであれば，それは，経済成長のニーズと調和したものでなければならない」[21] などの観念に対置してナチュラル・キャピタリズムの前提となる考え方を以下のように整理している[22]．

i) 環境は副次的な生産要素ではなく「経済全体を包み込み，資源を供給・維持する大きな封筒のようなものである」．

ii) 将来の経済発展を制約する要因は，自然資本から得られる資源の供給とその働きにある．特に重要なのは代替できない生命維持サービスである．

iii) 誤った考えにより設計された企業システム，人口の増加，無駄の多い消費行動が自然資本を目減りさせる主な原因．持続可能な経済の達成にはこれらの問題の解決が必要である．

iv) 将来最大限の経済成長を達成できるのは人的資本，製造資本，金融資本，自然資本等あらゆる形態の資本の価値を考慮に入れた，民主的かつ市場メカニズムを有効利用する生産と流通のシステムである．

v) 労働者，資本，環境を最も有効に利用するカギの１つは資源生産性を飛躍的に高めること．

vi) 全体の資金の流れを増やすより，むしろ提供するサービスの質と流れを改善することによって人間社会の福利は最大限達成される．

vii) 経済と環境の持続可能性は所得と物質の豊かさにおける国家間の不平等を正すことにかかっている．

viii) 企業よりもむしろ一般市民のニーズに基づいた，真に民主的な統治制度によって，長期的に最適な環境が整備される．

第3章　農業危機克服の道　　　　　　　　　　　　　　119

その上で，これらの前提条件を満たすナチュラル・キャピタリズムの以下の4つの戦略を示している[23]．

i) 資源生産性の根本的改善：これによって，資源の枯渇を遅らせること，汚染を減少させること，同時に有意義な仕事を創出し世界の雇用を増やしうるという効果が得られる．

ii) バイオミミクリ（生物模倣）：産業システムの仕組みを，生物を模したプロセスにデザインし直すことにより，閉じたサイクルの中で絶えず原材料が再利用できるようにすること．これは廃棄物という概念をなくすことでもある．

iii) サービスとフローに基づく経済への移行：財を購入する経済から「サービスとフロー」に基づく経済に移行し，生産者と消費者の関係を根本的に変える．経済的サービスの流通をベースにする経済は，その基礎である生態系サービスをより効果的に確保しうる．そのためには財の豊かさでなく高品質で便利なサービスを継続的に利用することを消費者が選択する価値観への転換が必要である．これにより i) と ii) の戦略を実践するための条件ができる．

iv) 自然資本への再投資：自然資本の維持，回復，すなわち自然資本ストックを増大させるような再投資によって地球の破壊へと向かう傾向を逆転させる．その結果として生物圏は，より豊かな生態系サービスと天然資源を産出することができる．

これらの原則に基づく農業改革は始まったばかりであるが，絡み合いながら二筋の方向で進んでいるという．1つは4原則のうちの最初の3原則を適用した，抜本的ではないが実践しやすい方法での改革である．それは「農業のあらゆる面において（略）資源生産性を高めること，生物を模倣し，有害物質を排出しない循環型の栽培方法を通じて資源を節約しながら，より品質の高い食糧をより多く供給するための新しい方法を追求」することである．いずれも地域社会を基盤として農業を進めていくことが重要であり，特定農場または生活協同組合から供給された有機栽培農産物等に対して，消費者が前払いで出資するといった考え方などがある．そこではナチュラル・キャピタリズムの第3原則が当てはまる．より大きな可能性を秘めたもう1つの解決策は，機械化された大規模農業から根本的に決別することである．第4原則「自然資本を修復し，

維持し，さらに拡大する」を実践し，農業を根本的に作り変えようとしている人々がいる．彼らの革新的農法は従来の有機農業を超え，あらゆる形態の農業を生み出しているとし，この新たな農法は「人間の知識ではなく，自然の知恵に基づいた」ものとするという植物遺伝学者の言葉を紹介している[24]．少々長くなったが『自然資本の経済』は以上のように述べている．

②理念の転換

1972年に発表されたシンクタンク，ローマクラブの報告「成長の限界」は人口と食糧の見通しと地下資源の制約によって成長に限界が来ることを警告した．1984年国連に設置された「環境と開発に関する世界委員会」（WCED＝World Commission on Environment and Development）は1987年に報告書「Our Common Future」（「我ら共有の未来」）を公表し，その中でSustainable development（持続可能な開発）という概念を提起した．それは「将来の世代の欲求を満たしつつ，現在の世代の欲求も満足させるような開発」のことを言う．これは環境保全を考慮した節度ある開発によって，環境と開発は共存し得るとするものである．自然は人間活動にとっての資源であり，経済的進歩のために資源としての自然を守れという立場であるといえる．これは人間中心主義の自然観という点では，従来の理念と変わらないとする批判が，自然中心主義を主張する「ディープ・エコロジー」と呼ばれる急進的な自然保護運動を先頭に台頭してくる．

尾関によれば，ディープ・エコロジーの目標は，①人間個人が大自然と一体化することによる自己実現と，②人間中心主義を否定し生命を持つものすべてが平等とする生命中心主義的平等であるとし，これに対して尾関は，人間と自然を二元論的に対立させず，同時に他の動物と同じ意味での自然の一部とも捉えない共生の関係を主張している．人間はその知性と感受性によって人間と自然との適正な関係を作りだしうると考えているからである[25]．

祖田も，人間でなく自然を中心に置きに「自然の権利」「動植物の権利」を主張するディープ・エコロジーを，人間社会に対して自然の優位を主張する根拠はあるとしながらも，その主張のあまりに純粋かつ明瞭さゆえに全面的には同意できかねるとし，デカルト哲学の人間中心主義とディープ・エコロジストの思想の両者から離れて理念を再提起する必要があるとしている[26]．近代科学

の依拠した機械論的・人間中心主義的な自然観の転換は必要であるが，それはその理念が完全に廃棄されるべきということではないと述べている[27]．

新木秀和は「自然の権利」の思想は1940年代のアルド・レオポルド（Aldo Leopold）の提起した土地倫理（ランド・エシック）の概念を出発点とし，それが70年代以降の環境倫理思想の大きな転換につながり，「人間中心主義」からの脱却として展開してきたという．70年代になると自然物を主体とする訴訟も相次ぎ，その過程で「自然物の当事者適格」や「動物の解放」が論じられたりしたという[28]．自然物を主体とした訴訟は欧米や日本にも広がったということだが，2000年代になるとラテンアメリカではその「自然の権利」が憲法や法律に書き込まれるようになった．2008年エクアドル憲法（第10条「自然は，憲法が認めるそれらの諸権利の主体となる」，第72条「自然回復する権利を有する」など）であり，ボリビアでは2009年ボリビア憲法を補完する2010年「母なる大地の権利法」（第7条で人間を含む自然の総体である「母なる大地」が生命への権利，生命の多様性への権利，水への権利，清浄な大気への権利，均衡への権利，回復への権利，汚染から自由に生きる権利を有すると述べている）である[29]．両国とも自然と調和のとれた健全な繁栄などを内容とする目標，Buen Vivir/Vivir Bien（「よき生き方」）と結びついて導入されたものであるという．

自然を人間のよりよい生活実現のための行為の対象，征服の対象と見る人間中心主義自然観は克服されなければならないという認識は広まってきている．人間中心主義の否定の次に問題になってくるのは，ディープ・エコロジストが先鋭的に問題提起を行っているように，自然の中での人間の位置づけ，人間も他の生物と同等なのかどうかという問題である．その時に，人間以外の生物も主権者として位置づける憲法が制定されてきていることは重い意味を持つ．自然は人間の価値判断を離れて固有の価値を持つということである．しかし人間以外の生物が自らの行為としてその主権を主張することはできない．そこには人間の介在が必要であることも事実であり，したがって実際は人間の価値判断に左右されることになる．ただその時に，生物は人間も含めて等しく主権者であると認めることは大きな意味を持つ．人間は自然についてすべてを理解しているわけでも，未来をすべて見通せているわけでもない．しかし現実は，その

意味で全知全能でない人間が，唯一（地震等の自然現象を除けば）自然を根こそぎ改変する行為を行う力を持っている．生物を等しく主権者とする考えは，人間も他の生物と同等な存在であること，自らは全知全能でないこと，を認識し行動する謙虚さを求めていると考える．

これは環境と調和した人間の生き方を保証する「人間を含めた自然」中心主義ということになる．言い換えれば，人間は生きていくために自然に働きかけそれを改変しているが，同時に自然の中で自然によって「生かされている」存在であるという自然観である．このような自然観は先進国でも少し歴史をさかのぼれば普通であったし，また途上諸国であれば現在でも，薄れてきているとしても，生きている[30)]．人間中心の自然観の克服のためには，過去や南米の憲法にあるように，他の地域の異なる文化から自然観を学ぶことが重要である[31)]．

③環境問題の解決を担う農業の実践

環境問題の解決を担う農業は持続型農業の確立を意味する．祖田修は持続的農業形成の条件を以下のように整理している．(ア)低投入農業，有機農業，自然農業等々，提起されている低投入の環境保全的農業技術の開発．(イ)その中でも特に複合的農業を重視．複合の概念は，(i)補合関係（土地や機械の労働力の合理的利用のために作物を組み合わせる），(ii)補完関係（耕種と畜産），(iii)豆類の窒素固定作用の利用，(iv)単一作物の連作によるいや地現象の克服，(v)自然条件，市場条件の変動を前提としての経営的リスクの分散，(vi)土壌流亡の防止，(vii)健康な作物の育成と病害虫の予防等である．さらに農業の複合性は以上のような経営部門の結合にとどまらず，加工・販売部門，観光部門を兼営する方向が模索されているとする．(ウ)地域複合農業の確立（小規模の個別経営体では複合農業の展開が困難である場合が多いから）[32)]．(エ)結合リサイクル社会システムの構築．都市住民を巻き込んで農業・工業間，都市・農村間に共生と循環の関係の創出[33)]．このような持続的農業の確立には，政策的支援と消費者の意識の改革が不可欠であることは言うまでもない．

上記の整理における(ア)の意味することは，農業は農業の本質である自然循環に依拠した農業に立ち返るべきということである．このように自然循環の維持・増進を重視し自然との共生を念頭に置いた農業は，様々な実践として世界中で行われている．その例は前掲『自然資本の経済』でも多数紹介されている．

農業の本質を踏まえた農業でなければ持続性に問題が生じることは，程度の差はあれ認識されてきているからである．国の政策もその方向に進みつつある．例えば農業環境政策において先進的な EU の共通農業政策では，先に触れたように生産物と生産量に基づく農業補助金（それが土地及び労働生産性の向上を目指した農業資材の多投を促進した）を直接支払いへと転換し，それの支払いの条件として環境要件を重視する方向が強められてきた．

　日本では 1992 年の「新しい食料・農業・農村政策の方向」（いわゆる新政策）で「環境保全型農業」を「農業の有する物質循環機能などを生かし，生産性の向上を図りつつ環境への負荷に配慮した持続的農業」と整理しその確立を謳った．この定義は環境保全型農業の推進という点からすれば，「生産性の向上を図りつつ」が合わせて謳われることにより不徹底な定義であるといえるだろう．この環境保全型農業の推進は 1999 年の食料・農業・農村基本法第 32 条（自然循環機能の維持増進）で，「国は，農業の自然循環機能の維持増進を図るため，農薬及び肥料の適正な使用の確保，家畜排せつ物等の有効利用による地力の増進その他必要な施策を講ずるものとする」と農業に関する最も基本的な法律に位置づけられ，それに関連して「エコファーマー」の認定・支援を目的とする「持続性の高い農業生産方式の導入の促進に関する法律」や「有機農業の推進に関する法律」などが策定されてきた．

　2005 年に策定された「環境と調和のとれた農業生産活動規範（農業環境規範）」[34] は農業の長期的継続のためには環境との調和に必要な基本的な取り組みを，農業者自ら点検，改善し着実に実行していくことが大切であると述べ，「農業生産」と「家畜の飼養・生産」に関する基本的取り組みを挙げている．例えば「作物の生産」に関しては，①堆肥等の有機質の施用による土づくりの励行，②適切で効果的・効率的な施肥，③効果的・効率的で適正な防除，④廃棄物の適正な処理・利用，⑤エネルギーの節減，⑥新たな知見・情報の収集，⑦生産情報の保存が，また「家畜の飼養・生産」に関しては，①家畜排せつ物法の遵守，②悪臭・害虫の発生を防止・低減する取り組み，③家畜排せつ物の利活用，④環境関連法令への適切な対応，⑤エネルギーの節減，⑥新たな知見・情報の収集，が挙げられている．

　2011 年には化学肥料や化学合成農薬を慣行から 5 割削減する取り組みとセ

ットで地球温暖化防止，生物多様性保全等に資する取り組みを支援する「環境保全型農業直接支援対策」が始まっている．具体的には，化学肥料及び化学合成農薬の5割削減とあわせて緑肥やマルチ作物などの作付け，堆肥の施用，有機農業の支援，冬期湛水管理などの支援である．この施策は2015年度からは法律（「農業の有する多面的機能の発揮の促進に関する法律」）に位置づけられ安定した制度（環境保全型農業直接支払交付金）となった[35]．

　このように日本でも環境と調和した農業の推進施策は進められてきているが，農水省の資料によれば，有機JAS取得約4,000，有機JAS以外の有機栽培約8,000，慣行農業より化学肥料と化学合成農薬を5割削減した特別栽培は約4,500，エコファーマーは約170,000が大まかな実態である[36]．2010年の総農家は252万戸，販売農家は163万戸であるから，取り組みの広がりは極めて小さい．例えば有機農業実施面積シェアは日本が0.4%であるのに対して，EU全体では5.7%を占めている．日本の場合にはこのような方向が謳われながら，政策の中心には依然として生産性の高い農業の育成が座っているからである．

　北海道でいわゆる「マイペース酪農」といわれる「風土に生かされた適正規模」の酪農を追求してきた酪農家の次の考え方に，これからの農業のあり方が示唆されている[37]．「酪農では，主人公は働き手である土・草・牛です．農民はその手助けをする立場にある」，したがって働く主体は風土であり「主人公である風土が自然力をフルに生かせるように『促す』ような農業をめざしたい．そんな農家」，「篤農家」でなく「促農家」でありたい，と述べている．営農の土台は糞尿の完全堆肥化，搾乳の前提は牛と人間の信頼関係などの考えに立ち，低投入，持続・循環型酪農を実践している．この考えは，内山節がケネーの考えとして紹介している，農業は自然と人間との共同作業によって成り立っているとの考えに近い．しかしこの考えは近代工業の発達の中で，永遠に人間は自然を収奪し続けられるという考え方によって否定されてしまった．農業もまたこの中で工業化の道を追求してきたが，この発想の誤りに気づき転換への模索が始まっているのである[38]．

④地域との結びつき

　先に農業の本質としてもう1つ，地域との結びつきを挙げた．人々は生産（農業）と生活の両面における共同の取り組みで結びつきながら地域社会を形

成してきた．つまり地域は一定のまとまりをもった人々の生産と生活の場であり，その地域の持続性の基盤は自然循環機能が維持されることである．地域は自然を基盤として生産・生活が結合した総体として自立性を持った場である．この地域を基盤にして地方，国家，世界へと必要な結びつきが作られてきたのである[39]．

グローバル資本主義化は，このような自律性を持った地域を破壊することによって，人間と自然の収奪を極限まで進める過程であった．それに対抗して農業を核として地域を再構築しようとする理論や取り組みが各地で見られる．岡田知弘は，自立的地域の基盤として地域内再投資力を継続的に作り出すことの重要性を指摘している．小田切徳美は農山村の消滅を必然とする考え，また都市への社会資本の集中投資が望ましい効率的な地域を作り出すという農山村撤収論の両者を批判し，都市・農村共生社会が次の時代が要求している社会だとしている．内橋克人の食料（フーズ），エネルギー，ケア（介護を含む人間関係）の「FEC 自給圏」の提起も，人間の生存条件を第1に考えた社会の構造改革の提起である．これらの議論はいずれも，ポストグローバリゼーションの世界のあり方を視野に入れ，農業を重視した地域の再構築をめざしている．

尾関周二は「『比較的小規模な，高度に自立的で自給的な経済』を基礎にしつつ，こういったローカルな自給的な経済の共同体を前提にしたうえでの『広範な分業体制』によって，リージョナル，グローバルな仕方でネットワーク的に補完されるものが新しい種類の世界システムとして構想できるのではないか」「これは彼が（ウォーラーステイン―引用者）いうように，政治上の決定権と経済上の決定権とがレベルごとに統合されているものと考えられうる」[41]と述べている．

1) 多くの人々が論じているが，例えば祖田修著『農学原論』（岩波書店，2000 年），同『近代農業思想史』（岩波書店，2013 年）．最近のものでは例えば以下の論稿を参照のこと．岩崎徹「農業経済学の根本問題―農業経済学の方法と小農概念の再検討―」（札幌大学『農業と経営』第 45 巻第 2 号，2015 年 3 月），尾関周二『多元的共生社会が未来を開く』（農林統計出版，2015 年）．
2) 坂本慶一「第 1 章 人間にとって農業とはなにか」坂本慶一編著『人間にとって農業とは』（学陽書房，1989 年）3 頁．

3) 末原達郎『文化としての農業　文明としての食料』(人文書館, 2009年) 2頁.
4) 祖田は, 地球の表層部分は「人間, 動植物, 微生物などあらゆる生物が一緒に生きて『生物圏 biosphere』をなしているだけでなく, 相互に競争しあい, 依存しあい, 全体として切り離しがたい一体的な共存関係にある『共生生物圏 synbiosphere』をなしている」と述べている. 前掲, 祖田『農学原論』116-117頁. さらに人間と生物の関係性を, 以下の3つに整理している. ①相互依存的共生関係—農業生産に有益な家畜・作物—共生原理, ②相互排除的競争関係—農業生産に有害な害獣・雑草—競争原理, ③棲み分け的共存関係—農業生産に有益でも有害でもない一般動植物—共存原理. 同27頁.
5) 前掲, 尾関『多元的共生社会が未来を開く』45頁.
6) 食料・農業・農村基本法でも,「第3節　農業の持続的な発展に関する施策」の中の1つとして第32条で「自然循環機能の維持増進」を図るための施策が謳われている.
7) 前掲, 末原『文化としての農業　文明としての食料』36-37頁.
8) 前掲, 祖田『農学原論』20頁, 尾関『多元的共生社会が未来を開く』27-28頁.
9) 政府文書や安倍首相の演説では, 規制改革については「規制改革こそ成長戦略の『一丁目一番地』」, 経済連携協定については「TPPは私(安倍首相—引用者)の経済政策を支える支柱」としている.
10) 拙稿「アベノミクスの農業構造政策」(『創価経営論集』第39巻第1・2・3合併号, 2015年3月) で考察している.
11) 農業構造政策という視点から見ると, アベノミクスの農業政策は農業生産を企業化する方向を促進するという段階を超えて, 農外の大資本を農業生産に直接呼び込もうとしている. 前掲, 拙稿「アベノミクスの農業構造政策」参照のこと.
12) 田代洋一『戦後レジームからの脱却農政』筑波書房, 2014年.
13) 前掲, 祖田『農学原論』117-118頁.
14) 前掲, 岩崎「農業経済学の根本問題—農業経済学の方法と小農概念の再検討—」88頁.
15) 玉野井芳郎『玉野井芳郎著作集3　地域からの出発』(学陽書房, 1990年) 22頁. そのためには玉野井は生産手段や生産物の商品化・市場化を前提とする従来の経済学ではない, その枠を超え生態系と関連させて広義の物質代謝の過程としてとらえなおす「広義の経済学」「生命系の経済学」を提唱した.
16) E.F.シューマッハー著/小島慶三・酒井懋訳『スモール・イズ・ビューティフル』)講談社学術文庫, 1986年) 57, 61頁.
17) 前掲, 祖田『近代農業思想史』188頁.
18) 前掲, 尾関『多元的共生社会が未来を開く』44頁, 53頁, 63頁.
19) ポール・ホーケン, エイモリ・B.ロビンス, L.ハンター・ロビンス著/佐和隆光監訳, 小畑すぎ子訳『自然資本の経済』(日本経済新聞社, 2001年).
20) 前掲, ホーケン等『自然資本の経済』29頁, 245頁, 249頁.
21) 同ホーケン等, 32頁.
22) 同ホーケン等, 36-37頁.

23) 同ホーケン等，38-39 頁．
24) 同ホーケン等，313 頁．この紹介だけでは極めて抽象的であるが，本書の中には多くの事例が紹介されている．確かに世界中で様々な取り組みが行われていることは重要なことである．ここで述べられた評価がすべて受け入れられるとは思わないが，紹介されている事例にはその後展開しているものもある．それらをきちんとフォローしていくことが重要であろう．
25) 前掲，尾関『多元的共生社会が未来を開く』29 頁，31 頁．
26) 前掲，祖田『農学原論』25-26 頁．
27) 祖田は，その主張を藤沢令夫，吉良竜夫の論文（宇沢弘文・藤沢令夫編著『転換期における人間 2　自然とは』岩波書店，1989 年，所収）に依拠して述べている．前掲，祖田『農学原論』32-33 頁．
28) 新木秀和「自然の権利とラテンアメリカの資源開発問題―エクアドルとボリビアの事例を中心に」（神奈川大学人文学会『人文研究』184，2014 年）．
29) エクアドル憲法については新木秀和「資料紹介：エクアドル 2008 年憲法の概要」（ラテンアメリカ・カリブ研究第 16 号，2009 年），吉田稔「エクアドル共和国憲法―解説と翻訳―」（姫路獨協大学『姫路法学』第 54 号，2013 年）．2009 年ボリビア憲法については吉田「ボリビア多民族国憲法（2009）―解説と翻訳―」（同『姫路法学』第 51 号，2011 年）．また「母なる大地の権利法」は「開発と権利のための行動センター」（HP：http://cade.cocolog-nifty.com/ao/2010/12/post-ad79.html）に邦訳がある．

　　ただし 2009 年ボリビア憲法でも，第 33 条「この権利（環境権の享受―引用者）の行使は，現在及び将来の世代の個人及び集団さらに生き物に認められ……」は権利の主体として人間のみでなく広く「生き物」に認めていると考えられる．
30) 人間が自然と一体的存在であるという認識がかつては一般的であっただろうことは，例えば紹介されるアイヌやマタギの儀式や風習からも推測できる．狩猟から牧畜，さらには作物栽培（農業）に食料供給が移ってくるにしたがってその観念は薄れてくる．例えばペルー・アンデスのリャマとアルパカの健全な成長と繁殖を願って行われる儀式「ウイワ・チュヤイ」について，文化人類学者は以下のように書いている．「この手の込んだ儀式を見ていて強く感じるのは，群れの安定と繁栄への祈念とともに，家畜を生かし育ててくれる地母神と山の精霊に対する，一種の『負債』とその『支払い』の観念が繰り返し強調されていることだ」「家畜を飼うという人間営為が徹底して自然に依拠するものであること，それゆえ自然に対するシビアな負債感覚と返礼義務なしには成り立たないことを，執ようなほど幾重にも表象しているのだと思う」（若林大我「アンデス居候日記㉓」NHK『まいにちスペイン語 2016・2』）．この叙述にあるように，地域によっては人間と自然との関係は共同の関係としてまだ残っているのである．これらから学ぶことは自然観の転換にとって 1 つの大事なことと思われる．
31) その際，次の世界を担う子供たちが学ぶことがとりわけ重要である．わが国の食育基本法（2005 年）は法律の目的を「近年における国民の食生活をめぐる環境の変化に伴い，国民が生涯にわたって健全な心身を培い，豊かな人間性をはぐくむため

の食育を推進することが緊要な課題となっていることにかんがみ……食育に関する施策を総合的かつ計画的に推進し……現在及び将来にわたる健康で文化的な国民の生活と豊かで活力ある社会の実現に寄与することを目的とする」(第1条)と謳っている．第2条では食育の目的を「国民の心身の健康の増進と豊かな人間形成に資することを旨として，行われなければならない．」と述べている．前文では「健全な食生活を実現することが求められるとともに，都市と農山漁村の共生・対流を進め，『食』に関する消費者と生産者との信頼関係を構築して，地域社会の活性化，豊かな食文化の継承及び発展，環境と調和のとれた食料の生産及び消費の推進並びに食料自給率の向上に寄与することが期待されている」ともう少し広い観点も述べられている．食育の内容を「食」に限定せず，食を通して，農業，自然と人間との関係など，より広い視点から学ぶ内容にすることが大切であろう．

32) 地域複合は耕種農業と畜産との補完関係として言われることが多い．しかし稲作を組み込んだ輪作においても規模が大きいことが望ましい結果に結びつくことがある．それは水田で畑作物を栽培するには排水の良い水田が必要だということに関わる．個別経営の場合には畑作物に適さない水田でも目標の転作率をクリアするためには畑作物の栽培が必要になる．北海道の南幌町の調査の事例では，共同による規模拡大によって，畑作物に適さない水田を除いて稲と畑作物の輪作が可能になっていた．拙稿『構造改善基礎調査報告書　平成15年度北海道空知郡南幌町「米政策改革」の推進と水田農業における担い手の経営展開の方向』農水省，2004年．

33) 祖田『農学原論』119-122頁．

34) http://www.maff.go.jp/j/seisan/kankyo/hozen_type/h_kihan/pdf/kihan.pdf

35) 交付金単価は国と県，それぞれ5割負担で，10a当たり緑肥の作付の場合は8,000円，堆肥の施用の場合は4,400円，有機農業の場合は8,000円（ただしソバや飼料作物は3,000円）である．

36) 農林水産省生産局農業環境対策課資料「環境保全型農業の推進について」2015年12月．

37) 三友盛行『マイペース酪農』(農山漁村文化協会，2000年) 52-57頁参照．

38) 内山節『自由論　自然と人間のゆらぎの中で』(岩波書店，2014年) 78-79頁．
なお祖田は，デティアー著・桐谷圭治訳『生態系と人間』(岩波書店，1979年)を引用しながら，農業のエネルギー収支が「現代アメリカ農法は『食物カロリーとして収穫される量の5-6倍の化学燃料カロリー』を，イギリスは3倍のそれを消費しており，現代農業は『エネルギーの流し溝』となっている」と述べている (前掲，『農学原論』19頁)．

39) 祖田は「地域とは『生産し生活する人間活動の場所であり，経済的・社会的・自然的に一定の自立的，個性的なまとまりを持った地理的空間』」であると定義している．祖田『農学原論』，9頁．

40) 3人とも多くの著作があるが，例えば，岡田知弘『地域づくりの経済学入門』(自治体研究社，2005年) 138-156頁，小田切徳美『農山村は消滅しない』(岩波新書，2014年) 175-258頁，内橋克人『もうひとつの日本は可能だ』(岩波書店，2003年) 176-234頁．

41) 前掲，尾関『多元的共生社会が未来を開く』126-127 頁．

第3節　農業危機克服の担い手――農業構造分析の課題

(1)　農業構造分析の課題
1) 農民層分解論としての農業構造分析

　資本主義の展開の下で農民層（小農）は資本家と賃労働者（大多数は賃労働者に）という2つの階級に分解していく．これは法則であり，したがって賃労働者への没落は必然であると認識した農民層は，農民として労働者階級の同盟者となり（労農同盟），社会主義革命の一翼を担うようになる．農民層分解論はこの法則を解明する理論として，また社会主義革命の運動論として展開されてきた．

　日本でも戦前の労農派と講座派の論争に代表されるように，革命の路線論争と結びついた日本資本主義分析の一環として農民層分解論が展開され，その実態の解明のために農業構造の分析が行われてきた．戦後においても，戦前のような革命路線との緊張関係は徐々に薄れながらも，農業構造分析は分解論的視点，農業における資本賃労働関係の成立という視点から行われてきた．

　しかし現実には農業における資本賃労働関係の形成は進まず，農民層が長く存続し続けている（日本のみならず諸外国でも）．工業と異なり農業において小農が存続し続ける理由を，農業という有機的な生産における家族経営の優位性に求める議論と，農民経営の自己搾取（過度労働・過少消費）による「強靱さ」に求める議論とがあった．とはいえ残存する小農は変化し，分解の起点としての小農とは異なったものになっていく．一方で自給的生産は縮小し，市場での販売を目的とする商品生産者となった．他方で労働市場の展開を媒介にして家族農業経営にも投下労働への価値意識が生まれ，擬制的だが労賃範疇が徐々に確立してきた．また技術進歩によって家族労働力で耕作可能な経営規模が拡大し，小農として生き残る限界規模が上昇してきた．それに対応して農業機械・施設の導入，農地の購入や借り入れ，圃場整備の実施等々が必要となり，農業経営継続のために必要な投資額は大きくなった．融資を受けることも一般的になり，利潤，少なくとも利子という企業経営的な意識が育ってきた．また

機械化等により雇用労働力を排除する動きと同時に，必要とする労働の季節的アンバランスのため，規模拡大に伴って臨時的な雇用労働が必要にもなる．他方で家族における家父長的な支配関係は崩れ，職業選択が家族員の意志によって行われるようになるので，家族員による農作業の協業も崩れてくる．このように存続する農民経営は資本主義経済に深く巻き込まれ，以前とは異なる存在，いわゆる農民層分解の出発点としての小農（エンゲルスの規定する小農）とはその性格を大きく変化させている．

農民層分解論としての農業構造分析は，以上のように農業における資本主義経営成立の困難さ，農外での賃労働者化（家としての兼業農家化）という下向分解の急速な進展，他方で従来の経営規模を上回る大規模経営形成の動きを明らかにしてきた．これらの資本主義経済に深く巻き込まれながら形成されてきている大規模経営が，従来の農民経営と質的な違い（先に触れた家族の近代化，労賃範疇の確立があり，利潤すくなくとも利子を求める）を持った経営であることの実態を明らかにしてきた．これは重要な成果であった．

他方でこのような大規模農民経営の階級的性格をどう理解するかも論点であった．例えば規模を拡大し，上記のように性格が変化してきていることは認めながら，独占資本の収奪下にあり労賃や利潤が範疇として確立する体制のないそれらはやはり「小農」であるとする議論[1]と，形成されてきている大規模経営を「すでにVの範疇的確立があり，資金もまた少なくとも利子をもとめる資本として自立化してくるばあい，形態的にかつての小農とおなじであったとしても，範疇的内容は異なるというべき」[2]と異質性を重視し「小企業農」概念を提起する議論が展開された．しかし異質性を重視する梶井功も「上層農」のさらなる一層の上向展開を制約している独占の体制的条件に触れ，その条件下での資本家経営の成立に向かう両極分解の困難を指摘している[3]．

農業構造分析の成果を踏まえた，新しく成長してきた農民経営をめぐる議論（「大型小農」「新しい上層農/"資本型"上層農」「小企業農」などの提起）[4]を通して両極分解論，中農標準化論，農業解体論など，これまでの農民層分解に関する理論が深められたが，その範疇規定については決着がついたわけではない．グローバル資本主義という新しい枠組みの中での社会運動との関連において，改めて議論される必要があるだろう．とはいえ，これらの研究を通して農

民経営の内実の変化，家族員の自立化による家族協業の困難とそれを補完するための組織としての生産組織・生産者組織などが明らかにされたことは大きな成果であった．

　梶井の小企業農の出発点は 1967 年米生産費調査の九州ブロックの統計で，2ha 以上の 10a 当たり剰余が 50a 未満層の 10a 当たり所得を超えたことの発見にあり，そして九州の 3ha 以上層の分析によって「資本制農企業」との性格づけが可能な方向へ展開しているとした．このような性格付けを与えられる農民経営の下限規模はその後一段ずつ上昇しながら，しかし資本家経営の成立にはつながらないということがその後の展開である．それが農業の後退・縮小が強まる基調の中で進んでいることが重要な点であろう．

　農業構造のこのような動きを規定する要因については，既に第 1 章第 4 節で触れたので繰り返さないが，そこで述べたことを要約すると以下のようになる．まず基底的な要因は独占資本による収奪であり，それは一層強まっている．第 2 の要因は農業政策を中心とする国の政策である．政策は基本的には資本の利害を反映しているが，農民や国民の利害を全く無視することはできない．その対抗の中で具体化される政策が第 2 の要因である．第 3 の要因は農業者の農業継続の努力である．かつての農民とは異なり多面的な能力を身に着けた農業者が，国の政策に対抗したり，それを活用したり，あるいは政策に乗っかったりしながら，生き残りをかけて生産，販売において多方面にわたって努力している．このことが農業構造のあり方を規定する第 3 の要因である．つまり資本による支配は深化し農業経営の困難は増大する．それは農業の縮小，農業経営者の農業からの離脱を促進するが，国内農業を維持しようとする農業政策もあり，それが農業の解体を直線的にもたらすものではない．また同時に農業で生き残ろうとする農業者たちは新しい技術段階，経済・社会環境の下で，規模拡大や新たな経営展開を模索し，これまでの家族経営（小農）とは異なる経営（大型化した資本，雇用労働の導入，一定の所得水準の確保等）が生まれ，農業生産の中核を担うようになってきている．対象を絞った政策の支援もあり従来とは異なる大規模経営が生まれているが，それは農業経営として存続しうる下限規模の上昇に促迫された動きということに本質がある．したがってこれらの経営も巨大な独占資本支配の下では，資本家経営に成長する道は一般的には閉ざさ

れている．一部に突出した巨大経営も点在的に生まれているが，それは地域的な特別な条件に規定されているのである．

　農民層分解論の視点による農業構造分析は見てきたように，労賃範疇や利潤・利子の実現という点でそれまでの農民経営とは異なる規模拡大農家が形成されてきているなど，実態分析に基づいて成果を生み出してきた．実態分析を重視する研究姿勢はその後も継承され成果を生み出してきたが，その反面，構造変動で生み出された上層農家の階級的性格や社会変革との関連という，本来の分解論的な議論は深まってはこなかったと思われる．

　それの背景には，両極分解が現実によって否定され，農業における資本賃労働の成立というようなわかりやすい社会変革の構図が描けなくなったことの外に，以下のような経済・社会情勢の変化が影響している．1つは現代の社会変革の課題が資本主義の社会主義化ではなく，一部の階級に富と権力の集中が顕著となった独占段階の資本主義の民主主義的変革，民主主義の徹底という課題に変化したことである．したがって変革の担い手も労働者のイニシアティブの下での労農同盟から，広い勤労諸階層（したがって農民は農民として）の共同に変化した．これらの人々の平和でより人間らしい暮らしが可能な社会の実現が社会変革の目標となり，その実現を目指した共同戦線が運動の担い手になったのである．もう1つはこれまでの農民層分解論の視野には入ってこなかった，農業生産に関わる諸問題が重要な問題として立ち現れてきた点である．農業問題は農民の貧困・生活問題であることに留まらず，食料（自給率の低下による食料の安全保障や安全・安心な食料供給問題など）・農村（地域とそれに結びついた文化の消滅など）・環境問題など国民にとっての農業問題に拡大していった．この変化は，農業の現実の反映であると同時に，「大衆社会」の下で国民が社会や経済の仕組みを設計し実現する力量や可能性を拡大してきたことにも起因する変化である．加えて自給率の低下，つまり農業の縮小が継続し大きな問題となったために，これに歯止めをかける「農業の担い手」の議論が何よりも重要なものとして意識されるようになったことも原因である．

　多くの実態調査を踏まえた農業構造分析が積み重ねられ，新しい事実の発見など成果を上げてきた．しかし「農業の担い手」の意味を明確に意識せずに行われてきたために，政府による農業政策が目指す農業構造の担い手の分析と似

た色彩の分析となり，先に触れた農業や社会をめぐる環境の変化を意識し，農業生産の担い手論を踏まえながら農業変革の担い手論として考察するという視点は弱くなったと思われる[5]．

2) 農業の担い手論に基づく農業構造分析

ここではあいまいに使われる「担い手」という言葉について考察する．担い手論について，田代洋一は以下のように整理している[6]．日本では農業の担い手が「生産力のトレーガー」（綿谷赳夫），「生産力担当層」という意味で使われてきた．これは単に農業生産を担うということではなく，社会的責任を担うということを併せ持った概念である．例えば綿谷は，大正昭和期に土地生産性と労働生産性を併進・上昇させる自小作小農を生産力担当層として析出したが，この層は当時の社会的課題，生産力発展による食糧増産の生産力的担い手であると同時に，その延長線上に地主制の解体，農地改革という社会的変革を準備する担い手でもあったと述べている．また深められてきた集落営農の分析も，零細分散錯圃を特徴とする日本型水田農業を，生産力水準に見合った合理的編成としての農場制水田農業へ，編成替えするという社会的要請を背景にしていた．

この理解に立てば，農民層分解論が社会変革の運動論（その社会変革の担い手論）であるのに対して，担い手論は社会変革に結びつく農業分野での具体的課題の解決を担う担い手論ということになろう．それが戦前の担い手（「生産力のトレーガー」，「生産力担当層」）であったということである．ここから学ぶべきは，担い手は単なる生産の担い手を意味していたのではないという点であろう．社会変革を視野にそれと結びついた農業生産上の社会的課題の解決を担う農民層を意味していたという点である．

現在の社会変革の課題は先に触れたように，新自由主義によるグローバル資本主義の民主的変革にある．農業問題が農民問題から食料・農民・農村問題へ，言い換えると農民にとっての農業問題から国民にとっての農業問題へ性格を変化させてきたように，それぞれの勤労階層の問題が国民にとっての問題という性格を持つように変化してきている．この変化が勤労諸階層の個々の運動を結びつけ，共同戦線の基礎になっているのである．

既に見たように現代の農業問題は多様である．工業的農業の転換による自然循環機能に即し，なおかつその循環をより豊かにする農業への転換，飢餓と飽食の構造の解決，地域社会と地域文化を支える持続的農業の担い手の安定的確保などは世界共通の課題である．これらは環境問題の解決，途上国の社会経済問題の解決，先進国における生活スタイルおよび価値観の転換，職業の自由な選択による生きがいある社会の建設などと結びついている．

　日本農業に即して言えば，戦後の経済構造の下で，農業が特に高度成長以降食料自給率を低下させ，さらには絶対的縮小過程をたどっていることが大きな問題であろう．この方向は TPP 交渉に見られるようにさらに強められてきている．

　担い手論は目指すべき農業の担い手論でなければならない．「目指すべき農業」という点が重要である．農業分野における解決すべき課題を解明し，その解決を担う農民層や運動の性格を明らかにすることに担い手論の課題はある．担い手論としての農業構造分析の課題は，そのような農民層や運動がどこに，どのように形成されてきているのかを明らかにすることにある．食料自給率の向上が重要な課題であるから農業生産の担い手が重要な柱となってくるが，その際に農業の内容，質（これまで述べてきたように例えば工業的農業，環境との関係，地域との結びつき等々）が同時に問われなければならないのである．

　担い手という言葉は，行政用語として頻繁に使われ，社会的課題の解決を担う農業の担い手という意味合いが薄められている．行政用語としては構造政策の目指す農業構造の下での農業生産の担い手という意味あいで使われ，現在の農業のあり方を問題にせず，専ら規模や生産性が問題にされるのである[7]．それに対して研究者の担い手論は，目指すべき農業を実現するという変革を実現するための担い手論であり，構造分析はそれを実現する担い手を見つけ出すための構造分析である．

(2) 農業の再構築とその担い手論
1) 農業の目指すべき方向とその担い手

　現在必要とされる農業の担い手はどのようなものであろうか．先に，工業的農業の転換による自然循環機能に即し，なおかつその循環をより豊かにする農

業への転換，飢餓と飽食の解決，地域社会と地域文化を支える持続的農業の担い手の安定的確保，などが世界共通の農業問題になっていることを指摘した．これらは環境問題の解決，途上国の社会・経済問題の解決，先進国における生活スタイルおよび価値観の転換，職業の自由な選択による生きがいのある社会の建設に結びついた課題である．

現代の日本の農業問題の解決を担う農業の担い手は，生産の量的拡大によって自給率向上の担い手，環境に負荷を与えず自然循環機能を豊かにする自然との関係において工業的農業からの転換の担い手，地域社会，地域文化を支える農業の担い手であろう．同時にこれらの実現には，経済や政治システムの転換，一言でいえばグローバル資本主義の転換が不可欠である．その運動の担い手でもなければならない．

これまで触れてきたように現在，農業の本質が問われ，本質に立ち返った農業が，持続的農業，持続的農村の構築のためにも重要な課題になっている．同時にそのような農業の再構築はポスト・グローバル資本主義社会の基盤をなす点でも重要である．望ましい農業とは，量（自給力）と質（安全性や環境）の両面で人々の期待に応えうる農業であり，それが持続性をもって存続し続けることが可能な農業構造であるのかどうかが問われている．そのような農業の担い手はどこにどのように育ってきているのかを明らかにすることが農業構造分析の課題であり，それを踏まえてその萌芽を農業変革の担い手として育てていくための条件，そのための施策を明らかにすることが要請されている．

現在の農業生産はその大宗は家族経営によって担われているが，その中核を担う家族経営は圃場整備，機械化，化学化の進展に伴って借地による規模拡大を実現し，雇用労働への依存も農繁期における家族労働力の補完の範囲を主としてはいるが，それを超えて広がる可能性を持つなど従来の家族経営とは異なる．その中核的農家の下限層でも地代や利子を支払った上で，自家労働に零細企業並みとはいえ労賃水準が確立している．これらの農民経営の性格をどのように見たらよいのか，社会変革の運動，具体的には反アグリビジネスや反グローバリゼーションの運動においてどのように位置づけるべきだろうか．先に「小企業農」等に関する議論で残されているとした問題が現時点で改めて問題になる．

シューマッハーは，小規模企業で典型的な「所有者が自分の商売のため，あるいは家族を養うために能動的に使う財産」と大企業の「受動的な財産，稼いだり搾取したりするための財産．ないしは権力をふるうための財産」とを区別している[8]．現在の農業生産の中核的経営は雇用労働力を雇うようになったとはいえ，その財産（設備投資・資本）を後者のようにとらえることは適切ではない．これらの経営も主要な性格は資本の収奪の下にあり，その枠組みにおいて上向展開は天井を画されているからである．

バーンスタインは他の著書からの引用を行いながら「今日のような新自由主義的なグローバリゼーションの世界では，新たなタイプの農民運動が生まれている」という．「こうした運動は，南の国々のすべての「小規模農民で新たなタイプの農民運動，南の国々のすべての『小規模農民』——あるいはすべての『小規模農民と中規模農民』——を対象とすることはもちろん，それと同時に，ときには北の国々の『家族』農業従事者もまた『大地の人々』として包括的に受け入れるような運動である．この運動が推進する政治目標は『どんな地域の農民にもグローバルな同時進行で損害を与える．……農業の民営化』に反対すること，そして，『農民の立場』を守り，支えようとしている『グローバルな農民の抵抗運動』や『農民の対抗運動』……（略）……を展開することにより『グローバルな善としての農村の文化的エコロジーを再評価する』ことである」「企業資本によって搾取された事実上1つの階級として，すべての『大地の人々』は統一体として理解されるべきではないか」と述べている[9]．その1つの運動として「ラ・ビア・カンペシーナ」を挙げているが，そこには先進国・途上国73か国の164の農民組織が参加している．日本の農民運動全国連合会（農民連）も2008年10月から加盟している[10]．

農民連の副会長・国際部長としてビア・カンペシーナの運動と関わりが深い真嶋良孝は，アメリカの補助金付き輸出が農産物価格の下落を引き起こし，このような政策によって南北双方の農民が苦しめられ共通の要求を持っているという認識が，ビア・カンペシーナの世界的行動の基礎となっていること，また2003年9月のメキシコ・カンクン閣僚会議後に出されたNGOの共同声明を引用し「多国籍企業と世界中の農民・市民との対立の構図を鮮明にし，これに対抗する農民・市民のグローバルな運動を前進させる方向を示したもの」と述べ

ている[11].

　国連は2014年を国際家族農業年とした．家族農業が食料危機と環境破壊的農業の克服にとって重要との認識に基づく国際家族農業年の取り組みを準備する過程で出版された『家族農業が未来を拓く』[12]は，まず労働のありようが小規模農業（家族農業と同じものとしてとらえている）の基本的特徴であるとし，家族（単一または複数世帯）によって営まれ，家族労働力のみ，または家族労働力を主に用いて，所得の割合は変化するが大部分をその労働によって稼ぎ出している農業のことと定義している．家族の構成員が農業以外に従事することや農業経営において一時的に雇用労働に若干依存することなどを念頭に，それを「厳密に定義しようとしたり，『1つの定義で小規模農業の全体をとらえようとする』ことは困難である」と述べている．その上で農業経営形態を雇用労働力に依存する商業的大規模経営，小規模農業，土地なし労働者の3つに区分している[13]．商業的農業と小規模農業（家族農業）の境界は農業の生産力との関係で経営面積規模では決められない．あくまで雇用が中心の経営であるかどうかということになろう．しかし国際的な独占資本連合の支配する現段階の経済構造全体の中での位置づけ，つまり社会変革の対象との関係がより重要であろう．農業内の格差と農業と非農業との農外での格差を見れば，前者の格差以上に急速に後者の格差が拡大しているのである．農業生産力の上昇を背景に特別な地域的条件に支えられ，雇用労働力に依存した突出した一部の超大型の経営が成立していることも現実であるが，それを一般化することはできない．確かに農業生産の中核を担う経営として育ってきている大規模経営にも労働力の雇用が見られるようになってきた．しかしそれは大局的に見れば家族労働力の補完の域を出ない．またそれらの大規模経営の家族労働が実現する1人当たり所得（擬制的賃金）水準は，大まかに言えば零細企業労働者のそれを超えるものではない．現在の農工間格差の下ではそこを突き抜けて資本家経営に展開することは極めて難しい．資本の収奪する力が基底的だからである．

　前掲『家族農業が未来を拓く』は小規模農業について「やがて消滅し……農業関連産業と強く結びついた近代的大規模農業経営へ……置き換えられていく」という見方を否定し，「農地にとどまりながら，自らを変革し……生産的で，効率的で，弾力性のある『近代的農民』になるだろう．……多様化した生

産システムを通じて，……健康的な食料を供給したり，自然資源の管理人になったり，大規模な商業的農業経営よりも化石エネルギーや農薬・化学肥料への依存度を低く抑えたり，生物多様性を保護したりする」[14]と評価している．日本農業と関連づけて言えば，「近代的農民」とはなったが，「健康的な食料を供給したり，自然資源の管理人になったり，大規模な商業的農業経営よりも化石エネルギーや農薬・化学肥料への依存度を低く抑えたり，生物多様性を保護したりする」農業の実現はこれからの課題として残されているということである．そのような農業を実現する担い手の育成が課題なのである．

経営的視点からの家族経営の定義について内山智裕は，英米の定義においては必ずしも雇用労働力は重要視されておらず，重要とされているのは経営継承であるという．経営継承が家族内で行われることは，農場資産のみでなく「スキル，当該農場に特殊の知識（firm-specific tacit knowledge），微気候（micro-climate），特異性（idiosynerasies）などを，非家族従業員よりも深いレベルで理解できるという利点があるためである」という[15]．本書の課題を超えるが経営問題を含めた家族農業論としては考えるべき点であろう．

2）農業の担い手が育つ環境の整備

日本農業はカロリーベースの食料自給率の推移が端的に示すように危機的状況にある．生産を拡大するためには何よりも農業に従事しようという意欲ある若者を増やさなければならない．

新規就農者（以下の3者の合計．①新規自営就農者：農家世帯員の自営農業への就農，②新規雇用就農者：法人等へ常雇として就職し，農業従事している者，③新規参入者：新規に農業を開始した非農家世帯員）はリーマンショックの影響か，2009年に66,820人と前年に比べ6,820人増加したが，その後変動はあるが2014年の実績は57,650人となっている．大きな特徴は39歳未満の「新参入者」が絶対数は少ないが，大きく増加している（2011年度800人に比べ2014年度1,970人と2.5倍）点である．この要因として，2012年度から開始された青年就農給付金制度[16]が大きい．この制度に見られるように新規就農者対策は国の政策の中でも充実が図られてきた分野の1つである．

若い新規参入者の動向は，不況や非正規雇用の増加など非農業部門の経済状

況の影響という側面もあるが，それだけでなく自然を相手に自分の裁量で仕事が進められる農業の魅力が見直され，生き方，生活の仕方と結びついた職業選択として行われるようになってきている．したがって高学歴者やいわゆる一流企業からの転職者も見られる．このことは私の身近な学生たちの農業分野へのインターンシップや農業体験プログラムへの関心などからも実感できる[17]．これは近年の動向である．

　農業に魅力を感じる人が増えてきていることは間違いのない事実であるが，それを実現するためのハードルはまだまだ高い．それを可能にする基盤となる制度の整備が必要である．

　福祉の充実は日本の重要な課題であるが，そのあり方について色々な側面から論じられている．ベーシック・インカム論など働くということと人間らしく生きていくこととを切り離す考え方もあるが，やはり働くということを人間が人間らしく生きていくことの基盤に置きたい．つまり好きな仕事に就ける条件を整備することが大事である．職業選択の自由の実質的な保障である．農業後継者の確保もこの基盤を整えることをまず重視し，その基盤の上で考えることが重要である．私は医療と年金と子供の教育費の3つについて国がきちんと責任を持つ体制（教育・老後・病気の心配がない社会）がまず重要だと考える．そうすれば農業を職業として選択する人は確実に増えると考えているが，これは農業だけではなく他の分野も含めて自分の望む職業選択をして悔いなく一生を終える基盤でもある．

　この基盤の上に，価格政策や所得政策，貿易政策が必要であることは言うまでもないが，ここでは，もっとも重要であると考えているこの点についてだけ触れておくことにする．

1)　大内力は「これまでの『中農標準化傾向』が『大型小農化傾向』におきかえられるようになっていること，そして，それは決して日本のみに特有な現象ではなく，むしろアメリカを先頭に，多くのいわゆる先進資本主義国に共通の現象である」「この場合標準化している農民層は，依然として中農ないし小農であって決して資本家経営に成長しているわけではない」「『大型小農化傾向』というのは，あくまでも『中農標準化傾向』のヴァリエイションであり，最近の資本主義の変質に対応してあらわれた偏きにすぎない」と述べている．大内『日本における農民層の分解』東京

大学出版会，1969 年，284-285 頁．
2) 梶井功『基本法農政下の農業問題　梶井功著作集第 2 巻』筑波書房，1987 年（1970 年東京大学出版会の改訂増補復刻版），286 頁．及び同『小企業農の存立条件　梶井功著作集第 2 巻』1987 年（1973 年，東京大学出版会）を参照のこと．
3) 上向展開を制約する独占の体制として，梶井は低農産物価格政策，低賃金体制，兼業農家の滞留による地代障壁の厳しさ，インフレーション政策による地代障壁の厳しさ等を挙げている．前掲，『基本法農政下の農業問題　梶井功著作集第 2 巻』272-274 頁．
4) 上記に加え，大内力「昭和 30 年以降の日本農業の理論的解明」『日本農業年報』第 11 集（御茶の水書房，1962 年），伊藤喜雄『現代農民層の分解』御茶の水書房，1973 年．
5) 私もこれまでセンサス等を使用した農業構造分析を行ってきたので，この指摘は自己反省でもある．2010 年度農業問題研究学会春季大会シンポジウム「現在資本主義と家族農業経営――農業の資本主義化の『限界』と資本による農業・農村の『包摂』」はそのような意図をもって開催されたと思う．私もそこで「80 年代改革以降の農業構造，農業政策の変化の特徴」というテーマで報告した．
6) 田代洋一『地域農業の担い手群像　土地利用型農業の新展開とコミュニティビジネス』農文協，2011 年，13-19 頁．
7) 例えば，食料・農業・農村基本法の第 21 条は「国は，効率的かつ安定的な農業経営を育成し，これらの農業経営が農業生産の相当部分を担う農業構造を確立する」ため必要な措置を講ずると謳っている．政策の言う農業の担い手は「効率的かつ安定的な農業経営」であり，具体的には主たる農業従事者が他産業従事者と同じ年間労働時間で生涯所得を同じくする経営を意味する．もっぱら規模，効率，所得による規定であり，農業の内容に関する規定はない．
8) 前掲，シューマッハー『スモールイズビューティフル　人間中心の経済学』，343-345 頁．
9) 前掲，バーンスタイン『食と農の政治経済学　国際フードレジームと階級のダイナミズム』204 頁．
10) http://viacampesina.org/en/index.php/organisation-mainmenu-44/our-members-mainmenu-71 (2016 年 1 月 20 日アクセス)．
11) 真嶋良孝「食料危機・食料主権と『ビア・カンペシーナ』」村田武編『食料主権のグランドデザイン　自由貿易に抗する日本と世界の新たな潮流』農山漁村文化協会，2011 年，138-139 頁．NGO の共同声明は次のように指摘している．「食料・農業……をめぐる本当の対立は，南北間ではなく，貧富の間にある．それは寡占化した企業が支配する輸出志向型の工業的農業と，主として国内市場向けの小農・家族農業をベースにした持続可能な農業の対立であり，『北』と『南』の両方の国々の内部に存在する対立である」．
12) 国連世界食料保障委員会専門家ハイレベル・パネル著，家族農業研究会／(株)農林中金総合研究所（共訳）『家族農業が世界の未来を拓く―食料保障のための小規模農業への投資』農山漁村文化協会，2014 年．

13) 前掲『家族農業が世界の未来を拓く』20 頁.
14) 前掲『家族農業が世界の未来を拓く』37 頁.
15) 内山智裕「家族経営研究の国際的展開と女性農業者論」(李哉汸その他編著『農業経営学の現代的眺望』日本経済評論社，2014 年) 64-65 頁.
16) 45 歳未満の人を対象に年間 150 万円を，就農準備期間 2 年と経営開始後 5 年，最長で合計 7 年間受給することが可能な制度.
17) 埼玉の農業者の共同出荷組織を受け入れ先とする私の大学 (武蔵大学) のインターンシップへの参加，それとは別に実施している農業体験プログラムへの参加者は継続し，評判も良い．5 年前，私の大学で都農業会議などの主催で，東京農業へ新規参入した若者によるシンポジウムを開催したが，参加者は私たちの予想を超えて多かった．その後も東京都の新規参入者は絶対数ではまだまだ少ないが着実に増えている．東京の新規参入者と新規参入を目指す若い人たちのグループ「東京 NEO-FARMERS」(http://tokyo-neo-farmers.com/) のパンフレットによれば既に 28 人が新規参入の希望を実現し，さらに就農準備中の人が 11 人もいる.

第 II 部　農業構造変化の事例分析
―大規模化と経営耕地の団地化に焦点を当てて―

第Ⅱ部はこれまで関心をもって継続的に見てきた愛知県安城市と石川県小松市および寺井町（現能美市）の集落を対象に，その農業構造の変化を分析する．第Ⅰ部で触れたように，東海と北陸は借地による農地流動化が顕著な地域である．前者は雇われ兼業の展開，後者は自営兼業の展開に加えてその後の雇われ兼業の展開によって貸付農家が形成されてきたが，ここで取り上げる3集落も自動車産業と繊維産業，九谷焼というそれぞれの地域で典型的な兼業の展開によって農地の流動化が促進されてきた．

　ここでの分析は主として構造変化による大規模経営の形成過程，形成された大規模農家の経営状況，規模拡大に伴って問題となってくる圃場の分散化に焦点を当てて行われている．しかし調査を通して同時に地域農業の担い手が少数に絞られてきた時の地域農業問題，また個別経営と共同経営の特徴，それぞれのメリット，デメリットなどについても考えさせられたが，ここでは問題の指摘に留まっている．

　なお，第Ⅱ部はこれまで発表してきたものに依拠している部分も多いのでその点についてあらかじめ記しておきたい．

　①第1章は『社會科學研究』（東京大学社会科学研究所紀要，第28巻第6号，1977年3月）所収の「稲作経営受委託の構造―農民層分解の現段階―」の再録である．その際，他の章に合わせて章や節などの名称を揃え元号を西暦に統一した．また誤字・脱字等の明らかな誤りを手直しした．なおこの章の基礎に

なっている現地調査の分析は1976年頃までに実施したものであり，したがって本章の分析は1976年頃までを対象としている．

②第2章第1節「U集落の農業構造の変化」は拙稿「『稲単作プラス兼業』地帯の担い手―石川県寺井町・富山県立山町―」（田代洋一編著『21世紀の農業・農村　第3巻　日本農業の主体形成』筑波書房，2004年4月，所収）の一部を柱とし，それを拙稿「U農業　激動の20世紀　歴史編」（県営圃場整備寺井南部地区U工区編『農魂不滅―県営圃場整備事業完工記念誌―』2001年11月，所収）で補って書き改めたものである．この章は2003年頃までの状況を取り扱っている．

③第2章第2節「圃場整備を契機とする担い手農家の経営耕地の変化」は『武蔵大学論集』（第51巻第3・4号，2004年3月）所収の拙稿（「経営耕地の集積・集団化―3農家の80年の変化」）を，上記②と同じように，拙稿「U農業　激動の20世紀　歴史編」で補って書き改めたものである．これも2003年頃までの状況を分析したものである．

④第3章「経営耕地分散解消の取り組み」は『武蔵大学論集』（第47巻第3・4号，2000年3月）所収の拙稿（「経営耕地の分散状況とその解消」）の再録である．誤字・脱字等の訂正の外，元号を西暦に改めた．

⑤第4章は2014年までの状況を踏まえて書き下ろした．

第1章
稲作経営受委託の構造
―農民層分解の現段階―

第1節　序――課題と分析視角

(1)　はじめに

　日本農業が危機的状況にあることは，久しく論じられてきた通りである．例えば，1975年センサスが明らかにした，1970～75年における3ha以上農家数の増加率が前5年に比べて低下したことにも，減反政策以降の一層の危機深化を読みとりうる．しかし，危機のなかでそれに規定されながらも，それに抵抗する動きがあることもまた事実である．対象とする稲作部門においても危機深化のなかで，集団栽培・共同利用組織・作業受委託・経営受委託の展開等稲作再編の動きが見られてきた．これら稲作再編の動きを正当に位置づけない限り，危機止揚の手掛かりを明らかにすることはできないと思われる．と同時に，それら再編の動きを手放しで楽観視しえないことも，それらの動きが農業危機のメカニズムのもとにあって様々な歪みを持たざるを得ないことからして明らかだと思われる．

　本稿は，日本農業の中心である稲作部門において，危機のなかで展開する農業再編の動きの重要な一環をなす経営受委託の構造を考察しようとしたものである．再編の動きに即してその構造を明らかにするなかで，危機のメカニズムが，その動きをいかに性格づけているのかを見ようとした．そのことを通して，農民層分解の現段階的性格の一側面を明らかにしたいのである．

　その際，現段階の農業問題分析の視角として，日本資本主義の規定性を基本的なものとして押さえた上で，その規定性が農業内部において貫徹するメカニ

ズムを如何に把握するかということが重要であろう．まさに「農外からの作用力が『農業内部』の内的要因としての構成部分に転化する」[1]メカニズムを明らかにすること，そして，「これらの諸条件も（政策をも含めた農業外的な国家独占資本主義の諸条件―引用者）」「基本的に，内生的な視角から再把握されなければならない」[2]という方法論的立場を具体的分析においても貫くことが重要だと思われる．それでは，農外諸条件と農業とを結びつける方法論的媒介環をどう捕まえたらよいか，以下の分解論理の検討のなかで手掛かりをえたい．

　明示されていると否とにかかわらず，各々の研究者は農外要因と農内要因の両者をそれぞれの視角で位置づけ，統一し，その方法論的立場から農業問題分析をされている．ここで，その視角において対照的である保志恂，伊藤喜雄両氏について検討しておこう．保志氏は伊藤氏らの分析方法を批判し，「考察の基本視角は巨大独占の強蓄積と零細農耕様式との矛盾におかれるべきであって，農業内部の生産力と生産関係の矛盾は」「前者の矛盾＝基本矛盾に規定せられる第二義的矛盾として位置づけて取り扱わないと，戦後農業問題について，大局を見失」[3]うとされる．この指摘自体は正当であるが，その上で更に，具体的な農業分析としては，基本矛盾がいかなるメカニズムで第二義的矛盾を規定しているのか，「外部資本＝高度独占の農業に対する規定性」[4]が，農業内において貫くメカニズムはいかなるものであるかという点を把握する方法論，視角が必要であると思われる．この点の不充分さによって，外部資本の規定性の位置づけが，農業に対して外在的となり，そのため高度独占と零細農耕様式の矛盾が農業解体に一面化され，そのもとでの農業再編の動きを，その理論体系のなかで正当に位置づけることが困難になっているように思われるのである．解体が，主要な局面だとしても，高度独占との矛盾は農業内部の動きの様々な契機ともなりうるはずだからである．

　他方伊藤氏はその視角を「農民層分解の内在的要因をもっぱら明らかにするという立場」即ち，「自作農的土地所有，自作農経営という生産関係を決して固定的なものとはとらえず」「そうした生産関係を掘り崩していく契機がどのように生産力のなかに内包されているか，またそれはどれだけの力をもっている」[5]のかを追求するとされ，その視角から外的要因の位置づけを

「経営間競争が，分解のもっとも直接的な契機なのであり」「いわば与件として外的要因が序列づけられる．たとえば農産物価格という条件さえ」「個別経営にとっては外的与件」[6]であるとされる．伊藤氏の視角が問題をあくまで農業の動きに即して農業内部において把握し，追求するものとなっている点は重要であると思う．しかし，農業外的要因の位置づけについては，伊藤氏が出される例でいっても，外的与件とされる農産物価格の水準，あり方が，分解の直接的契機とされる経営間競争のあり方を規定していることから考えても納得しがたいであろう．伊藤氏のこの視角においては，生産関係を掘り崩していく契機としての生産力の展開，経営間競争の要因としての生産力格差の形成が第一義的に追求され，評価されることになり，摘出された生産力展開，生産力格差が危機のメカニズムのもとで必然化される「不正常さ」の評価は欠落せざるをえないように思われる．生産力の展開，生産関係の変化は極めて肯定的に描かれることになり，その動きが内包する「不正常さ」（それはまた外部からの基底的な作用力＝日本資本主義の構造，に対する批判を体現している），は明確化してこないのである．

1) 山田盛太郎『日本農業再生産構造の基礎的分析』（土地制度資料保存会，1962年），31頁．
2) 磯辺俊彦「農地価格の形成（一）」（農業総合研究所『農業総合研究』24巻4号，1970年）31頁．
3),4) 保志恂『戦後日本資本主義と農業危機の構造』（御茶の水書房，1975年）6頁．
5) 伊藤喜雄『現代日本農民分解の研究』（御茶の水書房，1973年）4-5頁．
6) 同上，伊藤，6頁．

(2) 農民層分解の論理
1) 農民層分解論の課題
本来，農民層分解とは，自ら所有する生産手段と家族労働力とによって農業生産を営む小生産者として均質な農民層が，商品経済の浸透のなかで異質な2つの階級に分解することであった[1]．この過程は同時に資本主義（農業・工業を含む総体としての）の成立過程であり，資本制生産展開の基礎である富の集中＝生産手段の集中とプロレタリアート創出の過程，即ち原始的蓄積の過程で

あった.

しかし歴史具体的には, 上述の分解過程がそれなりに正常に進行した国は先進資本主義国に限られ, 資本主義成立後においても農業においては小生産者層が広汎に残存することが一般的であった. この事態においてレーニン的な分解論が成立し, 意義を持つ. レーニンは農民層の「分化」と「分解」を区別し, ナロードニキが「分化」を見て, そこに「分解」を見ないことを批判した. そこでは「分化」と「分解」の区別ではなく, その連続性に主張の重点がある[2]. この段階で分解論は, 資本主義成立後に小生産者としてとり残された農民層においても分解法則が貫徹することを解明する, という独自の課題をもって成立することになる. そこでは農民層はあくまで過渡的存在として位置づけられている.

しかしながら, 独占段階に至れば, 残存する小生産者層を, それ以前のように過渡的存在と言い切るわけにはいかない[3]. そこでは, 小農を含む小生産者層の資本家経営への上向展開が困難となるのみならず, 相対的過剰人口法則の一層の圧力下で下向分解も歪まざるをえず, 小生産者層として「常態化」され, そのまま独占利潤の基盤に転化され, 独占資本主義体制に体制的に組み込まれた存在となるからである. とすれば分解論の課題も「分化」と「分解」の区別と[4], 「分化」が「分解」に通ずる条件の検討, あるいはそのことの困難さの検討が重要となってこざるをえないのである.

ここに至って, 分解論の課題は, 一般論としていわれる農業における資本制生産の展開, 農民層の資本家階級と労働者階級への分解の必然的動きを解明するというだけでは不充分となる. むしろ「分解」論理貫徹の困難さの解明, 困難ななかでの「分解」論理の具体的発現形態の解明が分解論の課題となるのである. ということは言い換えれば, 資本主義再生産構造における小農の位置づけを明らかにすることが課題となってくるということでもある[5].

1) レーニン「ロシアにおける資本主義の発展」(『全集』第3巻, 大月書店) 165-166頁.
2) 阪本楠彦「農民層分解論のあたらしい動向」(『土地制度史学』第14号, 1962年) 48-49頁. 山崎春成「農民分解論」(近藤康男編『農業経済研究入門』新版, 東京大学出版会, 1966年) 210頁.

3) 井上晴丸，宇佐美誠次郎「資本蓄積と小商品生産」(『思想』1957年1月号) 40-41頁.
4) この点の指摘に関して以下参照. 石渡貞雄『農民分解論』(有斐閣, 1955年). 阪本楠彦『農業経済概論』上 (東京大学出版会, 1961年) 第2章. 前掲, 阪本,「動向」. 本稿では両者の区別が必要な場合には「分化」「分解」と区別したが, 必要でない時は両方の意味を含めて分解として使用している.
5) 現代資本主義における農民層分解の意義を美崎皓氏は「たんに農業内部に資本・賃労働関係が成立するかどうかという産業資本主義段階的視野ではなく, 現代資本主義がつくり出す相対的過剰人口・産業予備軍の動態における小生産農業の意義という視点から明らかにされなければならない」(「労働市場と農民層分解」吉田寛一編『労働市場の展開と農民層分解』農文協, 1975年所収, 16頁)とされる. この指摘の前段は同意しうるが, 後段については一面的というべきであろう. むしろ安孫子麟氏のように「農民層分解のもつ本質的・包括的意義を資本の蓄積構造の問題」(「農民層分解論の現段階的把握」前掲吉田所収, 71頁)とした方が良いであろう. しかしこういう位置づけを与えるのは独占段階に至って小農の存在が過渡的とはいえずむしろ常態化してきているからで, この点では安孫子氏の根拠とは異なる.

2) 農民層分解のメカニズム

農民層分解の契機は, 農民経済の商品経済化にある[1]. このことは, 農民層分解の起点が基本的[2]には, 農民経営相互間の競争による個別的価値と社会的価値との乖離にあるということを意味する[3].

農民経済が貨幣経済に巻き込まれ, 農民による生産が市場目当てに行われるようになり, 競争関係が生じれば, それは農民間に「分化」をもたらすことは明らかである. しかしそのことが, 「分解」を必然化するということにはならない. 「分化」の起動力たるこの競争関係が, 「分解」の起動力ともなりうるためには──競争関係成熟の背後に次の経済的諸条件の成熟が必要である. 第1に, 生計費水準の均一化, 農民層間の, そして農民と賃労働者間の生計費水準の平準化である. 生産条件において劣位にある農民層がより少ない所得に応じてより貧しい生活をするならば, そこには「分化」は生じても「分解」は必然化しないからである. 第2の条件は労働市場の展開を契機とする自家労働評価の確立である. 農業における自家労働評価が1つの水準として成立してこそ, 生産条件の劣った農民経営は, この水準が農業において確保しえないことによって農外へその就業の場を求めるということになるのである[4]. これら2条件は[5],「分化」の起点である商品生産上の競争関係が, 「分解」の起点としても作用す

るための前提をなしているという意味で分解の前提条件としてよいであろう．

これら2つの分解の前提条件は，原論のレベルからすれば，分解の起点たる商品経済の成熟と同時に，成立しているものとして良いであろう．また歴史具体的には，それら前提条件の成熟度にズレがあり農民層の「分解」の制約となっているとしても，産業資本主義段階においては，過渡的なズレとしての把握が可能であったと考えられる．とすれば，その段階では，分解の起点である商品経済の成熟とは別に，これらを分解の前提条件としてことさらとりあげる必要はなかったことを意味する．

更に「分解」が現実化するためには分解の起点，前提条件成熟の上で，経営間の生産力格差が，「大経営の生産物の生産価格」の方が「小経営の生産物の費用価格」より小となる状態に形成されることが必要である[6]．これは「分解」の発現条件である．工業において資本制生産が支配的になるためには産業革命が必要であったように，農業においても生産力の質的な発展と，それにもとづく生産力格差の形成（イギリスの場合にはこれがまさに農業革命であった）[7] が不可欠なのである．その際，土地を不可欠の生産手段とする農業の場合，工業と異なり，経営規模の拡大は集約化の方向があるとしても，通常は現に他の経営が占有する土地の集中を不可欠とする．つまり小農経営が支配的なところから資本家的農業経営が成立するためには，土地の集中過程が先行しなければならず，他の経営を駆逐しうる生産力格差は，単なる労働生産性の優位だけでは不充分で，同時に地代負担力における優位が伴っていなければならない．農業においては，有機物を土地において対象としているという面での機械化の困難性，大経営優越の困難性に加え，生産力上昇の内容が上に指摘したものでなければならない点，分解の制約をなしている．その意味で，上の内容をもって生産力格差が形成されることが不可欠であり，分解の発現条件をなすのである．

以上のように，農民層分解が現実化するためには分解の起点と同時に，分解の前提条件，発現条件の成熟度，成熟のあり方が関係する．我々が現段階における分解を問題にする時，分解の契機としての農業における商品生産の展開は極めて顕著であるとしても，前提条件，発現条件の成熟の度合，内容が，国独資段階，更に具体的には戦後日本資本主義においてどのような特徴を持ち，そ

第1章　稲作経営受委託の構造　　　　　　　　　　　　　　153

のことが分解のあり方をどのように規定しているのかという視点が必要となる．これらがまさに，農外からの作用力が農業の動向を規定する媒介環だと考えるのである．

1) 大塚久雄氏は，「『農民層の分解』なるものは旧い封建的・共同体的『農民層』がいきなり産業資本家と賃銀労働者の両層に分解したりするのではなくして，まず，彼らが個々に孤立して小商品生産をいとなむ小ブルジョアに転化し」「その転化に応じて，両極に分解する」と指摘される．「『農民層の分解』に関する基礎的考察」(『土地制度史学』創刊号，1958年) 9頁．
2) 「基本的には」とことわったのは現実の分解過程において流通面での作用等があることは言うまでもないからである．この点阪本楠彦氏は「生産力のひくい小生産のもとに貨幣経済が侵入するとき」「前期的な価格形成現象がさけられず」「農民層の分化を」「促進する力としてはたらく」(前掲『農業経済概論』上，67頁) と述べられ，大石嘉一郎氏は「農業経営にとって外的な，たとえば商人資本の作用のごときは，この生産条件に対して作用する限りにおいて農民層分解に影響を与える」(「農民層分解の論理と形態」福島大学『商学論集』第26巻3号，1957年12月，172頁) と指摘されている．
3) 梶井功氏が，「競争は，よりすくない個別的価値での商品生産が可能なものが勝つのが原則」(『基本法農政下の農業問題』東京大学出版会，1970年，264頁) といい，大石嘉一郎氏が「諸個別経営間の生産条件の差異に基づく，個別的価値と社会的価値との差が，農民層分解の基本的契機」(前掲，172-173頁) と指摘される通りである．
4) 梶井功氏は「農業労働力，農家労働力の就業の場が，農業以外にもひらかれているという条件は」「商品生産者としての農民の競争の場が設定されるための前提条件，農民層分解の必要条件だといっていい」(前掲，264頁) と述べている．
5) 本来であれば第1の条件は第2の条件に含まれているはずであろう．なぜなら，労賃＝労働力の再生産費＝家計費であるならば，労働市場の展開を契機にした自家労働評価の確立は，当然に家計費水準の平準化傾向を内包すると考えていいからである．しかし，現段階においてはこうはいえず，後に見るように，むしろ2つの条件として，分けて考えることが必要となっている．
6) この点に関して前掲大石，173頁，前掲阪本『概論』72頁参照．
7) 加用信文『日本農法論』(御茶の水書房，1972年) 3-5頁．ここで加用氏は農業における資本制生産成立の契機として，工業における産業革命に対するものとして農業革命を位置づけておられる．これに対し飯沼二郎氏が福岡農法の普及をもって日本における農業革命とされる時，農業革命という概念はより技術的な側面に力点をおいたものになっていると思われる．「近代日本における農業革命」(農法研究会『農法展開の論理』御茶の水書房，1975年)．

(3) 戦後日本資本主義の構造と農業

　現段階における分解の前提条件，発現条件の形成のされ方を明らかにするため，戦後資本主義の構造と農業との関連に触れておこう．

　戦前日本資本主義の主要な立脚点——半封建的・地主的土地所有，繊維工業，植民地——を失った戦後段階における日本資本主義の再建方向は，重化学工業化が唯一の道であり，その方向は同時に，アメリカ帝国主義の世界戦略上の日本資本主義の位置づけ＝アジアにおける反共の防壁，兵器廠という位置づけとも合致するものであった[1]．この重化学工業化の過程が，1955年以降の「高度成長」として，第Ⅰ部門における内部循環を主軸として行われたことは周知のことである．日本におけるこの「高度成長」は，資本主義諸国のなかでも驚異的なものであったが，それを可能ならしめた条件は，簡単に列記すれば次のようになろう．第1に低賃金があげられよう．この基盤として農業労働力の吸引が激しく行われた．この過程は技術革新にともない，労働力流動化が積極的に行われた過程でもあり，資本の階層序列に照応する労働力掌握の序列構築に向けての——大企業における若年労働力の吸収と中高年熟練労働力の排出，中小企業における中高年労働力の堆積——再編過程であったと同時に，本工，臨時工，社外工，季節工，パート等，労働者の階層構造確立の過程でもあった．即ち，企業の系列化，下請関係と，労働者階級自体の階層構造の2要因の結合によって規定づけられた低賃金構造であった．第2には，高蓄積を保証する手厚い国独資的保護＝税制，財政，金融上の優遇措置があげられる．これらは独占大企業と中小零細企業・農業との格差を一層押し広げるテコとなり，重化学工業独占大企業の強蓄積を支えた．第3は，この過程は日本独占資本の対米従属を構造化するものであったが，この日米経済関係が，金融・原料・燃料・技術・海外市場という諸側面（特にIMF体制と石油）において，独占大企業の強蓄積を支えた点である．

　このような「高度成長」期を通じて形成された戦後日本資本主義の構造的特質を要約すれば，①対米従属構造，②格差構造——重化学工業中心の強蓄積の結果としての，重化学工業独占大企業と広汎な中小零細企業[2]，更には零細農業経営の加わった，系列化ないしは併存——とすることができよう．

　以上のように簡単に特徴づけた戦後日本資本主義の構造的特質は，日本農業

第1章　稲作経営受委託の構造

の構造を次のように規定づけている．第1に，対米従属構造に規定づけられたアメリカを中心とする農産物の輸入の急増と，それによってもたらされたところの農業生産の奇形化——畑作の切り捨て，飼料基盤を欠いた畜産の展開等——という構造である．独占段階においては，独占資本主義諸国による工業の独占と，その対極として，弾き出された農業を植民地が担うという構造が強まる[3]が，戦後段階においては，世界最大の独占資本主義国アメリカが同時に最大の農産物輸出国であることから，日本農業の展開は二重の制約を——第1には結合関係の深いアメリカとの関係で，第2には日本が帝国主義的侵出を強化しつつある諸国との関係で——受けざるをえないのである．

しかし，この点に関しては，日本の重化学工業化が，「上から」急速に行われたため，以下のような矛盾を作り出すことにもなっている．資本主義諸国中第2の工業国とはいいながら，原材料・燃料を輸入し，加工して輸出するという構造を特徴とする蓄積方式は，絶えず国際収支における赤字への転化の危険を孕んでいたため[4]，国際収支の赤字への転落のたびに農産物自給の重視が問題とならざるをえなかった．また，後発資本主義国であり，重化学工業化が第I部門内部の循環を軸に短期間になしとげられたため，第2の工業国といいながら，他の資本主義諸国に比べ農業従事者の比重が大きいこと[5]，また短期間の「超高度成長」であったがゆえに歪みも大きく，保守政権の基盤としての農民層の役割が軽視しえないことからしても，一方で，農業の海外依存傾向を強く持ちながらも，その方向に直線的には進みえない矛盾ともなっているのである．主食である米の輸入が品種的に困難であることも加わり，基本法農政下で自給率の低下が進みながら，他方で日本農業の大宗であり，作付け農家の最も多い稲作において価格政策が生産費・所得補償方式に変えられ，他の農産物価格に比べ相対的高水準を維持してきた[6]ことに，この矛盾の反映を見ることができる．

とはいえ，農業生産の展開はアメリカを中心とした諸国の輸出農産物とかちあわない方向に狭められ，耕地利用率の低下，単作化の進行，購入飼料依存の奇形的畜産と，農業生産の歪みは深刻化したのである．

第2に，戦後日本資本主義のもう1つの特質である格差構造は，農業構造を次のように規定する．①格差構造が労賃の格差構造，地代（地価）の格差構造

として日本農業の展開を制約している点である[7]．日本の低賃金構造・労賃格差構造——企業の系列・下請構造に規定され，照応した労賃格差と，本工，臨時工，社外工等の労働者の階層構造に規定された労賃格差の2要因からなる——の底辺部に農業所得が位置づけられることによって，兼業化という下向分解が急速に進行する．若年労働力を皮切りに，中核的な農業労働力，主婦に至るまでの農家からの労働力流出は，逆にこの賃金構造を支えるものとなっている．また，独占的高利潤に規定された高地価，更には過剰資本による土地騰貴は，格差構造の底辺部に位置づけられた農業で打ち出される収益に基づく農地価格とは隔絶した高さとなることによって農業発展を阻害する．②第Ⅰ部門内部における循環を主軸とする強蓄積であり，労働者，小生産者層に対する強度の搾取，収奪を基礎にした強蓄積であるがゆえに，底が浅く，消費基盤との矛盾が激しい．このため国内市場の開拓が一貫して強引に追及されることになる．コマーシャル，月賦販売，消費者金融，製品差別化等が，国内市場開拓の手段として一般化する．これらは家計費水準の上昇と均質化——農家階層間，農家と労働者世帯間の——を急速に進行させる[8]テコとなる．このことは，格差構造の下で，農家の兼業化，多就業化を押し進める要因となる．他方で，生産の場においても，市場開拓の一環として生産手段が政策をテコにして外から導入されることになる．これはまた，農工格差に規定され，農業における資本形成は二重の意味——第1に独占の収奪によって蓄積が阻害され，第2に収奪体制下の低福祉のなかでは僅かの蓄積も貯蓄される[9]——で阻害されているからである．この間の急速な機械化投資において政府賃金，系統賃金のはたす役割が大きく，この点からも国独資的政策が農業構造，分解の趨勢を決定する極めて重要な位置を占めることになるのである．

1) 山田盛太郎「戦後再生産構造の基礎過程」（龍谷大学社会科学研究所『社会科学年報』第3号，1972年3月）81頁．
2) 中山金治「中小企業階層分化の特質」（政治経済研究所『転換期の中小企業問題』新評論，1975年）では，日本の場合，欧米と比較して中小零細企業，特に零細自営業が独占の蓄積機構に組みこまれ大量に再生産されている実態と，それを規定する日本資本主義の蓄積メカニズムが言及されている．
3) 常盤政治「独占資本主義段階の農業問題」（宇佐美，宇高，島編『マルクス経済

学講座 2―現代帝国主義論』有斐閣，1963 年）196-197 頁において，先進資本主義国においては独占段階の農工間の不均等発展の法則は農業問題としてよりも（国内農業を切り捨ててしまうので）植民地問題＝民族問題として現れることが指摘されている．
4) 1964 年頃までは，好況時の輸入急増→国際収支赤字→金融引締め→不況→輸出拡大→収支黒字→好況→輸入急増というパターンの繰り返しであった．好況不況にかかわらず輸出が輸入を超過し，国際収支の黒字が続くのはそれ以降である．川上正道『戦後日本経済論』（青木書店，1974 年）81 頁．
5) 労働力人口に対する農林水産業就業人口の割合を見ると，1965 年段階では西独 11%（64 年 6 月），イギリス 3.1%（66 年），アメリカ 7%（64 年），日本 27%（64 年），イタリア 25%（64 年 10 月），70 年段階では西独 8.2%（71 年 4 月），フランス 12.3%（73 年 1 月），アメリカ 4.2%（71 年），日本 19.1%（72 年），イタリア 17.5%（72 年）である．農林省『ポケット農林水産統計』67 年版，75 年版による．
6) しかし「生産費・所得補償方式」も当初から米価上昇のため採用されたわけではない．農林省『戦後農林省 25 年史』によれば「食糧庁がこの方式 1 本で行くことに踏み切ったのは，表面では低い農業所得を産業労働者なみに引きあげるといいながら実はパリティよりも"安い米価"になると考えたからである．所得パリティ方式ではじいた 59 年は 1 万 389 円（150kg 農家平均手取り）で対前年の値上り率は 1.29%，それが新方式になった 60 年はわずか 0.29% の値上りで政府のペースにのったかに見えた.」(102 頁) と述べている．
7) 磯辺俊彦「農業生産組織分析の課題」（農政調査委員会『農業の組織化』1975 年）15 頁．
8) 農家世帯，勤労者世帯の世帯員 1 人当たり所得と消費支出を対比すると，戦前（1932～40 年）では所得の均衡が消費の均衡より著しいのに対し，戦後（50～59 年）は逆転し，消費水準の上昇と消費様式の変化とが，農家を所得向上に駆りたてる動機として作用すると三沢嶽郎氏は指摘されている．「農家の兼業化と資源配分条件」（『農業経済研究』第 33 巻 3 号，1962 年 3 月）．
9) 山田盛太郎氏は，このようにして集められた諸個人の零細な貯蓄や遊離資金が金融機関に掌握され，巨大独占企業に融資され，これが逆に巨大企業と中小企業，農工格差をおしひろげる 1 要因となっているとして，間接金融の役割を重視されている．「戦後循環の性格規定（準備的整理報告の要旨）」（『社会科学年報（専修大学）』第 1 号，1966 年）237 頁．

(4) 現段階における農民層分解の論理

以上の構造のもとで，分解の前提条件，発現条件がいかなる特徴を持って形成されてきているか，そのことが分解の形態をいかに規定づけているかが次の問題となる．

表 II-1-1 世帯員1人当たり家計費における農家の勤労者世帯に対する比率

	比　率
1951年	88.8%
1953	82.1
1955	84.0
1957	78.0
1959	74.3
1961	74.5
1963	75.1
1965	81.4
1967	89.6
1969	94.4
1971	98.7
1973	108.4

注：都府県農家の1人当たり家計費の，人口5万人以上都市勤労者世帯1人当たり消費支出に対する比率．
資料：総理府『家計調査年報』，農林省『農家経済調査』．

1）家計費の均衡化

まず最初に，分解の前提条件の1つ，家計費の動向を見よう．表 II-1-1 によれば，戦後段階の特徴は，1960年頃以降に見られる農家世帯と勤労者世帯との家計費の著しい均衡化過程にある．これは，戦前の両世帯間における恒常的・質的格差（1人当たり家計費における第2種小作農家の労働者世帯に対する割合は1931年29.9%，39年55.8%)[1]と明らかな違いを示す．

この過程を世帯類型に立ち入ってグラフ化したのが図 II-1-1 である．これによって60年以降の動きを見ると，農家の家計費上昇は著しく，民間職員世帯のレベルに到達してきている．表示していないが，74年について階層別に見ると，1ha未満層は民間職員世帯水準を超え，1ha以上層は接近しながらも未だ下回っている状態である（最高0.5ha未満層114.8，最低2ha以上層95.2）．

このような農家家計費の膨張は，消費生活の貨幣経済化を契機として進行しており，家計費中の現金支出割合は，都府県農家で見て，1950年—52.4%，55年—56.4%，60年—66.8%，65年—78.3%，70年—80.6%，74年—86.0%と著しく高まっている．

これを可能にしたものが兼業化の広汎化にあったことも次の事実が裏づける．つまり，「農家経済調査」都府県農家で見ると1952年までは1人当たり家計費の大小は，経営面積規模に序列づけられていた．その後，兼業化が進んだ階層ほど家計費上昇が顕著となり，64年には0.5ha未満層のそれが最も高くなっている．そして遂に74年では，完全に逆転し，家計費の大小は，経営面積規模と逆相関となっている．

この農家家計費の膨張と，勤労者世帯のそれとの均衡化は，単に農家労働力

第1章 稲作経営受委託の構造

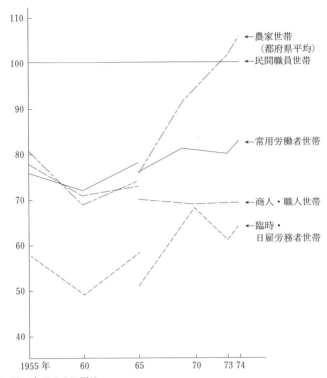

注：1）表 II-1-1 に同じ．
2）勤労者及び商人・職人世帯については，65年以前は，人口5万以上の都市，65年以降は全国についての数字，それゆえ65年は二重になっている．

図 II-1-1 世帯員1人当たり家計費の格差（民間職員世帯＝100）

の自立化＝家父長的家族労働力支配の崩壊の結果[2]によるという以上に，その動きの要因として，国独資の規定性をより強く見るべきであろう．なぜなら，この動きは，農家，非農家世帯を含めての必要生活手段の増大傾向のなかでもたらされているからである．この間の必要生活手段増大の基本的要因としては，第1に，技術革新をともなう「高度成長」期における搾取強化（労働強度の増大，労働の細分化・単純化）が必然化する労働の苦痛に対する補償としての欲望の増大，及び必要生活諸資料の変化[3]（食生活，医療費，教育費等）があげられるだろう．第2に社会主義諸国との対抗，強大化した労働者階級との対抗という戦後段階における国独資の位置からして，恐慌の回避，社会主義に対抗

しうる経済発展，労働者階級の体制内化を目ざした経済成長，実質賃金（生活資料表示）上昇が必要とされている[4]点で，この点に規定され，生活手段は増大傾向を示す．当然，このことを可能ならしめるためにも，搾取の一層の強化が行われる．第3に，その他の要因として，蓄積の進行に伴う人口の都市への集中による生活条件の悪化に原因するもの——住宅地は郊外にいかざるを得ず生活手段としての自動車の必要，過密による環境悪化にともなうクーラーの必要等々——，多就業形態にともなう家事労働の社会化の進行に原因するものなどがあげられよう．農家においても兼業化の進行のなかで，以上の諸要因の作用を強く受けざるをえなくなるのである．

このように生活諸手段の増大は必然化せざるを得ないが，この領域が独占資本の超過利潤の源泉となることによって，その増大傾向は一層拍車をかけられることになるのである．生活様式の「近代化」が煽られ，消費が作り出される．このことのテコとしてテレビの普及の役割は大きい．コマーシャル，月賦，消費者金融，頻繁なモデルチェンジ等消費拡大の手段が開発され一般化する．このなかで，生活手段が増大するとともに，階層的にも，地域的にも，生活様式の均一化が進行することになるのである．更に家計費の増大ということになれば，独占価格，インフレ，税金の意味も大きい．

以上のなかで農家における家計費の膨張とその均衡化が進行したのである．

1) この数字は家計費の最も低い第2種農家（当該町村農家1戸当たり平均耕作面積70％未満の耕作面積農家）の小作についてのものであるが，最も高い第2種農家自作について見ると1936年で63.8％となっている．なおこれらの数字における労働者家計費は消費支出より範囲の広い実支出がとられている．花田仁伍『小農経済の理論と展開』（御茶の水書房，1971年）249, 252頁の表2，表3より．
2) 山田盛太郎『日本農業生産力構造』（岩波書店，1960年）まえがき．
3) 黒川俊雄「いわゆる労働力再生産費の『社会化』について」（『経済』新日本出版社，1973年9月号）．荒又重雄「労働力の価値規定の検討」（『経済』新日本出版社，1973年3月号）．
4) 高木督夫氏は，日本，ドイツを典型として第2次大戦をはさんで実質賃金に変化——戦後の持続上昇傾向——があったことの原因を，全般的危機の第2段階への移行と関連づけて論じられておられる．そして戦後において「実質賃金，つまり生活資料の量で表示された賃金は上昇するが，賃金の本質である労働力価値（労働時間表示）は低下する」（167頁）と指摘されている．同氏『日本資本主義と賃金問題』

(法政大学出版局, 1974年) 第3章.

2) 賃金の格差構造

第2の前提条件である労働市場の展開と, それを契機とする農業における自家労働評価の確立過程はいかなる内容をもって進行したであろうか.

最初に時間当たり賃金と農業所得との変化を図 II-1-2 で示す. 時間当たり賃金は農業所得, 米作所得との比較上男女合計賃金を使用しよう. これによれば, 男女常用生産労働者賃金は男女常用管理・事務・技術労働者賃金に, 格差はあるが60年以降接近を示している. 存在する両者の格差には労働力の価値

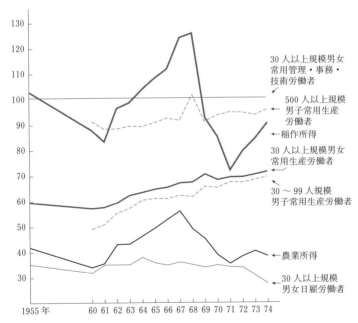

注:1) 製造業常用労働者賃金は, 現金給与総額を総実労働時間で割った. 日雇労働者賃金は1日当たり給与総額を8時間で割った.
2) 時間当たり農業所得は都府県農家平均のもので, 農業所得を家族農業投下労働時間プラスゆい手間替, 手伝出, 労働時間の合計で割ったものである. 時間当たり米作所得は全国販売農家のもので, 10a 当たり米作所得を 10a 当たり家族直接労働時間で割った.

資料:労働省「毎月勤労統計調査」(「労働統計年報」). 農林省「農家経済調査」,「米生産費調査」.

図 II-1-2 1時間当たり製造業労働者賃金及び農業所得の格差
(30人以上規模男女常用管理・事務・技術労働者賃金＝100)

の違いを反映した部分も当然あるだろうが，ともあれ両者の格差は縮小傾向を示している．しかし，ここで注目したいのは，日雇労働者賃金の動きで，これは，管理・事務・技術労働者賃金との関係でいえば，72年までは格差は固定的であり，また男女常用生産労働者賃金との格差では60年以降拡大傾向さえ示している．

高木督夫氏は，賃金決定上の主要な労働力群を，①大企業熟練労働力群，②不熟練労働力群＝中小・零細企業労働力群および婦人や臨時労働者に典型をみる大企業不熟練労働力群，③先の労働力群②に密着した停滞的過剰人口層，④上の停滞的過剰人口と相互に関連し，規定しあいながら一体となって賃金の最低を規制している潜在的過剰人口層と指摘された上で，そのうち特に重要なものが前二者であり，「賃金水準を決定してゆく支点として，一方に大企業熟練労働力群（経験労働力群），他方に産業予備軍に密接する中小・零細企業労働力群および大企業不熟練労働力群（および将来の大企業熟練労働力の候補生としての大企業未熟練労働力群），この2つのレベルが存在し，相互に関連するものの基本的にはそれぞれ独立である」[1]とされる．そして前者の賃金は「昇進制度的労働関係」下の「昇進労働力群」の賃金であり，彼の行動と意識を規定しているものは，その意味で生涯賃金であり，後者の賃金は過剰人口に直接制約された労働力の最低供給価格をなし，労働市場の動向に大きく左右されていると特徴づけておられる．先に見た，管理・事務・技術，及び生産の両常用労働者賃金と日雇労働者賃金との格差は，この2つの賃金水準の存在を近似的に——近以的にというのは，この資料における日雇労働の範囲は極めて狭く[2]，常用労働者のなかに日雇的な常用労働者が含まれているし，また中小零細企業の常用労働者も含まれているから——示していると考えられる．

農村地域の賃金が後者の性格を強く持った存在であることは予想されることであるが，この点，表II-1-2で確認しておきたい．この表によれば，農村における賃労働賃金は形態において恒常的であろうと，一般的には日雇労働賃金，不熟練労働賃金と規定しうるということである．例えば表の「5.農村から通勤する男子恒常的雇用労働者」賃金，「10.恒常的賃労働」賃金を見ても，「1.500人以上規模製造業男子常用生産労働者」賃金には遠く及ばず，格差も縮小してはいない．「事例5」の場合には，「2.30〜99人規模製造業男子常用生産労働

第1章　稲作経営受委託の構造

表 II-1-2　各種賃金の比較（500人以上規模製造業男子常用生産労働者賃金＝100）

		1960年	65年	70年	73年	74年
1	製造業男子常用生産労働者　500人以上規模	100.0	100.0	100.0	100.0	100.0
2	同　　　　　　30〜99人規模	53.0	67.6	71.9	73.1	73.4
3	製造業男女日雇労働者　30人以上規模	41.9	40.7	38.4	39.0	38.4
4	建設業男女日雇労働者　30人以上規模	35.1	39.7	45.5	45.4	41.4
5	農村から通勤する　男子恒常的雇用労働者	40.3	51.5	52.0	47.8	46.4
6	同　　　　　　男子臨時雇労働者	35.8	47.7	48.3	44.5	42.3
7	農村土工	40.7	55.3	54.3	51.9	49.7
8	男子農業雇用労働	31.9	46.0	44.0	39.0	38.8
9	臨時的賃労働（男女）	35.0	56.3	38.3	40.2	38.1
10	恒常的賃労働（男女）	46.3	60.4	63.6	62.5	59.7
11	職員勤務（男女）	74.5	94.4	93.3	90.0	90.1
12	自家農業所得（男女）	38.4	54.9	43.5	43.9	42.0

注：3，4，5，6，7，8（60年，65年，70年）は，1日当たりの賃金として出ているので，一律8時間で時間当たり賃金を出して比較した．1，2は現金給与総額を総実労働時間で，9〜12は各々の収入を労働時間で割って求めた．
資料：1〜4—「毎月勤労統計調査」　5〜7—全国農業会議所「農業臨時雇賃金調査結果」　8—農林省「農村物価賃金調査」　9〜12—「農家経済調査」

者」賃金にも及ばず，むしろ「3.30人以上規模日雇労働者」賃金水準に近い．「事例10」が「2.30〜99人規模男子常用労働者」賃金にある程度近いのは，そのなかに一部，「昇進労働力群」を含むからで，農村労働市場においても新卒者を中心とする若年労働力に開かれた労働市場（賃金の全国的平準化は次のものより進んでいる）と，中高年の中途採用労働力を対象とする不熟練労働力群労働市場とに分かれているのである[3]．このなかで，500人以上規模の製造業男子常用生産労働者賃金と比肩しうる農家家族員他産業就業者の賃金は，職員勤務者の賃金だけである．

　このような労賃格差構造のもとで時間当たり農業所得はどのように変化したであろうか．先の図II-1-2に戻って見ると，60年以前は，日雇労賃水準に近かったが，60年以降67年まで常用労働者賃金水準への接近を示す．これは，60年からの「生産費・所得補償方式」という新しい米価算定方式による米価上昇に負っている．しかし，他方で不利な他作目の切り捨てが進み，また面積

当たり稲作労働時間の減少があるなかで,農業労働時間は減少せざるをえず,この時間当たり農業所得の上昇のなかでも農家の兼業化は進まざるをえなかった.その後67年の大豊作以降の米価上昇の停滞,更には3年連続の米価据置きのなかで再び日雇労賃水準に接近している.つまり65〜68年頃の一時期を除いて農業所得も日雇賃金水準にむしろ近かったと見てよいであろう.このようななかで兼業化は一般化するが,その就業先が,賃金格差構造の底辺に位置するものであることは今見てきた通りである.

1) 前掲高木『日本資本主義と賃金問題』,179頁.
2) 「日々,または1か月以内に限って雇われる労働者」であり,また「調査月と前月にそれぞれ18日以上雇われた者」は常用労働者に入れられている.
3) 田代・宇野・宇佐美『農民層分解の構造――戦後現段階』(農業総合研究所,1975年)第1章参照.

3) 2要因の作用

以上見てきたように,一方での家計水準の均一化と他方での労賃格差構造に規定された農業所得,兼業労賃,そのもとでの自家労働評価の確立という構造こそ現段階における分解の前提条件形成の特徴をなしている[1].ここから農家における兼業化・多就業化,労働過重が必然化するが,そのことは逆に家計費支出の増大にはね返ることにもなる[2].兼業化という形態での下向分解が一般化する.

兼業化の動向については言うまでもないので,ここでは農家世帯員中の就業者の労働時間と,多就業化の動きについてだけ触れておこう.

農家世帯員中の就業者の労働時間の変化を知りうる適当な資料はない.しかし表II-1-3によれば,農家世帯の中心的な就業者の労働時間としては短めに現れている可能性が大きい(表注参照)にもかかわらず,74年では労働者の労働時間をオーバーしている.労働者の労働時間が,減少してきているなかで,農家世帯就業者の労働時間は兼業深化に伴って相対的に長時間となってきているであろうことを推測させるのである.また,「農家経済調査」で74年の都府県農家について,階層別の男子世帯主年間労働日数を見ると,0.5ha未満層が264.2日,1.0〜1.5ha層が最大で275.3日,2ha以上層が最低で260.9日となっ

表 II-1-3 労働者と農家世帯就業者の月平均労働時間数

(単位：時間)

	1960 年	65 年	70 年	73 年	74 年
30人以上規模製造業男子常用労働者	213.3	196.9	194.9	188.1	178.0
都府県農家世帯男子就業者	193.2	188.3	188.3	183.6	182.8

注：農家については，男子の総労働時間を年度末家族男子就業者数（年間60人以上労働した者）で割り，更に12か月で割ったもの．それゆえ，就業者の定義からして，中心的な就業者の労働時間はこの計算値よりも多いことは当然予想される（「農家経済調査」）．

資料：労働者は「毎月勤労統計調査」の月平均総実労働時間．

ている．ここからも，兼業と農業に従事する者の労働時間が，上層の農業専従的な者や下層の農外就業専従的な者のそれに比べて長いことを読みとりうると思われる[3]．

　農家における家族員の多就業の進行は表 II-1-4 の有業人員率の高さが示しているが，その上昇は特に，65年から70年にかけてが著しい．階層別に見ると，最も有業人員率が高いのは，73年では1.0〜1.5ha層，74年では1.5〜2.0ha層であり，最も低いのは両年とも0.5ha未満層である．

　つまり，賃金の格差構造のもとで，農業においても兼業においても，格差構造の底辺部との関連が深い農家世帯において，先に見たような家計費上昇が可能であった要因は，整理すれば次のようになるだろう．第1に，高い有業人員率に示される家族員の多就業．農家の場合自家農業に関しては従来から一家総働き的であるが，兼業も含め多就業化してくるなかで，一家総働き傾向は一層強まる．なぜなら，兼業化による農業労働力の減少を，自家農業であるがゆえに，老人，婦人等農外で働くことが困難な家族員の動員や，それらの労働力による従来以上の農業労働時間の延長でのカバーが比較的容易だからである．また表 II-1-4 のように，都市世帯に比べての世帯員数の多さも有業人員率増加を容易にしている．従来から農家世帯員は自家農業に関しては一家総働き的であり，外で働くことに対しても抵抗が少ない点等も作用しているであろう．これらの背景に当然農村地域における労働市場の展開がある．第2に，上の点と関連するが，単作化傾向のなかで残された米作は，一方で価格の上昇があり，他方での技術進歩によって，老人・婦人労働，あるいは兼業従事者の勤務前後，休日の労働等，農外で価値実現が困難なものの相対的に有利な投下場面となっている点がある．第3に，農家の中心的な働き手における相対的長時間労働が

表 II-1-4 世帯主の職業別の世帯人員及び有業人員率の変化

	民間職員世帯		常用労働者世帯		臨時・日雇労働者世帯		農家世帯	
	世帯人員 (人)	有業人員率 (%)	世帯人員 (人)	有業人員率 (%)	世帯人員 (人)	有業人員率 (%)	家族人員 (人)	有業人員率 (%)
1950年	4.66	29.2	5.82	23.2	—	—	—	—
55	4.69	29.0	4.75	32.8	4.50	32.9	6.19	50.4
60	4.35	33.1	4.39	37.4	4.17	42.7	5.63	51.0
65 (1)	4.10	35.4	4.12	39.6	3.46	50.6	5.25	51.2
(2)	4.13	35.4	4.13	39.0	3.77	44.3	—	—
70	3.91	37.9	3.89	41.9	3.42	52.3	4.82	55.2
73	3.83	38.1	3.82	41.6	3.97	46.3	4.60	56.3
74	3.83	37.9	3.81	41.5	3.63	46.8	4.58	56.8

注：1) 50年は，「職員」「労務者」の数値でそれ以降と接続しない．
　　2) 50年から65年の(1)までの数値は人口5万以上都市，65年の(2)以降は全国のものである．
　　3) 農家は都府県農家平均で，年度末の家族人員と，そのうちの就業者率をのせてある．
資料：総理府「家計調査」（『家計調査年報』），農林省「農家経済調査」．

あげられる．それは兼業自体が低賃金であり長時間労働を余儀なくされるというだけでなく，自家農業がある限り，農業においても機械作業，農繁期作業にはそれら中心的な働き手の労働を必要とするからである．

このように家計費の均衡化と労賃格差の固定化のなかで，農家の兼業化は一般化し，深化せざるをえない．この過程は，二重の意味で，第1に低賃金労働力の支配圏の拡大として，第2に生活手段の販売を介しての独占利潤獲得領域の拡大として，独占資本の支配領域の拡大にほかならない．

しかし注意したいのは，その反面，家計費の膨張は，経営規模拡大の必要を増大させることにもなり，一部農家の規模拡大要求を強めている点である．また自家労働評価についても，特に若い農業就業者の場合次のような特徴のなかで，その評価は高まらざるをえない．①学歴において同年齢の労働者層と平準化してきていること[4]．②「家業」としてではなく，自らの意志で，他との比較において農業を自らの職業として選択する傾向が強まっていること[5]，また実際に他産業従事を止め帰農する動きも現れていること．③機械化の急激な進展のなかで，オペレーター労働の比重が高まり，労働力の質も問題となってきていること[6]（その反映としてオペレーター労賃は単純作業労賃よりもかなり

高水準にある)．また技術進歩のなかで，それに対応して規模拡大し，それに見合った管理労働を行って一定の収量，収益をあげていくには緊張度の高い労働を必要とするし，努力と能力も必要となってきているという点で，農業労働自体が複雑労働化してきている点である．この自家労働評価の高まりの動きもまた，格差構造のもとで，一部農家における資本投下，規模拡大の志向を強めさせることになる．つまり下向分解を一般化させている条件が，他方で一部農家の上向展開の契機，稲作再編の動きの契機ともなっているのである．この点もまた見落すわけにはいかない．

1) 前掲磯辺「農地価格の形成（一）」は宮城県北部農業地帯の「農家経済調査」個表の再集計から「自家農業への労働投下の限界としてみるならば，他に切り売りする臨時雇労賃は，その限界生計費＝限界純生産＝1,000円の水準にあるが，自家労働の再生産としていえば，それよりも高い平均生計費＝平均純生産＝恒常的賃労働労賃＝1,400円の水準で生活している」「農業臨時雇労賃は家族労働力の切り売り労資の水準として成立しており，これと家族労働力の再生産の水準，つまり自家労賃が，このように分裂している」(60-61頁) ことを指摘されている．
2) 簡単な例をあげると農村での兼業化は通勤手段として必然的に自動車を普及させる（それも多就業となれば人数に応じて）．また労働者との接触による生活様式の変化等々．更に一家総兼業ともなればマルクスの次の指摘があてはまる．「家庭労働の支出の減少には貨幣支出の増加が対応」「労働者家族の生活費は増大し，それが収入の増加分を相殺してしまう．」『資本論』第1巻（大月書店版）516頁，注121．
3) 栗田明良氏は1962年山形での調査，65年埼玉での調査と，41〜42年日本放送協会『国民生活時間調査季節調査報告書』農家世帯編東北，北陸の項，1965年総理府『就業構造基本調査』との検討から，労働力流出下における農民労働時間の変化について，若年層では多少とも労働時間の絶対的短縮が進んだが中高年労働者の場合，逆に労働時間の絶対的延長が進み，この程度はかつて労働時間の短かった高年層ほど，なかんずく40〜50歳代の女子について著しいと指摘されている．「労働力流出下における農民の労働時間」（労働科学研究所『労働科学』45巻11号，1969年）642-643頁．
4) 御園喜博『現代農業経済論』（東京大学出版会，1975年）77頁によれば，「農家就業動向調査」による，自家農業に従事する新卒者のうち高卒者の割合は73年で77.8％である．
5) 全国農業会議所『農業青年の意識に関する調査結果』(1972年3月) によれば，農業をしている理由として「やりがいがあるから」25.3％「好きだから」17.2％「都会でくらすのはいやだから」5.6％ とどちらかといえば積極的な職業選択者が50％弱を占める．また同会議所『農業後継者の流出・帰農に関する調査研究報告書』

(1973年)によれば,農業高校生の農業就業志向理由をみると「やりかたによっては面白い職業だから」39.6%「農業経営の希望がもてる」9.6%「若干の兼業収入があればやっていける」6.9%と積極的な理由が56%を占めている.以上前掲御園, 143-145頁.
6) 労働の質という点では馬耕段階の馬使い等についてもいえたであろう.しかし現段階では,オペレーター労働の役割が耕耘から刈取まで広がっているのである.そして井上和衛「大型農業機械オペレーターの労働条件に関する調査」(労働科学研究所『労働科学』51巻1号,1975年)によれば,埼玉県の117人のオペレーターに対するアンケート調査の答えとして「農外の仕事に比べて楽」としたもの24.8%に対し,「つらい」としたものの方が28.2%と多いのである.

4) 生産力格差形成の特徴

それでは分解の発現条件としての生産力格差形成の度合,あり方はどうであろうか.

この間,50年代半ば以降の耕耘機の普及に始まって,トラクター,バインダー,コンバイン,田植機と機械化は著しく進展し,主要作業の機械化は完了した.農薬・除草剤の普及も目ざましかった.しかし,これら機械化・化学化が米作を中心とした限られた部門に,農業展開を狭く限定づけられた上で,また著しい農工格差の下で進行したため,一義的に能率化,省力化に傾斜し,その結果として兼業化に結びつかざるをえなかった.そのため急速な機械化も新しい農法展開の契機とはならず,機械投資の進んだ上層農においても,農法的には下層農と差異のない形での展開であった.それのみならず,この間の急速な機械化は,従来から日本農業機械化の特質として指摘されてきたように,個々の労働過程の個別的な機械化であり,労働過程全体との有機的連関を欠いた機械化であった.そのため,ピーク労働時の機械化によって規模拡大が可能になった反面,それに従って,従来通りの手労働に多く依存する管理労働過程における矛盾が強まっている(特に春作業時の矛盾)[1].圃場の分散がこの矛盾を一層強めている.管理作業の精粗が土地生産性を支える重要な要因であるためこの矛盾は軽視しえない.

更に,機械化の中心である耕耘機,トラクターのロータリー耕は,それ以前の犂耕に比べ,労働生産性の面では著しい前進であるが,土地生産性の技術としては後退でさえあったのである[2].また,極言すれば,米以外採算に合う作

目がない状況下での機械化では，輪作体系なり，複合経営なりの確立の契機とはなりえないことは当然で，必然的に農業労働力の破壊＝兼業に結びつかざるをえず，そのことが一層地力の破壊，土地利用の粗放化に結果することにもなっている．

イギリスにおける農業革命では，揺動犂，畜力条播機，畜力中耕機の導入を契機に，園地作物（飼料カブ）を耕地に栽培することが可能となり，飼料基盤の拡大→家畜生産力の増大→厩肥の増加→作物生産力の増大という，労働生産性の上昇とともに，地力の拡大再生産機構の確立が見られ，また土地利用の高度化による作物と家畜の再生産力の併進的な躍進が実現した[3]．まさに，生産手段の変革を契機にした新農法の展開，その結果としての労働生産性と土地生産性の併進的上向の実現であり，これが資本制農業経営の生産力基盤をなしたのである．

これに対し，日本においてはこの間の急速な労働手段の変革が新しい農法展開の契機たりえず，その下での生産力展開は労働生産性上昇に傾斜し，物的な土地生産性上昇の面では劣らざるをえなかった．物的な土地生産性展開が相対的に劣っているということは，今まで述べてきたことを整理すれば，①機械化の技術的性格として，ロータリー耕に見られるように，この面で後退的性格があったこととの関係で，②農法的展開の契機たりえず地力の再生産機構を確立しえていないこととの関係で，③耕地利用率を低下させていることとの関係で，いえるであろう．

このような生産力展開のもとでは，分解を現実化するような階層間の生産力格差，特に地代負担力格差＝土地生産性格差の形成は困難にならざるをえなかったのである．

しかし，売買による農地の流動化は主に地価騰貴という農外要因に規定され，北海道など一部地域を除いて不可能になっているが，現実に，賃貸借を主流とする耕地の流動化をもたらすような生産力格差の形成は進行した．物的な労働生産性，物的な土地生産性の併進のなかで作り出される生産力格差を「正常な」格差形成のあり方とすれば，まさに「不正常な」形態での格差形成が見られるようになったのである．つまり機械化の急展開による上層農における労働生産性の圧倒的優位によって，物的な土地生産性としては僅かな格差であって

も，あるいは物的な土地生産性の面では逆に上層農が劣っていても，地代負担力としての土地生産性格差が作り出されるという構造での生産力格差形成である．これは兼業化が，一般化し，深化し，稲作における手抜きが下層農を中心に進行し，土地生産性の全体としての停滞化のなかで現実化したのである．この点，次の第2節で若干の検討を加えたい．

以上の分解の諸条件の検討を踏まえた時，戦後「高度成長」以降の農民層分解は，農業労働力のプロレタリア化，農家の兼業化，分解基軸の上昇が主局面とならざるをえないことは明らかであろう．しかしそれと同時に，それら諸条件が，一部農家の上向化の契機として働いていることもまた事実である．しかしながら，それら一部の上向展開農家においても，構造上「不正常さ」を持たざるをえないこともまた明らかなのである．

1) この点を労働過程にまでおりて分析したものとして波多野忠雄「家族経営と土地集積」(『農業経営研究』No.25)．
2) 田中洋介「生産力構造にみる前進と後進」(農協中央会『農業協同組合』1974年6月号)．
3) 前掲加用，22頁．

(5) 本稿の課題

以上のように，家計費の均衡化と格差構造の下で，兼業化という形での下向分解が一般化する．と同時に，それらの条件は，逆に一部農家の規模拡大，上向化の契機ともなっていることを見た．また，分解の基礎となる生産力格差を形成しがたい生産力展開（あえていえば歪んだ生産力展開）の下でも，兼業深化のなかで，下層を中心に物的な土地生産性が停滞化してくるという事態のなかで，一定の生産力格差の形成が見られるようになってきたことを指摘した．このようななかで稲作構造再編の動きも，一定の広がりを見せるようになってきているのである　本稿は，その重要な一環である経営受委託の構造を，実態分析を通して明らかにしようとしたものである．そこでは，経営受委託が展開するメカニズムの分析，と同時に経営受委託が，先の諸条件に規定づけられて持たざるをえない「不正常さ」をも含めてその性格を明らかにすることを目的としている．

第1章 稲作経営受委託の構造

　実態分析の中心的な対象は，愛知県安城市T町と，石川県小松市N町である．愛知県と石川県を経営受委託分析の対象として取り上げた理由は，全体を通して明らかにする課題であるが，両県を含む東海・北陸地域が経営受委託の展開地域である点については第2節の統計分析で触れてある．

　なおここであらかじめ「経営受委託」とは何かという点に触れておきたい．本稿では「経営受委託」という用語を，農地法の許可を得た農地賃貸借以外の事実上の農地賃貸借の意味で使用している．そのなかには農林省「農業生産組織調査」（1972年）が定義したように，具体的には次の3つのものが含まれる．①農協が農業協同組合法にもとづき行う受委託．この実態は多くの場合，形式とは異なって，借地料があらかじめ決められ，農協が仲介する農家間の事実上の農地賃貸借となっている場合が多い．後に実態分析で触れるT町がそうである．②「実際は一般の小作関係と同じと推定される形態で，受託者が，自分の生産手段を用いて生産を行い，収穫物は受託者側のものとし，地代としてあらかじめ定められた一定の金額または収穫物を委託者に支払う形態のもの（通常いわゆるヤミ小作といわれるもの）」．③「委託者は，作物の栽培の一切を受託者に任せ，収穫物は全部委託者に引き渡す．そのかわり，受託者は一定の耕作料を受けとる形態のもの（通常請負耕作といわれるもの）」．但し，多くの③形態のものが②の形態に移行するなかで，「請負耕作」という言葉は，②の内容のものをも指す言葉として使用される場合も出てきている．以上3者のうちで，現段階において量的に見て重要なのは①，②のものであろう．（更に1976年からは，改正農振法の農用地利用増進事業による農地賃貸借が加わる．）

　「耕作のための土地利用（経営）を委ねて金銭またはそれに準ずる対価を収取する契約——はすべて，賃貸借である．『収穫物は全部委託者に引き渡す．そのかわり，受託者は一定の耕作料を受けとる〔という〕形態のもの』も……賃貸借の——ただし限界的形態での——ヴァリエーションである．」（倉内宗一『経営受委託』農政調査委員会，1976年，142頁，稲本洋之助氏のコメント）という意味で，これら3者は事実上の賃貸借であり，かつ，農地法の統制を積極的に回避しているところに成立している点も共通しているのである．

　「経営受委託」という言葉をこれら農地法の許可を得ていない事実上の賃貸借を表すものとして使用したのは，従来の「ヤミ小作」等の言葉では，複雑な

形態をとって展開する，賃貸借を包括しえないからである．と同時に，「経営受委託」という言葉は70年の農地法・農協法改正によって，農協による経営受委託が可能になった時点から一般化したわけであるが，受託事業の内容が，先に触れたように実態的には，「ヤミ小作」と変わらない農家間の賃貸借として行われるなかで，「経営受委託」という言葉も，広く，事実上の賃貸借一般を指すものとして使われる傾向も出てきているからである．

第2節　経営受委託の展開——統計による概観

(1)　「農業生産組織」の形成と展開

　農業労働力流出の広汎化，深化は，その過程で，農業経営維持のための個別農家間の様々な結合を必然的に作り出した．特にトラクターを中心とする中・大型機械の普及は，この農家間の結合・補完の関係及び組織の形成を現実化する契機となり，60年代半ば以降「農業生産組織」の広汎な展開が見られることになる．このようにして作り出された，農家間の結合・組織は，形成の主要因たる農業労働力の量的質的劣弱化の一層の進行のなかで，他方で，自家農業労働に対する労働評価の確立のなかで，主要には機械共同利用関係・組織→作業受委託関係・組織→経営受委託関係・組織という展開過程を示すことになる[1]．

---

1)　農林省の「農業生産組織調査」をはじめとして多くの場合「農業生産組織」として集団栽培組織を含めて論じるものが多かった．しかし集団栽培の性格は試験場を中心に開発された体系的な新技術を，増収を一義的に志向するという点で均質だった農民層が，安全に，効率的に現場の技術として消化し吸収するための集団的対応だったという点にある．逆に行政側からはそれら技術の普及・組織という点にあったと考える．この集団栽培と農業労働力の量的・質的劣弱化が進み，まさに均質な農民層として把握しえなくなる段階で，つまり分解の進行が，中大型機械の開発とあいまって必然化した共同利用・作業受委託・経営受委託の組織とは性質が異なると考える．このように形成要因も異なり「農業生産組織」として一括して把握しえないのである．農業労働力の流出を主軸として形成されている後者の場合，一方での農業労働力の流出と，他方での自家農業労働に対する労働評価の確立のなかで，共同利用関係・組織→作業受委託関係・組織→経営受委託関係・組織と展開する論理を内包している．

1) 機械共同利用関係・組織

　農業労働力の流出は高性能である中・大型機械の導入を促すが，稼働面積との関係で，共同利用組織形態での導入が，当初，多く見られた．それには構改事業等，政策をテコにした導入の比重が高かったことも関係している．その範囲も，「1970年農業センサス，農業集落調査」によれば，全国の共同利用組織のうち「集落ぐるみ」を単位としたものが56.4％を占めている．北陸の場合にはその割合が更に高く71％を占めている．

　しかし機械が大型化すればするほど，運転可能な人は限定されると同時に，指摘されているように，持ち回りの運転は機械の故障を極めて多くするので，オペレーターは必然的に専従者化してくる．つまり内実は作業のオペレーター農家層と委託農家層とに分化してくる．72年の農林省「農業生産組織調査」でも，全国の共同利用組織中64％が，特定のオペレーターによる機械・施設の運転体制をとっている．オペレーターは少数であり利用者は多数であるが，それらが共同所有・共同利用の組織の同等な構成員として，一堂に会した総会で，オペレーター労賃や利用料金が決められれば，オペ労賃にしわよせした形で利用料金が低く決められがちになるのは当然である[1]．集落を基礎とした組織であればなおさらである．オペレーターの不満は集落のため，みんなのためということで抑えられているが，兼業化が進み，委託者が，「安い」利用料金で作業委託しながら，農外で「高い」賃金を得てくるという状態に至れば，オペの低労賃への不満は噴出せざるをえず共同利用組織は再編の方向に動く．

　また，東北など田植期間が短い地方では，田植えの雇用労働力確保が困難になるなかで，共同田植えが必要となり，共同利用組織が共同田植えと結合している場合が多い．その場合には逆に上層（主としてオペレーター層と一致）が下層の労働力を低賃金で一定期間拘束することになり，その点では下層にとって不満であるが，先の利害との相殺の上に共同利用組織が成立していたのである．しかし労働市場の展開は，上層におけるオペ労賃上昇の要求を強いものとするし，下層においても，低賃金での田植期間の出役義務は苦痛となり，次の段階への組織展開の条件が醸成される．東北では田植機の普及によって共同田植えが不必要になることが組織展開の現実的契機となった．

　また農協直営の組織も同じ問題から，愛知で典型的にみられたようにその多

くは，オペ集団の自立化へと進むことになる．

1) 「なぜ問題がおきるかというと基本的にはオペレーターの賃金を参加農家全員の総会で決めるからで」「農家は兼業で自分は運営に参画していないが共同組織の一人であると思っているから賃耕料などなるべく安くしようとする．」東海近畿農業試験場『生産組織の類型と形成過程に関する研究 (II)』(1968 年) 25 頁．

2) 作業受委託関係（作業受託組織）

オペレーター集団は自立化し，利用料金は，委託層と切れたところで，自らの採算に基づいて（受委託の需給関係，同業者との競争関係が影響するが）決定されるようになる．作業受委託関係は，下層においては主幹労働力＝機械作業担当労働力の流出が進むこと，相対的に大型化した機械の導入は困難であることと，他方上層においても導入機械の稼働面積確保の必要があることとの接点において成立している．多くの場合オペレーター労賃は，時間当たりとしては，他産業労賃水準，あるいはそれ以上の水準となったが，限られた作業期間で就業時間数は少なく，賃金総額としては満足しえる状態にはない．また，作業受託によって一定水準の所得を確保するためには限られた期間に体力をすり減らして働かねばならず，年齢との関係でも安定的なものにはほど遠い．ここに経営受託の要求が出でくる．

他方，委託農家は，作業委託によって，家にいる婦女子労働力，老人労働力のみによる管理作業によっても高い時間当たり農業所得の確保が可能になるが，面積当たり所得は当然減少する．外で働くことが困難な労働力にとっては，作業委託しながらの稲作は，それなりに有利な就業場面であるが，面積当たりの所得は減少するので，流出可能な労働力を引き留める力はない．

3) 経営受委託関係（経営受託組織）

オペレーターの要求は，単なる時間当たり賃金水準の問題から進んで，賃金総額を問題とせざるをえなくなり，それを経営受託によって実現しようとする．つまり，経営受託によって，「地代」＝借地料を支払った残余の混合所得で，資金総額を確保しようとするのである．経営受託であれば，経営上の努力は受託

者にはねかえってくるので，生産力格差が形成されてくれば作業受託に比べて，上の要求実現にとってそれだけ近づくことが可能だからである．

他方，作業委託農家側においても，農業所得の比重は低下せざるをえない上に，65年以降のパート形態での中高年女子労働力の雇用の拡大，あるいは合理化の進行によって他産業と農業との二足のわらじが不可能，ないしは不利になる事態——例えば出勤率による賃金格差，ボーナス格差の導入，あるいは農繁期休暇がとりにくくなる等々——のなかで農業離脱の志向も強まることになる．この農業離脱志向が，土地売却ではなく経営委託要求となるのはインフレ下における地価騰貴に基本的に規定されている．しかし，経営受委託がかなりの広がりを持つためには，受託層がいかなる水準の借地料を支払いうるかという条件，つまり生産力格差がどの程度形成されてくるかという点が不可欠である．

以上が，生産組織展開の素描であり，このようにして経営受委託が見られるようになる．しかし，これらの動きが，労働市場展開を軸として作り出されている以上，労働市場展開の量的質的な地域的特徴に規定され，生産組織の形成，展開も地域的特徴を持つこともまた当然であろう．その地域差が，段階差＝タイムラグであるのかそれともむしろ構造差なのであるかは労働市場展開の差異が，段階差なのであるか，構造差なのであるかに規定されている．この点，後に若干触れたい．

(2) 経営受委託の展開
1) 経営受委託展開の動向

経営受委託の全国的状況を統計によって概観したいわけだが，性格上（その多くが農地法から見れば違法であるという点）その正確な実態は現れにくいし，「違法」という点をどの位こだわるかという地域性によって，統計の把握に地域的アンバランスが生じる危険性も持っている．この点，あらかじめ注意しておきたい．

農家の農業離脱傾向が作業委託段階を突き抜けて強まれば，その農家は主として，その耕地を売却するか，貸し付けるか，荒らすかの方法しかないが，差し迫った現金の必要がない限り，農家は農地を保有し続けようとするであろう．

特に, この傾向はインフレ進行のなかでは強まらざるをえなかった. ここに, 貸し付けによる経営縮小という傾向が強まることになる. 他方, 規模拡大を志向する農家にとっても,「土地価格化」した農地価格のもとでは, 土地購入による規模拡大は採算上不可能にならざるをえず, この層にとっても, 借地が規模拡大の手段として浮かび上がってくることになる.

農業会議所『水田小作料の実態に関する調査結果』(1972 年 1 月 1 日調査) によれば, 水田小作地 (経営受託地を含む) の借入時期別面積を 56 年以降について, 56～60 年を 100 として, 期間を考慮して指数化すると, 61～65 年＝174, 66～70 年 9 月＝362, 70 年 10 月～72 年 1 月＝575 となり, 年を追って農地貸借の発生が増加してきていることがわかる. このなかで, 規模拡大の手段として借地の役割が増加してきており, 年間の事由別経営耕地増加について見た表 II-1-5 でわかるように, 都府県では 72 年以降, 借り入れによる経営面積の拡大が購入によるそれを上回る状態となっているのである (但し北海道は購入の比重が圧倒的である).

経営受託を含めた農地賃貸借の状況をある程度知りうる資料として,「農業調査」と「農業センサス」がある. 前者は, 毎年の農地移動が購入, 借り入れ等の事由別に把握されている. この「農業調査」によっても先の表 II-1-5 のように 70 年代前半に至って経営耕地の増加において借り入れの比重が高まってくる等, いくつかの点が明らかになる[1]. しかしあくまで, 毎年の農地移動の動向であって, 借入地が経営耕地に占める割合等の農地賃貸借の展開状況については,「農業センサス」で見るしかない. ここでは,「概要」ではあるが,「1975 年農業センサス」[2]も公表されているので, 借地の動向とその構造を「農業センサス」で概観しておこう. 但し, 借地には, 残存小作地も, その後の農地法に基づく正規の小作地も, 経営受託地も含まれているが, それらを区別することはできない. しかし, 最近の増加分について言えば, その多くが経営受託地であると見て良いであろう.

田の借入状況は表 II-1-6 の通りで, 70～75 年の時期, 借入面積, 借入面積率は, 多くの地域で, 前 5 年とは反対に, 今度は逆に減少を示した. 府県別で見ても田借入面積が増加したのは新潟のみである. 田借入農家率については,「65 年センサス」に「田のある農家数」の数字が与えられていないため, その

第1章　稲作経営受委託の構造

表 II-1-5　経営耕地増加事由別農家数，面積（都府県）

	農家数（10戸）		面積（ha）	
	購入	借入	購入	借入
1965年（64.12〜65.12）	8,520	5,930	—	—
66　（65.12〜66.12）	6,559	5,397	—	—
67　（66.12〜67.12）	6,082	5,913	11,670	10,786
68　（67.12〜68.12）	4,802	4,095	—	—
70　（70.1 〜71.1 ）	4,322	3,989	10,515	9,299
71　（71.1 〜72.1 ）	4,286	4,446	11,113	10,676
72　（72.1 〜73.1 ）	4,022	4,158	10,542	11,044
73　（73.1 〜74.1 ）	3,919	5,063	11,609	13,849

注：1）　農家数は，1年間において経営面積が「差引き増加」したものであり，面積は増加した場合すべてについての集計である．
　　2）　69，74年は「センサス」調査実施のため「農業調査」は行われていない．
資料：農林省「農業調査」．

動きを65〜70年と比較することはできない．そのかわりとして，耕地（田＋畑＋樹園地）借入農家率の動きを見ると，都府県で，65年27.4％，70年27.2％，75年20.6％となっている．つまり減少傾向は65年以降見られていたわけであるが，その減少速度が70〜75年には高まったと見て良い．特に，関東東山，東海，近畿における田借入農家率の減少は著しい．しかし，1戸当たり借入面積は，各地域とも一貫して増大しており，分解の進行が，借地関係にも反映していることを窺わせる．借地の全国的に見たシェアでは，北陸が高まっている．また，75年時点について，この表で見る限り，借地農家の多い地域は北陸，近畿，関東東山，東海であり，借入面積の比重の高い地域は，近畿，九州，北陸と見ることができる．

以上の動きを階層別に見た表II-1-7によると，70年から75年にかけての大きな特徴は，借地における階層性が一層明瞭になってきたことにあることがわかる．つまり，この時期，借入農家率を見ると，2.5ha以上層では高まっているし，借入面積率も，65〜70年には0.5〜0.7ha層にあった増加と減少の境界が，70〜75年には，2.0haに上っているのである．1戸当たり借入面積で見ても，65〜70年にかけては，すべての階層で増加しているのに対し，70〜75年では，0.5ha未満層では逆に縮小し，反対に上層へ行くほど（5.0ha以上層を除いて）増加程度は，前5年に比べ著しくなっている．借入面積も65〜70年

表 II-1-6　田の

	借入農家率 (%)		借入面積率 (%)		
	1970 年	75 年	65 年	70 年	75 年
北　海　道	9.4	6.5	2.6	2.7	2.1
都府県（沖縄除）	22.8	16.9	6.4	6.7	5.6
東　　　　北	14.3	10.2	3.9	3.7	2.9
北　　　　陸	28.9	22.7	5.9	6.6	6.4
関　東　東　山	25.3	18.8	7.8	7.6	6.2
東　　　　海	26.2	17.6	7.8	8.1	6.1
近　　　　畿	27.2	20.1	8.7	9.7	8.2
中　　　　国	21.9	16.5	6.1	6.9	5.9
四　　　　国	18.8	13.8	5.5	6.9	5.9
九　　　　州	21.2	16.5	6.8	7.3	6.6

注：借入農家率＝田の借入農家数÷田のある農家数．借入面積率＝田の借入面積÷田の総面積．
資料：65，70 年「農林業センサス」及び「75 年農林業センサス概要」による．

表 II-1-7　経営耕地規模別，田の借

	借入農家率 (%)		借入面積率 (%)			借入農家
	1970 年	75 年	65 年	70 年	75 年	65 年
例外規定農家	18.2	14.1	12.2	16.7	15.1	4.2
0.3ha 未満	18.5	12.1	12.7	12.7	8.1	10.4
0.3 ～ 0.5	22.6	15.6	10.7	10.6	7.1	13.6
0.5 ～ 0.7	24.8	17.5	9.1	9.1	6.4	15.2
0.7 ～ 1.0	25.7	18.9	7.6	7.9	5.9	17.0
1.0 ～ 1.5	25.1	19.7	5.8	6.4	5.4	19.5
1.5 ～ 2.0	22.1	19.2	4.0	4.8	4.7	23.3
2.0 ～ 2.5	18.6	18.2	2.6	3.6	4.3	25.9
2.5 ～ 3.0	15.0	17.4	1.7	2.6	4.1	28.6
3.0 ～ 5.0	11.5	17.8	1.1	2.0	4.9	36.1
5.0ha 以上	10.8	16.5		11.5	7.0	

注：表 II-1-6 に同じ．なお，「75 年農林業センサス」については本文注 2 参照．

　では 1ha 以上層で増加していたが，70～75 年には 2ha 以上と，増加を示す階層が上ってきている．そのなかで借入面積のシェアも特に，3.0ha 以上で 70 年から 75 年にかけて顕著に高まっている．

　70～75 年の時期は，借入地の動向において階層性が顕著になったことが明らかになったので，各地域の上位階層について表 II-1-8 で見よう．これによれば，75 年の借入耕地面積率（この表では資料の関係で田ではなく，総耕地

第1章 稲作経営受委託の構造

借入状況の変化

借入農家1戸当たり借入面積 (a)			借入面積の増減 (ha)		借入面積シェア (%)	
65年	70年	75年	65→70年	70→75年	65年	75年
68.6	83.1	105.8	1,616	△ 2,201	—	—
16.4	17.7	20.0	9,920	△43,307	100.0	100.0
20.8	23.2	26.2	882	△ 5,055	12.0	12.6
18.2	20.0	24.9	2,515	△ 2,147	11.5	14.5
15.5	16.5	18.1	955	△10,470	22.1	20.5
13.9	14.5	15.4	△ 271	△ 7,000	11.2	8.8
16.7	17.3	19.0	1,184	△ 6,297	12.8	12.3
16.3	17.4	19.0	1,428	△ 4,914	10.1	10.0
14.9	16.7	19.0	1,279	△ 2,152	4.2	4.5
16.6	17.8	20.8	1,951	△ 5,273	15.5	16.8

入状況の変化（沖縄を除く都府県）

1戸当たり借入面積 (a)		借入面積の増減 (ha)		借入面積シェア (%)		
70年	75年	65→70年	70→75年	65年	70年	75年
3.6	4.8	△ 4	0	0.0	0.0	0.0
10.5	10.3	129	△ 5,246	8.5	8.1	6.9
13.7	13.6	△ 944	△ 8,729	14.8	13.5	11.4
15.5	15.9	△1,579	△ 9,245	16.2	14.4	12.3
17.6	18.3	△1,777	△12,858	22.1	19.9	16.9
20.9	22.7	2,328	△12,846	23.6	23.6	21.7
24.9	28.7	3,772	△ 3,124	10.1	11.6	12.9
29.4	36.5	3,167	1,248	3.3	4.8	7.2
34.2	46.1	1,686	2,127	1.0	1.9	3.9
44.3	70.3	}(3,146)	}(5,366) 5,132	}(0.6)	}(2.2) 1.4	}(6.7) 5.2
360.4	164.1		234		0.8	1.2

である）を見ると，3.0ha〜5.0ha層においてそれが高い地域は，北陸，東海，近畿，中国であり，5.0ha以上層では，北陸，東海が特に高く，その階層の経営耕地の4分の1近くが借地であることがわかる．特に，北陸，東海，近畿の5.0ha以上層の借地率の65年から70年にかけての上昇は著しい．当然のことながら，これら上位階層において規模拡大の手段として借地の比重が高まってきている点も表から読み取りうる．特に東海の5ha以上層の場合には，70〜

75年の経営面積増加中，その44％弱が借地によるものである．以上のように，この表によれば，借地を手段として，上位階層の展開が見られる地域として，北陸，東海，近畿が浮かび上がってくる．しかし上位階層農家戸数そのものの増減を見ると，70～75年の増加率が前5年を上回っているのは北陸のみで（3ha以上の二階層），東海，近畿の場合には低下しているし，上位階層の存在自体その比重は極めて僅かである．

　以上のように，借地を主な手段として上位階層の形成が見られる特徴的な地域として，北陸，東海，近畿をあげうるが，それを取りまく状況は，北陸と，東海，近畿（特に東海）とではかなりの違いがあるように見える．東海の場合，表II-1-6に戻って見ればわかるように，借入農家率の減少も著しい．借入面積率も，65年時点では北陸より高かったが，75年時点では逆に低くなっている．借入面積シェアの低下も全地域中，もっとも著しい．このように，東海の場合には，借地関係を通して見ても，下向分解の著しさを反映して，全体として借地関係の解消傾向が強いなかで，比重としては極めて僅かな上層が，借地を手段として形成されてきているのである．しかしその上層の農家戸数増加率自体も，70～75年には，前5年に比べ低下してきている．これに対し，北陸の場合には，表II-1-6でわかるように，65年に対して75年の借入面積率が高まっているし（北陸と四国のみ），また借入面積率に比べて借入農家率が極めて高いことに示されるように，東海のようには階層性は鋭くは現れていない．そのなかで，上層農家戸数の増加率自体も年を追って高まり，また，それら上層における借地の比重も増大しているのである．近畿も東海に近い性格を示している．

　その点，更に表II-1-9で検討しよう．この表によれば，東海の場合，高まってきてはいるが，3ha以上層における田借入面積シェアは北陸に比べ著しく低い．借入農家率も，借入面積率も，東海の下位層においては，北陸と比較して低いにもかかわらず，上位階層の存在が薄いため，借入面積シェアは，2ha未満層に91.4％と集中しているのである．しかし，比重は低いが，それら上位階層が，借地を，北陸以上に主要な手段として成立していることが，3ha以上層，特に5ha以上層における，44.8％という借入面積率の高さ，及び，1戸当たり借入面積の大きさ，更には，増加面積に占める借入面積増加の割合によ

第1章 稲作経営受委託の構造

表 II-1-8 都府県各地域上位階層農家の動向

(単位:%)

		借入耕地面積率		耕地増加に占める借入耕地増加の割合		農家戸数増減率		総農家中の構成比
		1970年	75年	65→70年	70→75年	65→70年	70→75年	75年
2.5〜3.0 ha	都府県	2.9	4.6	8.5	55.1	20.4	2.6	1.5
	東北	1.7	2.2	6.9	26.5	9.9	2.1	4.4
	北陸	4.0	6.8	23.2	—	10.9	△ 2.3	2.4
	関東東山	3.3	4.6	7.5	297.2	18.0	0.4	1.4
	東海	5.2	7.8	10.1	22.7	65.1	17.1	0.4
	近畿	5.3	14.5	12.0	30.6	155.8	41.4	0.2
	中国	5.5	10.3	9.0	—	73.1	△ 0.2	0.3
	四国	3.3	4.6	3.2	10.2	117.7	23.5	0.6
	九州	3.8	7.1	7.2	45.1	49.5	8.4	1.4
3.0〜5.0 ha	都府県	2.5	5.5	(6.9)	18.9	43.7	18.1	1.4
	東北	1.5	2.7	(8.2)	12.8	25.5	10.9	4.6
	北陸	4.7	11.3	(14.1)	25.1	29.0	42.6	1.9
	関東東山	2.5	5.5	(3.8)	26.7	64.6	13.6	1.1
	東海	7.8	13.1	(13.5)	22.6	94.8	51.7	0.2
	近畿	5.4	13.6	(5.0)	26.5	359.1	66.9	0.2
	中国	5.7	11.8	(9.3)	31.8	154.3	30.2	0.3
	四国	2.6	5.5	(2.1)	13.8	168.0	34.9	0.4
	九州	3.8	8.5	(5.1)	19.8	112.9	39.6	1.2
5.0 ha 以上	都府県	7.6	10.3	—	12.5	111.7	50.2	0.2
	東北	8.7	6.9	—	3.5	75.1	39.4	0.7
	北陸	6.8	24.4	—	28.7	261.5	414.9	0.1
	関東東山	4.4	11.2	—	24.1	305.5	46.4	0.1
	東海	8.9	24.0	—	43.6	116.9	75.8	0.0
	近畿	7.0	21.4	—	32.5	210.0	129.0	0.0
	中国	11.7	19.0	—	31.7	444.8	70.9	0.1
	四国	0.8	7.2	—	17.3	86.0	65.6	0.1
	九州	4.3	13.7	—	20.3	259.2	142.5	0.1

注:1) 表 II-1-6 に同じ.
2) 65→70年の経営耕地増加に占める借入耕地増加割合の3.0〜5.0haの( )内の数字は3.0ha以上の数字である.
3) この表の借入地についての数値は借入田ではなく借入耕地(田+畑+樹園地)についての数字である.

って示されている.この動きは70〜75年に著しかったのである.

この点はまた表 II-1-10 でも確認しうる.75年の5ha以上層について,借入地が50%以上である農家(小自作と小作の合計)の割合は,都府県6.6%に対し,北陸19.6%,東海20.4%と,両地域とも極めて高い.また両地域の

表 II-1-9 経営耕地規模別, 田の

		田借入農家率		田借入面積率		
		1970年	75年	65年	70年	75年
北陸	1ha 未満	29.3	20.9	10.3	10.2	7.4
	1 ～ 2	29.3	23.7	4.6	5.5	4.9
	2 ～ 3	25.0	27.4	2.2	3.8	5.4
	3 ～ 5	24.2	41.9	}1.3 (4.4)	}4.3 (12.6)	11.0
	5ha 以上	23.9	62.6		5.4	28.1
東海	1ha 未満	26.4	17.2	10.9	9.9	6.5
	1 ～ 2	25.7	19.3	5.0	5.8	4.8
	2 ～ 3	18.9	21.0	2.2	4.6	7.2
	3 ～ 5	21.3	29.4	}3.1 (8.0)	}8.2 (22.7)	18.4
	5ha 以上	6.1	43.0		4.8	44.8

注：表 II-1-6 に同じ．

表 II-1-10 自小作別農家数の割合（経営耕地規模別総農家＝100）

		1970年			1975年		
		自小作	小自作	小作	自小作	小自作	小作
都府県	2 ～ 3ha	11.2	0.6	0.1	13.8	1.3	0.2
	3 ～ 5	7.1	0.7	0.1	13.9	2.2	0.3
	5ha 以上	7.2	1.4	3.0	17.1	5.9	0.7
北陸	2 ～ 3ha	14.0	1.0	0.1	18.9	1.3	0.0
	3 ～ 5	14.6	1.0	0.1	31.5	3.8	0.2
	5ha 以上	14.9	3.2	—	37.4	18.4	1.2
東海	2 ～ 3ha	13.2	1.3	0.1	16.9	2.7	0.3
	3 ～ 5	12.8	4.7	0.8	21.3	8.7	0.9
	5ha 以上	22.7	3.9	0.8	26.7	17.3	3.1

注：1) 表 II-1-6 に同じ．
　　2) 経営耕地中の小作地割合が 10% 以上～50% 未満自小作，50～90% 小自作，90% 以上小作．

差としては，東海の方が小作農家の割合が高くなっているが，この点も今までの検討から理解しうる．

　更に両地域の特徴として，表 II-1-11 に見られるように，受委託関係のあり方の違いを指摘しておきたい．この表は経営受委託より把握する範囲が狭い全面農作業[3]についてその委託先別の委託農家割合を見たものであるが，経営受

第1章　稲作経営受委託の構造

借入状況の変化（北陸，東海）

(単位：%)

田借入農家1戸当たりの田借入面積（a）			田面積の増加中に占める借入田面積増加の割合		田借入面積シェア	
65年	70年	75年	65→70年	70→75年	65年	75年
15.7	16.3	16.2	—	—	56.3	37.1
21.5	23.5	26.4	—	—	36.3	31.5
25.3	32.1	42.5	28.4	—	6.6	16.1
}34.9	}(54.8) 54.2 / 86.4	}(94.8) 82.4 / 224.5	}13.4	}(26.9) 25.5 / 32.1	}(15.3) 0.8	}12.2 / 3.2
12.8	12.9	12.6	—	—	74.2	64.4
17.7	19.6	21.5	—	—	24.8	27.0
24.9	34.0	44.5	12.8	—	0.9	5.4
}43.3	}(67.9) 65.9 / 200.0	}(129.8) 102.6 / 300.0	}10.8	}(47.2) 41.0 / 61.3	}(3.3) 0.1	}2.2 / 1.0

表 II-1-11　全面農作業の委託先別委託農家数割合

(単位：%)

	農　　家	生産組織	うち受託組織	そ の 他
北　　陸	91.4	5.8	—	3.6
東　　海	82.4	18.1	18.1	—
石　　川	100.0	—	—	—
愛　　知	10.3	89.7	89.7	—

資料：農林省『稲作経営における農作業の外部依存状況調査報告書』（1974年1月）.

委託全体についてもこの特徴が貫いていると見てよいだろう．これによれば，北陸の場合には，個別農家間の受委託がほとんどであることがわかる．調査地N町のある石川県の場合にはすべてがそうである．これに対して，調査地T町のある愛知県を中心にして，東海の場合には，受託組織の占める比重が高くなっている．愛知の場合には特にそうである．これは受委託関係の形成において行政等の関与がはたしている役割の大きい点を示唆していると思われる．この違いも今まで見てきた両地域における全体の分解動向と関連していると思われるが，後の実態分析全体を通して再び触れたい．

1) 倉内宗一氏が「農業調査」によって農地賃貸借の動向を整理されている．表II-1-5で示されること以外について要約しておくと，①70年代前半において経営耕地増加に占める借入による増加の比重が高まり，特に北陸では73～74年の借入増加面積は購入増加面積の3倍以上に達し，賃貸借が農地移動の主流となってきている．②この借入の動きは上位階層を中心におきてきている．特に東北，北陸，九州では73～74年の1年間で動いた借入耕地の3分の1以上が3ha以上層（東北・北陸），2ha以上層（九州）という最上位層に集中している．③そのなかで，借入農家が1年間に借り入れた面積が東北，北陸の3ha以上層では1戸当たり1haを超えるほどになっている．等を指摘されている（『経営受委託』農政調査委員会，1976年，5-9頁）．
2) 75年センサスについては今のところ「概要」が公表されているだけである．以下の表の75年センサスの数値は，「概要」，農林統計課久木山尚幸氏「76年10月土地制度史学会報告資料」，及び，今村奈良臣氏（東大農学部）よりお借りした公表前のセンサス結果資料による．
3) この調査の「全面農作業委託」とは「一般に請負い耕作と呼ばれているもので委託者は作物の栽培を一切受託者に任せ，収穫物はすべて委託者に引き渡すもので，その対価として，委託者は受託者に対して一定額の委託料（耕作料）を支払う形態である．」とされている．先の「第1節(5)」で触れた「経営委託」の説明うちの③に当たる部分である．

2) 経営受委託展開のメカニズム

経営受委託の展開が，第1に兼業の広汎化，深化という農外要因に起因していることは明白であろう．1975年センサスによれば，都府県農家平均で「農業専従者なしの農家」は55.8％に達している．このように自家農業が，他産業従事の合間，あるいは外で働くことの困難な老人等の手で維持されている農家が増加している．このことは次の2点において経営委託の志向を強めることになる．①中心的な男子労働力の他産業就業の恒常化のなかで自家農業の継続が不可能になり，一部ないしは全面積を委託に出さざるをえなくなる[1]という点である．特に主婦までもが農外就業に出るようになった場合や，世代交代によって安定的な農外就業をしている世代が世帯主となった場合などには，一層この傾向は強まる．②またこのような兼業深化のなかで農業所得の比重が低下し，その持つ意味が軽くなるという点である．梶井功氏らに[2]よって指摘されてきた点を，74年の「農家経済調査」で改めて確認しておく．まず，北海道を除く全農業地域の0.5ha未満層，及び北陸，東海の0.5～1.0ha層において，

第1章 稲作経営受委託の構造

農外所得の方が家計費よりも大きい．また，北海道，東北を除く農業地域の0.5ha未満層では，農外所得で家計費を賄った残余でも，農業所得より大きくなっている．このように，下層における農業の比重は低下してきている．

しかしこれらの事態のなかでも，農地の売却は進むわけではなく農地は財産的性格を強める．土地売却は不意の支出（病気，新築，入学，結婚等）の必要に際しての手段であり（土地の売却はその意味で長期的に見た場合の家計費を賄うための手段である），その時まで土地は保有される．インフレのもとで，一層この土地保有傾向は強まる．荒らさないためにも委託が行われる．

このような農外条件が全国的に強まってきている以上，経営受委託が全国各地で注目されるようになってきたのは当然であろう．しかしこのことと，全国的に，経営受委託が一定の意味を持ちうる広がりを示すかどうかは別問題で，後者は労働市場展開のあり方に係わっている．この点，詳しくは触れられないが，第3節において簡単に触れる．

第2に，経営受委託展開の要因として，階層間の生産力格差の形成という農内要因が問題となる．なぜなら，第1の農外要因が強まってきていることは事実であるが，経営受委託が上向展開をとげる農家の規模拡大の手段として一定の意味を持ちうるためには，受託側が，どれ程の借地料水準を支払いうるか，その支払いうる借地料の高さによって委託層をどれだけ積極的に作り出しうるかがもう一方で重要だからである．いかに少額であろうと農業所得を目当に，農外就業の合間に，あるいは農外就業の困難な老人婦人の手で農業を維持していこうとする志向も強いからである．まさに農業生産力の階層間格差の形成にかかわっている．生産力の階層間格差を基礎に，農地貸借の需給構造を媒介にして打ち出される借地料水準が，経営受委託の展開を規定するもう1つの要因なのである．

ここで，稲作における階層間の生産力格差について若干の検討を行っておこう．

図II-1-3は全国販売農家階層別の10a当たり稲作収量の変化を見たものである．これによっても，67年以降，特に2～3ha層と0.5ha未満二階層との間に，10a当たり収量の格差が形成されてきていることを知りうる．この原因が，兼業化のなかでの手抜き――必要な作業の省略と，作業をしたとしても適期を

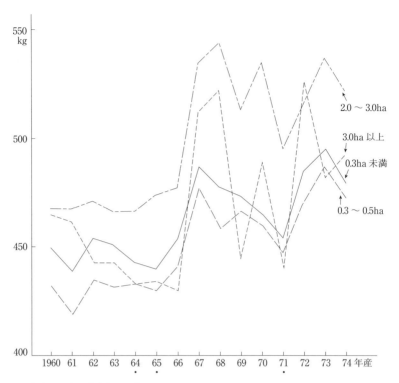

注：年産の・印は冷害年を示す．
資料：農林省「米生産費調査」．

図 II-1-3 水稲 10a 当たり収量の変化（全国販売農家）

逃すの2側面がある[3]——にあることは，調査等でうかがうことができるし，指摘されてもいる．しかしこの点を統計として確認するのは困難で，特に手抜きが行われるとすれば，顕著に見られるはずの管理作業について見ても，表 II-1-12 のように，60〜67 年については，下層において管理労働時間の減少がより著しいという形で確認しうるが，むしろ収量格差の拡大する 67 年以降については，この表からは確認することはできない．このことは，経営階層別の指標で見ただけでは充分に明らかにならないことを示していると思われる．現時点においては，同一経営規模層の農家間においても，兼業化の度合に規定され，収量格差が生じてきており，この点を考慮に入れて，生産力格差の実態も

見なければ，充分には明らかにならないことを示していると思われる．

　幸い，10a当たり収量基準に組み替えた「米生産費調査」が最近，全国農地保有合理化協会から公表されている[4]ので，これを使って，現時点での生産力格差の実態を見ておこう．

　表II-1-13は，下層（0.5ha未満層）と上層（2.0ha以上層）とにおける，10a当たり収量ランク別の農家数割合を見たものである．この表によれば，上層，下層とも，年次を追って，全体としては収量が高まってきていることは，両地域について指摘しうる．そのなかで，特に西日本5県の場合について注目したい点は，①全体としての収量上昇のなかで，収量のバラツキが特に下層において著しくなってきていること，②60～67年にかけては，上層，下層とも，全体として収量を上昇させてきたが，次の67～73年では，下層の場合には停滞的であったのに対し，上層では，バラツキが強まりながらも同時に，収量を増加させた農家割合が高く，67年以上に，上下層間の収量格差は拡大したことを示しているの2点である．60年から67年にかけては，米価上昇も著しかった時期であるのに対し，67～73年は，米価上昇の停滞，3年連続の据置き，減反政策と，「米退治政策」がとられた時期である．この動きによって，東日本6県に比べ，特に西日本5県では，上下層間の10a当たり収量格差は，平均収量で見る以上に，形成されてきていることを確認しうるのである．

　下層において顕著なこの収量格差が稲作作業の手抜き傾向と関係しているものかどうかを見るため，下位層農家（0.3～0.5ha層）について，10a当たり収量ランクと10a当たり投下労働時間（この資料では管理作業労働時間を区別することができないので）とを相関させた図II-1-4を示しておこう．このグラフで注目したい点は，375～404kg以下の各ランクの労働時間の動きである．これらの低収量農家の10a当たり労働時間は，73年においては，60年とは逆に，収量が低いほど労働時間も少ないという相関関係に変化している．これら低収量農

表II-1-12　稲作管理作業時間の変化（全国販売農家）

	1960年→67年	1967年→74年
0.3ha　未　満	△18.2時間	△ 9.1時間
0.3　～　0.5ha	△18.5	△11.9
2.0　～　3.0ha	△11.8	△13.3
3.0ha　以　上	△12.6	△11.5

注：管理作業時間とは　追肥，除草，かん排水管理，防除の各作業時間の合計．
資料：農林省「米生産費調査」．

表 II-1-13 経営水田規模別, 稲作 10a 当たり収量別, 農家数割合

(単位:%)

		1960年		1967年		1973年	
		0.5ha未満	2.0ha以上	0.5ha未満	2.0ha以上	0.5ha未満	2.0ha以上
東日本6県	285kg未満	1.4	—	—	—	—	—
	285 〜 314	—	—	1.0	—	—	—
	315 〜 344	2.9	—	—	0.6	0.8	—
	345 〜 374	5.7	1.3	5.8	1.3	0.8	1.0
	375 〜 404	14.3	4.7	4.9	1.9	3.9	2.9
	405 〜 434	17.1	10.7	5.8	5.8	8.5	1.9
	435 〜 464	14.3	10.7	13.6	8.4	11.6	5.8
	465 〜 494	17.1	19.5	14.6	8.4	12.4	9.6
	495 〜 524	18.6	20.1	7.8	12.3	20.2	13.5
	525 〜 554	4.3	22.8	12.6	16.9	13.2	17.3
	555 〜 584	4.3	9.4	12.6	16.2	16.3	22.1
	585 〜 614	1.4	0.7	6.8	10.4	6.2	11.5
	615 〜 644	—	—	2.9	8.4	3.9	7.7
	645 〜 674	—	—	4.9	4.5	1.6	5.8
	675 〜 704	—	—	3.9	3.2	—	1.0
	705 〜 734	—	—	1.9	1.3	0.8	—
	735kg以上	—	—	1.0	—	—	—
西日本5県	285kg未満	5.2	—	3.5	—	0.6	—
	285 〜 314	5.2	—	2.0	—	0.6	—
	315 〜 344	6.7	—	3.0	—	1.2	—
	345 〜 374	14.0	—	7.6	—	2.9	—
	375 〜 404	16.6	5.6	10.6	—	6.4	—
	405 〜 434	13.0	22.2	16.2	—	16.2	—
	435 〜 464	17.1	22.2	11.6	6.3	17.3	—
	465 〜 494	10.4	5.6	17.7	6.3	16.8	20.0
	495 〜 524	8.3	44.4	6.6	6.3	12.7	20.0
	525 〜 554	2.6	—	7.6	25.0	11.0	—
	555 〜 584	—	—	5.1	6.3	8.1	20.0
	585 〜 614	1.0	—	3.0	6.3	4.0	—
	615 〜 644	—	—	2.0	12.5	1.2	—
	645 〜 674	—	—	3.5	31.3	1.2	20.0
	675 〜 704	—	—	—	—	—	20.0
	705 〜 734	—	—	—	—	—	—
	735kg以上	—	—	—	—	—	—

注:東日本6県=宮城,秋田,山形,栃木,新潟,富山.西日本5県=静岡,愛知,岡山,佐賀,熊本.
資料:全国農地保有合理化協会『米生産費調査再集計』より計算.

第1章 稲作経営受託の構造

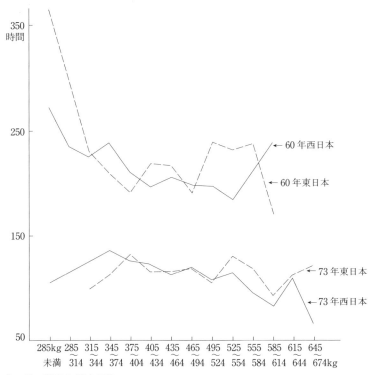

注：1) 表 II-1-13 と同じ.
　　2) 労働時間＝直接労働時間（家族・雇用）＋間接労働時間.

図 II-1-4　10a 当たり稲作収量別の 10a 当たり稲作労働時間（0.3〜0.5ha 層農家）

家の労働時間の少なさが，作業委託に原因しているものでないことは，表 II-1-14 の，10a 当たりの賃料料金が示している．これら低収量農家の賃料料金は，より高収量農家のそれに比べ決して多額ではないのである．つまり，60 年時点では，これら低収量が，投下労働時間以外の要因，例えば地力差等に規定されていたのに対し，全体として収量水準が上昇した 73 年においてもなおこれらの低い収量しかあげえない農家の場合，その低収量の要因は，むしろ投下労働時間の少なさ＝手抜き傾向にあるものと考えられないであろうか．

　以上のように，兼業深化に規定された手抜きを原因とする収量格差が西日本を中心にして拡大してくるなかで，生産力格差も表 II-1-15 のように形成され

表 II-1-14　10a 当たり賃借料及び料金
(単位：円)

		東日本6県		西日本5県	
		1960年	1973年	1960年	1973年
0.3～0.5ha	285kg未満	673	―	431	4,623
	315～344kg	1,362	3,493	809	―
	375～404kg	734	5,151	738	3,006
	435～464kg	1,565	6,354	657	4,017
	495～524kg	1,573	7,667	1,014	5,865

注：表 II-1-13 に同じ.

てきている.

　表 II-1-15 は，階層間の稲作生産力格差を見るため，その1つの指標として，10a 当たりの稲作所得と稲作剰余とを比較したものである．この両者を比較したのは，剰余が支払いうる借地料の上限と考えられるので，この剰余が，委託農家の稲作所得のどの位に相当するかを見ることによって，経営受委託展開を規定する農業内的要因の形成度合を計りうる一指標たりうるからである[5]．10a 当たり所得は粗収益から家族労働費以外の費用合計を差し引いたものである．10a 当たり剰余は，その所得から更に，家族直接労働時間と間接労働時間とを，米価算定に採用された都市均衡労賃単価で評価して，それを差し引いて計算した．つまり「米生産費調査」の評価額に比べ，かなり高い労賃評価で計算してある．その時間当たり単価は，60年，直接労働 80.02 円，間接労働 98.19 円，67年，それぞれ，201.39 円，242.31 円，73年，439.50 円，525.73 円である[6]．なお，所得，剰余とも，原資料通り，資本利子（年利4％）が差し引かれている．なお，表 II-1-15 では，金額を，その年の1～4等米平均政府買入価格で割って俵単位で表示してある[7]．10a 当たり剰余の欄で，枠で囲んであるところは，その 10a 当たり剰余が，ある収量ランクの 10a 当たり所得をオーバーしていることを示している．つまり，ある農家の 10a 当たり剰余が，ある農家の 10a 当たり所得をオーバーすれば，その所得相当額を「地代」として支払うことが可能であり，そのことによって論理的に言えば労働市場等外部条件にかかわりなく，その低収量農家を委託農家化しうることを意味するから，経営受委託展開に係る生産力格差形成の一指標として示したわけである．その

第1章　稲作経営受委託の構造

　右のA欄，B欄について，60年の東日本を例に説明しよう．まず，525kg以上の10a当たり収量をあげている場合，その10a当たり稲作剰余は，314kg以下の収量しかあげえない層の10a当たり所得を上回っていることがわかる．A欄の32.9%とは，10a当たり収量が，525kg以上の農家が，2ha以上層農家のうちに占める割合を示しており，つまり，2ha以上層農家の32.9%が，525kg以上の収量をあげていることを意味する．その右のB欄の1.4%は，逆に，525kg以上層の10a当たり剰余よりも，10a当たり所得が少ない314kg以下の収量しかあげえない農家が，0.5ha未満層にどの位存在するかを示している．つまり，この例では，2ha以上層の32.9%の農家（収量525kg以上農家）が，その10a当たり稲作剰余において，0.5ha未満層の1.4%の農家（収量314kg以下農家）の10a当たり稲作所得を上回る状態にあることを示している．更に同じ60年の東日本でもう1つ例を示しておくと，2ha以上層に，555kg以上の収量をあげた農家は10.1%存在する．この農家の10a当たり剰余は，収量が344kg以下しかあげえない農家の10a当たり所得をオーバーするが，この収量344kg以下の農家は，0.5ha未満層に4.3%存在するということである．なお，0.0%と示したところは，2ha以上，ないし0.5ha未満層に，その収量に相当する農家がいないことを意味する．これによって，生産力格差の形成度合いを一応見ることができると思う．

　以下表II-1-15を検討しておこう．まず73年について見ると，東日本に対して，西日本の方が，生産力格差の形成が著しいことがはっきりしている．例えば，西日本の場合，645kg以上の収量をあげている農家は，2ha以上層に40%存在するが，これらの層の10a当たり剰余は，0.5ha未満層のなかの61.8%を占める494kg以下の収量しかあげることのできない層の10a当たり所得を上回っているのである．

　以上の生産力格差が，より強く地域差を反映したものであるか，それとも同一地域内の階層差を反映したものであるかはこの資料からでは明らかにしえない．しかしこのような事態は，現時点において仮により強く地域差を反映していたとしても，同一地域内の階層差としても起こりうる傾向を持つことはまちがいないであろう．

　このように，経営受委託展開を規定する農内要因も西日本を中心に形成され

表 II-1-15　稲作生産力の階層間格差

		1960年				1967年		
		10a当たり 稲作所得 (俵)	10a当たり 稲作剰余 (俵)	A (%)	B (%)	10a当たり 稲作所得 (俵)	10a当たり 稲作剰余 (俵)	A (%)
東日本6県	285kg 未満	1.93	△3.92			6.39	3.44	
	285 〜 314	2.77	△1.91			2.35	△2.12	
	315 〜 344	3.63	△0.26			3.38	△0.06	
	345 〜 374	4.14	0.57			4.27	1.01	
	375 〜 404	4.53	1.04			4.62	1.17	
	405 〜 434	4.90	1.47			5.08	1.96	
	435 〜 464	5.31	1.96			5.57	2.38	
	465 〜 494	5.62	2.27			6.48	2.91	69.5
	495 〜 524	6.01	2.69			6.34	2.84	81.8
	525 〜 554	6.20	2.85	32.9	1.4	6.74	3.24	61.0
	555 〜 584	6.98	3.70	10.1	4.3	7.16	3.62	44.2
	585 〜 614	7.14	3.73	0.7	4.3	7.62	3.94	27.9
	615 〜 644	8.06	3.55	0.0	—	7.90	4.27	17.5
	645 〜 674	7.99	3.56	0.0	—	8.31	4.46	9.1
	675 〜 704					9.19	5.27	4.5
	705 〜 734					9.53	5.64	1.3
	735kg 以上					9.95	5.92	0.0
西日本5県	285kg 未満	2.78	△1.33			1.93	△1.53	
	285 〜 314	3.26	△0.48			3.43	△0.02	
	315 〜 344	3.79	0.28			3.71	△0.16	
	345 〜 374	4.21	0.85			4.21	0.47	
	375 〜 404	4.62	1.28			4.47	0.84	
	405 〜 434	5.02	1.79			5.11	1.11	
	435 〜 464	5.59	2.47			5.57	2.01	
	465 〜 494	6.15	3.12	50.0	5.2	5.88	2.27	
	495 〜 524	6.76	3.88	44.4	10.4	6.39	2.82	
	525 〜 554	7.06	4.18	0.0	—	6.97	3.69	81.3
	555 〜 584	7.58	4.61	0.0	—	7.37	4.15	56.3
	585 〜 614	6.50	2.23			7.85	4.47	50.0
	615 〜 644					8.09	5.06	43.8
	645 〜 674					8.55	5.62	31.3
	675 〜 704					8.91	6.07	0.0
	705 〜 734					9.44	6.83	0.0
	735kg 以上					9.96	6.37	0.0

注：本文参照のこと．
資料：中江淳一「水稲生産における農地純収益に関する資料」（全国農地保有合理化協会『土地と農業』

B (%)	1973年 10a当たり稲作所得 (俵)	10a当たり稲作剰余 (俵)	A (%)	B (%)
	2.03	△0.90		
	2.18	△1.54		
	2.41	△0.19		
	3.83	△0.07		
	3.49	0.27		
	4.26	0.60		
	4.75	1.23		
1.0	5.07	1.63		
1.0	5.33	1.64		
1.0	5.90	2.09	―	0.0
1.0	6.22	2.75	―	0.0
1.0	6.40	2.58	26.0	0.8
6.8	7.22	3.40	14.4	0.8
6.8	7.53	3.49	6.7	0.8
17.5	8.45	4.64	1.0	14.0
31.1	8.92	5.32	0.0	―
―	8.05	5.74	0.0	―
	0.16	△3.47		
	1.73	△3.11		
	3.06	△1.49		
	3.11	△0.83		
	3.80	△0.77		
	4.04	△0.36		
	4.43	0.38		
	4.97	0.95		
	5.44	1.32		
5.6	5.79	2.04	60.0	1.2
8.6	6.62	3.27	60.0	5.2
26.8	7.30	3.90	40.0	11.6
26.8	7.51	4.39	40.0	27.7
54.5	8.16	5.38	40.0	61.8
―	8.07	5.11	20.0	61.8
―				
―				

No. 7) の附属統計表を加工した.

てきているのである.

1) 婦人が自家農業の中心となった農家に関する調査として全国農業会議所『兼業農家における婦人農業専従者の意向に関する調査』(1973年8月1日調査) がある. これによるとこれらの婦人のうち「農業以外の仕事をしない」は52.9%で約半数の婦人は更に農外の仕事にもついていることがわかる. そして約20%の婦人が, ふだん, 農業をつらいと感じている(「非常につらい」4.4%「少しつらい」16.0%).

2) 「農家経済調査」の都府県0.3ha未満層の農外所得が家計費をはじめてオーバーするのは1966年であり, 更に農業所得から家計費を差引いた残りが自家農業所得を上回るのは, 近畿, 東海の0.3ha未満層で66, 67年以降に見られるようになった. 梶井功『小企業農の存立条件』(東大出版会, 1973年) 第1章第3節, 橋本一彦「零細兼業農家の現代的特徴」(『農業及び園芸』第48巻7号, 1973年) 参照.

3) 兼業農家における稲作労働の実態については, 例えば, 田代・宇野・宇佐美『農民層分解の構造』(農業総合研究所, 1975年) 161-164頁.

4) 東日本の宮城, 秋田, 山形, 栃木, 新潟, 富山の6県, 西日本の静岡, 愛知, 岡山, 佐

賀，熊本の5県について米生産費調査の1960, 67, 71, 73年について再集計したもので，全国農地保有合理化協会から「東日本・西日本主要米作県米生産費調査再集計，昭和35, 42, 46, 48年」(1975年3月) として公表されている．更にこれを使った分析及び加工統計表が，「水稲作及び酪農における土地純収益」(1976年3月)，中江淳一「水稲生産における農地純収益に関する資料」(全国農地保有合理化協会『土地と農業』No.7) として公表されている．
5) 67年の米生産費調査の九州ブロックにおいて2ha以上層の10a当たり剰余が0.5ha未満層の10a当たり所得をこえていることを初めて指摘し，この事実を経営受委託の展開と関連づけて説明されたのは梶井功「農業構造変革への展望」(農政調査委員会『成長メカニズムと農業』御茶の水書房，1970年) である．
6), 7) 前掲中江論文中に示されている数字を使用した．なお，1俵当たり米価は60年 4,168 円，67年 7,808 円，73年 10,301 円である．

第3節　経営受委託展開の現段階

あらかじめここでの課題を述べておこう．今までの検討によっても経営委託農家の形成が70年代前半に著しかったことは察しうるであろう．表 II-1-16 は，本稿で「経営委託」として把握しているものの一部である「全面農作業委託（請負耕作）」(第2節(2)-1) 注3参照) についての，委託農家発生状況を見たものであるが，都府県数値に見られるように70年以降にその発生は著しい．この傾向は，経営委託農家全体についても一層そのようにいえるであろう．これが兼業深化――米価上昇の鈍化，3年連続の据置き，減反政策で加速された――に起因することは容易に察しうるが，ここでは，経営委託農家の形成を広汎化させた兼業深化の具体的内容が，そしてそれが，委託農家を作り出す構造が明らかにされなければならない．

(補注)　農林省「農家就業動向調査」によって，この時期の農家世帯員の職業移動について，簡単に触れておく．①流出者中に占める在宅形態での流出者の割合が高まっている（全国男女合計数値で69年58.8%→73年71.7%）．②また「流出前農業が主」であった者の割合が高まっている（同じく21.1%→31.7%）．③流出者を年齢別に見ると，35歳以上の中高年齢者の割合が高まり（全国男女合計数値70年16.7%→73年27.5%），また，男世帯主の割合も高まっている（同8.5%→12.3%）．この時期の農家労働力の流出が農業に深刻な影響を与える内容であったことがわかるのである．

第1章　稲作経営受委託の構造

表 II-1-16　全面農作業委託農家の委託開始年次
戸数割合

(単位：%)

	1959年以前	60～64年	65～69年	70年以降
北　海　道	—	—	—	100.0
都　府　県	4.5	3.0	17.3	75.3
東　　　北	4.3	1.9	15.6	78.2
北　　　陸	10.8	10.8	2.2	77.0
関 東 東 山	7.0	2.9	12.5	77.5
東　　　海	6.0	1.9	25.5	67.1
近　　　畿	0.5	4.7	25.1	69.8
中　　　国	—	—	36.0	64.0
四　　　国	—	—	35.6	65.6
九　　　州	5.6	2.5	10.4	81.7

資料：農林省「稲作経営における農作業の外部依存状況調査報告書—1974年1月調査」.

　次に，委託発生時期の地域性を同じ表 II-1-16 で見ると，北陸は最も早くからかなりの量の発生が見られること，東海，近畿等ではそれよりもおくれ65年以降に，東北，九州では更に遅く，70年以降に顕著になることがわかる．北陸の経営受委託が地場産業における自営兼業の展開と結びついていることは指摘されている[1]．また東海等の諸地域では，むしろ雇われ兼業の深化と結びついている．兼業内容の違いが委託農家の形成にどう作用しているかの検討が第2の課題である．

　更に，これら委託農家の形成過程の検討を通じて，経営受委託が一定の比重を持つ展開を示す地域は限定されると見るべきであるか，それとも全国的に広がりうると見るべきかどうかの検討の手掛かりを得たいのである．

---

1) 北陸農政局『昭40年度北陸農業情勢報告』120-122頁，同『昭46年度北陸農業情勢報告』134-137頁．ここで指摘されている北陸の経営受委託の特徴を列記しておくと，①新潟，石川両県で発生率が比較的高いこと．②発生が顕著に認められるようになった時期は，福井，石川両県が59～61年，新潟は若干遅く63年頃からであること，③地場産業との結びつきの強い地域，例えば，白根市，燕市，鹿島町等で発生率が高いこと，等があげられる．

(1) 北陸自営兼業地帯の事例——石川県小松市 N 町

1) 兼業深化と経営受委託の展開

表 II-1-17 によって N 町における受委託展開の動向を調査農家[1]について見ると，その発生は最も早いもので 1950 年から見られるが，顕著になるのは 60 年代半ばに入ってからと見てよい．それ以前の受委託関係が，親戚間で主に行われていたのに対し，65 年以降はその範囲を超えて展開を見せている．分解の進行のなかで親戚関係の範囲内だけでは委託先を見つけ出せなくなってきているのである．特に 70 年以降の発生は著しく，休耕奨励金の終わった 74 年には急増している．

N 町における農地としての農地売買状況はどうか．耕作目的の売買は，65 年まで，特に 63～65 年に毎年 3ha 前後見られる．これが事業（主に機業）資金調達を理由にした売却によるものであったことも表からわかる．

オリンピック時の織ネーム（ワッペン）の需要拡大に伴って，N 町に多い織ネーム業（＝細巾織物業）の規模拡大，新設の動きが盛んであったことに照応する．66 年以降農地としての売買は減少に向かうが，70～72 年は，住宅団地造成に伴う代替地購入の影響で売買面積は若干増加している．その後の売買面積は極めて僅かな量に減少している．これは地価の動き——65 年までは最高でも 10a 当たり 50 万円位であったが，65 年以降，転用地価の影響で 100 万円を超え[2]，更にその後，70・71 年の住宅団地造成の買収では 300 万円以上，74 年の商業団地造成の買収では 540 万円にもなっている——に規定されているのである．このなかで，65 年頃までは，農地購入が経営規模拡大の手段たりえたが，それ以降不可能となり，代わって経営受委託の意味が大きくなってきているのである．

次に，経営受委託展開の背景をなす製造業について簡単に触れる．小松市の製造業の中心は繊維産業と一般機械産業で，その比重を 72 年で見ると，従業員数では繊維 48.8％，一般機械 33.8％，事業者数ではそれぞれ 67.4％ と 8.8％ となっている．その外では，比重は極めて低いが，九谷焼関係がある．機械産業の比重が高いのは小松製作所があるからで，それを頂点に，下請群を含む小松製作所関係がそのほとんどである．分析対象地 N 町における事業所は繊維関係がほとんどであり（65 中 47 工場）[3] その内でも，最も零細な細巾（織ネ

第1章 稲作経営受委託の構造

表 II-1-17　N町における農地移動

	3条売買 (m²)			経営委託農家の発生状況 (戸)	
	田畑計	同指数	うち事業資金を理由とする売却	新規委託	委託中止
1950年				1 (1)	
54				1 (1)	
55				1 (1)	
56					
57				1 (1)	
58					
59				1 (1)	
60	18,117	100	11,103	3 (3)	
61	21,557	119	10,913	3	
62	15,177	84	8,286		
63	30,117	166	16,627		
64	27,980	154	18,707	1 (1)	
65	27,183	150	12,534	4 (1)	
66	10,204	56	899	3 (2)	
67	16,634	92	3,106		
68	12,667	70	4,330	2	
69	11,705	65	825		2
70	18,174	100		7 (4)	
71	16,417	91	1,986	4	
72	19,001	105		3	1
73	7,334	37		5	
74	7,323	40		15	3
75	3,330	18		9 (4)	8

注：1）3条売買―許可綴りよりの集計，但し交換，相続を除く．
　　2）経営受委託関係―聞き取り調査をした受託農家14戸へ委託している農家についての集計．
　　3）（　）内は，うち親戚関係の戸数．

ーム）織物（従業者中の家族従業者割合54.6%，1事業当たり従業者数3.9人)[4]が多い（20工場）．その外には九谷焼関係（9工場）と，小松製作所関係（4工場）があるが，九谷関係は一層零細である．

1）N町の農家戸数は1975年センサス結果で107戸である．本調査（75年8月）はその内の45戸について行った．
2）川畠平一「企業的稲作経営の成立条件」（石川県農業試験場，1973年6月）20頁．

3) N町の『工業統計調査』の名簿の集計，1974年数値
4) 1971年の『工業統計調査』による小松市の数字．従業者1人当たり減価償却費も繊維業のなかで最も少額である．

2) 経営委託農家の形成過程とその性格

　図II-1-5と表II-1-18によって，兼業内容に注目しながら委託農家の性格を見よう．まず雇われ兼業の委託農家の場合．①N町では雇われ兼業農家の方が経営委託農家であっても，自営兼業経営委託農家に比べ，経営面積を維持しようとする傾向が強い．図で示されるように雇われ兼業経営委託農家の5戸中3戸が経営面積を60a前後残しているのに対し，自営兼業経営委託農家の場合には，経営面積を30a以下にする農家が多い．とりわけ経営面積をゼロにする委託農家は自営兼業農家に多いのである．これは労働市場の展開と関連する．表示しないが，全調査農家の家族員の雇われ兼業状態を見ると，後継者世代にこそ恒常的な勤めが一般化しているが，40歳台以上の場合には，農業を主とし，土木日雇兼業が多いのである．事実，表II-1-18の作業委託農家・経営委託農家の場合にも老齢化したとはいえ農業を主とする労働力が存在するのであり，そのことが自営兼業農家以上の経営面積維持を（作業は委託したとしても）可能にしている．②それゆえ，経営委託開始時期は，㉘・㉞農家以外，すべて74，75年という極く最近の発生である．つまり，後継者世代は恒常的勤務のため，農業中心の就業形態をとってきた世帯主世代の老齢化とともに，自作可能面積は限定されざるをえず，それを超える部分が委託されるようになってきているのである．③しかし更に進み，親が農業にタッチしなくなった段階においても，後継者夫婦は，他産業に恒常的に勤めながらも一定面積の経営を維持している．㉞，㊳農家がその例である．その経営面積は一層縮小されざるをえないが，そこにこの地域における農業への執着の強さを見ることができる．この点，兼業展開の程度に関連していると同時に，10ないし8a区画という耕地条件及び機械普及の経過，あり方が，この執着を支える要因となっている点，後にT町との比較で触れる．またその際労働時間・休暇等の労働条件の相対的に良い職員兼業農家＝㉞農家（市役所職員）の場合には，勤務条件の悪い兼業農家＝㊳農家に比べ，相対的に大きな自作地が維持されている．しかし作業

第1章　稲作経営受委託の構造　　199

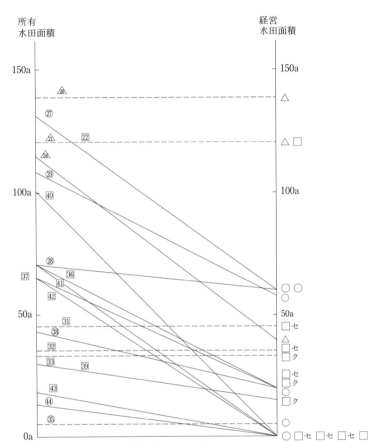

注：1）数字は農家番号（経営面積の大きい順）.
　　2）□—自営兼業農家（□セ—繊維，□ク—九谷，□—その他），△—職員兼業農家，
　　　○—その他の雇われ兼業農家.
　　3）点線は作業委託農家.
　　4）聞き取り調査より集計.

図 II-1-5　経営委託農家（委託面積 10a 以上），作業委託農家の所有及び
　　　　　　　経営水田面積

は委託されている．それに対し，勤務条件の悪い恒常的賃労働兼業農家＝㊳農家（8人規模の電話工事の下請会社，午前8時〜夕方7時30分勤務，妻も内職10時間）の場合には，自作地は一層狭くならざるをえない．しかし，その自作地については作業委託をせず，全作業を家族労働力で行っている．

表 II-1-18 経営委託農

農家番号		水田面積 (a)		直系家族の年齢と就業状態							
		所有	経営	世帯主		妻		後継者		妻あるいは長女	
雇われ兼業農家	⑳	137	137	48歳	県職員	46歳	農業	25歳	教員	歳	—
	㉑	120	120	68	農業	64	農業	32	市職員	30	事務員
	・㉗	130	60	58	臨時雇	56		—		—	
	・㉘	70	60	—		59	農業	32	工員	25	店員
	・㉙	108	58	69	病気	65		37	工員	35	工員
	・㉞	114	40	—		68		30	市職員	28	事務員
	・㊳	43	20	72		—		30	工員	28	内職
	㉟	5	5	69	農業	62		32	店員	32	事務員
	・㊹	10	0	—		61		31	セールスマン	25	工員
自営兼業農家	㉒	120	120		会社経営		農業	24	会社経営		—
	㉜	35	35	70	ネーム織	67		45	ネーム織	42	ネーム織
	㉝	33	33	64	九谷焼	57	九谷焼	24	九谷焼		—
	・㊱	70	20	53	ネーム織	49	ネーム織	—		23	ネーム織
	・㊲	65	20	—		67	ネーム織	38	ネーム織	37	ネーム織
	・㊴	30	15	48	九谷焼	43	九谷焼	—		19	事務員
	・㊵	100	0	43	レース編	43	レース編	—		—	
	・㊶	70	0	46	レース編	44	レース編	—		—	
	・㊷	65	0	—		61	工員	37	大工頭梁	36	
	・㊸	18	0	—		72		43	ネーム織	41	ネーム織

注：1）農家番号の・印は経営委託農家．無印は作業委託農家．
　　2）機械所有欄の（共）は共有を示す．
　　3）図II-1-5の31番農家については聞き取り不十分のため除外．

　ここで雇われ兼業農家が経営委託する過程の一事例を見ておこう．㉙農家—74年までは世帯主（69歳）が中心で，農繁期には，外に勤めている長男夫婦が手伝うという形で108a自作してきた．しかし世帯主の病気を直接の契機に50aを1975年から経営委託している．このように経営委託の直接の契機は世帯主の病気であるが，その背後には世帯主の老齢化と，長男の職場の合理化の進行——農繁期休暇が取りにくくなる——がある．長男（37歳）は精錬会社に勤めていて，73年の時点では春2日，秋1週間の有給休暇をとっていた．つまり農繁期の作業は長男が中心であった．しかしこの休暇がとりにくくなってきており，そのことと世帯主の老齢化が，自作の条件をせばめてきていたのである．世帯主の病気の直る76年についても，委託面積は減らすが30aは依然委託する予定である．

家，作業委託農家の概要

1960〜1975年の土地減少（売却）面積（a）	所有機械	作業委託率（＝作業委託面積／経営面積）						経営委託開始年次
		耕起代掻	田植	刈取	脱穀	乾燥	調整	
		%	%	%	%	%	%	
△ 7		100		100	100			—
△ 10	耕転機		75.0	75.0				—
△ 40	耕転機，バインダー		66.7	76.9	76.9			1975年
△ 10		100	100	100	100	100	100	54
△ 30	耕転機，バインダー							75
0		100		100	100	100	100	53
かなり売却	バインダー							74
0						100	100	—
△ 20								74
0	田植機（共）コンバイン（共）	100					100	—
△ 38		100	100		100		100	—
0		100		100	100	100	100	—
△ 120	耕転機		100	100	100	100	100	74
△ 30	耕転機							74
△ 6	耕転機（共）							73
△ 140								65
△ 30								63
△ 50								68
△23.5								72

　自営業兼経営委託農家の特徴は，①委託後の経営面積が30a以下と一層狭い点，更に進んで全面積を委託している農家が4戸存在する点からわかるように，農業経営の縮小傾向は雇われ兼業農家よりも顕著である．これは，零細な自営業であり老齢者を含め家族労働力を総動員することによって成立していることによる．表II-1-19で明らかなように，繊維（特に撚糸，細巾）にしても，九谷焼の絵つけにしても家族労働力で成立しているのであり，かつ，その操業時間は表II-1-20のように長いのである．②しかし，同じ自営業といっても業種によって委託に対する志向が異なる．この点，繊維自営農家を例に触れておく．表II-1-21は委託農家に限定せず，調査した繊維自営兼業農家全体を見たもの

表 II-1-19 N町の従業員規模別工場数（1974年）

	従業員規模別工場数				
	1〜2人	3〜4人	5〜9人	10〜19人	20人以上
撚　　　糸	2	3		1	
細　　　巾	8	11	1		
編レース			5	4	1
九谷焼絵つけ	5	3	1		

資料：「工業統計調査」より集計．

表 II-1-20 繊維自営業における労働時間

業　種	農家番号	1973年調査		1975年調査	
		家　族	雇用者	家　族	雇用者
レース編	㊹	AM 5:00〜PM 12:00 の間を雇用者が2交替8時間働く（先発2人後発3人）その前後を家族		AM 6:00〜 　　　AM 8:00 PM 5:00〜 　　　PM 11:00 忙しい時は AM 8:00〜 　　　PM 5:00 も働く	AM 8:00〜 　　　PM 5:00 プラス30分残業
撚　糸	⑱			AM 4:30〜 　　　PM 9:00	AM 8:00〜 　　　PM 5:30
ネーム織	㉚		AM 6:00〜 　　　PM 7:00	AM 8:00〜 　　　PM 6:30	AM 8:00〜 　　　PM 5:30
	㊲			AM 8:00〜 　　　PM 7:00	
	⑲			AM 7:00〜 　　　PM 7:00 3人が交替で	
	—	AM 6:00〜 　　　PM 7:00 3人で交替			

注：1) 1973年調査，75年8月調査より集計．
　　2) 73年調査は，東大農学部農業経済学科，学生調査の調査表を利用．

であるが，ここから，レース編の場合，㊵・㊶農家のように，所有面積が大きいにもかかわらず全面積を委託する傾向が強いことがわかる．45a 自作するレース編兼業農家㉛も水管理・除草・追肥作業を除き他の作業はすべて委託しており，「経営委託に出せば自由に売買できなくなる」という考えで自作しているのである．レース編とN町に多いネーム織（＝細巾織物）との違いは，レ

ース編の方が相対的に設備投資が大きいのに対し（それゆえ表II-1-21で見られるように創業時の土地売却が大きい），ネーム織は小さく，一般的には創業時の土地売却は見られない（そのかわり規模が零細なだけにその後の規模拡大は内部蓄積で行うことはできず，むしろ規模拡大に伴う工場の新設等の際に土地売却が見られる）．特に1950～55年の早い創業の場合には1件も土地売却はない．納屋等を利用して小規模で始める限り，たいした資金はいらず農家の兼業に適していたのである．また表II-1-20の通り，レース編の方が機械の稼働時間が長いが，これは技術上，機械を長時間動かすことが必要だからであり，家族は長時間拘束される．つまり，蓄積の源泉は共に長時間労働にあるのだが，レース編の方が，投資規模も，蓄積力も相対的に規模が大きいのである．それゆえ経営委託開始年次もレース編農家の場合には操業してまもなく63, 65年と早い時期に委託しているのに対し，ネーム織の場合には比較的新しい．この違いから，小規模で，かつ一層不安定なネーム織の場合には飯米分だけは自作する傾向が強いのである．手労働のみで一層零細な九谷焼絵つけの場合にはこの傾向が一層強い．③また逆に，自営業は家族労働力を総動員しうるという点から，委託農家形成に強く作用する反面，自営であるがゆえに，一定部分の自作を可能にする時間の都合をつけ易いという側面もある．不安定なネーム織農家の場合には，1ha以上耕作している農家が⑲⑬と2戸もおり，内1戸は50a受託さえしているのである．

　繊維自営の経営委託農家の典型的な事例をレース編，ネーム織について1件ずつ示しておこう．レース編㊶農家—それ以前は雇われ兼業農家であったが62年に30a売却し，機械1台でレース編工場を始めた．翌63年に50aを，66年は更に残り20aを委託している．この間66, 7年頃までに機械は5台となり，更に景気の良かった67～70年を経て，73年には7台となっている．73～74年に機械の更新と工場新築を行っているが，土地売却はしていない．景気の良かった66～70年頃は雇用者7～8名であったが現在は機械7台で雇用者は男1人（31, 2歳）女3人である．ネーム織㊲農家—61年に所有水田95a中20aを売却し，6台で出発している．その後67, 8年に4台増やすため再び10a売却している．減反政策前は親も元気で65aすべてを自作していたが，親も老齢化してきており，奨励金もつくということで70～73年に45aだけ休耕している．休耕奨励金の廃止された74年から，その45aを経営委託し始めている．残りの20aは完全に自作している．機械台数は67, 8年

表 II-1-21 繊維自営

業　種	農家番号	現在の業種の開始年次	開始時点の水田所有面積	創業時の土地売却	創業時を含めそれ以降の土地所有の変化	委託開始年次	その時の委託面積	現在の委託面積
レース編	㉛	1961年	—	—	—	—	—	—
	㊵	62年	240a	100a	△140a	65年	50a	100a
	㊶	62年	100	30	△ 30	63年	50	70
撚糸	⑱	65年	210	50	△ 68	—	—	—
ネーム織	⑲	50〜51年	118	0	△ 18	—	—	—
	㉚	50年	70	0	△ 20	—	—	—
	㊸	51〜52年	41.5	0	△ 23.5	72年	18	18
	㉜	55年	85	0	△ 50	—	—	—
	㊲	61年	95	20	△ 30	74年	45	45
	⑬	65年	100	0	0	—	—	—
	㊱	67年	100	30	△ 30	74年	50	50

注：1) 土地所有の変化には，自らの手による転用を原因とする減少を含む．
    2) 空欄は不明．
    3) 農家調査による．

以降 10 台で，雇用者は最高時 4 人プラス内職 1 人であったが，不況の現在は家族のみで行っている．

　以上の検討から N 町での経営委託農家の形成過程についてまとめると次のようになるであろう．① N 町における経営委託農家は従来自営兼業農家が中心であったし，現在でも量的にそうである．雇われ兼業農家における委託の発生は，農業中心の就業形態をとってきた親たちが老齢化するに従って最近見られるようになってきたのである．この両者によって，70 年以降委託は急増を示したのである．つまり 70 年以降の受委託の急展開は，従来からの自営兼業農家の委託に加え，世代交代に伴う雇われ兼業農家での委託発生が加わることによって作り出されているのである．②しかし，現在の不況は繊維業を中心に深刻で，雇用者の削減，機械の遊休が広がっている（表 II-1-21 の不況前と現在時の雇用人数の変化にその一端がうかがわれる）．委託の引き揚げも 75 年には著しい（表 II-1-17）．委託中止の動きは 69 年に初めて見られるが，これは減反政策を機に休耕するためのものであり，その後住宅団地，商業団地造成に

兼業農家の概況

現在の経営面積	創業時 機械台数	創業時 労働力（家族―雇用）	現在 機械台数	現在 労働力（家族―雇用）	(参考) 不況前 機械台数	(参考) 不況前 労働力（家族―雇用）
45a				3+2人		
0	1台		14台	2+14		
0	1		7	2+4		
145	3	2+2人	5	2+3		
100	2		11	3+0	11台	3+2人
49	2		9	2+1.5		
0	4	2+0	12	2+5		
35	2		9	3+0	9	3+2
20	6		10	3+0	10	3+4+内職1
受託を含め150	2		6	2+0	6	2+0
20	2	3+0	8	3+0	8	

ともなう引き揚げ，不況を原因とする引き提げが増加しているのである．それゆえ今後の委託農家形成の見通しは，主に雇用兼業農家が委託農家として，どれだけ形成されてくるかに左右されている．③この地域では委託農家においても，一定部分の自家農業を維持しようとする志向が相対的に強い．これは兼業化の内容，深度に起因すると同時に次の2要因が作用している．第1は土地条件で，10ないし8a区画のN町では，後の30a区画のT町に比べ兼業を深化させた農家を農業から切り離す作用は相対的に弱く，小面積農家の場合には手植，手刈りの農家もかなり存在するのである．区画も大型化し，大型機械さえ稼働しているT町では，ほとんど不可能である．第2に，この地域の機械作業料金が相対的に低額であることが，作業委託しながらでも，自作地を少しでも残したいという志向を支えている．

(2) 東海雇われ兼業地帯の事例——愛知県安城市T町

1) 経営受委託の展開

T町では，農協が経営受委託の仲介をする「経営受託事業」が72年から実

表 II-1-22　経営委託面積及び戸数の推移

(単位：ha)

		1972年	73年	74年	75年	76年
受託組織別	TB営農組合	10.1	22.6	24.9	26.9	24.2
	Ⓐ 農家	3.6	9.1	10.4	11.2	10.8
	Ⓑ 農家	5.0	8.3	9.3	6.7	7.9
	Ⓒ 農家	1.5	5.2	5.2	9.0	5.5
	SB営農組合	10.9	16.2	17.9	21.4	24.0
	SI営農組合	10.6	21.9	21.5	23.5	22.8
	個人受託農家	3.7	3.8	4.1	3.1	3.1
	休耕分	6.0	—	—	—	—
合計		41.4	64.5	68.3	74.9	74.0
委託戸数 (戸)		95	148	152	166	163
委託農家1戸当たり委託面積 (a)		43.5	43.6	45.0	45.1	45.4

注：1）　TB組合は3戸の農家で分割しているので，ⒶⒷⒸとその内訳を示した．
　　2）　休耕分とは委託申し込みがあったが，営農組合の体制が整わず休耕にしたもの．
資料：委託申し込み者の一覧表の集計による．現実は，申し込みを忘れた者などもあり，これより若干多いようである．

施されている．受託の条件は実態としては，3年契約，「借地料」は2俵（73年からは受託組織の低収量を理由に 1.5 俵に切り下げ）である[1]．受託者は2次構造改善事業で作られた3つの営農組合（＝オペレーターグループ）と若干の個人農家である．その実績は表 II-1-22 のように 72 年から 73 年にかけ急増したあと，最初の契約更新期 75 年にも着実な増加を示していたが，不況が長期的様相を示すなかで 76 年に若干の減少が見られる．ピークを示す 75 年の委託農家率，委託面積は，T 地区がそれぞれ 42.0％，27.2％，S 地区が 12.3％，4.2％[2] となっている（T 町は T 地区と S 地区から成り，前者は TB 営農組合，SB 営農組合の，後者は SI 営農組合の地区である）．T 地区における経営委託の比重の高さは注目される．

「受託事業」発足前の状況はどうであったろうか．表 II-1-23 によれば，273 戸の回答農家中，水田の貸借を行っている農家は各々約 10％ 弱となっている．貸借の中身は，米2俵の「地代」で集落内の相手に（から），所有面積の一部を貸す（借りる）というものが多かったことを示している．また「地代」について見ると4俵から「なし」まで大きく差があり，この時点での貸借が，個々のケースの事情に極めて大きく左右されたものであったことを示している．農

表 II-1-23 「経営受託事業」発足前の水田貸借状況

①水田貸借状況

		回答戸数	貸している	借りている
経営耕地規模別	0.5ha 未満	戸 % 65(100)	戸 % 9(14)	戸 % 3 (5)
	0.5～1.0	91(100)	11(12)	6 (7)
	1.0～1.5	78(100)	5 (6)	4 (5)
	1.5ha 以上	39(100)	2 (5)	6(15)
専兼別	専業	45(100)	1 (2)	6(13)
	I 兼	95(100)	8 (8)	9 (9)
	II 兼	133(100)	18(14)	4 (7)
回答総戸数		273(100)	27(10)	19 (7)

②水田の貸借内容

		貸付側	借入側
貸借面積の割合	1部分	23戸	16戸
	半分くらい	2	3
	大部分	2	0
相手	親せき	13戸	6戸
	その他	14	11
相手の居住地	集落内	26戸	16戸
	集落外	1	3
地代	なし	3戸	1戸
	米1俵くらい	5	5
	米2 〃	12	12
	米3 〃	5	1
	米4 〃	2	0

資料：愛知県農業試験場経営研究室が1972年1月にT町の農家を対象に行ったアンケート調査（「稲作意向調査」）による．

家調査によってその時点での経営受委託の性格を補足すると，第1に，規模拡大のため積極的に受託するというより親戚に頼まれて仕方なくという事例も多い点である．例えば65年から67，8年にかけ「地代」2俵（水利費等は委託者負担）でいとこの田を受託した事例は，「最初から作る気はなかったが，しばらく義理立てして，こちらから返した」と述べている．第2は兼業に出るか受託するかという選択で受託した農家も，その多くはその後の兼業化のなかで受託を止めるばかりでなく，逆に委託農家にさえなっている．第3に「地代」が個々の事情に左右されている点である．「相場は2俵だが親戚だから2.5俵

表 II-1-24 T地区水田所有面積別の経営委託農家率及び委託面積率別農家数

水田所有面積		委託農家率	経営委託面積率別農家数（戸）						
			30%未満	30〜50%	50〜70%	70〜90%	90〜100%	100%	計
1972年	0.5ha未満	% 24.6		2 (7.1)	3(10.7)	4(14.3)	1 (3.6)	18(64.3)	28(100.0)
	0.5〜1.0	24.6	5(16.7)	5(16.7)	7(23.3)	5(16.7)		8(26.7)	30(100.0)
	1.0〜1.5	31.8	3(14.3)	8(38.1)	5(23.8)	4(19.0)		1 (4.8)	21(100.0)
	1.5〜2.0	28.6	5(50.0)	3(30.0)	2(20.0)				10(100.0)
	2.0ha以上								
	計	26.3	13(14.6)	18(20.2)	17(19.1)	13(14.6)	1 (1.1)	27(30.3)	89(100.0)
1973年	0.5ha未満	35.8		4 (9.1)	5(11.4)	6(13.6)	7(15.9)	22(50.0)	44(100.0)
	0.5〜1.0	40.4	3 (6.5)	9(19.6)	11(23.9)	7(15.2)	7(15.2)	9(19.6)	46(100.0)
	1.0〜1.5	39.7	4(13.8)	6(20.7)	11(37.9)	5(17.2)	1 (3.4)	2 (6.9)	29(100.0)
	1.5〜2.0	28.6	5(50.0)	3(30.0)	2(20.0)				10(100.0)
	2.0ha以上								
	計	37.3	12 (9.3)	22(17.1)	29(22.5)	18(14.0)	15(11.6)	33(25.6)	129(100.0)
1975年	0.5ha未満	41.9		3 (5.8)	3 (5.8)	1 (1.9)	2 (3.8)	43(82.7)	52(100.0)
	0.5〜1.0	46.7	5 (8.9)	7(12.5)	12(21.4)	10(17.9)		22(39.3)	56(100.0)
	1.0〜1.5	39.2	6(20.7)	4(13.8)	8(27.6)	3(10.3)		8(27.6)	29(100.0)
	1.5〜2.0	32.0	2(25.0)		4(50.0)			1(12.5)	8(100.0)
	2.0ha以上								
	計	42.0	13 (9.0)	18(12.4)	24(16.6)	14 (9.7)	2(13.8)	74(51.0)	145(100.0)

注：1) 各年の委託農家，委託面積を総農家数，所有面積で割って集計したものであるが，73年については，74年の農家数，所有面積を分母として使用している．
2) T地区の営農組合参加農家5戸も一部分委託しているが集計からは除外してある．また72, 73年については個人受託農家でかつ委託している農家の内，受託面積の方が，委託面積より大きい2戸の農家も除外してある．
3) 水田所有面積階層は，所有面積の内休耕，転作等を除いた面積で区分してある．以下の表でも同じである．

にした」という例，「条件の悪い田なので1俵」という例，「土地改良直後，場が荒れたので1.5俵を1俵に下げた」例など双方の事情，田の条件が「地代」に反映している．

このように「受託事業」発足前の状況は，委託層が形成されながらも部分的であり，親戚関係を中心に，限られた範囲内で土地の貸借が行われていたのである．この点は作業受委託についてもいえ，例えば親戚に耕耘してもらう代わりに果樹作業の手伝いに行く例などが見られた．

第1章　稲作経営受委託の構造

　以上の状態が「受託事業」発足によって，先の状況にまで受委託が展開したのである．その構造を表II-1-24でT地区について見てみよう．まず委託農家率の動きは，初年度72年では1.0～1.5ha層が最高を示し，上位階層の委託農家率が高い．全階層に及ぶ兼業化の進展のなかで労働力不足のより厳しい上位階層農家が，事業発足とともに委託したのである．その後0.5～1.0ha層を中心に0.5ha未満層を含む下位2階層で委託農家が増加し，下位階層の委託農家率の方が高くなってきている．

　委託面積率は当初から下位階層におけるほど高く，全面積を委託する農家割合が高い．また全階層とも全面積委託農家の割合が高まっている．特に75年に至っては，0.5ha未満層では委託農家の内83%弱が全面積を委託している．また表II-1-25によると上位階層ほど委託の継続とともに委託面積を増加させていることがわかる．

　T地区の以上の動きに対し，S地区では表II-1-26のように委託農家率は低く，かつ委託農家は0.5ha未満層に集中するという顕著な違いを示している[3]．

　以上の動きを要約すると，①0.5ha未満層を典型とする下位階層は，当初の委託農家率は低かったが，73年以降顕著な増加が見られ，結局，上位階層より委託農家率は高くなっている．また，委託の仕方は，委託開始時から全面積を委託するケースが多い．②それに対し，1.0ha以上の階層では，初年度に多くの委託農家が現れているが，その後の増加は顕著ではない．委託の仕方を見ると，委託開始時は，所有面積の一部を委託し，委託の継続とともに委託面積を拡大させていく農家が多い．

表II-1-25　T地区委託農家の委託面積変化状態別農家数

（単位：戸，％）

	委託開始時と1976年の委託面積の変化			委託中止	計
	不変	10a以上増加	10a以上減少		
0.5ha未満	45(80.4)	3 (5.4)	2 (3.6)	6(10.7)	56(100.0)
0.5～1.0未満	34(63.0)	9(16.7)	6(11.1)	5 (9.3)	54(100.0)
1.0～1.5	16(44.4)	14(38.9)	2 (5.6)	4(11.1)	36(100.0)
1.5～2.0	3(30.0)	5(50.0)	1(10.0)	1(10.0)	10(100.0)

注：1)　不変とは10a未満の増減を含む．
　　2)　74年の水田所有面積（但し，休耕，転作分を除く）で区分した．
資料：委託申し込み名簿の集計による．

表 II-1-26 S地区水田所有面積別, 経営委託農家率及び委託面積率別農家数 (1975年)

(単位:戸, %)

	委託農家率	経営委託面積率別農家数						
		30%未満	30~50%	50~70%	70~90%	90~100%	100%	計
0.5ha 未満	32.0			1(12.5)	2(25.0)	1(12.5)	4 (50.0)	8(100.0)
0.5~1.0	5.9						1(100.0)	1(100.0)
1.0~1.5								
1.5~2.0								
2.0ha 以上								
計	12.3			1(11.1)	2(22.2)	1(11.1)	5 (55.6)	9(100.0)

資料:農協資料の集計による.

　事業の開始を契機に,以上のような経過を示しながらT地区を中心に委託農家が形成されたのである.そのなかで,従来親戚,知人間を中心に相対で行われていた受委託は,この事業に再組織されていった.県農試の75年のアンケート結果によれば,T町266戸の回答農家中「農協に貸している」が124戸,「知人・親戚に貸している」が10戸,「その他に貸している」が4戸となっている.先の発足前の状況と比べた時,委託農家の多くの形成と同時に,従来の相対の受委託が,この事業に再組織されたことがわかる.これは,兼業深化のなかで,親戚・知人関係においては受委託が困難化してきたこと,農協が仲介することによる耕作権問題の不安の解消,税金申告の際,委託経費の証明が簡単であること等を理由にしている.

1) 契約内容等の形式的内容については拙稿「愛知県安城市の稲作請負組織」(農政調査委員会『農業規模拡大の道2』1974年) 137-138頁参照.
2) 委託面積率計算の分母となる水田面積は転作田等を除いたものを農家台帳から集計した.従来耕地面積としていわれてきたのはT地区320ha, S地区80haでこれを使用すれば委託面積率は21.8%と3.5%となる.但し,委託面積は申し込み書の集計で,この外に申し込み書を出していないもの,あるいは事業の対象外となる地区外の農家でT町内に土地を所有している農家が直接委託している部分が若干ある.
3) 両地区の違いの要因をなすと思われる点に触れておく.①S地区は,1880年の明治用水開設によって不用となった2つの溜池85町歩の干拓による地域で,T地区の農家に比べ比較的経営面積が大きいこと,区画が今度の整備前でも10a区画が

多く農道が整っていたこと，耕地は自宅の近くに比較的団地化していた等の特徴を持ち，それゆえ機械化も進んでいた．75年4月の農協資料によれば，機械所有農家割合は，トラクター，T地区8.3%，S地区41.7%，バインダー・コンバイン，T地区33.3%，S地区56.0%，田植機，T地区23.1%，S地区44.0%となっている．他方でT地区は機械化する耕地条件に欠けていたので機械化は遅れており，一挙に30a区画に整備された段階でそれに対応しえず，委託に出す人が多く出たのである．②S地区は，全農家が，明治用水工事出資者として先の2つの溜池を払い下げられた岡崎のT家の小作人で，農地解放で自作農化した．このことは一方で経営規模の相対的な大きさとも相まって農業に熱心な農家の多い原因となっている．S地区の人々は働き者であると評価されており，この点も委託農家の少なさに作用している．機械装備，家の近くに比較的まとまった耕地条件等，それを可能にする条件もあるのである．またこの農地改革の経験が，逆に土地貸付に伴う耕作権問題に敏感にさせ，この点が作用していることも考えられる．事実，後に触れるがS地区では親戚間の相対の経営受委託が何件か見られるのである．

2）受委託展開の背景——労働市場の展開・基盤整備の進展

このような受委託の急速な展開が労働市場の展開を主因としていることは言うまでもない．この点について簡単に触れておく．

安城市の工業化は60年以降急速に展開したもので，それ以前はむしろ農業地域であった．豊田，刈谷市を中心とする内陸工業地帯の影響下に，60〜63年（製造業従業者数伸び率44.9%），66〜69年（同40.4%）を中心に製造業従業者が急増している．その中心は機械工業で，一般・電気・輸送機械産業の製造業中の比重は，72年で従業者数で53.8%，事業所数で32.0%である．60〜63年の工業化は，工場誘致条例（60〜67年）によって加速された工場進出によって引き起こされたものであり，65年不況による停滞期を経た67年以降の伸びは大手企業の進出を中心にもたらされたものである[1]．

このような工業化の進展のなかで労働市場の内容はどのように変化したであろうか．安城における代表的産業，機械工業の規模の異なる3企業——①安城市最大のA電装＝トヨタ関連の自動車部品の独立メーカー，正社員数16,000名，パート2,000名，学生バイト（夏）800名，出稼ぎ労働者（冬）2,000名．②ブラザー工業の姉妹会社B工業＝常勤者474名，パート（女子）58名，季節工（男）35名，学生バイト57名．③自動部品製造の下請企業C精密＝常勤者99名，パート18名，（以上73年7月の数字）——の事例調査[2]から，農家

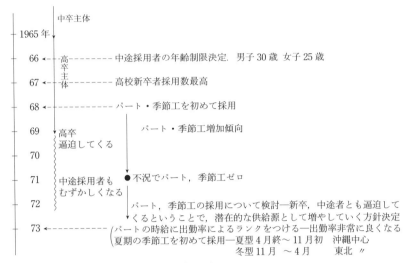

図 II-1-6 B工業の雇用政策の変化

労働力流出との関連で，労働市場の質的変化をまとめると次のようになる．①図II-1-6のB工業の雇用政策の変遷によれば，新卒者の逼迫化のなかで中途採用者の採用が66年から本格化し，年齢の基準を決定している．68年にはパート，季節工が初めて採用され，高卒者逼迫のなかで中途採用者とともに増加を示す．70年不況後，新卒者ばかりでなく，中途採用者も逼迫を見せ，パート，季節工の一層の増大が図られると同時に，73年には，これらパート・季節工を常勤者不足への対応として，より常勤者的な勤務形態に近づける対策——出勤率によるパートの時給のランクづけ，夏型の季節工の採用による季節工数の通年的な一定化——がとられている．このように一般的に見て新卒者だけでなく，中途採用者も含め常勤労働者の逼迫が年々激しくなり，特に70・71年不況後は著しい点があげられる．しかしその逼迫度は企業規模によって差があり，A電装では，2,000名の年間採用者中8割が新卒者であるのに対し，C精密は15名の年間採用者の内，新卒者は僅か3割強にしかすぎない．ともあれ，この労働力需給下では，恒常的勤務を望む農家労働力にとって，その条件が開けていることを示す．農家労働力の流出が土木・建設業を中心とする臨

第1章 稲作経営受委託の構造

表 II-1-27 安城市における圃場整備事業の展開

	1957年	67年	68年	69年	70年	71年	72年	73年以降計画
その年までの事業完了面積（ha）	442.6	1,146.2	1,281.9	1,433.0	1,703.4	2,089.1	2,506.0	3,943.8
事業完了面積率（％）	7.9	20.3	22.8	25.4	30.2	37.1	44.5	70.0

注：完了面積率計算のための総耕地面積は，5,633ha（65年センサスの旧安城，旧桜井地区の合計）を採った．
資料：事業面積は安城土地改良区『二十年の歩み』より集計．

時的な兼業と結びついていた時点とはその様相を大きく変えてきている．②しかし，中高年齢層が中心である農業からの流出労働力の定着先は，業種によっても左右されようが，概して大企業では年齢制限が厳しく（中途採用者男子の年齢制限，B工業30歳，C精密55歳，A電装の新設工場の募集では27職種中45歳まで採用する職種は4，40歳までが10である）小規模な工場にならざるをえない．つまり恒常的な勤めであっても不安定であり，勤務条件において劣悪であることは言うまでもない．③A電装がパートを縮小しているのに対し，常勤者確保の困難な企業ではパートの比重が増している．常勤者確保の困難を感じる，B工業ではパートの常勤者化を進めていてもパートが増加し，むしろ，パートや季節工を常勤者と同じ役割に近づけようとする努力が行われている．このように規模が小さいほどパートの比重は増大している．更に小規模のC精密ではB工業のように常勤者確保の次善の策としてパートを増やしている面よりも，「低賃金ですむ」という積極的位置づけでその採用を行っている．企業規模による若干の位置づけの違いはあるが（しかし低賃金構造の底辺を支え，不況時の安全弁としての客観的役割・本質は変わらない），以上のようにパートは増大し，農家の主婦労働力がまきこまれることになる．

　以上のような労働市場の量的・質的展開が先にみたT町における経営受委託展開を根本において規定したとしても，更に，受委託のこのような広がりを規定した要因として，基盤整備の進展と減反政策をあげなければならない．基盤整備の進行は，表II-1-27に示されるように急速に進行した．この基盤整備率の高さは愛知県の特徴であり，72年で全国2位の整備率を示す東海3県中でも，38％と最も高率を示す．

一般に困難とされる兼業深化地帯での基盤整備が安城において急速に展開したのは，T町を含む地区をとって見れば県営圃場整備事業実施の要件である1割強の畑地転換を工場用地の造成で行ったり，都市化地帯に照応した換地方式を工夫した等の努力による点が大きい[3]．これによって，T地区についていえば，従来，耕地条件は悪く，機械化も後れていた状態が，一挙に30a区画となり，このことが対応力の欠けた農家を農業から切り離し，委託農家を多数作り出すことに作用した．基盤整備が委託農家形成にはたした役割にも注意したいのである．

また，T町の基盤整備の主要部分が69～72年にかけ施行されたため，生産調整と絡めて，通年施行として実施されたものが多く，農家の耕作面積が1年間皆無であったり，2年間にわたって半分であったりしたことも，兼業深化の契機となり，委託農家を72年の事業開始と同時に多量に作り出す要因となっているのである．

1) 誘致条例によって，65年までに46社が進出している．また67年以降は，安城市で最大の日本電装，5番目に大きいアイシンワーナー等5つの大規模な工場が進出していきている．
2) 詳しくは拙稿「愛知県安城市の稲作請負組織」（農政調査委員会『農業規模拡大の道2』1974年）140-141頁．
3) 前掲拙稿134-135頁．今村奈良臣「都市化・工業化地帯における圃場整備事業と大規模借地経営の成立」（土地改良負担問題研究会報告書，1973年）12-20頁．

3) 委託農家の形成過程とその性格

工場進出が本格化した60年以降の兼業化の動きを，調査農家に則して別稿[1]において分析したが，それを整理すると，①世帯主の場合，転職経験者が多く，当初の土工，職人，工場への臨時的勤務から，65年以降，恒常的勤務に，質的に深化した．②後継者世代では転職経験者は少なく，新卒者として恒常的勤務形態をとって農外就業し，現在に至っているというのが一般的である．③更に70年以降パート形態での主婦の農外就業が増加する．このように60，65，70年頃を画期とした兼業深化によって，後継者はもちろん，世帯主も恒常的兼業に，さらに主婦はパート勤務に巻き込まれるという段階に至っている．

この一家総兼業化が，ここでの兼業化の現段階を特徴づける内容である．ただ，農家から流出する農業労働力の中心であった中高年労働力の勤務形態が，労働市場展開のなかで通年的，恒常的なものに変化しても，そのことが即安定的な農外就業を意味しないことは明らかで，この点，中途採用者の年齢制限との関連で先に触れた．事実転職回数も多い．また，中途採用者の初任給は先のC精密の例で見ても，30歳までは上昇するが30〜41歳は同一で，41歳以上では逆に低下している．この点からだけでも中高年層の中途就職者にとって一家を支えうる賃金でないことは明白である．このような内容を孕みながらも，兼業は深化し，一家総兼業段階に至っているのである．

この兼業深化のなかで，作業委託農家が，更に経営委託農家が作り出されている．作業委託農家の形成過程も様々であるが，一般的には，機械作業担当者である世帯主の老齢化とともに形成されている．後継者が安定的な兼業に従事している場合が多いからである．更に進んで経営委託農家の場合はどうか検討しよう．表II-1-28が示すように，稲作管理労働は，一般に女子の担当となっている．⑬農家は，子供が小さくて後継者妻が家にいる現在は経営委託と作業委託を組み合わせ，後継者妻が主として管理作業を行っているが，子供が成長し，後継者妻が働きに出るようになれば，すべてを経営委託すると考えているように，経営委託農家の形成は，管理作業担当者である女子労働力の動きに主として左右される．

それゆえ経営委託農家には次の二類型を指摘しうる．第1は，⑧，⑨農家のように後継者が，大企業に就職（共に大学卒）している安定的な兼業農家の場合で，これらの後継者夫婦はまったく農作業にタッチしていない．これらの場合，世帯主夫婦で自作しうる部分以外は経営委託されている．しかし息子の就職先が安定的であっても，世帯主夫婦までそれによって農業から切り離されるわけではなく，⑧農家の世帯主は，勤めを止めたら休耕している30aを自作する意向である．しかし，その動きも経過的なもので，世代交代を機に，どういう形態（売却あるいは経営委託）にしろ農業離脱は不可避な農家といえる．第2は⑮，⑯，⑲農家のような一家総兼業による稲作管理労働担当者の消滅による場合である．これがまさに兼業深化T町における委託農家の典型であり，これらの委託農家の形成が，経営受委託展開の量的広がり——特殊として無視

表 II-1-28　類型

所有水田規模階層	農家番号	農家類型	直系家族員の年齢及び兼業種類			
			世帯主	世帯主妻	後継者	同妻あるいは長女
			歳	歳	歳	歳
1.5〜2.0ha	①	「自己完結型」	45　恒賃（月）	45		
	②	「自己完結型」	53　恒賃（日）	48　臨賃	26　恒賃（月）	
	③	作業委託	55　恒職	56	23　大学院生	
1.0〜1.5ha	④	「自己完結型」	59　臨賃	54	31　恒職（大卒）	28　内職
	⑤	「自己完結型」		61	36　恒賃（月）	28　臨賃
	⑥	「自己完結型」		40　自営内職		20　大学生
	⑦	作業委託	53　臨賃	44	27　恒職	24　恒賃（月）
	⑧	経営委託	63　臨賃	60	32　恒賃（大卒）	28　（大卒）
	⑨	経営委託	75	65　臨賃	32　恒賃（大卒）	31　内職
0.5〜1.0ha	⑩	「自己完結型」	67　臨賃		30　恒賃（月）	27
	⑪	作業委託	39　恒職	37　恒職	17　高校生	
	⑫	作業委託	45　臨賃	39　臨賃	15　中学生	
	⑬	経営委託		54　恒賃（日）	31　恒賃（月）	29
	⑭	経営委託	63　臨賃	60	35　恒賃（日）	30
	⑮	経営委託	63　恒賃（?）	59	31　恒賃（大卒）	27　恒職
	⑯	経営委託	46　恒賃（月）	46　臨賃	20　恒賃（月）	
0.5ha 未満	⑰	作業委託	45　臨賃	32	17　高校生	
	⑱	経営委託	50　自営内職	47　自営内職	27　恒賃（月）	
	⑲	経営委託	59　恒賃（月）	57　臨賃	25　恒賃（月）	
	⑳	経営委託	61　恒賃（月）	59	35　恒職（大卒）	33

注：1）　聞き取り調査により，下記に該当した農家を示した（73年7月調査）．
　　　　「自己完結型」：受・委託に全く関係していない農家．
　　　　作業委託農家：耕起・代掻の委託面積率100%の農家．
　　　　経営委託農家：経営委託面積率50%以上の農家．
　　2）　恒職：恒常的職員勤務者，恒賃（月）：月給制恒常的賃労働勤務者，恒賃（日）：日給制恒常的賃
　　3）　作業担当者の欄の主—世帯主，後—後継者，主妻—世帯主妻，後妻—後継者妻である．

しえない一般的意味を持つ量的広がり——を支えている．

1)　前掲拙稿142-143頁．

4）農家類型別の稲作所得

表II-1-29は「自己完結型」農家，作業委託農家，経営委託農家別に，10a当たり稲作所得を見たものであるが，作業委託から経営委託への移行は10a当たり所得を極めて低下させるのであり，農家としてはできる限り少なくとも作

第1章　稲作経営受委託の構造

引農家の概要

耕耘作業担当者	管理作業担当者	機械所有				
		耕耘機	育苗器	田植機	バインダー	乾燥機
主	主+妻	共有	個人有		共有	個人有
主	主	個人有		共有	共有	個人有
(委託)	主妻		共有	共有		個人有
後		個人有			共有	個人有
主妻		個人有		共有	共有	個人有
(委託)	主	共有			共有	個人有
(委託)	(委託)	個人有		共有		個人有
(委託)	(委託)	共有			共有	個人有
後	主	個人有				個人有
(委託)		個人有			共有	個人有
(委託)	主妻	個人有			共有	個人有
(委託)	(委託)+後妻	個人有				個人有
(委託)+主	(委託)+主妻	個人有			共有	個人有
(委託)	(委託)	個人有				個人有
(委託)	主妻	個人有				
(委託)	(委託)					
(委託)	(委託)					
(委託)	(委託)+主妻					

労働勤務者，臨賃：パート及び季節的勤務者．

業委託段階に留まろうとするであろう．作業委託農家の 10a 当たり収量がどの水準にまで低下したら，経営委託の方が所得が多くなるか，その分岐収量を見ると，72年5.38俵，73年4.82俵，74年4.89俵である．この反収は現実の反収水準に比べ極めて低く，現在の経営委託農家の形成が，生産力が低下し作業委託より経営委託の方が有利ということでなく，もっぱら委託農家における耕作不可能に起因していることを裏付ける．

　次に米価の上昇率と作業料金の上昇率を比べると，米価は72年の1俵9,000円から75年の15,480円に1.72倍に，共同防除とカントリーを除いた作業料金

表 II-1-29　自作農家,作業委託農家,経営委託農家別農業所得の比較

(単位：円)

			1972年	73年	74年
10a当たり粗収益(7俵)		①	63,000	71,400	94,435
「自己完結型」農家	10a当たり所得	②	36,105	42,993	59,060
	家族直接労働1時間当たり所得	③	408.0	532.8	1,341.4
作業委託農家	10a当たり 費用 作業委託料	④	23,610	27,530	37,570
	肥料費	⑤	4,239	4,413	6,027
	農薬費	⑥	808	455	628
	水利費	⑦	2,070	2,070	2,250
	共済掛金	⑧	500	500	600
	計	⑨	31,227	34,968	47,075
	所得	⑩	31,773	36,432	47,360
	管理作業労働時間(時間)	⑪	25.9	24.7	23.0
	管理労働1時間当たり所得	⑫	1,226.8	1,475.0	2,059.1
経営委託農家	10a当たり所得(=「地代」)	⑬	18,000	15,300	20,236

注：1) 反収は7俵としてある．
    2) 「自己完結型」農家—費用，労働時間は「米生産費調査」の愛知平均を使用して計算した．
    3) 作業委託農家—④は全機械作業の委託料金の合計．⑦水利費は明治用水費と町内土木費の合計．⑤，⑥は「米生産費調査」愛知平均数字使用．但し⑥は72年は1/2（共同防除2回のため）73年，74年，は1/4（除草剤分として）を計上した．⑪は愛知の数値が得られないので，東海平均の数値である（基肥＋直肥＋除草＋かん排水管理労働時間合計．但し72年は，防除労働時間の1/2を加えた）．

表 II-1-30　解約年次別,解約農家数

(単位：戸)

		1973年	74年	75年	76年
T地区	0.5ha未満	1	1	3	1
	0.5〜1.0	1	1	0	3
	1.0〜1.5	2	0	1	1
	1.5〜2.0	0	1	0	0
S地区	0.5ha未満	0	0	0	3
	0.5〜1.0	0	0	0	0
合　計		4	3	4	8

注：1) 委託申し込み名簿の集計による．全委託面積を解約した農家である．
    2) 階層区分は，T地区については74年，S地区については75年の農協資料によった．

の合計は（耕起・代播・苗代・田植・刈取・脱穀），同じ期間，18,800円から35,600円に1.89倍になっている．米価上昇を上回る作業料金の上昇は，一方で先の「分岐収量」を上昇させ作業委託から経営委託への移行を促すとともに，逆に，作業委託から自作への逆転，あるいは自作から作業委託への移行を阻止する作用をはたす．現段階においては，後者が主要な側面であり，後述するように農外賃金の上昇にリンクされた作業料金の上昇のなかで，不況の影響も加わり，機械の共有形態での導入が目立つようになっており，作業委託の引き揚げが見られるのである．

5）委託中止の動向

経営委託解約の動きは表II-1-30の通りである．73年の4戸の内1戸は，借地料の2俵から1.5俵への切り下げを理由にしたもので，他の3戸は72年に委託しながら営農組合の体制が整わず休耕させられたことを原因とするものである．これを除いて見ると，解約件数はその後少しずつ増えている．特に76年は多い．

75年，76年両年の全面積解約農家，一部解約農家の理由を表II-1-31で見ると，土地売却によるものが1件あるが，理由として多いのは不景気に起因するもので，世帯主の解雇，仕事の減少を理由とするものが3件（⑥，⑦，⑫），妻の失業によるものが2件（⑨，⑰）ある．②，⑩についても背景として不景気が考えられる．新規委託者についても75年度は，T地区で10戸あったが，76年度には僅か1戸に減少している．このように，部分的ではあるが，不況の長期化のなかで委託引き揚げが見られるのである．

この不況の影響は，作業委託の引き揚げにより強く表れているようである．営農組合全体としての作業受託量には傾向的な変化は認められないが，表II-1-32のT地区農家の作業委託の申し込み書の集計では，特に76年の減少が明確に認められる．この年，経営受託量も若干減少しているから，この作業受託量の減少は，引き揚げによる自作化への動きの反映と考えられる．先に検討した諸々の条件で，かなりの程度，限度一杯まで作業委託，経営委託が行われていたT地区では，不況の影響は作業委託の引き揚げにより強く現れているのである．作業料金の年々の確実な値上がりのなかで中型機械の共同購入の動

表 II-1-31　解約農家一覧

(単位：m²)

年度	区分	No.	解約前 委託水田面積	解約前 自作水田面積	解約後 委託水田面積	解約後 自作水田面積	理　由
75年度解約	全面積解約	①	5,961	6,818	0	12,779	世帯主妻が病気で委託，その病気が直ったので．
		②	2,985	1,215	0	4,200	トヨタ系会社へ工員として歳をとってから勤めて委託．歳をとった（67,8歳）ので止め，自作．
		③	2,686	0	0	2,686	世帯主サラリー．マン，妻パート，委託の動機自体，圃場整備で場が悪くなったためで，場が良くなったので中止．
		④	641	0	0	641	換地の時，地目が畑となったため，形式上委託できず解約となっているが，実際は委託している．
	一部解約	⑤	8,042	7,003	2,019	13,026	世帯主（豊田自動織機，寮監）が停年，乗用トラクター，自脱コンバインを購入して自作．
		⑥	5,271	5,615	1,223	9,663	世帯主（62歳，豊田自動織機，臨時工）が首を切られたので．
		⑦	6,290	0	3,277	3,013	世帯主（42.3歳，トヨタ系会社勤務）景気が悪く休みが多いので．
76年度解約	全面積解約	⑧	4,203	4,602	0	8,805	委託しながら土工をしていたが，病気で土工ができず，農業に力を入れる．
		⑨	2,515	5,801	0	8,316	世帯主は会社員，勤めていた妻が仕事をやめたので．
		⑩	2,148	6,040	0	8,188	世帯主は会社員，妻が農業．
		⑪	3,343	3,012	0	6,355	上記⑦と同一農家，上の理由に，田から粘土を掘るためが加わっている．
		⑫	2,005	896	0	2,901	世帯主（大工）の仕事がひまになった．
		⑬	3,213	0	0	3,213	32歳市役所勤め，親戚に機械作業をしてもらい，田植，収穫を手伝うという手間替ができたので．
		⑭	2,336	0	0	2,336	35歳豊田自動織機，⑬と同じ理由．
		⑮	2,173	0	0	2,173	バリ取り自営業，⑬と同じ理由．
	一部解約	⑯	6,901	2,909	2,484	7,326	土地売却による．
		⑰	4,943	0	1,272	3,671	世帯主会社員，勤めていた妻が仕事を止めたので．

注：この外にT地区に，2枚の田を委託していて，75年，76年と交互に1枚ずつ粘土を掘るため解約している農家がいる．
資料：委託申込み名簿によって集計した．理由は農家調査及び営農組合，農協での聞きとり．

第1章 稲作経営受委託の構造

表II-1-32 T地区農家の作業委託状況

(単位：ha)

	1974年	75年	76年
耕　起	46.7	36.2	21.3
代　搔	26.5	24.2	16.5
均　平	2.1	3.0	—
田　植	2.3	0.8	1.6
刈　取	39.2	35.5	(受付前)

資料：作業委託申し込み書の集計による.

表II-1-33 D村における経営受委託事例

		受託者所有田	受託面積	「借地料」	開始年次	委託者職業	1973年収量(10a)
A集落	①	170a	40a	4俵	1971年	役場	11～12俵
	②	170	50	4俵	70	農協	11～12
	③	120	100	4俵	74	バス運転手(農業をしていた次男が婚出)	11～12
B集落	④	68	?	?	?	役場	11.5
C集落	⑤	260	30	4俵	74	公務員	11
(参考) 69年	①	195	92	28,000円	69	—	10
	②	190	50	4俵	69	—	10
71年	①	195	92	28,000円	69	—	?
	②	190	50	4俵	69	—	10
	③	40	20	5俵	?	—	10

注：1) 聞きとりによる.
　　2) 参考としてあるのは，村の「請負耕作農家調査票」のものである(D村全村についての事例).委託者の職業については記載がない.
　　3) C集落の事例で見ると，共済費，水利費，土地改良費は地主負担となっている.

きが目立つようになってきている．農協からの購入台数で一例を示すと2条刈自脱コンバインは74年6台，75年10台がすべて共有形態で導入されている(担当者の話では他に業者から75年に15台位入っているという)．このようにコンバインを中心に，トラクター，田植機，バインダーの導入が共有形態をとって見られるようになってきている．

（補論）　農業地帯の事例──秋田県平鹿郡D村

ここで一転して兼業展開の後進地域，北東北の1農村における経営受委託の

表 II-1-34　D村及び横手市への進出工場の概要

		事業所名	製品種類	従業員数（人）				
				男	女	計	パート	アルバイト
横手市	1967年	A産業（株）	レインコート，上衣，縫製	20	330	350		
	71年	B電気（株）	フィルムコンデンサー	70	280	350		
	71年	C精密工業（株）	バネ，ネジ，自動車部品	151	8	159	15	
	73年	D産業（株）	つりざお（グラスファイバー）	70	0	70		10
	74年	E繊維（株）	シャツ縫製	5	55	60		
	74年	F自動車部品（株）	(10月操業開始)	320	0	320	（将来1,500人）	
	74年	Gフレンド（株）	衣料品縫製	0	30	30		
D村	1966年	H産業（株）	レインコート，上衣，縫製	7	96	103	7	
	72年	I合成工業（株）	プラスチック製品	40	56	96	33	
	73年	J工業		1	21	22		
	73年	Kメリヤス（株）	ニット縫製	2	21	23		
	73年	L情報機械（株）	印刷機械	28	1	29		

注：1）アルバイト・パートはすべて女子である．
　　2）横手市はD村に隣接するこの地方の中核都市である．
資料：74年8月時点，市役所企画課，D村産業課資料．

表 II-1-35　男子雇用型進出工場の従業員の年齢別割合
(単位：％)

	～19歳	20～29歳	30～39歳	40～49歳	50～59歳
C精密工業（株）	9.4	67.3	16.4	5.7	1.3
L情報機械（株）	3.6	67.9	25.0	0.0	7.1
F自動車部品（株）	14.1	41.0	28.2	16.7	0.0

注：F自動車部品（株）は操業前で，現地で採用され神奈川の本社に研修に行っている者の年齢別割合．
資料：74年8月調査，各企業の資料による．

　状況に簡単に触れておこう．D村の中の調査地3集落で見られた経営受託事例は表II-1-33の通りである．つまりその特徴は，委託者は，安定的な職員兼業農家にほぼ限られており，その点からして，経営受委託は限定されたものであることと，それゆえ，貸手市場的であり借地料が4俵と高いことにある．確かにこの地域にも表II-1-34のように工場の進出が見られるが，それは従来，女子雇用型の企業が多かったため[1]，農業構造変動へのインパクトは弱かった．近年男子雇用型工場の誘致が叫ばれ，それに従って表II-1-34が示すように男子雇用型の工場の進出も見られるようになってはいる[2]．しかしその雇用の内

容は表 II-1-35 が示すように，29 歳までの若年層が中心で，農業労働の中核である 40 歳以上はほとんど採用されていないと見てよい[3]．このようななかで後継者の世代では，恒常的勤務者が増える傾向を示していても，まだまだ，世帯主を中心とする男子の兼業先は出稼ぎ，建設日雇いが一般的なのである．そしてこの層が農業の中心労働力である．この兼業条件の下では経営委託農家の形成が広がりを持たないことは明白であろう．

　この兼業構造は，今後とも基本的に維持されていくように思われる．というのは，①遠隔地農村への進出が可能な工業は極めて限定されており，労働集約的な部門，他部門との結合関係の薄い，あるいは薄くなった部門，製品が軽量小型で輸送費の低廉な部門に限定される傾向が強い．②以上の製品の性格からして，その企業の進出が，関連する企業集積のテコとなるものではない．また原材料，部品は本社や親会社からほとんど供給され製品もそこに還流する傾向が強い[4]．その意味で企業の進出は分散的単発的なものになる．このことは，労働市場の量的展開に関係するのみならず，質の面からいってもある特定の労働者層を対象とする労働市場の展開に限定されることを意味する．③単純労働集約的産業が中心であるがゆえに雇用されるのは女子が中心となる．また低賃金を目的としているがゆえに雇用形態も不安定なものにならざるをえない[5]．もっとも先に見たように最近では若年男子労働力不足を背景にこれらを対象とした男子雇用型企業の進出も見られるようになっているが，いずれにしても，農業の中心的担い手である中高年男子労働力は取り残される．以上の特徴に加え，労働集約的産業を中心にした資本輸出の活発化，「高度成長」の枠組みの破綻を考えた時，これら遠隔農業地帯の労働市場の構造は今後とも大きくは変化しないと見てよいであろう．とすれば，そこでは経営委託の，一定の意味を持ちうるような量的広がりも展望しえないということになるであろう．そこでも作業受委託の展開は見られるが，これらの地域における作業受委託は経営受委託への過渡であるよりむしろ逆にそれら不安定兼業農家の農業を支える役割，分解阻止的役割をはたしている側面が強いのである．

1) 「工業統計表」でわかるように地方分散傾向の強い産業は繊維，電気機械，衣服製造業などであるが，東北の電気機械産業従事者の男子比率を見ると，工場進出が行われるなかで，1955 年の 75.3% から 70 年の 33.2% にまで低下している（これに

対し東海では同じ期間 76.9%→55.7%）．地方分散が女子労働力の確保を目的としていることがわかるであろう．このことは衣服・繊維部門についても言える．
2) この点は東北の他の県にも共通する動きのようである．宮城県では 66, 7 年の工場誘致のピークは食品，衣服繊維，電気機械等の女子雇用型が多く，69, 70 年のピークは鉄鋼，金属，一般機械，輸送機械の男子雇用型工場が多くなっている（全国農業会議所『農村地域に於ける工業導入の実態に関する調査』1973 年，6 頁）．岩手県についてもほぼ同様の指摘がなされている（農村地域工業導入促進センター『農村地域工業導入総合指導指針策定調査研究報告書』1974 年，46 頁）．
3) この点は東北での他の事例でも指摘されている．前掲農村地域工業導入促進センター 43 頁，63-64 頁，前掲全国農業会議所 13-15 頁参照．進出企業における年齢制限の一般的動き——企業規模が大きいほど，また立地当初より平年度においてより年齢制限は厳しくなる等——については 1,018 社に対するアンケート調査がある（農村地域工業導入促進センター『農村地域における企業の追跡調査報告書』1975 年）．
4) 事例については前掲農村地域工業導入促進センター（1974 年）参照．
5) 工場の地方分散の性格については，竹内淳彦『日本の機械工業』（大明堂，1973 年）3 章，九州経済調査協会『わが国電子工業の展開方向と地方分散の実態』（1970 年），野原・森滝編『戦後日本資本主義の地域構造』（汐文社，1975 年）第 1 章 2 節参照．

(3) 経営受委託展開の現段階

　明らかになった点をまとめておこう．第 1 に，委託農家の創出という側面から見ると，70 年代前半からの著しい経営受委託の展開要因は次のように考えられる．石川 N 町の場合，比較的早くから，繊維を中心とする自営兼業農家における委託が見られていた．しかし 70 年頃以降の受委託の急増は，それら自営兼業農家における委託の増加——一層の委託農家化，委託面積の増加——に加え，新たに，世代交代に伴う雇われ兼業農家の委託農家化という動きが加わったことに起因している．石川でも，後継者世代では恒常的勤務が一般化しており，農業を中心としながら，日雇い的な兼業に従事していた世帯主層の老齢化のなかで委託が必然化してきているのである．これに対し，太平洋ベルト地帯の愛知 T 町では，早くからの兼業化のなかで，70 年代前半には，世帯主層，主婦層までをも巻き込んだ，一家総兼業段階に至っており，これが，広がりをもった委託層形成の原因となっている．以上が，経営受委託展開地域，北陸，東海における，70 年代からの委託農家急増の内容である．
　第 2 に，経営受委託の展開は，全国的に見られるわけだが，しかし，一定の

比重を持った展開という点では，全国一律に見るわけにはいかない．秋田県D村の事例が端的に示すように，そこでは，委託層は，農業労働担当者を病気等で欠いた農家，地域においては少数である職員兼業農家を中心とした安定的な兼業農家に限られている．一般的な兼業状況からして，そこに発生している経営受委託は限定された存在たらざるをえない．そして，労働市場展開の構造からして，受委託展開のこの地域差を，タイムラグとは簡単に片付けられず，むしろ日本資本主義の地域構造に規定づけられた，構造差として考えるべき側面が強いのである．

第3に，60年代半ば以降の受委託の展開も，最近の長期的な不況のなかで，一方で引き続き新たな委託農家が形成されていると同時に，他方で委託中止農家も増加し，全体として停滞傾向を示している．ただ雇われ兼業が中心で，兼業深化も著しいT町の場合には，今のところ，経営委託の中止よりも，作業委託の中止の方が目立つ．これは，不況の影響がまず，農業にもある程度根をおろした農家層――そういう層では兼業状態もより不安定なので――に現れていることを示している．N町の繊維自営業ではその影響は著しく，委託の引き揚げがT町に比べれば多い．

第4に，委託中止の動きとも関係するが，兼業種類の違いは――更に，圃場条件の違い，機械化段階の違いが加わるが――委託志向にも差をもたらしており，自営兼業農家の方が委託農家化し易い反面，T町の雇われ兼業委託農家に比べ，自作地確保の姿勢が強いように思われる．この違いが，N町における自営兼業農家を中心とした委託中止の動きとも関係していると思われる．

第4節　経営受委託における借地料の検討

(1) 受託農家の諸類型

小松市N町の事例から検討する．調査農家中の経営受託農家（受託面積10a以上農家）の水田所有面積と経営面積とを図示した図II-1-7によれば，受託農家は，①～④農家のように，相対的に大面積の受託によって経営面積を大きく拡大している受託農家群と，それ以外の，小面積の受託農家群とに大きく二分されている．所有面積序列と経営面積序列とは，大体において一致してい

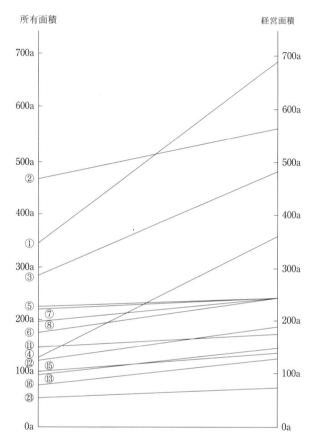

図 II-1-7 経営受託農家（受託10a以上）の水田の所有及び経営面積

るが，所有面積序列を大きく崩して，受託によって経営面積を拡大している④農家の動きが注目される．

表 II-1-36 によって，まず，これら受託農家の受託面積，受託面積率に注目すると，①～④の農家群は概して，受託面積は大きく，受託面積率も高い．①農家は経営面積の約半分が，③農家は40％，④農家は所有面積を越え60％強が受託地である．これに対し，それ以外の受託農家は，受託面積が15～60aで小さく，受託面積率も概して低い．

農業労働力に注目すると，①〜④農家群は，専業志向が強く，①，②農家はランの温室栽培もしており，文字通り専業農家である．④農家は30歳台の夫婦が農業中心の就業形態をとっているが，30歳台の男子で農業を中心とした就業形態をとっているのは，この農家の世帯主と，②農家の長男だけである．経営の拡大目標も，①，②農家が10ha，③，④農家が6haと，それ以外の受託農家の拡大目標とは大きな差がある．実現するかどうかは別にして，これらは，後継者にも農業を継がせ，将来とも農業専業的にやっていきたいと考えている農家群である．これに対し，これら4戸以外の農家群の場合，「家」としてのそこまで強い農業専業志向も，また規模拡大要求もない．既に働いている後継者は兼業が中心で，農業は手伝い程度となっているのであり，農業中心の就業形態をとってきた現在の世帯主夫婦（兼業は建設関係の日雇いが中心）の労働力の完全燃焼的意味で，可能な限りで受託している農家群である．拡大目標も，⑥農家の3.4haが最高で，現状維持という農家も多い．つまりこの違いは，後に見るように機械装備の差にあると考えられる農家層もあるが，⑤，⑦，⑧，⑫農家のようにトラクター，田植機，コンバインを装備している農家においても，その目標は，同じ装備の③，④農家とは大きく違っているし，また④農家を見ると自作地規模が規定しているとも言えない．この点はすべての分析の後に明らかにしなければならないが，結論を先取りして言えば，借地形態での規模拡大農家の出現が，所有地の大小や，機械装備の優劣に規定される段階から，むしろ家族労働力——その量的，質的内容，及び志向等——に，より強く規定される段階，つまりそれを可能にする委託農家の広汎な形成という段階に移行してきているのである．

　機械所有状況は，作期幅が短いためほぼ経営面積に照応しており，2.0ha以上層では，トラクター，田植機，コンバインの体系が整えられている．一般的にはトラクターは15馬力，田植機，コンバインは2条のものが導入されているが，①，②，③農家には，部分的にそれより大型のものが導入されており，①農家はトラクターが17馬力，コンバインが4条刈り（田植機も75年には4条植えも導入），②農家はトラクターが21馬力，田植機が4条植え，③農家はコンバインが3条刈りとなっている．2.0ha未満農家になると，耕耘機，田植機，コンバインが一般的となっている．しかし⑪農家のように手植えの農家もいる

表 II-1-36　経営

水田経営面積	農家番号	水田面積 (a) 所有	水田面積 (a) 受託	水田面積 (a) 経営	受託面積率 (%)	直系家族の就業状態 世帯主		直系家族の就業状態 妻		直系家族の就業状態 後継者	
						歳		歳		歳	
3.5ha 以上	①	345	335	680	49.3	47	農	41	農	—	
	②	465	95	560	17.0	68	農	63	農	37	農
	③	285	196	481	40.7	42	農＋土工 (100日)	37	農	—	
	④	130	230	360	63.9	38	農＋灯油配達 (冬)	35	農＋絵つけ (冬)	—	
2.0〜2.5ha	⑤	226	16	242	6.6	63	農	57		31	運転手＋農
	⑥	180	61	241	25.3	46	農＋土工	43	繊維＋農 (春・秋)	23	小松製作所
	⑦	225	15	240	6.3	47	農＋九谷焼絵つけ	42	農＋九谷焼絵つけ	—	
	⑧	200	43	243	17.7	50	土工 (7ヵ月)＋農	43	繊維＋農	—	
1.5〜2.0ha	⑫	125	66	191	34.6	70	農	60	農	42	農＋九谷焼つとめ
	⑪	150	26	176	14.8	56	土工＋農 (3ヵ月)	50		22	職員勤務＋農 (手伝)
	⑬	100	50	150	33.3	49	繊維自営＋農	48	繊維自営＋農	27	役場
1.0〜1.5ha	⑮	105	37	142	26.1	57	農＋建設 (100日)	47	繊維＋農 (春・秋)	—	
	⑯	82	50	132	37.9	72	農	66		30	建設＋農 (2ヵ月)
0.5〜1.0ha	㉓	56	20	76	26.3	71	農	69	農	41	事務＋農 (手伝)

注：1）後継者で幼児，在学中のものは集計していない．
　　2）受託面積率＝受託面積÷（受託面積＋自作面積）×100
　　3）就業状態では左に書いてあるものが主たるもの．
　　4）農家からの聞きとりによる（1975年8月）．

し，㉓農家のようにバインダーの農家もいる．

　以上の検討から，N町における受託農家を「借地型」受託農家と，「借り足し型」受託農家に類型化しうると思われる．その特徴を簡単にまとめれば，「借地型」受託農家＝①〜④農家で，受託地が大きく，受託面積率も高い．現に専業的な若い農業従事者がいるか，ないしは，それら若い後継者の育つこと

受託農家の概要

歳	妻	機械所有状況					今後の方向
		耕耘機	トラクター	田植機	バインダー	コンバイン	
33	農		○	○		○	区画を30aにすれば10haにできる.
	—		○	○		○	10haはやれる, 受託を増加する.
	—		○	○		○	6ha位まで増やしたい.
	—		○	○		○	5〜6haにしたい.
28	農＋繊維		○	○		○	3ha位. できるなら買って. 10a当たり150〜200万円位までなら買う.
	—	○		○		○	あと1ha位受託を増やしたい. (計3.4ha)
	—		○	○		○	現状維持
	—		○	○		○	増やしたいが, 家族の体を考えると無理.
40	郵便局員		○	○		○	5〜60aは増やしたい（受託で）2.5ha
	—	○				○	現状維持
23	事務員	○				○	減らすことは考えない（不景気で農業にもどった）
	—	○		共有		○	委託があれば受託したいが出てこないだろう.
25	事務員	○		共有		○	現状維持
33	繊維	○		○	○		あれば受託して1.5ha位にしたい.

を考えており，専業農家としての継続を目標としている農家である．それゆえ拡大目標も大きい．（②農家は現在のところ受託地の比重は低いが，今後の方向として受託による10ha経営を考えているので，ここに入れて考えておく．）
「借り足し型」受託農家＝受託地も小さく，受託面積率も低い．現在，農業専業的な就業形態をとっている世帯主夫婦の完全燃焼的意味で受託している農家

である．後継者は既に恒常的な勤務者となっている場合が一般的で，その意味で，一代限りの受託という性格が強い．それゆえ拡大目標も，「借地型」受託農家に比べ大きな差がある．

先に，農地としての農地売買状況と，経営受委託の展開を見たが，これら受託農家の規模拡大の動きは，両者の関係を一層明瞭にしている．表II-1-37で明らかなように，農地購入は，65年までが圧倒的に多い．それは，①，②農家が著しく，概して，「借地型」農家で多く，「借り足し型」農家の場合には少ない．逆に経営委託は70年以降顕著な増加を示す．先に触れたが，地価は74年の商業団地造成の買収では，10a当たり540万円と，「150万位なら購入」という最上層である②農家の採算水準すら大きく越えてしまっているのであり，経営受託の意味が大きくならざるをえないのである．

経営受託の出発は，先の表II-1-17で見たように，親戚，知人から頼まれて，始めているのが一般的で，当初は規模拡大の積極的な手段として受託者側が意

表II-1-37 経営受託農家の農地売買と経営受託の状況

農家番号		農地売買 (a)		受託開始年次	経営受託面積 (a)			受託先農家数 (戸)	
		1960年〜65年	1965年〜75年		65年	70年	75年	計	うち親せき
「借地型」受託農家	①	180	23	1964年	67	228	342	6	3
	②	179	62	68	—	48	95	2	—
	③	60	19	55	56	87	196	7	3
	④	10	9	71	—	—	230	11	—
「借り足し型」受託農家	⑤	90	△49	70	—	25	16	1	1
	⑥	30	48	65	28	28	61	3	—
	⑦	53	7	68	10	25	15	2	1
	⑧	?	?	60	40	40	43	5	4
	⑫	—	4	65	28	86	66	4	3
	⑪	19	△55	50	9	9	26	3	1
	⑬	—	—	75	—	—	50	1	1
	⑮	△3	5	75	—	—	37	1	1
	⑯	—	△20	63	50	50	50	2	—
	㉓	△18	18	65	50	10	20	2	—
合計		600	91		338	631	1,247		

注：1）農地売買は3条移転について，農業委員会資料を集計した数字と4条関係について聞きとりによる数字から算出した．相続，所有権移転を伴わない転用は集計されていない．
2）その他の数字は，農家からの聞きとりによる（1975年8月）．

識していたわけではない．頼まれた受託のなかで機械も揃い，農地購入の可能性も狭まるなかで，経営受託が規模拡大の手段として認識されてきたというのが，「借地型」受託農家にとって共通した経過である．そうなった段階で，受託相手農家も，親戚の範囲を越えるようになっている．分解の進行のなかで，委託しようとする者も，親戚，知人に受託農家を簡単には探しえなくなり，結局専業農家として大きく経営受託をしている①〜④農家のような「借地型」受託農家に頼むことになるのである．①農家の「委託者はいく人かの人に頼んで断わられ，結局受け手がなくここにくる」という言葉が，この事情を示している．それゆえ表II-1-37に見られるように，「借地型」受託農家にあっては，受託面積の拡大とともに，受託相手として親戚以外の農家の比重が高くなる．特に④農家は委託者から頼まれて受託するのが一般的な状況のなかにあって，田の近い農家を中心に，積極的に受託側から頼んで受託を拡大しているので，親戚関係は1件もない．④農家が，71年以降短期間に，2.3haの受託地を集積しえた大きな理由である．こういう動きが可能になるところに，70年頃以降の委託層の形成状況が示されている．

これに対し，表II-1-37でわかるように，「借り足し型」受託農家の場合には，当初からの受託面積にあまり変化のないこと，受託相手が親戚関係の範囲を，「借地型」受託農家と比較すれば越えていないことの特徴を示している．

「借地型」受託農家4戸のうち3戸について，現在に至る経過をまとめておく．

　①農家――（表II-1-38，39参照）世帯主は67年まで農業を中心に，農閑期には植木職人として働いていた．68年15坪のハウスを建て洋ラン栽培を始めてから兼業を止めている．世帯主妻は65年まで農閑期に繊維工場に勤めていたが，同じく止めている．洋ランについては72年温室1棟（75坪），74年1棟（80坪）と拡大しているが，今のところ投資の段階だという．稲作部門について見ると65年までの農地購入で3haの自作地規模に達している．経営受託の開始は64年で，親戚に不幸がありその田67aを受託している．その後兼業化した親戚2戸から66年に受託している．この段階で短期間に中型機械を揃えている．受託面積が一層の拡大を見せるのは72年以降で，72年に約3ha，74年3.7haに達している．しかし75年に2戸の引き揚げと1戸の委託面積の縮小があり3.4haに減少している．理由は1

表 II-1-38　①農家

		1964 年	65 年	66 年	67 年	68 年
農業労働力	世帯主（47 歳）	農業＋植木職人 ▶				
	妻　　（41 歳）	農業＋繊維工場つとめ ▶				
稲作部門	自作地	291 ᵃ	334	334	344	344
	受託地	67 ᵃ	67	?	?	228
	合計	358 ᵃ	401			572
＋α部門	洋ラン栽培					ハウス 15 坪
機械	トラクター				◉ 13PS	
	田植機					
	コンバイン					◉ 2 条刈

注：聞きとりによる．

件は商業団地造成に伴う代替地取得者への売却，他の1件は，委託者の兄が不況の影響で経営受託の拡大を希望し，そちらへ委託するために引き揚げたものである．将来の目標として30a区画になれば，2人で10haは可能だとしているが，経営受託については不安定だと強調している．経営受託の不安定性について①農家の評価が最も厳しいのは，減反の時期，休耕奨励金の方が借地料より高かったため，その時受託していた3戸について，受託の継続のためそれぞれ受託面積の半分について，借地料を休耕奨励金と同額にした経験があるためと，75年の2件の引き揚げの経験による．現在の受託地は集落内の土地にほぼ限られている．この点はN町のすべての受委託関係に共通しているが，それはN町周辺が古い耕地整理（N町は明治40年代）のため，他集落での耕作は水利の関係で困難が伴うためであり，また生産組合の活動を見てもわかるように（一例をあげれば，N町では生産組合が毎年の経営受委託を含む土地移動を把握し，肥料等を生産組合が窓口となって各農家に配っている）集落的結合が強く残っていることによると思われる．受託地は，図II-1-8でわかるようにN町の南半分に集中している．それは北半分についてはまとまった大きい面積の土地でない限り，弟である③農家の方へ委託するように委託者に頼んでいるからである．このような選択が可能なのも一定の規模に到達しているからである．自作地自体もかなりまとまっているので経営地全体としても他の農家に比べかなりのまとまりを見せている．作業受託は，74・75年とも耕起・代搔198a，田植30a，防除100a，刈取—もみすり20a，乾燥—もみすり35aである．

②農家——N町での所有面積最大の農家である．戦前は1.5haの自作地と3.0ha

第1章　稲作経営受委託の構造　　　233

の規模拡大過程

69年	70年	71年	72年	73年	74年	75年
	農業専業					▶
		農業専業				▶
344	345	365	365	345	345	345
228	228	228	298	298	372	342
572	573	593	663	643	717	687
			本格化 温室+75坪		温室+80坪	

――――――――――――――▶ ⊙17PS ――――――――――――――▶
⊙2条植 ――――――――――――――――――――▶ ⊙4条植 ▶
　　　　　　　　　　　　　　　　　　▶ ⊙4条刈 ――――――▶

　の小作地を所有する地主で戦後2.7haから出発し，1965年には4.0haに達している．所有面積が大きかったため経営受託開始年次は新しく68年が最初である．経営面積では①農家より小さいので機械の導入時期も①農家より若干遅く，トラクターが71年，田植機71年，コンバインが70年に導入されている．75年に受託相手が更に1戸増え，受託面積は95aとなっている．相手農家2戸は長男の同級生で，その繋がりで受託したものである．この農家も洋ラン栽培を68年からしており，現在温室50坪，ハウス200坪を所有しているが，今までは維持費の回収ができる段階であったという．なお，稲作以外の他部門の導入が見られる農家は，この①，②農家のランと⑧農家のキノコ栽培（74年から）位で，N町の農家はほとんどが稲作プラス兼業形態である．農業労働の中心は長男夫婦で，長男は72年以降農閑期の建設日雇を止め農業専業となっている．4条刈りコンバインを導入すれば，10ha耕作は可能ということで，それを目標としている．この農家の場合図Ⅱ-1-8のように自作地自体が極めて分散しているので，それにともなって受託地もN町全体に分散している．作業受託は耕起・代播のみで，380aを行っている．

　④農家――次に，自作地規模が小さいにもかかわらず短期間に受託面積を急激に増加させた④農家について見る．世帯主（38歳）は中学卒業後農業を中心として働き，農閑期には建設関係の仕事をしてきた（73年から農閑期の仕事をガソリンスタンドの灯油配達にかえている）．所有水田面積は売買による変動はあるが，ほぼ1.3ha前後で，それに馬耕段階から作業受託を合わせて行ってきている．その後表Ⅱ-1-40のように，71年から積極的に経営受託を拡大している．借地料について

表 II-1-39　①農家の経営受託先一覧

委託者		受託期間	受託面積		委託者の委託理由	引き揚げ理由
			開始時	現在		減少理由
継続委託者	1	1964年〜	67a	67a	家庭に不幸．　　　親戚	商業団地へ売却（一部引き揚げ）
	2	66年〜	順次	72	兼業（公務員）．　親戚	
	3	66年〜	50	89	レース編自営．　　親戚	
	4	72年〜	61	61	木材会社．2ha買ったうちで，埋立てていない部分．　　　　　田が近い	
	5	74年〜	41	25	ネーム職自営．　田が近い	
	6	74年〜	28	28	兼業．　　　　　田が近い	
引き揚げ委託者	7	72年〜74年	9	—	兼業．　　　　　田が近い	兄が不況で受託，そちらへ委託
	8	74年・1年間	21	—	レース編自営．田が近い	商業団地への代替地として売却

注：聞き取りによる．

も，2俵で，水利費，万雑，共済費，受託者負担という一般的な水準のものが多いが，表II-1-40の事例3のように1.5俵で水利費，万雑，委託者負担（委託者は他町の人で，それ以前の受託農家が手不足となり，田が隣りであった④農家に委託）というものもあるし，3年契約の事例もあるように，条件に応じて借地料を決めようとする姿勢が，他の受託農家よりも強い．経営受託の拡大に伴って作業受託は縮小させており，74年は耕起・代掻60a，コンバイン刈取り15aのみである．面積拡大を第1目標としてきたので，受託者側から頼んで受託した田には，図II-1-8で見られるようにかなり離れた田もある．この農家も，74年に受託して75年に引き揚げられたものが5件ある．4件は商業団地の造成地内にあったためで，1件は不況による自作を理由としている．中型機械の導入はコンバインが71年，トラクターが73年，田植機が75年である．経営受託の拡大によって5〜6ha経営を目標としているが，繊維関係の景気が上昇すれば楽観できるとしている．

以上のように，「借地型」受託農家にとっては，経営受託が規模拡大の積極的手段になってきているのであるが，不況の影響は，繊維自営業を中心に，九谷焼自営業，雇われ兼業でも現れており，委託者が増加しないばかりでなく，一部ではあるが，従来の受委託関係の解約をもたらしている．それは，1つは，委託農家の自作化の動きであり，他の1つは，不況による兼業部門の縮小で，

第1章 稲作経営受委託の構造　　235

図 II-1-8　①, ②, ④農家の経営水田の分布（1975年）

受託を開始ないしは拡大しようとする農家の動きを原因としている．先に触れたように①農家の解約の一例は後者の動きであった．それゆえ，今後の経営受託増加の見通しについては，悲観的な受託農家も多い．

　次に安城市 T 町における経営受託農家の諸類型を検討しよう．T 町の「受託事業」では，受託者として，3 つの営農組合[1]の他に，個人の受託農家もある．これら両者を含め受託農家の諸類型を検討するが，その際，一般化のため隣接する豊田市 TO 地区の事例にも触れたい．

　表 II-1-41 は農協を仲介して受託している営農組合，個人農家の経営面積の内訳を見たものである．これによれば，受託面積率において，営農組合と個人受託農家との間に大きな差があることがわかる．営農組合の受託面積率は，最

表 II-1-40 ④農家の受託先一覧

受託先	受託開始年次	受託面積 (a)		受託条件 (10a 当たり)	④農家から頼んで受託したもの
		開始時	75 年現在		
1	1971 年	40	40	3 俵	
2	71 年	8	8	1.8 俵（1.5 俵/250 歩）	○
3	73 年	50	50	1.5 俵，水利費，万雑，委託者負担	
4	73 年	5	5	1.5 俵	○
5	74 年	40	40	2 俵，最低 3 年	○
6	74 年	16	16	1.8 俵（3 俵/500 歩）	
7	74 年	20	10	0.75 俵，区画が小さいから	
8	74 年	10	10	2 俵	○
9	75 年	—	35	未定	
10	75 年	—	10	2 俵	○
11	75 年	—	7	2 俵	

注：1）委託条件については，水利費，万雑，共済費は事例 3 を除いて他はすべて受託者負担．また，事例 2, 6 については（ ）内が決められている条件で，それを 10a 当たりに換算した．
　　2）資料：聞き取りによる．

低の SI 営農組合の場合でも 73% であり，最高の場合には TB 組合ⒸⒸ農家のように 87.2% にもなっている．TO 地区の受託組織の受託面積率も高い．これに対し，個人受託農家の場合，その率は低い．このように，形態上，T 町の営農組合，TO 地区の受託組織の場合には，所有面積に比べ受託面積がはるかに大きく，「借地型」受託であるのに対し，個人受託農家の場合には「借り足し型」受託となっている．75 年度に農協を介して受託している，これら「借り足し型」個人受託農家は 13 戸（表 II-1-41 では，内 1 戸について所有面積が確定できないので除外してあり，12 戸となっている）存在し，すべて T 地区の農家である（この外に SI 組合の①農家がいるが営農組合員なので除外）．
多くの農家の話しでは T 地区に関する限り，相対の経営受託はほとんどないということであるから，T 地区に関する限り，「借り足し型」受託農家の存在は，農協を介して受託している農家の数をそう超えることはないであろう．
S 地区について見ると 75 年度，農協を介して経営受託をしている個人受託農家は，先に触れた，営農組合員①農家以外にはいない．しかし，農協支所の 75 年 4 月の経営調査資料によれば，相対で経営委託をしている農家が 6 戸確認しうるから何戸かの個人受託農家が存在していることは確かである（内 2 戸

第1章 稲作経営受委託の構造

表 II-1-41 経営受託農家・経営の経営耕地

			1975年4月 (a)				受託水田面積 (a)					75年受託面積率 (%)
			所有水田	所有畑	委託水田	自作水田	72年	73年	74年	75年	76年	
T 町	受託組織	TB営農組合	430	72	94	336	1,010	2,260	2,490	2,690	2,420	85.8
		Ⓐ	179	31	28	151	360	910	1,040	1,120	1,080	85.9
		Ⓑ	123	17	40	83	500	830	930	670	790	83.7
		Ⓒ	128	24	26	102	150	520	520	900	550	87.2
		SB営農組合	471	35	226	245	1,090	1,620	1,790	2,140	2,400	80.3
		Ⓓ	175	13	0	175						
		Ⓔ	139	3	139	0						
		Ⓕ	157	19	87	70						
		SI営農組合	871	91	0	870	1,060	2,190	2,150	2,350	2,280	73.0
		Ⓖ	240	12	0	240						
		Ⓗ	200	8	0	200						
		Ⓘ	175	42	0	175						
		Ⓙ	126	7	0	126						
		Ⓚ	129	22	0	129						
	個人農家	①	172	6	0	172	93	93	93	93	93	35.1
		②	125	3	0	125	0	0	0	63	63	32.6
		③	135	7	0	135	0	0	0	33	33	20.0
		④	106	45	0	106	0	0	30	30	48	22.1
		⑤	143	24	0	143	91	74	61	27	16	15.9
		⑥	69	8	0	69	0	16	16	16	16	18.8
		⑦	136	13	0	136	0	23	23	13	13	8.7
		⑧	192	4	0	192	0	0	0	8	8	4.0
		⑨	56	0	0	56	0	0	0	5	5	8.2
		⑩	111	9	65	46	4	4	4	4	4	—
		⑪	86	7	0	86	0	0	3	3	3	3.4
		⑫	134	20	0	134	11	132	0	0	0	0
		⑬	182	11	0	182	18	2	0	0	0	0
		⑭	91	1	0	91	11	11	11	0	0	0
		⑮	54	0	0	54	0	0	0	0	5	0
		⑯	11	2	0	11	0	0	0	12	0	52.2
TO地区	受託組織	Nグループ	1,090	132	0	1,090	1,600	1,710	3,300	5,000		82.1
		Wグループ	820	140	0	820	130	2,520	3,910	5,400		86.8

注:1) 個人受託農家はこの外に,72年1年のみの農家が2戸(60a,76a受託),72〜75年4a受託農家1戸,73〜74年18a受託農家1戸の計4戸いるがこれらについては所有面積が確定できないので表より除外してある。また,SI組合の①農家が72〜76年に12a受託している。
 2) 受託面積率は(受託面積−委託面積)÷(委託面積+自作面積)×100で計算した。
 3) TB組合は受託地を個人に分割して経営しており,SB,SI組合は共同経営をしているので上のように集計してある。それゆえTB組合は自作水田と受託水田の合計が各農家の経営面積となる。SB,SI組合は受託田は共同経営で,自作田は各農家の個別経営である。
 4) なお,TO地区のNグループは7戸(75年8人),Wグループは5戸で構成されている。

資料:経営面積,受託面積とも農協資料より集計.転作,転用(畜舎等)は利用状況にしたがって水田面積から除外してある。

については後ほど検討する).

　第3節で触れたが, 72年1月と75年1月の県農試のアンケート調査によれば, 農協の「受託事業」開始前の72年時点では少なくとも19戸の「借り足し型」受託農家 (回答農家の6.9%) が存在していたのであるが, 75年1月の結果では, 委託者の急増とともに, 従来の親戚・知人間の経営受委託の多くは解消し, 農協の事業に再編されたことがわかる. そのなかで, 個人受託農家の数は減少し, 先に見た状態となっているのである. (75年の個人受託農家数を, 農協を仲介とするもの13戸, S地区の相対受託農家を10戸としても, 全農家の5.3%である.)

　このように, T町の受託者は, 受託面積において圧倒的比重を占める「借地型」の営農組合と, 減少しつつあるが, なお存在する「借り足し型」の個人受託農家から成っている. 両者の併存という点では先のN町と同じであるが, 兼業が一層深化したT町では「借り足し型」受託農家の比重はN町に比べ小さいものとなっている. T町の個人受託農家の幾戸かは自ら受託を望んだというより営農組合にとって不都合な, 区画の小さい水田や, 離れた水田を, 自作地に隣接しているということで農協から受託するよう頼まれたものが何戸かあるから, その点を考えれば, N町での「借り足し型」受託農家の比重は一層小さいものとなるであろう.

　これら二者の生産力構造を比較検討し, その性格を明らかにしよう. 最初に家族労働力の性格, 機械所有の内容を検討し, 受託農家の2類型の性格を見よう. 調査した9戸の個人受託農家 (内S地区の2戸は相対による経営受託農家) の家族員の就業構造を表II-1-42で見ると, 「借り足し型」個人受託農家についても, 性格の異なる2つの類型が存在することがわかる. 第1は農業が中心の農家で, 農業を中心に従事している家族労働力の完全燃焼を目的として受託していると考えられる, ①, ②, ④, ⑦, ⑰の農家群である. これに対し, ⑥, ⑱農家を典型とする受託農家群は, 既に他産業従事が中心となった「農家」でありながらも, 自家農業を維持しており, その限りで手一杯の拡大として受託しているものである. ③, ⑤農家も, それぞれ農業のみに従事する家族員が1人いるが老齢化しており (③—61歳母, ⑤—82歳父) この類型と見てよい.

表 II-1-42　経営受託農家直系家族員の年齢及び就業構造

			世帯主		世帯主妻		後継者		後継者妻		その他農業従事者
営農組合	TB	Ⓐ	47歳	農	45歳	農	17歳		—		
		Ⓑ	40	農+大工	37	農	8		—		
		Ⓒ	49	農+ダンプ運転手	48	農	23	農+農日雇	—		
	SB	Ⓓ	58	農	53	農	31	農	26	農	
		Ⓔ	—		49	臨	27		27		
		Ⓕ	65	農	58	農	30		28	農	
	SI	Ⓖ	53	農	49	農	25	農	—		
		Ⓗ	—		56	—	27	農	27	農	
		Ⓘ	43	農	37	農	19	(農)	—		父（75歳）母（64歳）
		Ⓙ	—		50	農	26	農	—		
個人受託農家	T地区	①	52	農+臨	46	臨+農	—		—		
		②	47	農	42	農	—		—		
		③			61	農	39	恒+農	30	臨+農	
		④	51	農	43	農+臨	18		—		
		⑤	42	恒+農		臨+農	16		—		父（82歳）
		⑥	47	自営+農	41	農	17		—		
		⑦	70		69		38	農	—		
	S地区	⑰	53	農	49	農	25	農	—		
		⑱	62	自営+農	61	農	38	臨+農	37	臨+農	

注：1）　農家番号は表 II-1-41 に同じ．S地区の2戸は農協仲介の受託農家ではなく，相対で受託している農家なので表 II-1-41 には載っていない．
　　2）　就業構造については，左に書いてある方が主たる就業内容である．略記した点は下記の通りである．
　　　　農：農業従事で，手伝い程度の就業も含む．農日雇：農業日雇．臨：農閑期就業，パート形態就業，臨時的就業の雇われ兼業．恒：本工，社員等の恒常的雇用者．自営：自営．
　　3）　①の後継者は76年に入って農業後継者となったので（ ）内に入れてある．
　　4）　各農家からの聞き取り結果の集計．Ⓓ～Ⓕ，Ⓗ，Ⓙ，⑥は73年7月．その他は75年7月．但し年齢は75年7月時に統一してある．

　この両類型の違いは，表 II-1-43 を見ると一層明瞭になる．つまり前者—①，②，④，⑰農家は，農業中心の農家として他部門の導入も行っており，また水田の経営受託もしているのである．受託面積も後者に比べ概して大きいといえる．（但し⑦農家は両親が病気のため，長男は勤めに出られず，やむをえず農業中心の就業形態をとっている農家で，他の4戸と事情が違い，この点が他部門導入の違いと関連している）．これに対し，後者——兼業が中心である受託

表 II-1-43 個人受託農家の農業経営 (1975年)

農家番号	稲作部門 (a)				その他の部門
	所有水田	受託水田	経営水田	受託水田率	
①	181	90	271	34.5%	いちじく15a 肉牛3頭
②	130	84	214	39.3	ブロイラー中心,年7.2万羽出荷
④	125	45	170	26.5	いちじく30a以上
⑦	122	13	135	9.6	―
⑰	220	90	310	29.0	いちじく6a 肉牛5頭
③	132	60	192	31.3	―
⑤	162	18	180	10.0	いちじく13a
⑥	75	15	90	16.7	―
⑱	163	55	218	25.2	―

注：各農家からの聞きとりによる．表 II-1-42 の注参照．

農家③,⑤,⑥,⑱——は明らかに兼業プラス稲単作の形態であり,受託面積も小さい.

しかしこの両類型間の農家の移動は容易に起りうるし,時には委託農家にも移行する.例えば,⑤農家は72年にトラクターを導入すると同時に100a受託したが,74年に42歳の世帯主が,常勤者として勤め始めると同時に受託地を18aに減少させている.このように,個人受託農家の2つのタイプは流動的であり,先の表 II-1-41 に見られる,個人受託農家の消長の激しさ,受託面積の変動の激しさもこの点を示している.先に触れたように,自発的な受託でなく,農協から頼まれて受託している農家が存在することも関連するが,例えば72年に受託した6戸の農家の内,既に3戸が受託を止めており,1戸は受託面積を縮小している.

以上の点に留意するとT町における受託農家（経営）は,①「借地型」受託経営＝営農組合,②「借り足し型」受託農家（I）＝農業が中心の農家による「借り足し型」受託,③「借り足し型」受託農家（II）＝兼業が中心の「農家」による「借り足し型」受託の3つの類型に分かれるのである.以下,この類型化を手掛りに,その性格を見よう.

「借り足し型」受託農家における農業労働力のあり方は先に見たが,「借地型」受託経営における農業労働力の特徴はどうであろうか.表 II-1-44 によれ

ば，T町，TO地区の営農組合の場合，その農業従事者は若く，20歳台が52%，30歳台が30%と，2,30歳台が大部分である．「借り足し型」個人受託農家には，先の表II-1-42に見られるように，40歳以下で農業を中心に従事する家族員がいないのに比べ（但し⑰農家はSI組合のⒼ農家と同一．また⑦農家は先に触れた事情で40歳以下の家族が農業に従事している）対照的である．また，SB組合の3人は農協職員を止めて帰農したし，TB組合のⒶ農家の長男は大学生であるが，農業を継ぐことを考え手伝っている．つまり，「借り足し型」受託農家(I)では，年齢的に見て，他産業従事が有利な条件で行いえない人が，農業の基盤もあって，農業専業的に就業するために受託しているのである（しかし，⑰農家は長男がSI組合に参加しているし，②農家は農協職員を止めブロイラー団地に参加した農家であり上の指摘はあたらない）．農家の志向から見ても，現在の農業情勢を前提とすれば，一般的には，後継者を確保しうるような前進的な展望を持つ受託農家とは言い難い．それゆえ，兼業との結びつきは流動的で，①農家のように受託しながらも他方で兼業日数を増やしている例，また④農家のように建設日雇いを止め，農協の育苗センターの仕事や，自家農業への投下労働を増やしている例もある．これに対し，営農組合参加農家では，Ⓒ，Ⓘ農家で最近において農業後継者が育ってきているのである．

次に機械所有について見る．営農組合の機械装備は，その大部分は2次構造改善事業によるもので補助金で導入されている[2]．TB組合の場合，発足当初は，大型トラクター（68馬力3台）・育苗機（3台）・田植機（2条3台）・スピードダスター（1台）・普通型コンバイン（1台）を所有し，経営受託地は3戸の農家で分割し，経営は個別で行われていた．しかし，機械装備の関係で，播種，育苗ハウス作り，防除，収穫は共同作業で行われていた．組作業体制を

表 II-1-44 営農組合構成員の年齢別人数

（単位：人）

	20歳台	30歳台	40歳台	計
T町の3営農組合	7	1	3	11
TO地区Nグループ	2	5	0	7
Wグループ	3	1	1	5
	12(52.2)	7(30.4)	4(17.4)	23(100.0)

注：聞きとりによる．

見ると，防除では農薬運搬，トラクター運転，スピードダスター運転各1人という体制であり，収穫作業では，コンバイン運転，籾運搬のトラック運転，コンバインのオペレーター助手（圃場の隅の部分の手刈り，機械の修理等）各1人という分担であった．しかし，75年秋には，3戸とも自脱コンバインを導入し，普通型コンバインの使用を中止したので，収穫作業は個別化した．更に76年に育苗ハウス作りが個別化され，共同作業で行われているのは播種と防除のみになっている．先に触れたが，経営受託地は当初から3戸の農家に分割して別々の経営として行われていたが，機械については共同所有的側面を74年までは残しており，個別に管理・使用するトラクター，育苗機，田植機についても，利用した面積に応じて借入金返済のため，機械利用料を「営農組合」に払う形式をとっていた．作業受託も，受託料の何割かをオペ労賃と決め，それ以外は「組合」に積立てていた．しかし75年以降は，この面でも完全に個別化が進み，借入返済金も，3戸で均分で払う形態にしており，スピードダスターを除いては，機械の管理運営も個別農家で行うようになったのである．従来からの個別化の方向が一層進んだわけだが，これは，各農家に後継者が育ち始め，家族労働力が豊富になったことを背景としていると同時に，直接の契機となった自脱コンバインの導入には，普通型コンバインの持つ技術的欠陥が作用している．75年の機械体系は，Ⓐ農家，66馬力トラクター・4条田植機・2条自脱コンバイン・25石乾燥機，Ⓑ農家，68馬力トラクター・4条田植機・4条自脱コンバイン・25石乾燥機，Ⓒ農家，68馬力トラクター・4条田植機・2条自脱コンバインとなっている．乾燥・調製は，農協のカントリーエレベーターを，74年まではほとんど全量利用していたが，75年になって1戸は全量利用，1戸は60%程利用，他の1戸は全く利用せず自宅で行っている．SB組合の75年の機械体系は，大型トラクター（77馬力3台）・田植機（4条2台）・スピードダスター（1台）・普通型コンバイン（1台）・自脱型コンバイン（4条1台，76年更に3条導入）で，乾燥・調製は全量，カントリーを利用している．74年まで，農協の育苗施設の育苗作業を担当してきたが，労働力の関係で75年から中止している．74年秋から31, 2歳の男子1人が，農繁期に作業を手伝っている．75年のピーク時の組作業を見ると，春は，代搔1人，田植機（2台）2人，水回り・除草剤撒布1人という体制で，苗運搬は暇な人が

第1章 稲作経営受委託の構造

行っている．秋は，自脱コンバイン2人，普通型コンバイン1人，ダンプによる籾運搬1人という体制である．この営農組合は，受託地に，更に，先の表Ⅱ-1-41でわかるようにⒺ農家の所有水田全部，Ⓕ農家の所有水田の一部を加え3戸で共同経営を行っている．SI組合は，大型トラクター（66馬力2台）・育苗機（20ha用）・田植機（4条3台）・スピードダスター・普通型コンバイン（1台）・自脱型コンバイン（4条2台）という体系である．乾燥・調製は全量，カントリーを利用している．この組合は，受託地のみを共同経営している．TO地区のNグループは，中型・大型トラクター（24馬力1台，68馬力2台，74馬力1台，76馬力3台）・田植機（6台）・普通型コンバイン（3台）の体系である．

　これに対し，個人受託農家の機械所有状況は，表Ⅱ-1-45のように，「借り足し型」受託農家(Ⅰ)の場合には，トラクターあるいは耕耘機，田植機・バインダーの形態が多く，それも共有が多いという特徴を示す．農業が中心の農家であり，過剰投資をさけようとする姿勢を見ることができる．これに対し，「借り足し型」受託農家(Ⅱ)の場合，③農家は，「借り足し型」(Ⅰ)の農家に近い所有状況であるが，他の2戸，⑤，⑱農家の場合には，トラクター，田植機，自脱コンバインを個人所有形態で揃えている．「借り足し型」(Ⅰ)との機械所有の違いは，先の表Ⅱ-1-43で確認されるように，経営面積の大小に規定されたものではない．⑤農家（前出，世帯主はA電装の恒常的勤務者，妻も臨時的勤め），⑱農家（世帯主は家具製造自営業，息子夫婦は田植・刈取の2ヵ月を除いて勤め）とも，兼業の比重の高い農家で，兼業所得が，（耕地面積が一定程度あることもあり）中型体系の導入を可能にしており，また，兼業と農業との矛盾を少なくするためにも個人形態での導入が行われているのである．この機械装備が，兼業を中心としながらも，自作地での作業のついでに行う形での小面積の受託を可能にしているのであり，その意味では機械能力の余力が受託の要因といって良いであろう．つまり，あくまで相対的な意味であるが，「借り足し型」(Ⅰ)が，家族労働力の完全燃焼型であるとすれば，(Ⅱ)は機械余力の燃焼に受託のより強い要因があるのである．

　農機具の導入時期は，表Ⅱ-1-46によれば，トラクター，田植機，バインダーに関しては営農組合参加農家が他の農家に比べ若干早く，個人受託農家は，

表 II-1-45 「借り足し型」受託農家の農機具所有状況

農家番号		耕耘機	トラクター	田植機	バインダー	自脱型コンバイン
「借り足し型」(I)	①	○	△	△	△	
	②	○		○	△	
	④		△	△	○	
	⑰		△	○	△	
「借り足し型」(II)	③	○		△	△	
	⑤		○	○		○
	⑱		○	○		○

注：1）○—個人有．△—共有．
2）⑥農家は，73年の数字しかないので除外した．
3）聞きとり調査結果の集計（1975年7月調査）．

一般農家より早いが，営農組合参加農家より若干後れた導入となっている．しかし，ここで注意したいのは，営農組合発足前の機械化段階が，先進的な農家においても，中型トラクターとバインダーが定着し，やっと田植機が導入され始めた段階であり，この段階から，営農組合の場合には，2次構をテコに，一挙に大型体系に移行したという点である．その意味で，従来の動きから飛躍した形で大型機械体系が導入されているのであり，このなかで，普通型コンバインから自脱型コンバインへの逆転も起きているのである．

家族労働力の就業構造，農業経営のあり方，機械所有の3点にわたる検討によって，T町における経営受託農家（経営）が，3つの類型に区分しうることが，不充分ながら明らかになったと考える．ここでその特徴を一応まとめておこう．

「借地型」受託経営——借地率が極めて高く，全経営地の70〜90％が受託地であり，形態上から「借地型」経営としうる点を特徴とする営農組合がこれにあたる．農業従事労働力は若く，20歳台・30歳台で，それらの経営の農業従事者の80％強を占めており，そのなかには帰農者もいる．40歳台の3戸には後継者が育ってきている．機械装備においても最も優れている．営農組合参加農家においても，労働力燃焼の通年化を目的に，プラスα部分の導入が行われている．しかし，土地利用等を考えた複合経営を指向するプラスα部門の導入でなく，あくまで労働力の燃焼を主眼としたものであるため，消長が激しいことは，例えば，TB組合の3戸の構成員農家のプラスα部門についての表II-

第1章　稲作経営受委託の構造

表 II-1-46　導入年次別機械台数

		1965年	66年	67年	68年	69年	70年	71年	72年	73年	74年	75年
① 一般農家	トラクター						1			1	—	—
	田植機								5	2	—	—
	バインダー			3	1	6	4				—	—
	コンバイン										—	—
② 営農組合参加農家	トラクター	1	2	1	1			1				
	田植機								1 2			
	バインダー			3	4	1	1					
	コンバイン									1		
③ 個人受託農家	トラクター							3	1	1		
	田植機						1		5		1	1
	バインダー			1		1	3	1				
	コンバイン									2		

注：一般農家と営農組合参加農家は73年7月，個人受託農家は75年7月の調査による．

1-47が示している．組合としても麦の裏杷[3)]が行われてきたが，麦作は，田植機体系とは技術的に矛盾しており減少している．

「借り足し型」受託農家(I)——「借り足し型」の受託農家の内，農業を中心としている農家である．しかし，農業に主として就業している家族員の年齢は，「借地型」受託経営とは違って，40歳以上の中高年齢層であり，後継者の育つ見通しは暗い．今まで，農業の基盤があり，農業を中心に就業してきた労働力が，（年齢からして有利な兼業場面はない）引き続き農業専業ないし農業中心の経営を指向して，労働力の限度一杯まで受託している農家群といえる．受託面積は，次の「借り足し型」受託農家(II)に比べれば大きいが，受託面積率は最高でも35%であり，「借り足し型」受託である．稲作以外のプラス α 部門の導入が見られ，この面でも労働力の完全燃焼を目指している．機械所有は，3類型中最も後れており，また共有形態が多く，過剰投資を防ごうとする姿勢が見られる．

「借り足し型」受託農家(II)——すでに兼業が中心となっているが，なお僅かな面積の受託を行っている農家で，受託面積は，先の「借り足し型」(I)に比べ概して少ない．経営形態は，兼業プラス稲単作で他部門の導入は例外的である．機械装備は「借り足し型」(I)よりも優れ，中型体系が個人有形態で導入さ

表 II-1-47 TB 組合構成農家のプラス a 部門の変化

	1973年7月	1975年7月
Ⓐ農家	養鶏 (1,500羽)　いちじく (40a)	養鶏 (200羽)　　いちじく (50a)
Ⓑ農家	いちじく (30a)	いちじく (30a)　盆栽販売
Ⓒ農家	養鶏 (1,500羽)　いちじく (30a)	(兼業―ダンプ運転)

注：聞き取りによる．

れている点を特徴とする．比重の高い兼業収入がこれを可能にしていると同時に，その導入によって兼業に大きく傾斜しながらも自家農業の維持が可能になっている．機械導入の背景には，一定の規模の自作地の存在があり，また自家農業を維持しようとする背景には兼業条件の不安定性があることは言うまでもない．相対的に進んだ機械所有の余力が，受託の要因となっており，その範囲で行われているといって良い．受託農家のこの類型は，N町では明瞭には見られず，兼業深化の著しい，かつ大型圃場化した地域での特徴だと思われる．

以上，N町，T町2地域の検討から，現段階における経営受託農家の存在形態が次のように明らかになったと考える．①現時点において受託農家を形態的に見れば，受託面積率が高く，規模拡大に積極的な「借地型」受託農家・経営と，小地片の「借り足し型」の受託農家に分化が見られ，かつ両者が併存している．②「借地型」農家・経営は現経営主一代限りということでなく，「家」として引き続き専業農家を強く志向しており，現に若い労働力が農業従事しているか，あるいは，今後，後継者の育つことを考えて受託している農家群である．③これに対し，「借り足し型」受託農家は，農業中心者は中高年齢層であり，これまで農業を中心とする就業形態をとってきた世帯主層が，引き続き農業専業，ないしは農業中心に就業していくために受託を行っているものであり，現経営主一代限りという性格が強い．後継者が育つことを期待しているわけでなく，世代交代とともに，その多くは受託を止めていくような経過的な受託農家という性格が濃いといえる．④それゆえ，兼業化の後れたN町に対し，兼業化が一層深化したT町では，「借り足し型」受託農家の比重は減少しているのである．⑤しかし，兼業が深化したT町では，大型圃場化したこととも関係して，兼業に深く傾斜しながらも，機械能力の余力を理由に，若干の受託をす

るという性格の受託農家（「借り足し型」受託農家(II)）が現れている．

1) 各営農組合の発足経過・性格等については前掲拙稿参照．
2) 補助金の率を見ると TB 組合 50.4％，SB 組合 52.6％，SI 組合 53.9％，事業費総額は各組合ともおよそ 2,100 万円〜2,500 万円である（安城市『安城の農業』1972 年）．
3) 愛知県農試『稲作の合理化に関する調査研究』(1976 年) 14 頁によれば，72・73・74・75 年の麦作付面積は，TB 組合　5.7ha—6.9ha—7.8ha—2.5ha．SB 組合　0—1.9ha—2.2ha—0．SI 組合　5.7ha—1.0ha—0—0．圃場整備地区の通年施行地の期間借地による 3 営農組合共同分　0—19.5ha—24.4ha—0 となっている．

(2) 借地料の検討——小松市 N 町を素材として

1) 借地料の推移

　N 町で現在行われている経営受託には 2 種の形態がある．第 1 の形態は，収穫物はすべて委託者が受領し，生産に要した費用の合計金額を受託者が受け取るものである．この形態の経営受委託は，調査農家のなかに，75 年で 5 件（74 年には 6 件）存在している．74 年の 6 件について，その発生年次を見ると，50 年，66 年，70 年，72 年各 1 件，73 年 2 件となっている．この形態は，現在一般的である次に見る第 2 の形態に対して，本来の「請負耕作」の形態であろうが，現存するものについて見る限り，古い時点で発生した請負形態というわけではなく，委託側の希望で，この形態がとられているのである．その理由としては，1 つは所有水田面積の小さい委託農家の場合，飯米確保のため収穫米全部を受領しうるこの形態を希望する農家がいることと，2 つには，農地購入等との関連で，委託農家が農家としての名義を保つため[1]この形態を希望する場合とがある，の 2 点があげられる．しかし，この形態は，危険負担は委託側にあるものの，作業はすべて受託者の責任で行っており，次に見る第 2 の形態と異なる点がないにもかかわらず，普通の収量水準のもとでは受託者側の取分が少ないこと，他人の作物であり作業に気を使うこと，細かい労働についてまで計上して請求することが難しい等の難点があり，受託側から敬遠され減少してきている．この形態での受託側取分は費用込みで，74 年の 4 件の事例では 10a 当たり，6 万，7〜8 万，7.3 万，8 万となっている．表 II-1-48 は実際の請求内容の一例で，これでは作業料金は協定料金とほぼ同額，1 日当たり労働

費は74年4,000円,75年4,500円と田植労賃(これは土工労賃とほぼ同額)と同額に決められ,74年で約7万円となっている.委託者取分は,一般的な第2の形態では後述するように多くは2俵であるが,この形態での10a当たり受託料(請負料)を7.5万円,10a当たり収穫を9俵とした時の委託者取分は,74年で概算すると,9俵－6俵〔(受託料7.5万円＋用水費,万雑0.55万円)÷

表 II-1-48 積上げ方式による請負料の事例(10a 当たり)

				1974年		1975年	
(A)	物財費				円		円
	肥料	元肥	オール14	2袋×20kg	2,730	3袋	4,140
			重しょう隣	1袋	1,020	1袋	1,490
		追肥	追肥加成	15kg	700	22kg	1,390
			尿素	8kg	400	10kg	530
	農薬	除草	Mo	1袋	470	1袋	540
			サターンS	1袋	750	1袋	1,080
			24D	1袋	370	1袋	410
			クレロートソーダ	2.5kg	650	2kg	600
		農薬	アソジット	1袋	500	1袋	580
			バッサ	1袋	540		
			ヒノパイシフト			2袋	1,400
			ヒノミックス	1袋	680	1袋	800
	苗代				6,160		6,500
	小計				14,970		19,460
(B)	労働費				円		円
	耕起〜代掻				7,300		8,600
	畦ぬり			1.3人	5,200	1.3人	5,850
	田植え				4,000		4,300
	畦草 除草剤散布			0.5人	2,000	0.5人	2,250
	施肥			6回 1.0人	4,000	8回 1.0人	4,500
	除草剤散布					0.4人	1,800
	補植			0.3人	1,200	0.3人	1,350
	草とり			2回 1.0人	4,000	2回 1.0人	4,500
	ヒエ抜き			0.2人	800	1.0人	4,500
	農道,排水掃い			0.5人	2,000	0.7人	3,150
	消毒			3回 0.3人	1,200	4回 0.4人	1,600
	水管理			1.0人	4,000	1.5人	6,700
	刈取〜もみすり				19,750		22,500
	小計				55,450		71,600
(C)	合計				70,420		91,060

資料:農家の帳簿より集計.

1俵1.35万円]=3俵となる．絶対値は，収量，受託料額によって変わるが，現状では，受託者が「この形態では労賃しか入らない．」「この形態の方が若干不利である．」と言っていることを裏付けるのである．

この第1の形態に対し，一般的な形態は，あらかじめ借地料（＝「地代」）を決めておくもので，この場合，当然，危険負担は受託側が負っている．N町での借地料は，表II-1-49の通りで，最も一般的なものは，借地料（＝「地代」）2俵で，万雑（＝生産組合費，10a当たり74年1,000円，75年2,000円），用水費（10a当たり74年4,540円，75年4,190円），共済費を受託側が負担するというものである．上の3つの合計は，74年で約0.4俵に相当する．

次に，借地料の変化を表II-1-50で検討しよう．この表は，早い時期の受委託で，その受委託関係の継続中に，借地料に変化のあった事例を集計したものであるが，これによれば戦後における借地料変化の大筋は次のように見ることができる．①1950年代後半，60年代前半の一般的な借地料水準は，事例1，2，8が示すように，1.5俵であったようである．但し，この段階では，個々の事

表II-1-49　10a当たり借地料水準

10a当たり借地料	共済費	万雑	用水費	件数	備考
1. 3俵	地	地	地	1件	
2. 2俵	耕	耕	耕	23	
3. 2俵	地	半々	半々	2	
4. 2俵	地	地	地	3	
5. 1.5俵	地	地	地	1	
6. 3斗（0.75俵）	耕	耕	耕	1	1枚が小さいので（5a弱が2か所）
その他　1.5俵/250歩	耕	耕	耕	各1件	1.8俵
3斗/150歩	耕	耕	耕		1.5俵
3俵/500歩	耕	耕	耕		1.8俵
4俵/16a	地	地	地		2.5俵
1.5俵/9畝18歩	耕	耕	耕		1.55俵
1.5俵/8畝	耕	耕	耕		1.875俵
1.5万円/7畝	耕	耕	耕		2.14万（≒74年1.58俵）
7,000円/100歩	耕	耕	耕		2.1万（≒74年1.56俵）

注：1）共済費，万雑，用水費の負担については，地は委託者，耕は受託者負担を示す．
　　2）受託者と各委託者との契約を各1件として集計した．
　　3）その他の備考欄は10a当たりに換算したもの．
　　4）受託者からの聞きとりを集計．

情で様々な借地料水準が存在し，一般的な水準という時の，一般的という意味は，限定されたものであった．例えば事例 1, 3, 6, 8 では委託者が親戚ということで，借地料や諸負担が委託者に若干有利になるように決められている．これは第3節で触れたように T 町においても見られたことである．事例1の場合，委託農家に不幸があり，親戚に分けて委託するに際し，親戚の寄り合いを開き，親戚ということで，1.5俵より，高い2俵を借地料として決めている．後の第6節で触れるが請負耕作が従来持っていた相互扶助的性格——家族労働力の死亡・病気等によって自家農業の維持が不可能になる事態は，すべての農家に可能性としては平等に起こりうる——が残っているのである．この段階での収量は，10a 当たり 7.5〜8 俵であった．②次いで，10a 当たり収量が9俵水準に到達することを契機に，60年代後半に入って，借地料2俵，用水費，万雑負担は受託者・委託者で折半，共済費は名義のある方の負担という条件に変化している（事例 1, 2）．『県農林水産統計』によれば，小松市の稲作 10a 当たり収量は，61〜65 年が 440〜460kg, 66 年 482kg, 67, 68 年 500kg 水準となっているように，60年代半ばに入って顕著な伸びを示していたのである．③70年からの減反は，奨励金と借地料との関係で，経営受委託を不安定化させ，何件かの引き上げもあった点は，先に触れた．また，事例1では，その時点での受託農家の委託面積の半分については，借地料を，74年まで休耕奨励金と同額に引き上げている．事例3がいうように，機械の普及による受託希望の増加ということも影響しているようであるが，主として，減反との関係で，借地料は再び，今まで双方が5割ずつ負担していた万雑（生産組合費），用水費を受託側が負担するというように若干の上昇を示す．70, 71年時の万雑と用水費の合計は，約 0.5 俵であるから，0.25 俵ほど借地料は上がったことになる．④以上が，一般的な借地料の変化であるが，これに絡まって，個々の事情を反映した様々な高さの借地料が，年を追って一般的な水準に平準化してくる動きがあり，このことが表 II-1-50 に見られる借地料の個々の動きを複雑にしていると考えられる．例えば，事例7の動きは，一般的な変化として，借地料が，1.5 俵から 2.0 俵に上昇している時点で，逆に 3.0 俵から 2.0 俵に低下しているが，この動きは2俵水準への平準化として理解しうると思われる．

借地料は，以上のような変化を通じて「地代」2俵，用水費と万雑は受託者

第1章　稲作経営受委託の構造　　　　　　　　　　　251

負担，共済費は名義のある方の負担（多くの場合は受託者）という水準に均一化されてきたと見て良いであろう．この過程は，受委託関係が親戚の範囲を越えて展開を示す過程でもあった．

1) 一般的な経営受託の場合には，生産組合の台帳では，委託者の耕作田として掌握される．そのため，第1の形態の経営受託にして生産組合の台帳では委託者が耕作していることにしておくということである．N町では第1の形態を「請負」といい，第2の形態を「小作」と呼んでいる．このように，今までは第1の形態であれば，生産組合では委託者の経営田として掌握し，第2の形態であれば受託者の経営田として掌握してきたようだが，最近ではこの関係は崩れてきており，あらかじめ「地代」を決めておく第2の形態の場合でも，生産組合の台帳では元のまま委託者の耕作水田としておくような例も出てきている．例えば，委託農家が農地を購入しようとした際，全面積を委託していたため，生産組合の台帳で，耕作面積がゼロとなっており農家と認められず購入できなかったので，翌年，経営受委託の形態はそのままだが耕作者の名義だけ委託者側に移した例がある．

2) 経営受託農家の経営収支

　経営受託農家が経営受託を行う際の採算の基準，そして更に，現在の借地料形成のメカニズムを検討する前提として，まず現在の借地料の下での経営受託の採算性について，「借地型」受託農家4戸と，「借り足し型」受託農家3戸の74年の採算を見ておきたい．「借り足し型」の3戸は，耕耘機・自脱コンバイン装備の⑪農家，耕耘機・田植機・自脱コンバイン装備の⑥，⑮農家をとり上げる．但し，⑮農家は経営受託の開始が75年であるので，受託面積，作業受託面積については75年の数値を使用してある．

　経営受託の採算の検討に際して，いくつかの推計が必要なのであらかじめそれについて述べておく．生産費の内，物財費については表II-1-51のように，いくつかの事例をもとに16,800円とした．『生産費調査』の種苗費が高いのは，苗購入農家が含まれているためである．検討する7戸の農家は，⑮農家以外すべて苗は自給している．⑮農家については，緑化苗を購入しているので種苗費を除いて，苗代を加えてある（表II-1-54表注2参照）．機械の年償却費については，表II-1-52のように，聞きとりによる取得価格をもとに残存価格1割として定額法で算出し，10a当たり年償却費は各機械毎の年償却費を経営面積

252　　　　　第Ⅱ部　農業構造変化の事例分析

表 II-1-50　借

事例	戦前	1950年	55年	60年	65年
1 (受託者)					◉ 1.5俵 (自分の場合は親戚なので2俵で受託)
2 (受託者)	3俵 小作争議で 2俵	1.5俵／反収7.5〜8.5俵			2俵／9〜 万雑，用水費は名義のある方
3 (受託者)		3俵の時もあった．	55年頃 2俵（諸負担をどっちが持つかはそれぞれ違う．自分の場合には親類が多いので受託者負担）		65年前後は作り手た．機械が入ってき側からつくらせてくも出てきている．
4 (受託者)					
5 (受託者)					◉ 2俵で諸負担は受託者が払う．
6 (受託者)					
7 (受託者)					◉ 3俵で受託者が諸負担．
8 (受託 経験者)	2俵／反収 6俵 用水費小作 人負担			◉ 1.5俵が水準．親戚の田なので，親戚の集まりで2俵，用水費受託者，万雑，共済は委託者と決めた．収量7.5〜8.0俵なのでつらかった．	
9 (委託者)	3俵／反収 6俵				◉ 2俵で，用水費受託者，その外は委託者
まとめ	①一般的な水準の動き ②様々な水準が均一化してくる			1.5俵ーーーーーーーーーー→2.0俵 ①反収上昇　(用水費／万雑) 半々	

注：1）　矢印は変化のあったことを示す．
　　2）　農家からの聞きとりによる．変化のあったものについて集計．

地料の変化

66年	67年	68年	69年	70年	71年	72年	73年	74年
	↗2俵．反収上昇を原因として		休耕前2俵で用水費，万雑を半々に負担	休耕時，受託面積の半分については休耕奨励金と同額を払った．		↗休耕後2俵，諸負担受託者に変化		
9.5俵反収								
半々，共済が払う								
が少なかってから受託れという人								
				1.5俵			↗2.0俵（但し諸負担を受託者が払うのはサービス）	
					↗71, 72年 3俵で，諸負担は委託者が払う．			
	親戚なので2.5俵で諸負担受託者		↘他人に土地を売却．引き続き受託．2.0俵諸負担受託者					
			↘◉ 2俵で諸負担受託者	（3俵の人もいるが，2俵に統一されてきている．）				
↙（66年に1.5俵となった．）								

① 減反奨励金
② 機械普及による受託者の増加　　　　　　　　→ 2.0俵（用水費／万　雑／共済費）受託者負担

表 II-1-51　10a 当たり

	ⓐ 米生産費調査				ⓑ	
	1973 年		1974 年		①農家	
	加賀平均	加賀 2.0〜3.0ha	加賀平均	加賀 2.0〜3.0ha	1973 年	1974 年
種苗費	1,059	2,030	1,585	2,176	646	781
肥料費	3,402	3,860	5,367	5,560	2,743	1,220
農薬費	2,479	1,902	4,231	4,073	6,188	6,051
光熱動力費	962	900	1,622	1,495	1,382	1,684
その他諸材料費	759	733	1,511	1,723	2,087	3,635
小計	8,661	9,425	14,316	15,027	13,046	13,371

資料：ⓐ―農林省「米生産調査費」．
　　　ⓑ―小松市に隣接するＴ町Ｔ農家の事例（73 年 11ha，74 年 13.4ha 経営）．
　　　ⓒ―①農家に関する，石川県農業会議の「米生産調査」個表．
　　　ⓓ―⑱農家の「青色申告書」（145a 経営）．
　　　ⓔ―③農家の積上げ式請負耕作の請求書による．
　　　ⓕ―⑪農家よりの聞きとり事例．

と作業委託面積の合計面積で割った額を加算してある．ただし，本来であれば建物等の償却も考えねばならず，また機械の値上がりも考慮しなければならない．推計が困難な 10a 当たり家族労働時間については次のようにした（II-1-53 参照）．①農家は，県農業会議の『米生産費調査』の対象農家なので，その調査個表による家族労働時間 36 時間の概数として 40 時間とした．⑪農家は表 II-1-53 にあるように，73，74 年の農林省『米生産費調査』の加賀地域個表で，同一の機械装備農家（表 II-1-53 の I―耕耘機＋自脱コンバイン農家）の平均労働時間 81.3 時間から，⑪農家の 10a 当たり田植雇用労働時間 7.3 時間（のべ 16 人×8 時間÷176a×10）を引いて約 75 時間とした．⑥農家，⑮農家についても，同じように『生産費調査』加賀地区個表の，同一機械装備農家（表 I-1-53 の II―耕耘機＋田植機＋自脱コンバイン）の平均労働時間 69.2 時間を基準とし，⑥農家は雇用労働時間はないので，そのまま約 70 時間を労働時間とした．69.2 時間を算出するのに使用した『生産費調査』の農家も⑥農家も苗は自給であるが，⑮農家はすべて田植機用の緑化苗を購入しているので，その時間 5 時間を引いて 65 時間を⑮農家の労働時間とした．（74 年加賀地域の『生産費調査』個表で田植機導入農家の 10a 当たり「種子予措」「苗代一切」の

物財費　　　　　　　　　　　　　　　　　　　　　　　　　　　　（単位：円）

ⓒ		ⓓ	ⓔ	ⓕ	採用値
①農家		⑱農家	③農家		(1974年)
1973年	1974年	1974年	1974年	1975年	
581	717	730			800
3,532	3,265	5,630	4,850	6,500. 5,000	10,000
4,712	5,509	4,467	3,960	5,000. 4,000	
3,171	8,339	4,884			2,000
		2,277			4,000
11,996	17,830	17,988			16,800

労働時間平均は 6.2 時間であるが，⑮農家は苗の硬化は自宅でしているので若干少なく 5 時間として差し引いた．），②，③，④農家と同じ機械体系を持つ農家は，『生産費調査』の加賀地域には 1 戸もいないので，この 3 戸の労働時間は，①農家の労働時間（家族＋雇用）を基準に推計するしかない．②農家の労働時間については，機械装備においてはほぼ同一水準であるが，先に触れたように経営耕地の分散が①農家に比べ著しい点，71 年時点で，②農家の労働時間が①農家より若干多いという指摘があることを[1]考え 45 時間とした．③農家は機械所有において，①，②農家より劣ることを考え 50 時間とし，④農家は③農家より更にコンバインの能力で劣り，軽四輪も所有していない点を考え 55 時間とした．以上のように，特に②，③，④農家の労働時間は，大まかな推計にすぎない．

　以上の推計値を使用して 7 戸の受託農家の採算を計算してみたのが表 II-1-54 である．10a 当たり収量は，聞き取りによる数値であるが，「借地型」受託農家の方が若干低い点，注意しておきたい．この表から次の点が読み取りうる．第 1 に，10a 当たり受託地所得は，「借地型」受託農家では 6.3 万～6.7 万円となっている．④農家は拡大目標を 5～6ha としているが，全面積を受託地で経

表 II-1-52 受託農家の償却費（1974年）

	農家番号	機械	価格	耐用年数	年償却額	経営面積（自作地＋経営受託地）	作業受託面積
			万円	年	円	a	a
「借地型」受託農家	①	トラクター17PS	70	8	78,750	680	198
		田植機2条	22	5	39,600		30
		育苗箱	60	7	77,143		30
		コンバイン4条	240	5	432,000		20
		乾燥機2台	55	8	61,875		55
		軽4輪	32	3	96,000		－
		10a当たり償却費			10,966		
	②	トラクター21PS	105	8	118,125	560	380
		田植機4条	45	5	81,000		－
		育苗箱	50	7	64,286		－
		コンバイン2条	65	5	117,000		－
		乾燥機	28	8	31,500		－
		軽4輪	33	3	99,000		－
		10a当たり償却費			8,271		
	③	トラクター15PS	75	8	84,375	481	50
		田植機2条	20	5	36,000		－
		育苗箱	26	7	33,429		－
		コンバイン3条	150	5	270,000		－
		乾燥機20石	75	8	84,375		－
		軽4輪	15	3	45,000		－
		10a当たり償却費			11,335		
	④	トラクター15PS	90	8	101,250	360	60
		田植機2条	24	5	43,200		－
		育苗箱	48	7	61,714		－
		コンバイン2条	78	5	140,400		15
		乾燥機24石	38	8	42,750		35
		10a当たり償却費			10,151		
「借り足し型」受託農家	⑪	耕耘機7PS	26	5	46,800	176	－
		コンバイン2条	66	5	118,800		
		乾燥機10石	25	8	28,125		
		軽4輪	25	3	75,000		
		10a当たり償却費			15,268		
	⑥	耕耘機	30	5	54,000	241	20
		育苗箱	33	7	42,429		－
		田植機2条	24	5	43,200		－
		コンバイン2条	68	5	122,400		160

第1章　稲作経営受委託の構造

(つづき)

農家番号	機械	価格	耐用年数	年償却額	経営面積(自作地+経営受託地)	作業受託面積
「借り足し型」受託農家 ⑮	乾燥機12石	27	8	30,375		—
	10a当たり償却費			9,934		
	耕耘機9PS	35	5	63,000	142	80
	田植機(3戸共有)	5.8	5	10,440		50
	コンバイン	65	5	117,000		140
	乾燥機	20	8	22,500		—
	10a当たり償却費			9,115		

注：1)　価格は聞きとりによるもので取得価格である.
　　2)　償却費は残存価格10%として定額法で算出.
　　3)　10a当たり償却費は機械ごとに経営面積と作業受託面積の合計で割って算出したものの計である.
　　4)　⑮番農家については本文参照のこと.

表II-1-53　10a当たり投下労働時間

(単位：時間)

	ⓐ 農林省「米生産費調査」						ⓑ ⓣ農家		ⓒ ⓘ農家	
	1973年		1974年		73, 74年		73年	74年	73年	74年
	加賀平均	石川 2.0～3.0ha	加賀平均	石川 2.0～3.0ha	I	II				
労働時間計	81.5	62.0	87.9	76.5	81.3	69.2	37.3	29.7	50	41
内家族	77.5	58.1	82.5	69.7	81.3	68.25	36.3	29.1	46	36

注：1)　73-74年のI, IIは農林省「米生産費調査」加賀地域個表の再整理で
　　　　I——耕耘機, 自脱コンバイン所有農家の5戸の内労働時間が最少最大を除いた3戸の平均
　　　　II——耕耘機, 田植機, 自脱コンバイン体系の農家は73年は0戸, 74年は2戸いるので74年の2戸の平均
　　　　石川県農試経営研究資料No.10. 川島平一「稲作経営の発展と請負組織」より再集計.
　　2)　ⓣ農家——トラクター17PS, 田植機4条, コンバイン3条, 乾燥機27石, 30石.
　　　　ⓘ農家——トラクター17PS, 田植機2条, コンバイン4条, 乾燥機15石, 32石.
　　3)　表II-1-51と同じ.

営するとしても, 5.5ha規模であれば現在の農家所得360万円を確保しうる計算になる. なお『農家経済調査』によれば74年の石川県農家の農家所得は, 県平均で310万円, 最高が最上層2.0～3.0ha層の420万円となっている. ④農家の5～6haという拡大目標も, この辺を根拠にした目標なのではないかと考えられる. 第2に, 受託地における家族投下労働1日(8時間)当たり所得は(時間当たり受託地所得×8時間), 「借地型」受託農家の場合, ①農家

表 II-1-54　74年度受託農家の経営採算の推計

農家番号	「借地型」受託農家				「借り足し型」受託農家		
	①	②	③	④	⑪	⑥	⑮
経営面積 ㋑自作地	345 a	465 a	285 a	130 a	150 a	180 a	105 a
㋺受託地	335	95	196	230	26	61	37
㋩合計	680	560	481	360	176	241	142
10a当たり ①物財費	16,800 円	16,800 円	16,800 円	16,800 円	16,800 円	16,800 円	22,080 円
②償却費	10,966	8,271	11,335	10,151	15,268	9,934	9,115
③用水費	4,540	4,540	4,540	4,540	4,540	4,540	4,540
④生産組合費	1,000	1,000	1,000	1,000	1,000	1,000	1,000
⑤雇用労賃	2,160	—	—	—	4,636	—	—
⑥合計	35,466	30,611	33,675	32,491	42,244	32,274	36,735
⑦収量	9.4 俵	9.25 俵	9.2 俵	9.2 俵	9.5 俵	9.5 俵	9.5 俵
⑧粗収益 ⑦×13,500	126,900 円	124,875 円	124,200 円	124,200 円	128,250 円	128,250 円	128,250 円
⑨自作地所得 ⑧−⑥	91,434	94,264	90,525	91,709	86,006	95,976	91,510
⑩「借地料」(2俵)	27,000	27,000	27,000	27,000	27,000	27,000	27,000
⑪受託地所得 ⑨−⑩	64,434	67,264	63,525	64,709	59,006	68,976	64,515
家族投下労働時間	40 時間	45 時間	50 時間	55 時間	75 時間	70 時間	65 時間
当時間当たり 自作地所得	2,286	2,095	1,811	1,667	1,147	1,371	1,408
受託地所得	1,611	1,495	1,271	1,177	787	985	993
稲作所得 (㋑/10×⑨+㋺/10×⑪)	5,313,012	5,022,284	3,825,053	2,680,524	1,443,505	2,148,321	1,199,560
農外所得	—	—	400,000	910,000	1,330,000	?	?

注：1) 労働時間については本文参照のこと．
　　2) ⑮番農家は緑化苗を購入しているので物財費の内容として種苗費を除いて，苗代320円/箱×19箱＝6,080円を加えてある．
　　3) 収量，雇用労賃，農外所得は農家からの聞きとりをもとに算出したもの．

13,000円，②農家12,000円，③農家10,000円，④農家9,400円であり，「借り足し型」受託農家の場合　⑪農家6,300円，⑥農家7,880円，⑮農家7,900円である．⑮農家のそれが，経営規模が小さいにもかかわらず高いのは，償却費の低さに起因し，それは，作業受託が多いこと，及び田植機の導入に補助金が

第1章　稲作経営受委託の構造　259

表 II-1-55　N 町の男子日雇労賃水準

		年齢	職種	賃金（1日当たり）
聞き取り事例	1	38歳	冬期灯油配達	円 4,700〜4,800
	2	42	土木・建設人夫	4,000〜4,500
	3	46	〃	4,000
	4	50	〃	5,000
	5	56	〃	4,500
	6	42	九谷焼白生地づくり	3,500
	7	57	土木・建設人夫	5,000
	8	57	〃	5,000
	9	65	九谷焼荷づくり	3,000
	10	58	倉庫係	3,750
参考(1)	恒常的勤務	—	—	3,686
	臨時的勤務	—	—	3,410
	大工	—	—	5,824
	土木	—	—	4,257
参考(2)	臨時的勤務	—	—	2,696
	恒常的勤務	—	—	4,414
	職員勤務	—	—	7,489

注：1) 事例1は④農家，事例5は⑪農家の例である．
　　2) 1975年8月の聞き取り事例の集計．
　　3) 参考(1)は，全国農業会議所『昭49年度農業臨時雇賃金調査結果』の石川県中小工鉱業地帯周辺の農村から通勤する産業の男子賃金である．
　　4) 参考(2)は『農家経済調査』の数字で『石川県農林水産統計年報』（1974年）から計算した．

つき，かつ3戸共有であることを理由にしている．表 II-1-55 は N 町の農家世帯員の日雇い労賃水準と統計による石川県の農家世帯員就業者の賃金水準とを見るために集計したものであるが，これによれば，土木・建設工事人夫賃金で1日4,000〜5,000円となっている．つまり，①〜④の「借地型」受託農家の場合，受託地においても物財費，償却費を正当に控除したうえで，1日当たりにして日雇い労賃をはるかに超え，職員勤務賃金以上の水準の所得を実現しえているのである．「請負いは兼業より良い」という③農家の言葉を裏づけている．「借り足し型」受託農家の場合にも，物財費，償却費控除後の1日当たり受託所得は，日雇い賃金水準を上回る水準となっている．つまり絶対額自体は様々な推計の結果であり多くの問題を含むとしても，受託地における1日当たり所

得において,「借地型」農家のそれと「借り足し型」農家のそれとの間に歴然とした差があること,及び前者のそれは日雇賃金水準をはるかに大きく越えていることを確認しうるのである.第3に,とすれば先の2点は,今の借地料水準,現在の生産力水準の下では,全経営地が受託地で成り立つ借地経営であっても,その時間当たり所得は,日雇い賃金水準を大きく越える水準を実現しうる段階にあることを示しているとしてよいであろう.自作地を大きく越える受託地を持つ経営が出現してきている根拠であり,今のところ,規模は小さいが,④農家のような動きを無視することはできないと思われる.石川県の事例で1例をあげれば,志雄町のN農家[2]のように,74年で受託地12.2ha,自作地2.5ha,受託面積率83%という経営が成立しているのである.確かに,自作地の大小は,受託地の拡大競争が激しければ激しいほど決定的意味を持つ.しかし受委託の需給関係が借り手市場になってきているところでは,経営受託拡大において自作地の持つ意味も低下しうるのであり,事実,そういう借り手市場的様相を呈してきた70年以降(この状況は先の第3節で見た)④農家の受託地拡大も急速に進んだのである.④農家そのものは今のところ規模も小さいし,不況の影響もあり今後については不確定要素も多いわけだが,このような状況下で,各地で,所有面積序列を大きく崩し,経営面積を拡大する農家が出現してきていることは事実なのである.

1) 川畠平一「企業的稲作経営の成立条件」(石川県農業試験場経営研究資料第5号,1973年) 27頁.その理由の1つとして,②農家の稲作が,肥料や農薬をある程度多く投入し,米をとる「片倉式稲作」という集約的なものであるという指摘がある.しかし「討論の部」で,②農家から①農家より労働時間が多いということに関して否定されている (44頁).
2) トラクター30馬力,4条田植機,4条コンバイン所有,家族農業労働力5人――世帯主36歳,妻31歳,父65歳,母64歳,弟27歳――の農家である.借地料は2俵で,水利費は委託者負担である.10a当たり収量は74年7.7俵である.このように所有地が小さいにもかかわらず受託によって経営規模拡大を実現している農家は各地にいくつか見られるようになってきている.

3) 借地料の形成メカニズム

それではこれらの経営が経営受託を行う際の採算基準はどこにあり,それと

第1章　稲作経営受委託の構造

の関連から見て，現実の借地料はいかなるメカニズムで決まっているのであろうか．表II-1-56は，借地料について，積極的な発言のあった事例をまとめたものである．ここに見られる4俵から2俵までと，幅のある見解をどう統一的に理解したらよいかという点を手掛かりにして，借地料水準の検討を行いたい．

　第1に，⑥農家，⑪農家の意見——借地料の限界は，3俵，2.5俵——は，「借り足し型」受託農家の支払いうる借地料水準の限界を示していると考える．⑥農家が借地料を3俵支払う場合の1日当たりの受託所得は，表II-1-54から試算すると6,300円となる．⑪農家が2.5俵支払った時の1日当たり受託所得は，5,600円である．ほぼ日雇い労賃水準と見て良いであろう．つまり「借り足し型」受託農家の場合，その行動原理は受託地に対する家族投下労働に対し，日雇い労賃水準の所得が得られるかどうかにあると考えられるのである．現在の経営主一代限りという意味で，過渡的性格の強い受託であり，日雇い兼業に出るか，経営受託をするかという選択において経営受託をしているのである．

　第2に，しかし最近発生する受委託関係は，トラクター，田植機，コンバインを装備し，経営受託を手段に，規模拡大をはかっている「借地型」受託農家との間で多くなってきているのであり，先に触れたように，①農家が「自分のところに頼みに来る委託者は，最近，親戚など何軒かに頼んで断わられ，結局うちに来る」という状況になっている．そういう規模が大きく，生産力の高い農家が受託するのであるから，借地料は3.5〜4俵払えるはずであるというのが㉚農家の意見であると思われる．これは，そういう「借地型」受託農家も，「借り足し型」受託農家と同じように，日雇い労賃水準の所得確保を行動原理として経営受託を行っていると見ているところから出てきた意見と考えられる．「借地型」として限界的な④農家について，10a当たり収量9俵，借地料3.5〜

表II-1-56　借地料についての意見

農家番号		自作地	受託地	意見
④	受託農家	130a	230a	2俵が限度
⑥	受託農家	180	61	反収9.5俵なら3俵まで払いうる
⑪	受託農家	150	26	2.5俵＋用水費等が限度
㉚	自作農家	29	—	反収9俵なら貸すとすれば3.5〜4俵ほしい

注：聞きとりによる（1975年8月）．

4俵で，1日当たり受託所得を計算すると，6,074～5,092円となり，①農家の場合には7,757～6,407円となる．特に「借地型」受託農家のうち限界的な④農家の場合，先の建設・土木の男子日雇い賃金を僅かに上回るにすぎない水準である．第3に，しかし，㉚農家の意見とは違って，「借地型」受託農家である④農家は，借地料は現行の2俵が限度であるとしている．これは「借地型」受託農家の受託原理が，「借り足し型」受託農家のそれとは異なっているからで，その行動原理は，日雇い労賃水準の所得確保にあるのではなく，他産業における恒常的賃労働労賃水準の所得確保にあることを示すのである．これらの農家において自家労働評価が高まらざるを得ないのは，①現に若い労働力が多く，それらの多くは，学歴の点でいっても，農外の安定的な恒常的勤務が可能な条件にありながら，自らの主体的判断で農業を職業として選択したし（例えばT町TB組合のⒶ農家の長男は大学生であるが，農業を継ぐことを考えて手伝っている），また実際に勤めを止めて帰農したものもいること（SB組合の3人は農協職員，TB組合Ⓑ農家も大工である），②若い労働力がいない経営でも，「借地型」受託農家の多くは，後継者の育つことを考えて規模拡大しているのであり，そこでは，後継者を農業に引きとめうる高さの自家労働評価が不可欠であること，③機械化の進展のなかでオペレーター労働の比重が増し労働力の質が問題となってきたことからしても，また，技術進歩のなかで，それに対して規模拡大し，それに見合った農作業を行って一定の収量，収益をあげていくには，それなりの努力と能力が必要となっていること，以上の諸点つまり農業労働が複雑化し高度化してきていることからしても自家労働評価は高まらざるをえないのである．第4に，それでは現行の借地料2俵の形成メカニズムはどう理解しうるであろうか．N町における受委託関係は，先に触れたように，ほぼ町内の範囲で結ばれている．つまり，そこで形成されている借地料は，その狭い範囲における受託者，委託者の採算基準，借地市場の需給関係に規定されていると見てよい．N町の場合，一部の農家を除いて，コンバイン，田植機の普及が顕著に進むのは最近のことで，表II-1-57によれば，自脱コンバインは71年以降であり，田植機はそれよりやや後れる．つまり，それ以前の受託は，「耕耘機・手植え・手刈りあるいはバインダー」という作業体系の「借り足し型」受託農家によるものが一般的であり，借地料も，その生産力を

前提に,「借り足し型」受託原理＝日雇労賃原理で規定されていたと考えられる. 70年以降, 機械化は急速に進み, 受託農家には田植機, 自脱コンバインが一般化する. この時期, 機械化の進展と減反奨励金の存在とによって, 借地料の若干の上昇があったことは先に

表II-1-57　機械導入の年次別農家数　(戸)

	トラクター	田植機	自脱コンバイン
1967年	2		
68			1
69		1	1
70	1		1
71	1	2	4
72	1	2	8
73	4	7	3
74	2	1	1
75		4	1

注：農家調査の集計.

見た通りである. しかしその借地料の上昇も,「借り足し型」受託農家においても, 一般化した田植機, 自脱コンバイン導入にもとづく生産力によって増大した剰余分をすべて借地料化するほどには高まらなかったと見て良いであろう. 先に見た通り,「借り足し型」受託農家の受託原理によっても, 現在の生産力を前提にすれば, 借地料として3俵（⑥農家）ないしは2.5俵（⑪農家）まで支払うことが可能なのである. これは, 表II-1-17で見たように, 70年以降, 受委託関係が著しく発生していることと関係しているのである. つまり, 受委託関係において借り手市場としての色彩が濃くなってきており, そのことが借地料の上昇を現在の2俵水準に留めているのである. このようにして形成された借地料水準の下で, 生産力格差を基礎に, 受託原理を異にする（＝恒常的賃労働労賃原理）「借地型」受託農家の展開が見られ, また④農家のように, 自作地面積が小さいにもかかわらず, それをはるかに超える受託によって経営面積を大きく拡大することも可能になっているのである. 第5に, 当然のことながら, 機械装備において一層優れ, 規模も大きい最上層の①, ②農家においては,「借地型」受託農家の受託原理に立っても, 2俵を上回る借地料の支払いが可能な生産力格差を形成している. それゆえ, 受託地をめぐる受託農家間の競争が激化するような場合には, 競争の手段として, 現行の借地料を上回る水準を打ち出しうる生産力を実現しているのである. 借地料がこれらの層によって規定される点まで高まるかどうかは, 受託地をめぐる需給関係にかかっている. 現在のところ, 経営委託の引き上げは見られるが, 他方で新たな委託要求

があり総体としては横ばいないしは若干減少気味という状態である．川島鉄三郎氏は，蒲原の場合，上層農家は質的な生産力格差にもとづく地代支払い能力によって，自ら中・下層の土地供給を作り出しており，そこでは土地純収益ギリギリの水準まで「地代」を支払っているのに対し，加賀ではその水準より若干低い「地代」水準を支払っていると性格づけておられるが[1]，この加賀の特徴が今後とも続くかどうかは，構造的不況の深さにかかっていると思われる．

1) そして，この両地域の差異の原因を①借地に積極的な上層農家の存在の量的違い，②中型機械体系の定着の差，③土地の需給構造の相違の3点に求めておられる．北陸農業試験場『北陸稲作農業の規模拡大』（1974年）182頁．

第5節　大規模受託経営の成立構造

(1)　大規模受託経営の生産力構造

1) 加賀・大規模受託農家の生産力構造——加賀上層農家との比較

ここでは，経営に関する諸数値の得られる[1]先に見たN町の①農家と，小松市に隣接するT町・U集落の①農家を事例とし，最上層に位置する大規模「借地型」受託農家の生産力構造を，加賀平野上層農家（2.0～3.0ha層）との対比において検討したい．本題に入る前に，2戸の農家の経営面積の変化を表II-1-58で示しておく．

　①農家についてあらかじめ簡単に紹介しておく．この農家が経営受託を始めたのは65年（13a）であるが，本格的な開始は69年からで，この時の受託面積は52aであった．その後の展開は表II-1-58の通りである．農業就業者は69年まで夫婦2人，70年以降後継者が就農，75年には後継者の妻も就農している．稲作技術において勝れ，59，64，65年に米作日本一石川県競作会で1位，同じ65年に米作技術日本一賞，66年農業祭農産部門で天皇杯を得ている．規模拡大の歩みについては同氏著『大型稲作に賭ける』（富民協会，1974年）参照のこと．

最初にいくつかの指標で生産力の動きを見ておこう．

10a当たり収量——図II-1-9によれば石川県2.0～3.0ha層の収量は，60年

第1章 稲作経営受委託の構造

から68年にかけ，130kg 程の上昇を示し，停滞気味の下層0.3〜0.5ha 層との格差を広げている．しかし，その後最上層2.0〜3.0ha 層においても収量は低下傾向に転じている．これに対し，①農家の10a 当たり収量は，72年までは2.0〜3.0ha 層のそれに比べ低いが，73, 74年には，追い着くまでになっている．⑦農家の場合，62年までは，2.0〜3.0ha 層に比べ，極めて高い収量を示していたが，特に，受託面積が急激に拡大し，経営面積が562a から774a に増加した71年以降収量の低下が著しくなっている．この理由として，⑦農家自身次の4点を挙げている[2]．①収穫作業の能率化のため，元肥の窒素肥料を大幅に減量して倒伏を防いでいること，②受託田のなかに低収田があること，③機械植えが不可能な，畦ぎわ，田の角は田植えを行わないし，補植もほとんど省略していること，④水管理，除草が徹底しないこと．しかし，受託面積の伸びが鈍化し，また一方で家族労働力も豊富になるなかで，74, 75年と10a 当たり収量は上昇傾向に転じている．

10a 当たり直接労働時間——図II-1-10によれば，石川県の10a 当たり稲作労働時間は，68, 9年を転機にして，急激に減少したことがわかる．特に⑦農家における68年から72年にかけての投下労働時間の減少は著しく，この4年間に一挙に93時間減少している．この変化を機械化の過程と関連させて見ると，69年に，バインダー，ハーベスターの導入があり，その後，70年にテンパリング式乾燥機（30石）の導入と作業場の完成，71年は17馬力トラクター（それ以前は9馬力の耕耘機），2条田植機，72年は3条コンバイン，テンパリング式乾燥機（27石），73年は4条田植機の導入と続く．つまり，68年から

表 II-1-58　経営面積の変化

(単位：a)

		1970年	71年	72年	73年	74年	75年
①農家	自作地	354	320	358	332	344	335
	受託地	223	223	223	236	330	325
	計	577	543	581	568	674	660
⑦農家	自作地	377	422	438	438	458	458
	受託地	185	352	404	664	878	844
	計	562	774	842	1,102	1,336	1,302

注：本文注1参照．

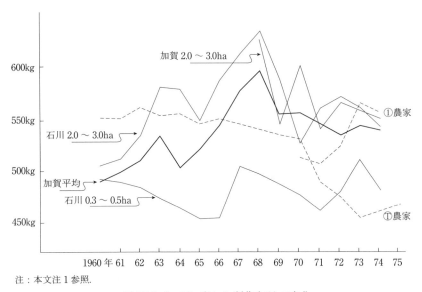

図 II-1-9　10a 当たり稲作収量の変化

注：本文注1参照.

72年にかけての投下労働時間の急減は，規模拡大とともに中型機械体系が整えられていく過程であった．75年の機械化体系は17馬力トラクター・4条田植機・3条自脱コンバイン・乾燥機2台となっている．①農家の10a当たり投下労働時間は，70年時点では⑦農家より少なかったが，その後は逆に10～15時間多くなっている．70年当時は，経営面積はほとんど同じであったが，機械装備において①農家が勝れていたからで，先の表II-1-38で示したように，69年には既に，13馬力トラクター，2条田植機，2条自脱コンバインが揃っていたのである．その後，⑦農家における経営面積の急速な拡大と，中型機械体系の装備のなかで，逆に⑦農家の10a当たり投下労働時間の方が少なくなるのである．75年の機械装備は両農家ともほぼ同一で，①農家は，17馬力トラクター，4条田植機，4条自脱コンバイン，乾燥機2台の体系となっている．機械装備がほぼ同一にもかかわらず⑦農家の10a当たり投下労働時間が①農家のそれに比較して少ないのは，経営面積が大きいこと，家族労働力が多く，協業等によって作業能率を高めうること，6a区画の圃場にもかかわらず全面積の3分の1程度が個人の作業で20a区画となっていること[3]に加え，先に触れたよ

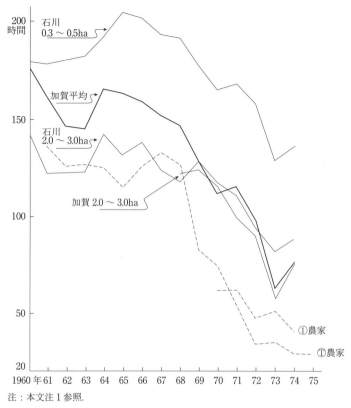

図 II-1-10　10a 当たり稲作直接労働時間（家族＋雇用）

うに補植をしない等省力化を徹底している[4]ことによる．

　投下労働 10 時間当たり収量——図 II-1-11 によれば石川における上層（2.0〜3.0ha）と下層（0.3〜0.5ha）との格差は，69 年以降拡大してきているが，㋺農家も，㋑農家もその上昇は著しい．特に㋑農家の場合には加賀の 2.0〜3.0ha との比較においても，72 年で 2.24 倍，73 年 1.35 倍，74 年 2.24 倍となっている．㋺農家は㋑農家より 72 年で約 30kg，73 年で 20kg，74 年で 25kg 程劣っている．

　以上の物的な生産力諸指標によれば，県あるいは加賀平野の 2.0〜3.0ha という上層農と比較して，㋑農家の場合には，10a 当たり収量ではかなり劣りな

がら，10a 当たり投下労働時間が極めて少ないことにより，労働時間当たり収量では著しく高いという，労働生産性上昇に高いウエイトを置いた生産力展開となっていることがわかる．これに対し，①農家の場合には，機械装備において 2.0～3.0ha 層に比べ格段に勝れているにもかかわらず，10a 当たり投下労働時間におけるその層との差は縮小気味であり，そのかわり，10a 当たり収量では上層農のそれに追い着き，追い越す高さとなっている．つまり，①農家の場合には，土地生産性にもかなりの重点をおいた生産力展開となっているのである．⑦農家は豊富な労働力を基礎に，労働生産性上昇に重点を置いた稲単作での規模拡大努力――先に触れた個人による圃場区画の拡大，全体として労働時間が多少増えても，除草・冬耕起等を農閑期に行うことによって農繁期の労働時間を減らす努力等は労働力に比して，一層の規模拡大を可能にした――によって，75 年には経営面積 13ha に到達している．しかし，農繁期作業の機械化を軸に，これだけの規模拡大が可能になりながら，約 8ha を超える段階から，稲作技術において勝れたこの農家においてさえ，10a 当たり収量を急速に低下させなければならなかった動きのなかに，現段階の機械化の内包する問題点，機械化を軸に展開する生産力の脆弱性が現れているのである．これに対し，労働力 2 人の①農家は，68 年に導入したラン部門を労働力の通年的燃焼を目的に 72 年には温室を建てて拡大し，一方稲作部門については，受託も集落内に限定されており（⑦農家は隣り集落が中心），受託拡大の姿勢にも違いがあり，（①農家は自分の方から頼んで受託の拡大はしていない．⑦農家はもっと積極的に受託の拡大を行っている[5]），経営面積は 7ha 弱に留まっている．それゆえ，その生産力展開も，土地生産性にもかなりのウエイトを置いたものとなっているのである．集落内においても，集落の高収量農家層とほぼ同水準の 10a 当たり収量をあげている．⑦農家も，不況の影響で受託面積拡大が停滞化した 74，75 年の段階で，家族労働力の増加もあり，土地生産性上昇に力を注ぎ出している．

以上 2 戸の大規模受託農家の生産力展開の特徴を表 II-1-59 によって生産費の面から見ておこう．生産費の比較の際，c（物財費）+v_1（雇用労働費）の比較は問題ないとしても，家族投下労働時間を含めた生産費の比較には，自家労働評価というやっかいな問題が入り込まざるをえない．それゆえ，あらかじめ

第1章 稲作経営受委託の構造　　　269

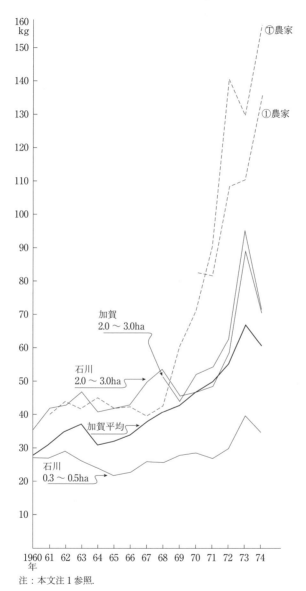

注：本文注1参照.

図 II-1-11　稲作直接労働（家族＋雇用）10時間当たり収量

第II部　農業構造変化の事例分析

表 II-1-59　生産費格

		10a 当たり生産費			格差（加賀 2～3ha＝100）		
		$c+v_1$ (円)	v_2 (時間)	時間当たり自家労賃 v_3 (円)	$c+v_1$	$c+v_1+v_2'$ (I)	$c+v_1+v_2'$ (II)
加賀 2.0～3.0 ha	1970年	23,657	113.3	199.6	100.0	100.0	100.0
	71年	26,095	93.9	211.6	100.0	100.0	100.0
	72年	28,628	86.6	225.3	100.0	100.0	100.0
	73年	31,225	55.0	235.6	100.0	100.0	100.0
	74年	37,541	71.6	383.7	100.0	100.0	100.0
①農家	1970年	23,175	62	372.5	98.0	76.8	105.8
	71年	12,689	62	423.8	75.4	71.4	107.0
	72年	21,329	47	570.4	74.5	66.3	101.3
	73年	23,621	47	473.5	75.6	78.5	135.3
	74年	37,742	36	757.6	100.5	79.3	109.9
ⓣ農家	1970年	23,371	72	318.1	98.8	81.6	115.2
	71年	24,653	56.5	377.2	94.5	79.6	112.1
	72年	24,704	35.2	665.8	86.3	67.8	94.0
	73年	25,142	36.3	524.5	80.5	76.3	120.1
	74年	28,380	29.1	1,258.9	75.6	60.8	85.6

注：1）「c」＝種苗費，肥料費，農薬費，農機具・建物費，光熱動力費，その他諸材料費，賃料料金，水利費「v_1」＝雇用労賃．
「v_2」＝家族労働時間．但し，①農家の 70，71 年は家族労働時間が不明のため雇用を含めた労働時間
2）時間当たり自家労賃「v_3」は加賀 2.0～3.0ha 層は『米生産費調査』の男女込み（臨時賃金評価）〜3.0ha 層の費用合計（＝$c+v_1+v_2×$自家労賃）と①，ⓣ農家の費用合計が均衡する際の自家労賃を
3）格差の $c+v_1+v_2'$（I）は，家族労働時間「v_2」を加賀 2.0～3.0ha の「米生産費調査」の賃金単価で当たり職員勤務者賃金（『石川県農林水産統計年報』）で評価した時の格差である．その職員勤務賃－936.1 円である．

「$c+v_1$」（円）＋v_2（家族労働時間）（時間）[6]という二元式で表した上で，家族投下労働時間を含めた生産費比較の一指標として v_3 を求めた．加賀上層の v_3 は，『米生産費調査』の時間当たり家族労働費で，臨時雇賃金評価のものである．①農家，ⓣ農家の v_3 は，加賀上層の費用合計（$c+v_1+v_2×v_3$）と①，ⓣ農家の費用合計が均衡する際の自家労賃水準を求めたものである．それゆえ，この v_3 は加賀 2.0～3.0ha 層の臨時雇賃金評価による家族労働費を含めた費用合計と，①，ⓣ農家の費用合計とが同一水準になるには，①，ⓣ農家においてどの位の高さにまで自家労働評価を高めうるかを表している．この点を見たうえで，実際上の，家族労働費を含めた費用合計の比較としては，家族労働費を，

差

収量60kg当たり生産費

$c+v_1$ (円)	v_2 (時間)	時間当たり自家労賃 v_3 (円)	格差（加賀2～3ha=100）		
			$c+v_1$	$c+v_1+v_2'$ (I)	$c+v_1+v_2'$ (II)
2,361.8	11.3	199.6	100.0	100.0	100.0
2,899.4	10.4	211.6	100.0	100.0	100.0
3,034.8	9.2	225.3	100.0	100.0	100.0
3,351.5	5.9	235.6	100.0	100.0	100.0
4,087.9	7.8	383.7	100.0	100.0	100.0
2,710.5	7.3	261.2	114.8	90.0	124.4
2,334.7	7.4	373.7	80.5	76.2	114.8
2,446.9	5.4	492.7	80.6	71.8	109.6
2,508.4	5.0	446.6	74.8	77.7	134.1
4,065.6	3.9	773.3	99.5	78.5	109.0
2,582.4	8.0	254.4	109.3	90.3	127.9
3,031.1	6.9	299.8	104.5	88.1	123.8
3,120.5	4.4	451.6	102.8	80.8	111.4
3,322.7	4.8	295.6	99.1	93.9	148.0
3,701.7	3.8	889.2	90.6	72.9	102.5

費.

間.

のもの．①農家，⑪農家のそれは，加賀2.0～3.0haの自家労賃を基準にした加賀2.0
計算したものである．
評価した時の格差．$c+v_1+v_2'$ (II)は①，⑪農家についてのみ，石川県農家平均の時間
金単価は，70年－415.6円，71年－476.0円，72年－583.9円，73年－769.6円，74年

加賀上層と同じ臨時雇賃金で評価した「$c+v_1+v_2'$」(I)(v_2'については表注3を参照のこと）と，①，⑪農家についてだけは，農家世帯員勤務者の賃金に関する諸統計中[7]もっとも高い賃金水準を示す，「農家経済調査」による石川県農家平均職員勤務賃金[8]を使用した時の，「$c+v_1+v_2'$」(II)を使用する．まず第1に言える点は，①，⑪農家について，その家族労働を職員勤務賃金で評価した場合の費用合計は，10a当たりにしろ，60kg当たりにしろ，一般的には，加賀2.0～3.0ha層の費用合計を上回るという点である．その上で，臨時雇賃金評価の場合について見ると次の点が読みとりうる．まず10a当たり生産費を見ると，$c+v_1$でも，「$c+v_1+v_2'$」(I)でも，①，⑪農家のそれは，加賀上層の

表 II-1-60 10a 当たり生産費

	実数（円）					
	1970 年			1973 年		
	加賀 2.0～3.0ha	①農家	ⓣ農家	加賀 2.0～3.0ha	①農家	ⓣ農家
種苗費	406	203	420	2,030	581	646
農薬費	2,337	2,714	4,096	1,902	4,712	6,188
肥料費	4,180	3,282	2,491	3,860	3,532	2,743
農機具・建物費	11,987	7,431	6,198	16,621	5,794	7,094
諸材料費（光熱動力費含）	2,006	2,320	2,404	1,633	3,171	3,469
賃料料金	1,560	392	—	861	569	—
雇用労働費	309	2,543	3,472	1,002	1,272	1,012
水利費	1,429	4,290	4,290	3,317	3,990	3,990
小計	24,214	23,175	23,371	31,226	23,621	25,142
自家労働費	22,615	12,375	14,371	12,956	11,073	8,552
合計	46,829	35,550	37,742	44,182	34,694	33,694

注：自家労働評価額は加賀 2.0～3.0ha の数字を，①，ⓣ農家についても採用した。但し，①農家の 70 年費も含まれている．

それを下回る．①，ⓣ農家間の比較では，$c+v_1$ では，74 年を除いて，①農家の方が少額であるが，家族労働費を加えた費用合計では，73，74 年とⓣ農家の方が少額になっている．ⓣ農家の 10a 当たり投下労働時間の少なさが反映している．次に 60kg 当たり生産費について見る．①農家の場合，72 年までは，加賀上層との反収格差が大きかったため，60kg 当たりの，$c+v_1$,「$c+v_1+v_2'$」(I)の加賀上層との格差は，10a 当たりのそれよりも僅かなものとなっている．しかし，逆に，加賀上層の反収を追い抜いた，73，74 年では，10a 当たりの $c+v_1$,「$c+v_1+v_2'$」(I)における加賀上層との格差以上に，60kg 当たりのそれは開いてきている．ⓣ農家の場合には，低収量に影響され，60kg 当たり「$c+v_1+v_2'$」(I)の加賀上層との格差は，10a 当たりのそれよりも僅かである．特に，72 年までは，60kg 当たりの $c+v_1$ では加賀上層を上回る傾向にあり，労働時間の少なさによって，「$c+v_1+v_2'$」(I)では下回るという構造だったのである．

表 II-1-60 で生産費の内訳を見ると，加賀 2.0～3.0ha 層と①農家，ⓣ農家と

の比較

構成比（%）					
1970年			1973年		
加賀 2.0〜3.0ha	①農家	ⓣ農家	加賀 2.0〜3.0ha	①農家	ⓣ農家
1.7	0.9	1.8	6.5	2.5	2.6
9.7	11.7	17.5	6.1	19.9	24.6
17.3	14.2	10.7	12.4	15.0	10.9
49.5	32.1	26.5	53.2	24.5	28.2
8.3	10.0	10.3	5.2	13.4	13.8
6.4	1.7	—	2.8	2.4	—
1.3	11.0	14.9	3.2	5.4	4.0
5.9	18.5	18.4	10.6	16.9	15.9
100.0 (51.7)	100.0 (65.2)	100.0 (61.9)	100.9 (70.7)	100.0 (68.1)	100.0 (74.6)
(48.4)	(34.8)	(38.1)	(29.3)	(31.9)	(25.4)
(100.0)	(100.0)	(100.0)	(100.0)	(100.0)	(100.0)

については家族労働時間の数字が得られないので自家労働費の欄に雇用労働

の違いは，70年時点では建物・農機具費と雇用労働費にあった．当時5.5ha強であった①，ⓣ農家は，規模のメリットにより前者の額は少なく，逆に規模が大きいため後者の額は多かった．①，ⓣ農家においても雇用労働がほとんど排除された73年では，購入と自給の違いを反映した種苗費，規模のメリットが反映しやすい農機具・建物費，機械化段階の違いを反映する光熱動力・諸材料費，そして農薬費に違いが現れている．また①農家とⓣ農家の生産力のあり方は生産費の内訳にも反映しており，ⓣ農家の肥料費が少ないのは，収穫作業能率化のため，元肥の窒素肥料を大幅にひかえて倒伏をさけていることの反映と思われる．このことは低収量の1つの要因となっている．逆に農薬費が多いのは規模が大きく，かつ2集落にまたがって圃場が存在するため，管理が困難なことの反映と思われる．

それでは「地代」負担力という点からはどうであろうか．図Ⅱ-1-12は「地代」負担力の一指標として10a当たり剰余の比較を行ったものである．その際にも自家労働評価が問題となる．加賀上層の数値の出所である農林省『米生産

費調査』も，①農家の数値の出所である県農業会議『米生産費調査』も，ともに農業臨時雇賃金評価で行っている．図II-1-12-(1)は，各々の「生産費調査」の数字をそのまま使用したものである．㋐農家については，①農家の数値から10a当たり自家労働費を10a当たり男女合計家族労働時間で割って計算したものを使用した．しかし，今までの検討から明らかなように，特に①，㋐農家の家族労働に関しては，その評価では不十分と思われるので表II-1-59の時と同じように石川県農家平均の職員勤務賃金を使用して計算したのが図II-1-12-(2)である．使用されている農業臨時雇賃金と職員勤務賃金の高さを知る目安として，男女平均のそれを図注に示しておいた．かなりの違いが存在する．

　なおここで，同じ農業臨時雇賃金でありながら，加賀2〜3ha層のそれと，①農家のそれとの違いが特に72，3年に大きい点が気になる．この理由として，1つは，男女別，月（あるいは旬）別の農業臨時雇賃金を使用して計算されている自家労働費総額を男女合計の家族投下労働時間で割ったこと（こういう計算しか出来ないし，かつ，農業臨時雇賃金と職員勤務賃金との差を示すという目的からいえばそれで良い）に起因する部分がある．加賀2〜3ha層と①農家の家族投下労働時間の，男女別割合，月別割合に差があるから当然に，先に述べたような方法で求めた男女込みの，労働時間当たり自家労働費に差が出てくる．第2に①農家の農業臨時雇賃金は①農家の居住するN町でのそれが使用されている．加賀の2〜3ha層についてもほとんど同じ方法がとられているが，調査対象農家（1970年2戸，71年4戸，72年3戸，73年4戸，74年6戸）の居住する村が異なれば，使用される農業臨時雇賃金にいくらかの差が出てくる点である．この点に起因する部分もあるだろう．両方とも，農業臨時雇賃金評価を行っているのであるから，ここでは，「生産費調査」の数字をそのまま使用しておく．

　図II-1-12-(1)によれば，自家労働を農業臨時雇賃金で評価した場合，①農家の10a当たり剰余は加賀上層より高く，石川の0.3〜0.5ha層の10a当たり稲作所得にほぼ匹敵する水準を示している．㋐農家の剰余はほぼ加賀上層と同水準である．職員勤務賃金評価によると，70，71年は，剰余と借地料との差があまりない（①，㋐農家ともほぼ5,000円位の差である）し，2〜3ha層との差も大きい．しかし，①農家の場合，72年以降，職員勤務賃金評価による剰余でも2〜3ha層のそれに著しく接近し，74年には追い抜いている．なお，

第1章 稲作経営受委託の構造

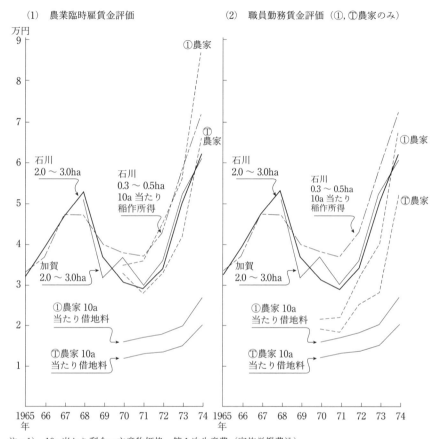

		70年	71年	72年	73年	74年
農家臨時雇賃金	加賀 2.0~3.0ha	199.6	211.6	225.3	235.6	383.7
	①, ⓣ農家	217.5	285.6	355.9	363.5	423.4
職員勤務賃金	①, ⓣ農家	415.6	476.0	583.9	769.6	936.1

3) 0.3~0.5ha層の10a当たり稲作所得＝10a当たり剰余＋家族労働費

図 II-1-12　10a当たり稲作剰余（①, ⓣ農家及び石川, 加賀 2.0~3.0ha農家）

表 II-1-61　①農家の経営収支

(単位：円)

		1970年	71年	72年	73年	74年
10a当たり	収量 (kg)	513	506	523	565	557
	主産物価格	68,400	71,683	81,115	99,665	138,658
	費用 (1)	18,885	15,399	17,339	19,631	33,202
	用水費	4,290	4,290	3,990	3,990	4,540
	生産組合費	(800)	(800)	800	1,000	1,000
	固定資本，流動資本利子	3,237	4,285	4,181	3,320	4,337
	租税公課	4,337	1,524	5,252	5,579	4,152
	生産費合計	31,549	26,298	31,562	33,520	47,231
	自作地所得	36,851	45,385	49,553	66,145	91,427
	借地料（2俵）	16,000	17,000	17,800	20,000	27,000
	受託地所得	20,851	28,385	31,753	46,145	64,427
	投下労働時間	62	62	48	51	41
	内家族	—	—	47	47	36
	男	—	—	27	27	21
	女	—	—	20	20	15
家族投下労働1時間当たり	自作地所得	(635)	(751)	1,054	1,407	2,540
	受託地所得	(377)	(477)	675	982	1,790
自作地面積 (a)		354	320	358	332	344
受託地面積 (a)		223	223	223	236	330
合計 (a)		577	543	581	568	674
稲作総所得（自作地所得＋受託地所得）		1,769,503	2,085,306	2,482,089	3,285,036	5,271,180

注：1）　主産物価格は，70，71年は収量に60kg当たり8,000円，8,500円をかけて計算，72〜74年は原資料の数字による．
2）　費用(1)＝種苗費，薬剤・防除費，諸材料費，肥料費，雇用労働費，農機具・建物費，賃料料金の合計．
3）　借地料は，それぞれ60kg当たり米価，70年8,000円，71年8,500円，72年8,900円，73年10,000円，74年13,500円で計算したもの．
4）　70，71年の生産組合費は不明なため72年と同額とした．
5）　70，71年家族投下労働時間がわからないので，家族投下労働時間当たり所得の項については所得に雇用労働費を加え，全投下労働時間で割ったものをあげておいた．
資料：石川県農業会議所「米生産費調査」による．

10a当たり剰余で見ると，⑪農家のそれは，一貫して①農家を下回り，その差は71年以降拡大傾向を示している．⑪農家の収量低下がここにも反映している．しかし，両農家の10a当たり剰余の差は，実際の借地料の差（⑪農家の方が0.5俵低い．詳しくは表II-1-62注4参照）によって相殺される部分がある

表 II-1-62　①農家の経営収支

(単位：円)

		1970年	71年	72年	73年	74年
10a当たり	収量 (kg)	543	488	475	454	460
	主産物価格	72,400	69,133	70,458	80,564	107,180
	費用 (1)	19,081	20,363	20,714	21,152	23,840
	用水費	4,290	4,290	3,990	3,990	4,540
	生産組合費	800	800	1,500	1,300	1,600
	共済費	326	399	161	195	402
	借入金利子	3,637	3,756	5,005	4,058	4,111
	公課	2,811	3,065	4,447	4,103	3,574
	生産費合計	30,945	32,673	35,817	34,798	38,067
	自作地所得	41,455	36,460	34,641	45,766	69,113
	借地料 (1.5俵)	12,000	12,750	13,350	15,000	20,250
	受託地所得	29,455	23,710	21,291	30,766	48,863
	投下労働時間	79.2	57.6	36.1	37.3	29.7
	内家族	72.0	56.5	35.2	36.3	29.1
家族投下労働1時間当たり	自作地所得	576	645	984	1,261	2,375
	受託地所得	409	420	605	848	1,679
自作地面積 (a)		377	422	438	438	458
受託地面積 (a)		185	352	404	664	878
合計 (a)		526	774	843	1,107	1,337
稲作総所得 (自作地所得＋受託地所得)		2,107,771	2,373,204	2,377,432	4,047,413	7,455,547

注：1) 主産物価格は，70～72年は収量に米価 (60kg当たり70年8,000円，71年8,500円，72年8,900円) をかけて算出，73, 74年は原資料の数値．
2) 家族労働時間については，73, 74年は雇用依存率の数字 (73年2.9％，74年は家族就業人数も2.5人から2.8人に増加しているので，2.0％とした) を使用して算出．
3) 投下労働時間は，直接労働時間＋間接労働時間である．
4) 受託地はU集落とS集落にあるが面積では，S集落が圧倒的に多いので (74年U集落178a, S集落700a) 借地料，生産組合費もS集落の額で計算した．ちなみに，U集落の受託条件は借地料2.25俵で，用水費は委託者，生産組合費は受託者負担であるのに対し，S集落の場合は借地料1.5俵で，用水費，生産組合費は受託者負担である．

資料：①農家が整理発表した資料を再集計した．

ことも事実である．

　最後に，①農家，⑦農家の経営収支を表II-1-61, 62で検討しておこう．まず時間当たり受託所得を，図II-1-12の注に示しておいた職員勤務賃金と比較しよう．これによると，①，⑦農家とも，71年までは，時間当たり受託所得は，職員勤務賃金を下回っており，前者が後者を明確に上回り出すのは73年頃からである．そして74年には，極めて高い水準に到達し，①農家の時間当

たり受託所得は職員勤務賃金の2倍弱，⑦農家も約1.8倍の水準に達している．また稲作所得総額の水準を，石川県農家の農家所得との比で示せば，①農家の場合，70年1.16倍，71年1.17倍，72年1.13倍，73年1.23倍，74年1.69倍，⑦農家の場合70年1.38倍，71年1.33倍，72年1.09倍，73年1.52倍，74年2.39倍となっており，やはり，充分な高さに達するのは73,4年と見て良いであろう．

その上で両農家の比較を行うと，70年では，自作地，受託地の両方において⑦農家の方が，10a当たり所得，投下労働時間当たり所得とも高いが，71年以降は逆転し，①農家の方が高くなっている．そのため72年までは，経営面積のかなりの違いにもかかわらず，稲作総所得においてそれほど差は生じていない．しかし，73年以降⑦農家の経営面積は①農家のほぼ2倍となり，その経営面積の大きさによって稲作総所得においても格差を拡大している．

このように，それぞれの条件の下で，それぞれの経営における生産力の在り方は合理性を持っていることは事実である．とはいえ，⑦農家の10a当たり収量の動きが示唆する現在の生産力展開の脆弱性を見逃すわけにはいかない．一連の機械化が規模拡大を可能にしながら，それに見合う栽培技術の体系的改変を伴わないため，従来通りの手労働に依存する管理作業の在り方が規模拡大との矛盾を強めている．その管理作業が土地生産性に強く影響を与えるものだけにこの点，重要なのである．先に図示した受託地の分散がこの矛盾を一層強めている．このような農法的転換，栽培体系の改変をともなわない機械化のなかで大規模農家が規模拡大を実現し，経営内容においても一定の高さに達しえているのは，まさに，家族労働力ゆえに可能であるような緊張度の高い労働に支えられてである．

1) ①農家については県農業会議『米生産費調査』個表，⑦農家については，⑦農家自身が発表されている資料による．なおここでの分析は聞きとりにもとづく若干の修正を除いて全面的にそれらの数値を使用している．それゆえ，①農家の数字については他農家との比較を主眼とした分析のため他農家と同一の推計値を使用して分析した先の第4節での数値と若干異なる点があることをあらかじめことわっておきたい．なお加賀上層農（2.0〜3.0ha）の数字は農林省『米生産費調査』個表の集計によるもので，石川県農試経営研究資料『稲作経営の発展と請負組織』の数字を再

集計したものである．それ以外の石川 2.0〜3.0ha, 0.3〜0.5ha, 加賀平均の数値は『石川県農林水産統計年報』による．
2) 『大型稲作に賭ける』（富民協会，1974年）147-148頁．
3），4) 北陸農政局『高能率農業の展開に関する調査研究報告書』（1974年）．但し，作業別労働時間を見ると74年から補植にも時間を割くようになっており，このことも74年からの収量上昇の一因である．
5) 前掲Ⓣ氏著書49頁以下．
6) 近藤康男『農産物生産費の研究』（西ヶ原刊行会，1931年，著作集第2巻所収，1974年）．
7) 農林省『農村物価賃金統計』，同『農家経済調査報告』（但し，これは賃金水準が直接与えられているわけではなく賃金総額を家族の労働時間で割って求められるということである），全国農業会議所『農業臨時雇賃金調査結果』．
8) 『石川県農林水産統計年報』により計算した石川県農家平均の数字．

2) 愛知・大規模受託組織の生産力構造

　最初に10a当たり収量について検討する．圃場整備前のそれは，聞きとりによれば，8俵水準だったという（『米生産費調査』によれば，70年収量は県平均で428kg＝7.1俵，西三河平均が447kg＝7.45俵）．圃場整備の影響で，全体として一時期，収量の低下が見られたわけだが，その後の10a当たり収量の動きを見よう．表II-1-63は聞き取り事例の集計であるから，不正確さを免れえないが，次の傾向だけは読みとりうると思う．まず，圃場整備直後の72年の収量に比べ，74年の収量は全体として上昇してきている点で，基盤整備の影響が薄らいできていることを示しているだろう．第2は，74年の収量に見られる経営委託農家，及び兼業中心の受託農家＝「借り足し型」（II）の収量の，他類型の農家に比べての低さである．つまり，圃場整備の影響が薄らぎ，収量の回復が見られるなかで，農家類型間の格差も僅かながら現れてきていると思われるのである．

　営農組合の10a当たり収量はどうか．表II-1-64によれば[1]，初年度72年は台風20号によって中生品種以降に被害が出たためもあり，5俵から6俵と極端に低かった．これを原因として，借地料は，2俵から1.5俵に，73年以降引き下げられている．73年以降収量は上昇してきてはいるが，地域の水準との比較では未だに差が存在する．SB組合のⒻ農家は，74年の収量について，「普通の農家」は8俵弱なのに対し，SB組合は約1俵低いとしている．また

表 II-1-63　T町農家の10a当たり稲作収量

			聞き取り事例			
72年産米	1.5～2.0ha	自己完結型農家	7俵	5.9～6俵	5.7俵	
		経営委託農家				
	1.0～1.5ha	自己完結型農家	7.6俵	6.4俵	6.3俵	
		経営委託農家	7俵	6.4俵		
	0.5～1.0ha	自己完結型農家	6.5俵	6俵		
		経営委託農家	7俵	6.3俵	6俵	5.9俵
	0.5ha未満	自己完結型農家	6俵	6俵		
		経営委託農家	6俵	6俵	6俵	5俵
74年産米	個人受託農家	「借り足し型」(I)	8俵	7.5俵	7.5俵	7.1俵
		「借り足し型」(II)	8.4俵	7俵	7俵	
	経営委託農家		7.3俵	7～8俵	7俵	
	自己完結型農家（S地区）		8俵	6.9～7.4俵		

注：1）経営委託農家の収量は委託田以外の自作田についてのもの．
　　2）74年の「自己完結」型農家を除いて他はすべてT地区農家である．
　　3）73年7月，75年7月調査による農家の事例である．

表 II-1-64　営農組合の10a当たり収量

	1972年	73年	74年	75年
TB組合		6.7俵		
Ⓐ農家	5俵強		6.4俵	7俵
Ⓑ農家			6.6俵	8俵
Ⓒ農家			7俵	8俵弱
SB組合	5.1俵	6.8俵	6.8俵	
SI組合	6俵	6.5俵	7俵1斗	7俵3斗

注：1）聞きとりによるものは，実際より少々高く出ているようである．本文注1参照．
　　2）県農試『稲作の合理化に関する調査研究』（1973年3月）によれば72年の反収はTB5俵，SB5.3俵，SI5.5俵となっている．
　　3）安城農業改良普及所『普及活動実績集』（1975年3月）によれば収量の順位は下記のようになっている．但し（　）内の反収はグラフから読みとったもので概数である．

```
           72年         73年         74年
  TB    3位（5.9俵）  1位（6.9俵）  3位（6.0俵）
  SB    2位（6.0俵）  2位（6.5俵）  2位（6.9俵）
  SI    1位（6.2俵）  3位（6.4俵）  1位（7.2俵）
```

資料：営農組合での聞きとり，及び組合資料による．

TB組合のⒷ農家は75年収量について，「農業に熱心な人」の場合には8.5～9俵位で営農組合より高いが，「作業委託している人」のような場合には，逆に営農組合より低い人もいると述べている．
「農業に熱心な人」の収量8.5俵は，各営農組合のそれに比べ，0.5～1.5俵高いことになる．これら大型受託経営の10a当たり収量の低さはT町ばかりでなく東海地方に共通の問題となっている[2]．この点，表II-1-65で一例を示

せば，豊田市TO地区の2グループの場合でも，地域水準より1俵ないし1俵強低いし，大垣南組合でも約1俵，地域の平均的水準より低いのである．共同経営のSB・SI組合では，共同経営が孕みがちな無責任体制が収量低下に結果するという危険性を除くため，管理作業については個人分担制をとっている．SB組合は最初から，水管理・追肥・除草剤撒布作業を，SI組合は72年は輪番制であったが，収量が低かったことを契機に73年から水管理のみ個人分担制にしている．水管理のみに留めているのは，SB組合のように個人分担の範囲を広げた場合，収量に差の出た時，個人の責任が問題となる危険があり，組合の結束に影響が出ないとも限らないことを危惧しているからである．SB組合では，土地条件の違いによって，管理労働の結果に不平等が起き，問題化しないよう，72年から74年の3ヵ年は毎年分担する圃場を変更していたが，75年は，問題がないということで74年と同じにしている．現在のところ，これらの点に関して問題はない．これに対しTO地区の2グループは管理作業も共同であり，係の指示で動く体制をとっている．Nグループの場合，71年に個人責任制を導入し，分割して管理する方式をとったが，田の分散度，水の条件の違い等で，管理の精粗が，そのまま収量に反映せず，いざこざの原因になりかねないということで，74年から再び共同作業に逆戻りしている．

　T町営農組合における収量の低さの原因は次のように考えられる．①受託田のなかに土地条件の悪い田があっても，経営規模が大きいため，それらの水田に対しても平均的な作業しかできずそういう水田の収量は極端に悪くなり，それが全体の平均反収をを引き下げる．例えば74年のSB組合の10a当たり収量は平均6.8俵となっているが，悪い水田では4〜5俵のものがあるという．75年収量が高まった原因の1つを，SI組合では，受託田のなかでの10a当たり収量の差を縮小しえたことによると述べている．②作業受託があるため，耕起，代掻という春作業が雑になり，そのことがそれ以降の管理作業に影響し——均平が雑なため除草剤がきかず雑草に悩まされる等々——収量に響く．この①，②の点については受託田の分散度合も大きく影響する．T町の場合，受託面積率が高いこと，農協が仲介して受託範囲を地域割りしていることで，相対の受託で規模拡大している場合に比べ，分散度合が抑えられていることは事実である．それでも図II-1-13の状態である．これによればSI組合の受託

表 II-1-65 東海地方の受託組織の 10a 当たり
収量水準

(単位：kg)

	1973 年	1974 年	地区平均	
大垣南機械化営農組合	383	363	73 年	451
			74 年	420
TO 地区 N グループ		300	74 年	360
W グループ		300 以下	74 年	360

資料：1) 大垣南組合については，東海農政局『稲作受委託関係資料』1975 年 3 月．
2) TO 地区の 2 グループは聞きとりによる．

地が最もまとまっている．③改良普及所の担当技師が低収量の原因としてあげる営農組合の稲作技術の未熟さである．特に，未熟な点として，稚苗移植の植付け時期の選択，品種の選定の 2 点を指摘している．この指摘を受けて，営農組合の作付品種は，安城市の土壌に適さない[3)]にもかかわらず奨励品種のため多かった日本晴が減り，秋晴，大空，金南風が増加する傾向にある．④地力対策の後れである．この点契約期間の短い経営受託につきまとう問題であるが，全国的に見れば一般的には 1 年契約の事例が普通であるのに対し，T 町の場合（TO 地区も）には 3 年契約とやや長い．普及所は生藁の全量還元と土壌改良剤の投入を指導している．土壌改良剤であれば，1 年間で投入費用の 6～7 割は回収しうるという．生藁は各組合とも投入が行われている．土壌改良剤の投入状況を見ると TB 組合では，Ⓐ農家は 74 年に経営地の一部に入れ始め，76 年には全経営地に投入している．Ⓑ農家は 74 年に試験的に投入し始め，75 年には全経営地に投入している（10a 当たり 3 袋＝60kg 3,900 円位）．Ⓒ農家は 75 年から投入し始めている．SB 組合でも 74 年から投入を始め，75 年には経営地の約 5 割に溶りん 200 袋，珪カル 500 袋を，76 年には経営地の 7 割程に，約 1,000 袋投下している．SI 組合でも 74 年に試験的に行い，75～76 年と約 5 割の土地に 500 袋ずつ投入している．TO 地区の 2 グループでも改良剤の投入が見られる．このように地力対策は堆肥の投入というところまではいかないが生藁の還元，土壌改良剤の投入という点までは進んできている．これは，経営受託がある程度安定的であると営農組合に認識されてきたこと――(イ)契約期間が 1 年でなく 3 年という点で相対的に長い，(ロ)75 年の最初の契約更

第1章 稲作経営受委託の構造　　283

注：1) ├─┤100m
　　　1区画の長辺が100mである．
　　2) SI地区は散居になっている．
資料：委託申込み書による受託地

図 II-1-13　T町営農組合の受託地域分担と受託地の分布（1976年度）

新期にも委託量が減らなかったこと――，また，一方で受託面積の伸びが停滞化してきたこと，他方で能力的にも外延的拡大をそう強く望まなくなってきた段階に至ったことで，土地生産性上昇に志向が向いてきたことによる．

　営農組合の低収量の原因は以上の通りである．普及所の助力をも得ながら，それを克服する努力のなかで，収量の上昇が見られている．今までは作業委託農家に比べても低かったが，先のⒷ農家が言うように，その水準には近づいてきているが，しかし現在のところ，まだ地域の上位水準には到達しえていないという段階である．当面の目標は，TB組合のⒷ農家が言うように，地域の上位水準より低い7俵水準を安定的に確保することにある．これが営農組合の，10a当たり収量水準の現段階である．

　次に労働時間の検討を行う．最初に，営農組合構成員の1人平均年間労働時間を表II-1-66で見ると，74年のそれは，1人当たり受託面積の大きさを反映

し（SB組合1人当たり約6ha，SI組合4.3ha），SB組合の方が多い．しかし，種々の作目を導入しているTO地区の両グループに比べれば，SB，SI組合ともかなり少ない．

この組合員の労働時間を，SI組合について月別に集計したものが表II-1-67である．労働のピークは，春5, 6月，秋10月の3カ月にあり，この3カ月間の労働時間は，74年についていえば，年間総労働時間の49％となっている．しかし，5, 6月の労働時間は減少してきている．作業受託量減少の反映である．また僅かながら冬期の労働が増え，年間を通して若干平準化してきている．出役日数1日当たり労働時間は，春作業のピーク時である5月，6月の場合，5月を例にとると，72年の9.3時間から74年の8.8時間に減少してきているが，秋作業のピーク時10月の場合には，8.6時間から9.6時間に逆に増加を示している．経営面積増加の反映である．SB組合の場合には，100ha規模の農協育苗センターの作業を行っているためSI組合に比べ4月の労働時間の比重が高いし，またその関係で5月の労働ピークは際立っている．75年から育苗施設への出役を中止した理由である．

次に雇用労働（組合構成員以外の労働で構成員の家族の労働をも含む）への依存状況を見よう．表II-1-68のSI組合の例によると，雇用労働への依存率は73年が最高で18.3％となっている．作業内容を見ると育苗，田植，草とりが多い．74年には400時間ほど減少し，依存度も12.6％に低下しているが（個人分担作業も加えると10.8％），それは育苗と除草作業で減少があったからで，除草作業での減少は，土地の均平化が進んできていることと，稲作技術の向上の反映である．なお雇用労働時間中の，営農組合員の家族を除いた純粋の雇用労働時間は，74年で，269時間で，その依存度は3.6％である．雇用労働の多くが家族員の労働であることがわかる．以上のように，機械化の進展のなかでも，補助労働が全労働時間の10％強必要となっており，補助労働力を含めた協業体制を必要としている．なお，SI組合の場合，乾燥・調製過程は全量，農協のカントリーエレベーターに委託しているので，それを含めると，他人労働への依存度はもっと高まる．

それでは，経営受託地での10a当たり投下労働時間はどの位であろうか．これについては，表II-1-66, 67の数字が作業受託の労働時間を含んだものなの

表 II-1-66　営農組合員の年間労働時間

(単位：時間)

		1972年	1973年	1974年	(74年修正値)
T町	SB組合1人当たり平均		1,614.7	1,572.0	2,083.5
	ⓓ組合員	3人ともほぼ同一労働時間			
	ⓔ				
	ⓕ				
	SI組合1人当たり平均	1,055.4	1,223.5	1,289.7	1,539.7
	ⓖ組合員	1,171.0	1,391.5	1,545.0	1,795.0
	ⓗ	985.0	1,299.0	1,474.5	1,724.5
	ⓘ	746.5	645.5	845.5	1,095.5
	ⓙ	1,197.0	1,356.5	1,168.0	1,418.0
	ⓚ	1,177.5	1,425.0	1,415.5	1,665.5
豊田市TO地区	Nグループ1人当たり平均	2,537.6	2,347.9	2,757.4	
	A組合員	2,500.0	2,455.0	3,018.0	
	B	2,570.0	3,006.5	3,227.0	
	C	2,659.0	2,795.5	3,028.0	
	D	2,631.5	2,896.0	3,080.7	
	E	2,591.0	2,378.0	2,615.0	
	F	2,274.0	556.5	2,229.0	
	G	—	—	2,104.0	
	Wグループ1人当たり平均			2,800〜2,000	

注：T町の営農組合の1974年修正値は，SBは水管理，追肥，除草剤撒布，SIは水管理労働を個別分担しているので，これらの作業時間を加えたもの．その際，経営面積は聞きとりの数字を使用（先の表II-1-22，II-1-41は農協資料）．これに10a当たり管理作業時間，除草剤撒布45分，水管理300分，追肥120分（県『高能率農業の展開に関する調査研究』1974年より）を使用して算出した．比較の場合には72，73年についても同じ修正が必要になる．

資料：1) SB，SIは作業日誌の集計による．会議，視察対応等すべてを含む．但しSB組合の日誌は0.5日，1日を単位としてつけられているので，1日＝8時間として換算してある．
2) Nグループ数値は，東海農政局『稲作受委託関係資料』(1975年3月) より引用．
3) Wグループの数値は聞きとりによる．最低2,000時間から最高2,800時間ということである．

で，それを推計して差し引くという手順を経なければならない．また，個人分担となっている作業労働時間（SB組合―水管理，追肥，除草剤撒布，SI組合―水管理）は推計して加算しなければならず，他と比較するためにはカントリーに委託している乾燥・調製作業時間も加算しなければならない．その計算を行ったものが表II-1-69である．項目⑦が営農組合の稲作において実際に投下されている10a当たりの労働時間であり，項目⑨は他との比較のため，委託作業（乾燥・調製）の労働時間を加えたものである．これによれば，10a当たり

表 II-1-67　SI 営農組合の月

		1月	2月	3月	4月	5月
①労働日数 （単位：日）	72年	—	—	—	—	136
	73年	—	—	47	95	133
	74年	41	13	15	58	136
②労働時間 （単位：時間）	72年	—	—	—	—	1,264.0
	73年	—	—	327.0	673.0	1,253.5
	74年	201.5	42.0	54.5	391.5	1,198.5
（参考） SB組合	73年	20.0	392.0	424.0	568.0	792.0
	74年	136.0	392.0	384.0	604.0	908.0
③1日当たり労働時間 （単位：時間）	72年	—	—	—	—	9.3
	73年	—	—	7.0	7.1	9.4
	74年	4.9	3.2	3.6	6.8	8.8

注：1）全構成員が共同作業で働いた分の労働時間の合計で個人分担作業（表 II-1-66 注参照）労働時間
　　2）労働日数は少しでも働いた日は1日として計算したのべ日数である．
　　3）参考としてのせてある SB 組合は1日＝8時間として換算したものである．
資料：各営農組合作業日誌の集計．

の実際の投下労働時間は，SI 組合の場合，73年 32.9時間，74年 25.9時間，SB 組合の場合 74年で 27.2時間となっている．SI 組合のリーダーの話しでは乾燥・調製の委託作業を除いて 74年で約 20時間位といっている．しかし普及所資料[5]の推計はこれよりもかなり多く，稚苗移植の場合，乾燥・調製を除いて 73年 39時間，74年 33.9時間としている．推計の際に使用した愛知県の資料[6]では，30a 区画，トラクター 66馬力，田植機 2～4条，普通型コンバインの体系で，30時間（同じく乾燥・調製を除いた時間）としている．表 II-1-69 の推計は，作業受託量が多めに出ている可能性があり，そのため 10a 当たり稲作投下労働時間は少なめに出ている傾向がある．他方で，話し合い等の時間も含んでいるので，この点，普及所や県の資料に比べ，多くなる可能性がある．組合の話し等から見て，表 II-1-69 の推計は，そう大きくは外れていないと思われる．つまり 74年について言えば乾燥・調製を含まないで，10a 当たり 26～7時間と考えて良いであろう．乾燥・調製を含めれば，30時間弱となる．これは，加賀の①農家と比較すれば，SB 組合の場合にはほぼ同じ，SI 組合の場合にはやや少ないという水準である．

　最後に，これら経営活動の総括としての農業所得の水準について検討する．

第1章　稲作経営受委託の構造　287

別労働日数と労働時間

6月	7月	8月	9月	10月	11月	12月	合計
134	120	79	61	115	59	10	714
117	92	67	70	106	39	29	795
116	97	79	72	100	70	64	861
1,173.0	839.0	447.5	243.0	986.0	264.5	60.0	5,277.0
1,018.0	598.0	398.0	514.5	863.0	291.5	181.0	6,117.5
994.5	684.0	502.0	541.5	964.0	405.5	469.0	6,448.5
700.0	192.0	96.0	192.0	624.0	500.0	344.0	4,844.0
408.0	132.0	24.0	120.0	472.0	648.0	488.0	4,716.0
8.8	7.0	5.7	4.0	8.6	4.5	6.0	7.4
8.7	6.5	5.9	7.4	8.1	7.5	6.2	7.5
8.6	7.1	6.4	7.5	9.6	5.8	7.3	7.5

は含まれていない.

表 II-1-68　SI 営農組合における雇用労働依存状況

	雇用労働		雇用労働依存度(%)	作業別雇用労働時間（時間）						
	時間(時間)	支払賃金(円)		育苗その他	田植	草とり	防除	育苗箱洗い	川さらい	刈取り
1972年	520.0	208,000	9.0		520.0					
73年	1,366.7	510,405	18.3	435.0	549.2	271.5				115.5
74年	933.2	458,260	12.6	298.2	504.0	88.0	9.0	(781箱)	3.0	31.0

注：1) 74年は日単位で記入されているので1日8時間で換算した.
　　2) 雇用労働依存度は, 表 II-1-67 の5人の構成員の総労働時間と雇用労働時間の合計で雇用労働時間を割った.
資料：作業台帳より集計.

表 II-1-70 は SI 組合構成員の分配所得額である. これによれば, 1人平均で72年35万円, 73年98万円, 74年231万円, 75年も同じく231万円とその額は増大してきている. 72年から73年にかけては, 受託地も約2倍となり, 収量も0.5俵ほど上昇したし, 73年から74年には収量が0.8俵ほど上昇したことが要因となっている. 時間当たり所得は, 均等配分が加わるため組合員によって異なるが, 平均で見ると72年330円, 73年800円, 74年1,800円（個人分担作業時間を加えると1,500円）となっている. これは先の加賀の①, ⓣ農

表 II-1-69 水稲作 10a 当たり労働時間推計

		SI 営農組合		SB 営農組合
		1973 年	1974 年	1974 年
経営受託田	①	21.0ha	25.0ha	19.8ha
総労働時間	②	7,484.2 時間	7,329.2 時間	5,672.0 時間
内組合員		6,117.5	6,396.0	4,716.0
雇用		1,366.7	933.2	956.0
作業受託分労働時間		ha 分	ha 分	ha 分
耕起		68.7×350 時間 =400.8	70.7×350 時間 =412.4	65.5×350 時間 =382.1
代掻・整地		20.7×300 =103.5	31.2×300 =156.0	17.5×300 = 87.5
育苗		12.0×270 = 54.0	24.0×270 =108.0	58.3×270 =262.4
田植		11.7×220 = 42.9	11.7×220 = 42.9	1.8×220 = 6.6
防除		102.3×(5回) 160.9 =274.3	105.0×(5回) 160.9 =281.6	95.0×(5回) 160.9 =254.8
刈取・脱穀		21.8×1,200 =436.0	35.2×1,200 =704.0	28.6×1,200 =572.0
計	③	1,311.5	1,704.9	1,565.4
麦作労働時間	④	317.0 時間	396.0 時間	272.0 時間
稲作共同作業分の 10a 当たり労働時間 (②-③-④)÷①=⑤		時間 27.9	時間 20.9	時間 19.4
稲作個人分担作業 10a 当たり労働時間 ⑥		5.0	5.0	7.8
10a 当たり投下労働時間 ⑤+⑥=⑦		32.9	25.9	27.2
委託作業分 10a 当たり労働時間 (乾燥調製) ⑧		2.0	2.0	2.0
10a 当たり稲作労働時間 合計 ⑦+⑧=⑨		34.9	27.9	29.2

注:1) 経営受託面積は農協仲介分以外もあるので先の表 II-1-22, II-1-41 より多くなっている。作業受託面積は実際にはこれより若干少ない可能性がある。
2) SI 組合の 73 年の麦作労働時間は不明なので、74 年の数値をもとに作付面積から推計したものである。
3) 個人分担作業は SB 組合—水管理、追肥、除草剤撒布、SI 組合—水管理である。
4) 作業受託の労働時間推計の際の労働時間、及び個人分担作業 (水管理、追肥、除草剤撒布) 労働時間、委託作業である乾燥調製の各労働時間は、愛知県『高能率農業の展開に関する調査研究』(1974 年) によった。これは 30a 区画でトラクター 66PS、田植機 2〜4 条、普通型コンバイン、ライスセンターという機械体系の労働時間であり、営農組合の推計に利用しうる。
5) SB 組合の 73 年については雇用労働時間がわからないので推計できなかった。

家と比較すると，72年は極端に低いが，73・74年とほぼ同一の水準となっている．労働時間の長短にかかわらず出役した日をすべて合計した拘束日数1日当たり所得（農業ではアイドルレーバーの存在がさけられないので，こういう指標をとった）では，72年が2,400円，73年が6,200円，74年が13,000円となっている．SB組合の場合はどうか．表II-1-71によれば，1人平均分配額は，73年138万円，74年308万円，75年400万円弱であり，これはSI組合を上回っている．時間当たりの所得は1日の労働時間を8時間とすると，73年857円，74年1,962円（個人分担作業時間を加えると1,480円）となる．以上見てきた営農組合の現在の到達段階を知るため，指標となる1日当たり労賃，就業者1人当たり，ないし1戸当たり所得のいくつかの例と合わせて表II-1-72として掲げておく．これによれば，時間当たり所得としては，73年以降，最も高い職員勤務賃金を越え，74年にはそれの約1.6倍となっている．つまり，この点ではかなりの水準に到達していることがわかるのである．しかし，結局問題となるのは時間当たり所得×労働時間としての所得総額である．この点を見ると，73年の段階では1人当たり年間所得として不十分だったことがわかる．名古屋勤労者世帯に比べればかなり下回る．愛知県農家や，東海2ha以上農家との比較でも，それは婦人等も含んだ就業者1人当たりの年間所得であり，営農組合員のそれは，成年男子の1人当たり年間所得であることを考えれば，その不充分さは一層明らかである．74年に至って，1人当たり年間所得は，県農家平均，東海2ha以上農家のそれを大きく上回るようになっている．しかし，営農組合員のこの1人当たり所得では，農家所得総額には及ばず，営農組合員の家計も，自作地経営からの所得との合計で賄われているのである．以上の検討から，営農組合の経営が，一定の高さに達するのは74年に至ってであると見て良いだろう．更に，次の2点について注意しておきたい．第1点は当然のことであるが，先に見た所得がすべて家計支出に当てられるわけではなく，その後の機械投資はそこから行われている．規模が大きいだけに，機械の償却も早く，その投資額も大きいのであえて触れておく．第2点は，これら所得算出の基礎になる費用計算において，機械の償却費が補助金を除いた圧縮償却で行われているという点である．この点，正常な償却方法をとった場合，所得額水準はどうなるか，相対的に所得の高かったSB組合の74年について計

表 II-1-70　SI 営農組合員の労働報酬

(単位：円)

		A 拘束日数 （日）	B 労働時間 （時間）	C 配分額	1時間当たり 労働報酬 C/B	拘束1日当 たり労働報 酬 C/A
1972年 （5〜12月）	ⓖ	159	1,171.0	387,700	331.1	2,438.4
	ⓗ	136	985.0	315,580	320.4	2,320.4
	ⓘ	104	746.5	254,840	341.4	2,450.4
	ⓙ	162	1,197.0	394,560	329.6	2,435.6
	ⓚ	153	1,177.5	388,850	330.2	2,541.5
	1人平均	142.8	1,055.4	348,306	330.0	2,439.1
1973年 （1〜12月）	ⓖ	178	1,391.5	1,051,520	755.7	5,907.4
	ⓗ	169	1,299.0	1,014,610	781.1	6,003.6
	ⓘ	80	645.5	750,650	1,162.9	9,383.1
	ⓙ	186	1,356.5	1,034,520	762.6	5,561.9
	ⓚ	182	1,425.0	1,064,440	747.0	5,848.6
	1人平均	159	1,223.5	983,148	803.6	6,183.3
1974年 （1〜12月）	ⓖ	199	1,545.0	2,398,786	1,552.6	12,054.2
	ⓗ	194	1,474.5	2,378,186	1,612.9	12,258.7
	ⓘ	120	845.5	2,167,236	2,563.3	18,060.3
	ⓙ	163	1,168.0	2,274,786	1,947.6	13,955.7
	ⓚ	185	1,415.5	2,353,186	1,662.4	12,719.9
	1人平均	172.2	1,289.7	2,314,436	1,794.6	13,440.4
1995年 （1〜12月）	1人平均	—	—	2,314,400	—	—

注：1）配分額は，従事日数分配と均等分配の合計である．
　　2）拘束日数は労働時間にかかわらず，出役した日を1日とした時の日数の合計である．
　　3）拘束日数及び労働時間は共同作業分についてのものである．
資料：組合帳簿より集計．

表 II-1-71　SB 営農組合1人平均配分額

(単位：円)

	労働日数 （日）	1人平均 配分額	1日当たり 配分額	労働時間1時間当たり配分額	
				1日＝8時間 とした場合	1日＝9時間 とした場合
1973年	201.8	1,383,344	6,855.0	856.9	761.7
74年	196.5	3,083,561	15,692.4	1,961.6	1,743.6
75年	—	3,997,426	—	—	—

注：労働日数は共同作業分についてのものである．
資料：組合帳簿より集計．

算しておこう．この74年のSB組合の支出において機械・建物の年償却額は954,615円となっている．借入金利子との合計でも1,587,195円である．しかし正常な償却方法をとると，表II-1-73のように3,176,002円となり74年の当期益金は，7,661,878円に減少し，組合員1人平均配分額は255万円，1日当たり所得は12,997円（個人作業時間を加えると9,806円）となる．この点を考えると，73年までは，機械投資に補助金がなければ1人当たり所得において，愛知県農家，東海2ha以上農家の就業者1人当たり所得にも及ばなかったと見られる．この点からも，一定の高さを確保しえるようになるのは74年からと見てよい．

表II-1-72 営農組合の所得水準

（単位：円）

		1972年	1973年	1974年
1日当たり労賃（所得）	1. SB営農組合　組合員		6,855	11,840
	2. SI営農組合　組合員	2,640	6,429	12,026
	3. 農村から通勤する恒常的雇用者労賃　　（男）	2,910	3,479	4,633
	4. 〃　　〃　　臨時雇用者労賃　　（男）	2,747	3,137	4,092
	5. 土工労賃　　（男・女）	3,593	4,218	5,287
	6. 建設業　軽作業労賃　　（男）	3,133	3,803	3,947
	7. 臨時雇用労賃　　（男・女）	2,187	2,646	3,442
	8. 恒常的賃労働労賃　　（男・女）	3,586	4,482	5,694
	9. 職員勤務労賃　　（男・女）	5,002	5,725	7,537
年間所得	10. SB組合　　（1人当たり）		1,383,344	3,083,561
	11. SI組合　　（1人当たり）	348,306	983,148	2,314,436
	12. 愛知県農家平均農家所得			
	（1戸当たり）	2,214,600	2,815,400	3,735,700
	（就業者1人当たり）	882,311	1,082,846	1,343,777
	13. 東海2.0ha以上農家，農家所得			
	（1戸当たり）	2,430,800	3,182,400	4,124,000
	（就業者1人当たり）	704,580	955,676	1,202,332
	14. 名古屋市勤労者世帯収入総額			
	（1戸当たり）	2,737,944	3,360,252	
	（有業者1人当たり）	1,755,092	2,225,332	

注：営農組合員1日当たり所得の中74年についてだけは個人分担作業時間も加えて計算してある．
資料：3〜5―全国農業会議所『農業臨時雇賃金調査結果』愛知県大工業地帯周辺の数字．
　　　6　　―農林省『農村物価賃金統計』愛知県の数字．
　　　7〜9―農林省『農家経済調査』より1日を8時間として算出（東海の数字）
　　　12　―愛知県『愛知農林水産統計年報』．
　　　13　―農林省『農家経済調査』．
　　　14　―総理府『家計調査年報』．

表 II-1-73 SB組合の機械・建物の年間償却費（1974年）

（単位：円）

	導入年次	取得価格	耐用年数	年償却額
格納庫一式	1972年	6,638,750	35年	170,711
トラクター2台	72	4,140,000	8	465,750
同附属品	72	1,988,000	5	357,836
田植機4条2台	72	580,000	5	104,400
スピードダスター	72	680,000	5	122,400
普通型コンバイン	72	7,750,000	8	871,875
軽四輪	73	306,000	3	91,800
〃	74	370,000	3	111,000
ロータリー	74	659,500	5	118,710
軽四輪	74	370,000	3	111,000
アスファルト	74	176,800	10	159,120
自脱コンバイン4条	74	2,730,000	5	491,400
合計		26,389,050		3,176,002

注：償却額は残存価格1割として，定額法で算出した．
資料：取得価格は組合の資料．

　以上の検討で明らかになった主な点をまとめておこう．①T町農家の10a当たり収量は全体として基盤整備の影響による低収量から徐々に抜け出し，上昇傾向を示してきており，そのなかで，農家類型間の格差も拡大気味になってきている．営農組合の収量は，当初，地域の中で最も低かったが，その後の上昇のなかで，作業委託農家等の比較的収量水準の低い農家のレベルには追いついてきている．しかし，「自己完結」型，「借り足し型」（I）というような，専業的農家の収量水準と比べれば差があり，この水準に追いつくことはかなり困難のようである．この点はT町に限らず，東海における大型受託組織の共通の問題となっている．この点，先に触れたように現段階における生産力展開の内包する脆弱性によると同時に，東海における大型受託組織の形成のされ方にも原因があると思われる．この点次項(2)で触れたい．②営農組合の経営について見れば，74年時点になって10a当たり収量の上昇もあり，時間当たり所得では，職員勤務賃金の1.6倍，1人当たり年間所得額でも，他の農家のそれを大きく超える水準に達している．しかし，営農組合からの収入だけで，一家の家計が賄えるという段階には至っていない．

1) 表 II-1-64 の注 1 で触れたが，この数字は若干高く出ているようで 74 年の SB 組合の例でもむしろ 6.3 俵位が実態に近いようである．（営農組合の資料では 6.8 俵となっているが）この点について組合員からは「あまり低いとかっこがわるいから……」という言葉が返ってきている．
2) 東海農政局『昭和49年度東海農業情勢報告』63-64 頁はこの点を東海地方共通の問題点とした上でその原因として次の3点をあげている．①基盤整備直後の水田で地力の回復が行われていないところの受託の例が多い．②委託農家が条件の悪い田を委託する．③契約期間が短く受託者に地力向上，収量増大の意識が低い．また倒伏による収穫作業の能率低下を恐れ肥料の投入量が少なくなっている．
3) 安城市の土壌は，洪積台地で浸透性が悪く，地力の点で恵まれていない（『戦後農業技術発達史 2―水田地域編』254 頁）．その上，圃場整備が表土処理方式でなかったこと，区画が拡大されたこと，が一層タテ浸透を悪くし，根ぐされを多発させる状態になっているという．奨励品種として奨励金がつくため安城で最も多く栽培されている日本晴は，地力の肥えたタテ浸透の良い土壌でなければ収量のあがらない品種であるという．
4) TO 地区 N グループの 75 年の 1 人当たり労働時間を見ると，組合員が 1 人ふえ 8 人になったこともあり，最高の人で 2,595 時間，最も少ない人で 1,214 時間に減少している（愛知県農試『稲作の合理化に関する調査研究』1976 年）．
5) 安城農業改良普及所『普及活動実績集』(1975 年) 6 頁.
6) 愛知県『高能率農業の展開に関する調査研究』(1974 年).

(2) 大規模受託農家・組織成立のメカニズム

先の表 II-1-11 で触れたように全面農作業委託農家の委託先を見ると，そのほとんどが個別農家への委託であるのに対し東海の場合では受託組織への委託の比重が高く，18.1% を占め，特に愛知では 89.7% が受託組織への委託である．これは，受託組織への委託が皆無である北陸・石川と鋭い対照をなしている．この違いは，経営受委託の展開が，北陸では主に自主的に行われたのに対し，東海，特に愛知では，行政なり，農協なりの関与が，受委託の展開に大きな役割を果たしていることを示唆していると思われる．受託組織の形成にはそれらの果たす役割が大きいからである．この点，今までの実態分析においても，ある程度明らかになっていると思う．N 町では，農地売買を通して階層分化が進んでいたのであり，その後の受委託も，これら上向農家を受託者の中心にして展開していた．これに対し T 町では，生産力担当層は明確化してきてはいず，むしろ基盤整備の進行，第 2 次構造改善事業実施を基礎に，農協による「受託事業」発足のなかで生産力担当層を作り出そうとした側面が強いのであ

表II-1-74 T町営農組合参加農家の土地移動

		65年以降の田畑売買差引面積	営農組合発足前の水田借入状況
TB組合	Ⓐ	61a	67年1ha受託（親戚）
	Ⓑ	△7	
	Ⓒ	△10	
SB組合	Ⓓ	△37	
	Ⓔ	△30	
	Ⓕ	—	
SI組合	Ⓖ	△10	67年50a, 72年20a受託
	Ⓗ	△5	
	Ⓘ	△27	
	Ⓙ	△16	

注：聞き取りによる．

る．表II-1-74は営農組合参加農家の耕地移動状況の集計である．購入の動きは見られず，65年以降については，むしろ，Ⓐ農家以外圃場整備と関係して行われた道路や企業用地の整備のため減少気味である．借地の動向についても，農協仲介による受託事業発足前に，受託を開始していたのはⒶ，Ⓖの2戸のみであった．

両地域における大規模受託農家・組織の形成メカニズムの検討がここでの課題である．

最初に石川県と愛知県の稲作生産力の特徴を図II-1-14で見ると，①10a当たり収量において，愛知は石川に比べ一貫して50～100kg程低水準にある．②しかし，投下労働1時間当たり収量では，73年まではほとんど同水準である．③つまり愛知の稲作は10a当たり収量も低いが，投下労働時間も少ないのに対し，石川のそれは，労働投下が相対的に多く，10a当たり収量も高い．④この傾向は，両県の2ha以上農家の稲作生産力の特徴に一層良く現れており，愛知の2ha以上層は，10a当たり収量が石川のそれに比べ低位にあるにもかかわらず，労働投下量が一層少ないため，投下労働時間当たり収量では，69年以降，石川を上回っているのである．更に図II-1-15，16で，両県の0.5ha未満層と2.0ha以上層をとって，階層毎の動きを見ると，⑤10a当たり収量では，愛知の場合，67年までは上下層間の格差は僅かで，30～40kg程度である．その後67年から71年にかけ，一定の格差の形成が見られるが，これは0.5ha未満層がこの間収量を低下させ，逆に2.0ha以上層が上昇させたからである．その後，2.0ha以上層でも収量の急激な低下が見られ，格差も縮小している．これに対し，石川の場合には10a当たり収量の上下層間格差は60，61年以降形成され始め，65年頃では100kg前後の格差が見られており，最高の68年では，

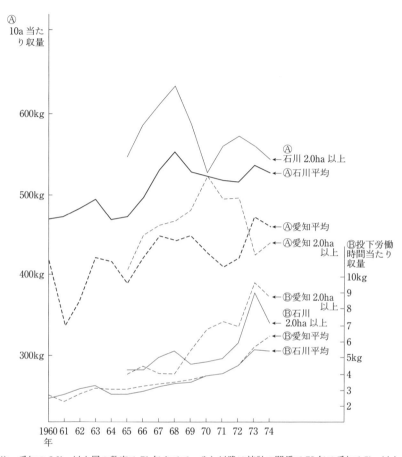

図 II-1-14　Ⓐ 10a 当たり収量・Ⓑ投下労働 1 時間当たり収量の愛知県，石川県の比較

その差は 140kg にも達している．しかし，その後，上層での収量低下が進んだため，格差は縮小したが，それでも愛知に比べれば大きい．⑥これに対し投下労働時間当たり収量格差の形成度合は両地域において逆転する．愛知の場合，68 年までは，労働時間当たり収量の上下層間格差は 1kg 強しかないが，その後，2.0ha 以上層における上昇は著しく，74 年には，5kg 程の格差となってい

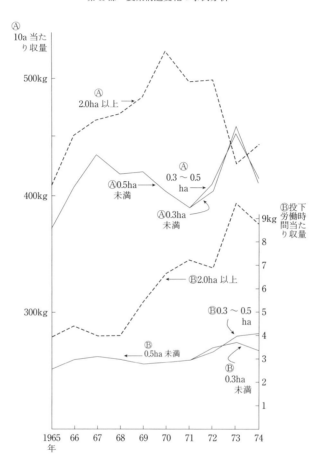

注：1) Ⓐ—10a 当たり収量，Ⓑ—投下時間 1 時間当たり収量．
2) 2.0ha 以上層——65〜71 年愛知 2.0ha 以上，72 年愛知 1.5ha 以上，73〜74 年東海 3 県 1.5ha 以上の数値．
3) 0.3ha 未満，0.3〜0.5ha——65〜72 年愛知県，73，74 年東海 3 県の数値．
資料：『県農林水産統計年報』．

図 II-1-15　愛知県稲作生産力の階層別動向

る．これに対し，石川の場合には，71 年までの両階層間の格差は 2.0〜2.5kg 程の状態で推移してきており，その格差が拡大するのは 73・74 年と遅い時期であり，その差も 3kg 強と愛知における格差と比べれば少ない．つまり，土

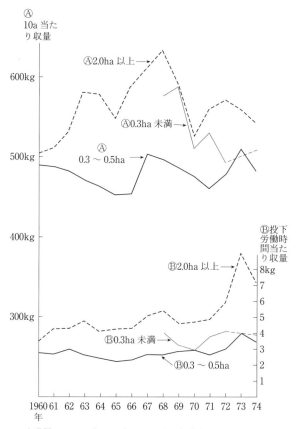

注：0.3ha未満層は60~67年，73年には調査対象農家がない．
資料：『県農林水産統計年報』．

図 II-1-16 石川県稲作生産力の階層別動向

地生産性上昇に相対的に傾斜した石川県での稲作生産力展開のなかにあって，上層農はより一層その方向での生産力展開に重点を置いてきたのであり，労働生産性の面では，71・72年までは著しい格差の形成は見られなかったのである．これに対し，より労働生産性上昇に傾斜した愛知での稲作生産力展開のなかで，愛知上層農の生産力展開が一層著しく労働生産性の上昇を追及するものであったことがわかるのである．

このような特徴を持った生産力展開のなかで，農民層分解の農業内的要因は

どのように形成されてきていたのだろうか．分解の農業内的要因の形成度合を見るため，2つの指標をとってみる．第1は愛知・石川県の2.0ha以上層（愛知は1.5ha以上層の時がある．図注参照）の10a当たり稲作剰余（＝主産物価格―第1次生産費）と県の中田売買価格[1]とを比較した図II-1-17である．これによれば，家族労働評価が農業臨時雇賃金で行われているという限定づきではあるが，石川の2ha以上層にとっては，68年頃までは農地購入の利回りは10％を超えている．これは明確に定期預金金利を上回る水準であり，この時期頃までは農地購入が農業採算という点からしても不利ではなかったことを示している．事実，N町でも65年頃まで農地としての農地売買が見られ，上層農家における農地購入が，かなり活発に行われたことは先に見た通りである．愛知については，65年頃においても，すでにそういう状況になかったことは図から明白であり，そこでは，農地購入を媒介に，上向化が見られ，生産力担当層が明確化するという動きが現れることは一般的には困難であったことがわかる．事実T町ではそうであった．それでは，第2の指標として，経営受委託にかかわる上層の地代負担力を見るため，両県の上層＝2.0ha以上層（愛知に関しては1.5ha以上層の時あり．図注参照）の10a当たり稲作剰余と，最下層（資料の関係で愛知0.5ha未満層，石川0.3～0.5ha層）の10a当たり稲作所得（稲作剰余＋家族労働費）とを比較する．上層の10a当たり稲作剰余が下層の10a当たり稲作所得を上回れば，下層の所得相当分を「地代」として支払うことによって上層は下層を無条件に委託者としうると論理的には言える[2]からである．そういう意味で両者の比較は，生産力格差にもとづく上層の「地代」負担力がどの位の強さで下層農家を委託農家として作り出しうるかを計る一指標たりうる．図II-1-18，19がそれである．これによれば，68年頃までの，石川2ha以上層の「地代」負担力の高さを読みとりうるが，愛知の2ha以上層の場合には低く，農地購入が困難であったばかりでなく，支払い「地代」の高さによって経営委託層を作り出す力においても極めて弱かったことがわかるのである．

　以上のように，農民層分解を引き起こしうる農業内的な力がそれなりに存在していた石川に対し，太平洋ベルト地帯の愛知では，転用地価の影響による農地価格の騰貴も早くから進み，他方で全階層を巻き込む兼業化の早くからの進

第1章　稲作経営受委託の構造　　　　　　　　　　　　　　299

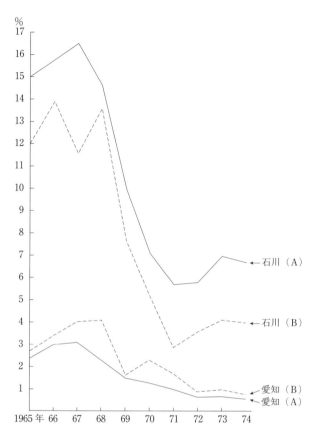

注：1) 愛知の 2.0ha 以上農家の数値については統計の関係で 72 年は 1.5ha 以上，73，74 年は東海 3 県の 1.5ha 以上農家の数値を使用してある．
　　2) グラフの(A)は中田価格平均に対する比率，(B)は平坦部の中田価格に対する比率である．
資料：1) 中田価格は全国農業会議所『田畑売買価格等に関する調査結果』．
　　2) 10a 当たり稲作剰余は『県農林水産統計年報』．
　　　稲作剰余＝主産物価格−第 1 次生産費．

図 II-1-17　中田価格に対する 2.0ha 以上稲作農家の 10a 当たり稲作剰余の比率（愛知県，石川県）

行，深化のなかでは，分解の内的機動力は弱く，2ha 以上層ですら，兼業化との関係で，労働生産性上昇に力点を置いた生産力展開に傾斜してきていたのであり，生産力担当層が明確化してくる動きは見られなかった．傾向的には全般的な稲作農家の落層化が進行していたとしてよい．この状況の下で，地域農業

300　第II部　農業構造変化の事例分析

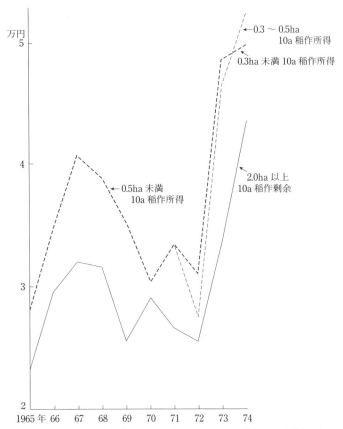

注：1)　2.0ha 以上：10a 当たり稲作剰余，0.5ha 未満：10a 当たり稲作所得（剰余＋家族労働費）
　　2)　2.0ha 以上層のうち 72 年は 1.5ha 以上，73，74 年は東海 3 県の 1.5ha 以上．0.3ha 未満，0.3〜0.5ha のうち 73，74 年は東海 3 県の数字．
資料：『県農林水産統計年報』．

図 II-1-18　愛知県稲作生産力の階層間格差

の担い手[3]を育成し，兼業深化によって進行する稲作生産の崩壊傾向を食い止めることを政策目標として，T 町の大規模受託組織は，「上から育成された」側面が強いのである．「育成された」という意味は，①農民層分解の動向との断絶性，②先の第 4 節で指摘した技術体系の断絶性，③政策の様々な支え——具体的には（イ）機械・施設の補助金による導入，（ロ）82.5％ の補助率[4]による基盤整備により，土地資本利子の多くが国・県・市負担となり「地代」は低下

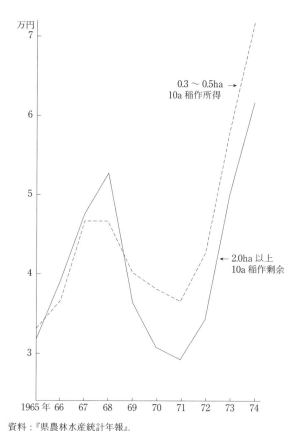

資料:『県農林水産統計年報』.

図 II-1-19 石川県稲作生産力の階層間格差

する．(ハ)農協による事務労働（委託の仲介，料金の決済等）の負担，(ニ)普及所，県農試の援助──という特徴をもって成立しているからである．

「上からの育成」という形で大規模受託組織が出現しえたのは，圃場整備の進展，大面積処理技術としての大型機械体系の開発という技術的条件と同時に，根本的には，一家総兼業化段階に至り，農業からの離脱傾向が強まるなかで，委託要求が広汎に作り出されてきたからである．この状況を捕らえ，基盤整備を進め（愛知の圃場整備率の高さは第3節(2)-2)で触れた），政策的なテコ入れによって生産力主体形成に力を入れてきたことが，最初に触れた，愛知にお

ける受託組織の比重の高さとして表れているのではないだろうか．その意味でT町の動きは，愛知県稲作の動きを知る素材として一般性を持ちうると思われるのである．

東海における大規模受託経営が低収量に悩まされ，未だ安定したものとはなっていない点も，その一端は以上と関係しており（他の一端は現段階の大規模技術そのものにある点は今まで見てきた通りである）新しい稲作生産力担当層として定着しうるかどうかは今後に残された側面も多い．現時点で，それを支えているのは，政策・行政，兼業深化という，主として農外要因だからである．

以上のようなT町における営農組合成立のメカニズム——要約的に言えば，生産力担当層が明確化しえない分解状況のなかで，地域農業の担い手として，「上から」育成された大規模受託経営——は，愛知県における大規模受託経営成立のメカニズムとして一般化しうるであろうか．愛知県にも，当然，自生的な大規模受託経営の成立が見られており，それの一例として西尾市の例[5)]でこの点，簡単に触れておきたい．ここは従来から相対による作業受託者が多く存在する地域であり（73年に西三河南部農業機械銀行として組織化された），それら作業受託者が，作業受託の増加が頭打ちとなり，経営受託をしなければ，それら従来の作業委託者を繋ぎ止められないという状況下で，経営受託に乗り出し，経営受委託の展開も見られるようになっている．ここでは，それら作業受託者の経営受託に対する考え方を問題にしたいのである．

　　事例1——農業従事者2人（世帯主38歳），補助者2人．自作水田1.6ha．経営受託を71年に開始，40a，その後72・73年3.4ha，74年6.0haと経営受託を拡大．73年収量8俵．借地料は1～1.5俵．作業受託者としてはトップクラスで74年の実績で耕起120～130ha，代掻23ha，育苗80ha，防除3,500ha（700ha×5回），田植30ha，73年刈取60～70ha，乾燥・調整12,000俵．この農家は6haの経営受託をしているにもかかわらず「経営受託は災害，豊凶があってむずかしい．それに対し賃耕はかたい．しかしゆくゆくは経営受託にしなければやっていけないだろうが借地料1俵ならできる．」としている（なおこの農家は本文注5の倉内論文72頁のW・Y農家）．

　　事例2——作業受託を2戸の共同でしているうちの1戸．自作水田80a．世帯主37歳．農業従事者は世帯主を含め，主たる者2人，補助者1人．共同での作業受

託量は74年耕起120ha, 代掻60ha, 防除2,500ha (500ha×5回), 田植40ha, 73年刈取55ha. この農家は個別で経営受託を68-69年に40a, 借地料1俵の条件で行った経験がある. しかし「今後経営受託はしない.」と述べている. それは「委託に出される田は点在し, 条件も悪く1俵の借地料でも作業受託の方が採算が良い」からである. また「農業はきらいだから作業受託が良い」とも述べている.

事例3——事例2と組んでいる農家. 現在68aの経営受託をしているが「収量が不安定なので (6～7俵), 仕事があれば賃耕が確実で良い.」としている.

以上のように, 僅かな事例からではあるが, 外的事情によって経営受託を取り入れてきてはいるものの, 経営受託に対して概して積極的でないことがわかる. つまり, 自生的に大規模経営受託農家が成立しているところでも, 農業内的な要因を基礎にしている側面よりも, 外的な要因の作用の方が強いのである. ここから見てもT町の大規模受託組織成立のメカニズムは, 愛知における大規模受託経営成立のメカニズムとして一定の普遍性を持つと思われるのである. つまりT町の営農組合を含む愛知, 東海の大型受託経営は, 国独資段階での存在, 農工間の著しい格差構造下での存在としての性格を石川のそれ以上に色濃く示しているといえるであろう. 第1に, それの成立が, 農工間の顕著な不均等発展にもとづく下向分解の急激な進行, 稲作生産の衰退傾向のなかで可能となり, 地域農業を支えるものとして育成された点である. 第2に現実の存在が, 政策の様々な支え, 農外労働市場展開による委託層の増加, 「低地代」, という農外要因に主として依存している点である. 農業内的な分解要因としての生産力格差をどの程度形成しうるかは今後の課題である. 第3に, 大型受託経営の求めるところは, 他産業就業者並みの年間所得という, 農工格差のもとで, まさに農業においてそれを乗り越えようとするものにすぎないが, この所得要求さえ, 賃金格差構造の底辺部に位置する委託層の兼業労賃水準との矛盾において問題を孕まざるを得ない. 76年2月に初めて開かれたT町での委託農家と農協との話し合いでも, 委託側の関心の1つが借地料の高さにあることがはっきりしている. 「収量が安定してきたら, 元の2俵に戻してほしい」「1.5俵で良いが, 豊作の際には上積みしてほしい」「農地にランクをつけそれに応じて借地料も差をつけよ」等の意見が出されている. 農工格差の下で, 他産業労賃の上昇に比べ, 米価上昇が抑えられる傾向の中ではなおさらである. 受託側

の他産業恒常的賃労働労賃水準という「正常」な所得要求は，作業料金，借地料を媒介にして，委託側の臨時雇賃金という「不正常」な賃金に基礎を置く行動原理と対峙しているからである．N町のように借地料の上昇があっても受託側における生産力の上昇によってこの矛盾の爆発が回避されているわけだが，不況が長期化してくれば，問題は，部分的にしろ顕在化せざるをえなくなるという構造の下にあるのである．

1) 農地価格の統計として全国農業会議所のそれと，不動産研究所のそれとがある．両者の性格については梶井功『小企業農の存立条件』(東大出版会, 1973 年) 第 3 章第 1 節参照. ここでは, 「転用の影響によってつりあがる農地価格の現実を把握して」(107 頁) いる農業会議所調査の数字を使用することが適当なので，それを使用した. なお両調査による農地価格の乖離（これは「農地価格として『相応』と判断される水準と，土地価格としてうごいている現実の農地価格の乖離を意味する」109 頁）が最も早くあらわれているのは東海で, 57, 58 年である. 北陸は 65 年頃である (108-109 頁).
2) これらの点に最初に注目され分析を加えられたのは梶井功氏である.「農業構造変革への展望」（農政調査委員会『成長メカニズムと農業』御茶の水書房, 1970 年).
3) SB 組合の一組合員は「営農組合は集落にとって必要であり，自分の息子が跡を継ぐかどうかとは別に，だれかが引きついで存続させていかなければならない」と述べている. この考えには営農組合が，地域農業の担い手という役割を負っていることが反映している.
4) 今村奈良臣「都市化・工業化地帯における圃場整備事業と大規模借地経営の成立」(『土地改良問題資料』1973 年).
5) 西尾市での動きについては詳しくは農林省肥料機械課『農業機械銀行方式導入の効果に関する調査報告』(1976 年), 倉内宗一『経営受委託』(農政調査委員会「日本の農業104」, 1976 年) 参照.

第 6 節　経営受委託に関する諸論点の検討

(1) 経営受委託展開の現段階と地域性

2 地域の分析は，70 年代前半において，受委託のかなりの展開が見られることを示している. 早くから兼業化が進行した太平洋ベルト地帯の T 町では，世帯主・主婦をも巻き込んだ一家層兼業段階のなかで委託農家が広汎化した. 労働市場展開の面では T 町より後進地域である N 町では，従来からの自営兼

第1章　稲作経営受委託の構造

業委託農家に加え，後継者の賃労働者が一般化している雇われ兼業農家における世代交代を契機とした委託農家化の動きのなかで，同じように受委託展開が70年代前半に至って著しい．これらの地域では経営受委託が，稲作における農民層分解にとって重要な意味を持ってきている．またこの地域では委託層の広汎な形成のなかで，水田の賃貸借市場は借り手市場的様相を呈してきており，そのことが受委託の構造にも新しい変化を与えてきている．

このような，受委託展開の比重を確認した上で，更に受委託展開の地域差をも合わせて注目したいのである．この点を問題としたいのは今まで見てきたように北陸，東海，近畿などに経営受委託が一定の密度で展開している地域があり，他方で全国的にもその密度は別にして，その発生が見られるなかで，稲作における農民層分解を，事実上経営受委託との関連のみで把握する傾向があるように思われるからである．例えば，伊藤喜雄氏が「請負耕作が，恒常的な不可逆的な制度として定着し」[1]「過渡的，妥協的形態として出発した集団栽培も……内部矛盾を激化させ変質」[2]することを通じて，一方に請負耕作を手段とした個別的借地経営＝「中型一貫機械体系という本質的には，資本としての生産条件をそなえたあたらしい上層農」[3]を，他方に「それに土地を提供している土地持ち労働者」[4]を作り出すという二階級構成という分解の展望を示されるのが，その一例である．そこでは現時点における経営受委託の発生度合の地域性は主に段階差＝タイムラグとして理解されていると見て良いであろう．

経営受委託を全国的に，かなりの比重を持って広がるものと理解して良いかどうか．つまり現実の経営受委託展開度合における地域差をタイムラグとして理解しうるのかどうかである．

先の分析との関連でいえば，東北＝秋田D村と東海＝愛知T町との差に注目したいのである．D村の場合，経営受委託の発生は例外的な動きであり，委託者は，農業労働担当者を病気等の事情で欠いた農家，あるいは一部の安定的な職員兼業農家，恒常的賃労働兼業農家に限られている．むしろ不安定な兼業と作業受委託関係が結びつき，作業受委託関係は，兼業深化地帯で見られるような経営受委託への過渡というより，むしろ不安定な兼業条件の下で分解阻止的側面を持っているのである．

この地域差は，東海＝愛知の段階に向かって解消していくと見て良いだろう

か.この点は労働市場展開の構造をどう理解するかにかかわる.労働市場展開のあり方に関係なく経営受委託を現実化させるまでの生産力格差[5]の形成が見られていない段階において,経営受委託展開の基底的要因は労働市場展開を契機にした委託層形成にあることは明らかだからである.その上で格差の形成度合は,経営受委託展開の速さ,広がり,構造等,分解の具体的形態を規定する.

D村の分析からわかることは,東北における地方労働市場のあり方が,太平洋ベルト地帯東海のそれと,段階差としてではなく,より強く日本資本主義の地域構造に規定された構造差として把握されるという点であり,それに規定される経営受委託展開の地域差も,タイムラグに解消するわかにはいかないと思われる.

1),2)　伊藤喜雄『現代日本農民分解の研究』(御茶の水書房,1973 年) 505 頁.
3),4)　伊藤喜雄「中農の消滅とあたらしい上層農」(農協中央会『農業協同組合』1973 年 5 月号) 93 頁.
5)　梶井功氏が指摘される 10a 当たり剰余が委託者の 10a 当たり所得を上回るという生産力格差,梶井「農業変革への展望」(農政調査委員会『成長メカニズムと農業』御茶の水書房,1970 年).

(2) 現段階における経営受委託の構造

1) 戦前における請負耕作の性格

現在の経営受委託の性格を明らかにするため,最初に,戦前における請負耕作の性格を簡単に見ておきたい.戦前の請負耕作には,性格において異なる次の2種類が存在した.

第1の種類は,「請負小作」と呼ばれるもので,その性格は地主小作関係の偽装――小作関係であるにもかかわらず,「地主」が自作しており,「小作人」に耕作を背負わせているという姿に偽装――という点にある.これは大正末期から昭和初期にかけて,多く発生が見られたもので[1],小作争議の激化,小作法草案の発表が要因となっている.1931 年の農務局「請負小作に関する調査」によると,1923 年以降,小作法草案発表の年 (1927 年) に前後して,山形,岐阜,愛知,大阪,岡山,福岡 (但し,山形・岡山・福岡では請負小作の発生自体はもっと古い) で多く発生し,その後京都,兵庫,奈良,島根,徳島で発

生が見られている[2]．1936年の「小作事情調査」では，請負小作の行われている府県として青森，岩手，宮城，山形，福島，埼玉，新潟，長野，大阪，奈良，広島，高知，佐賀，熊本の14があげられている．小作争議の東日本への波及を反映し[3]，ここには東北諸県が入ってきている．しかし量的に多く発生しているのは長野，大阪，奈良，広島，佐賀とやはり西日本に片寄っている．

　この時期の請負契約の一般的内容は，木村昇氏の整理によれば[4]以下のようである．①収穫物を耕作者が勝手に扱うことを防ぐため刈取り以後までの全作業ではなく稲成熟期までの作業を請負わせたものがかなりあった．②収穫の全部が地主のもので，その一部を耕作者に報酬として与える形式が多い．③契約期間は1年のものと数年間のものとがある．④種子，肥料，農具，家畜などが地主負担で，生産物の3分の1程度を請負料として耕作者に渡すものがあった．また土地会社の請負耕作契約の一例[5]によると，①刈取時期までのすべての作業を請負わせる，②籾種及び肥料は地主が支給する，③請負料として地主は請負人に100分の30の稲を立毛のまま支払う，④請負人の故意または過失に因って損失が生じた時は，地主はそれ以降の耕作を自ら，もしくは他人によって遂行することができ，その費用は請負人の負担となる，またその他の損失についても請負人に賠償の義務がある，⑤天災・事変その他の事由で収穫がなかった場合，請負料は支払われない，の諸点が盛られている．労働契約でなく小作関係の偽装としての性格が強い点，特に⑤で端的に示されている．

　そのため請負小作は小作問題の一環であり，全日農の「小作法要綱」（1930年1月）でも，「6，請負小作の厳禁」としてとりあげられている[6]．政府も，1931年に小作法案を議会に提出する際，第4条に「土地の耕作を目的とする請負其他の契約は賃貸借と看做す．但し本法の適用を免かるる目的に出でざるものは此の限りにあらず」を加えている[7]．

　偽装自作としての請負耕作は戦後農地改革時にも発生した．これは，第1次農地改革草案発表後，買収を防ぐ目的で，また物納制維持を目的に（金納制によって保有米のなくなったような地主の場合），小作地を「引き揚げ」，偽装自作地とし従来の小作人に耕作を請負わせるという形をとったものである．自作農創設特別措置法において強制買収しうる農地の1つに「自作地で当該自作地に就いての自作農以外の者が請負其の他の契約に基づき耕作の業務の目的に供

してゐるもの」（第3条第5項第2号）という規定を設けているのはこのようなケースが相当存在することが予想されたからである．この請負耕作もまた，従来の地主小作関係に基礎を置いたもので，請負料は低く，本質において地主小作関係であった．

　これに対し，第2の種類は，宮城県の「ソダテッコ」，佐賀平野の「ツクリアゲ」の事例で示されるところのものである[8]．梶井功氏によれば，前者は病気等の理由で一時的に家族労働力が変化した場合親戚などが播種からニオつみまでの全作業を引き受けたものだと言う．請負料は年雇の年賃金を年雇1人が受け持つ耕作面積で割って決められたという．そこでの例では，当時の年雇賃金は米4石，年雇1人の耕作面積が1町歩とされていたので，反1俵が請負料として決められていたという（肥料代は委託側負担）．この請負料よりは，2石が平年作で，小作料1石1斗が普通であった小作の方が，小作の取分9斗から肥料代を差引いても有利であるにもかかわらず，小作関係と併存していたという．また佐賀平野の「ツクリアゲ」も「小作農でもたとえば主人が病気で手余り地が一時的に生じたようなばあい，手余り地耕作の全過程を『ツクリアゲ』てもらい，それに労賃をはらい，小作料をおさめてもその小作農に若干の余裕がのこった…」[9]という．

　つまりこれらの請負耕作は「さけがたい家族労働力の変動をおたがいにカバーしようというものだったのであり，そういうことが必要な事態は，どの『いえ』にもおこりうるが，しかし，その事態は一時的なものであるという前提があってなりたつことであった」[10]．このように，親戚関係などの範囲で行われる相互扶助的な請負耕作であるため請負料も低い．先に見たように，T町，N町の事例でも，早い時期のものにはこの性格がいくらかは残っている．以上が戦前の請負耕作の主な2類型である．

1) 小作争議の激化以前の時期に請負耕作がなかったわけではない．大正年代に名古屋市，岐阜県稲葉郡茜部村，岡山県藤田農場等で行われていた請負耕作について「小作争議の対策，小作法免れを目的とするものよりも，寧ろ土地返還の結果やその他の特殊事情によってなされる場合が多かった．」（田辺勝正『現代農地制度論』御茶の水書房，1967年，247頁．原資料は協調会農村課編「小作立法に関する重要問題」223頁）と報告されている．しかし，広くその発生が見られるようになるのは，

これとは異なり小作問題対策としての請負小作であり，小作調査会第6回総会（1929年12月）における農務局長石黒忠篤の説明にも次の通り指摘されている．「耕作ヲ請負契約ヲ以テ致サセルコトハ，是ハ以前カラモ全ク無イデハナカッタノデアリマス……是等ノモノトハ由来性質ヲ異ニシ小作問題ノ一対策ト致シマシテ，新ニ請負耕作ノ形式ニ依ル契約ガ行ハレテ参ッタノガ注意スベキ点デアリマス．此種ノ請負小作契約ハ大正13年以降ノコトノヤウニ思ハレルノデアリマス……ソレハ奈良県ノ事例が一番著シイモノデゴザイマス．……ソレガ段々他ノ地方ニ及ンデイク様子ガ見エテ居ルノデアリマス．」（梶井功『基本法農政下の農業問題』東大出版会，1970年，392-393頁．原資料『小作調査会議事録』其ノ4, 13-16頁）．
2) 前掲，田辺，250頁．
3) 福島県についての増減傾向の欄には「小作争議ノ対策トシテ現ワレタルモノニシテ……」と記載されていることからもうかがわれる．『農地制度資料集成』第1巻（御茶の水書房）847頁．
4) 木村昇『請負耕作』（農政調査委員会『日本の農業16』1962年）8頁．
5) 奈良県百済農業合名会社の事例，前掲，田辺，252頁．
6) 田辺勝正『日本土地制度史』（家の光協会，1974年）556頁．
7) 前掲，田辺『現代農地制度論』253頁．
8) この2つの事例は梶井功，前掲『基本法農政下の農業問題』378-379頁，及び，前掲木村の討論の部での同氏の発言による（99頁）．なお1936年「小作事情調査」によれば，青森にも「作リ上ゲ」小作と称される請負耕作の存在が指摘されているが，これなども，同性格のものと思われる．
9),10) 前掲，梶井『基本法農政下の農業問題』379頁．

2) 戦後における経営受委託の性格

戦後50年代半ば以降展開が見られる経営受委託[1]は以上のものとその性格を異にする．その性格，特に耕耘機段階での経営受委託の基本的性格は，①労働市場の展開，自営業の展開を背景にした広汎な兼業化の進展による農業離脱の動きのなかでおきている．つまり原因となる労働力不足は一時的なものでなく農民層分解の過程でおきている恒常的なものとなっている．②戦前と違い，委託農家は概して零細農家，あるいは中規模の兼業農家である．しかし，経営受委託展開の当初では，経営規模の比較的大きい農家で，その経済力によって高等教育を受け，安定的な兼業に従事しているというような農家の比重が高かった[2]．③受託農家は中上層の専業農家ないし専業指向農家が中心で，労働力の完全燃焼を目指したものとして良い．受託者，委託者の関係は，親戚関係を中心とした繋がりの強いもの同士が多い．そのため，「無理に頼まれて」，「仕

方なく」，という理由での受託も多い．木村氏の奈良県の調査でも[3]，110事例中42事例（38%）が，「断りきれない関係だから」，「無理にたのまれた」，という理由での受託である．④統制小作料，耕作権の強化という農地法の規制を回避するためにとられている形態で，事実上の賃貸借としての性格が明瞭になってきている．⑤形態的にも，「地代」があらかじめ決められるものが多くなり，その面からも賃貸借としての性格は明瞭になってきている．

　50年代半ば以降の，特に耕耘機段階の経営受委託の特徴は以上の通りである．ここで，経営受委託の形態について触れておく．木村氏は，収穫物の分配形態に着目した時の経営受委託の諸形態を次のように分類されている[4]．(I)―生産物の全量を委託者が取得し，請負料を受託者に支払うもの．(II)―収穫物の一定量を委託者側が取得するもの．(III)―収穫物を一定割合で委託側，受託側それぞれに歩合けするもの．そして，(I)型の場合では，税金はもちろん肥料，農薬を委託側が負担するものが多く．(II)(III)型では肥料，農薬を受託側で負担するものが多い．また(I)と(III)では委託側にとって反収が最大の関心となるので基準収量を取り決めているものが多いとされる．同氏の調査をこの分類で集計したものが表II-1-75である．これで見る限り，この時点では，(I)型が相当多く，奈良の場合だけが，(II)型が多い状況となっている．

　この3形態は(I)型→(III)型→(II)型の順に，作業受委託の延長としての請負耕作（それゆえに本来からいえば意識の上でも請負耕作とはまさに耕作を請負わすものだったろう）から借地に近づいているといえる．なぜなら，(I)型は，経営主宰権（古くは品種や肥料の種類等も委託者が選択したであろう）と生産物所有権が委託側にあり，全農作業を請負わせ，その労働の対価として請負料を支払うという本来の「請負耕作」の内容を表現する形態である．この形態では危険負担は委託者にあり，受託者の地位は性格から言えば雇用労働者であり，支払われる請負料も基本的に労賃だとしていい．しかし生産過程はすべて受託者の管理下で進んでいるのであり，反収はすべて受託者の能力，熱意にかかっている．この矛盾から，委託側にとっては，作業の手抜きによる反収低下の危険がつきまとう．受託側にとっては，事実上の経営主であるにもかかわらず，それへの報酬がなく，経営努力の結果がすべて委託側のものとなるという不満がつきまとう．労働意欲は阻害されざるをえない．ここから，表II-1-

75 の行田市の例のように基準収量を決める形態がとられることにもなる．これは危険負担を受託者側が一部負担するわけだが，そのことは同時に経営上の努力に対する取分を保証する可能性もあるということになる．基準収量は，平年作ないしそれより幾分低く決められる．また，基準収量を決めた上で，具体的な形態としては，基準収量以上の場合には超過分は全量受託農家取分となり，基準収量以下の場合にのみ協議がなされる事例と[5]，豊凶いずれの場合にも請負料及び具体的な基準収量が協議される事例[6]とがある．また，これらと異なる形態で先の問題を解決しようとした形態として，年度初めにおおまかな経営費を決め，それより少ない経営費ですめばその差額を受託側の収益とするという事例[7]もある．これらの形態をとることによって受託者の取分は「労賃」部分を越え，「利潤」部分の一部を得ることが可能になる．(III)型も，同じ内容の違う表現形態と見ることができよう．つまり豊凶に関係なく収穫物を一定割合で分割するということは，受託者が危険負担を一部負うと同時に，「利潤」部分の一部を取得する可能性もあるからである．

　(II)型になると，経営主宰権，生産物所有権は明瞭に受託者側に移り，危険負担は全面的に受託者が負う．それゆえ，通常であれば，委託者取分は「地代」部分に押し込められ，受託者取分は「労賃」プラス「利潤」部分となる．

表 II-1-75　請負耕作（経営受委託）の形態別件数

	I 型	II 型	III 型
宮城県	6	1	0
埼玉県行田市	I 型多い		
奈良県	56⟨33/23⟩	58⟨0/58⟩	13⟨2/11⟩
香川県	8⟨8/0⟩	0	4⟨0/4⟩

注：1）　行田市の場合，I 型であっても 5 俵を委託者に払えば良い場合が多い．肥料等は受託者側が負担している．
　　2）　I，II，III 型の内容は本文参照．
　　3）　⟨　⟩内の数字は，肥料，農薬をどちらが負担しているかを示し，上段は，委託者負担の事例件数，下段は受託者負担の件数．
資料：木村昇『請負耕作』（農政調査委員会「日本の農業 16」1962 年）の事例を集計した．

形態的にも借地関係として一層明瞭化してきている．これは諸負担のあり方にも現れており，(II)型の多くの場合には肥料，農薬ばかりでなく，水利費，共済費，反別割の生産組合費も受託側の負担という形態になってきているのである．それにともない意識の上でも，1年契約の借地であるというように変化してきている．

以上の諸形態の変化について，先の表II-1-75にある，60年時点で調査がなされている行田市について74年時点での調査事例によって見ておこう．表II-1-76からは，(II)型への移行が明瞭に読みとれる．60年時点で，一般的形態とされている5俵を基準収量として委託者に引き渡し，請負料を受け取る形態は若干残っているが（67年開始の農協仲介の受委託はこの形態をとり入れている．表II-1-76は相対の事例のみを集計），減少しているのである．

1) これより早い1950年頃に出てくる請負耕作について渡辺洋三氏は「この時期の請負契約も，旧地主の農地改革に対するサボタージュ，抵抗としての仮装自作から新しいタイプの請負耕作へと推移してゆく過渡期のそれであり，一方において，地主的支配がなおまつわりついているとともに，他方において現在の請負耕作の先駆的徴候を示しているという二面性をもっていた．」と指摘されている．「農地改革と戦後農地法」（東大社会科学研究所『戦後改革第6巻・農地改革』1975年）102頁．
2) 砺波や蒲原でも，当初，受託農家はこれらの層をねらって受託の拡大に乗り出したことが指摘されている．
3) 前掲，木村，36頁．
4) 前掲，木村，88頁．
5) 前掲，木村，行田市，香川県大川村の例．
6) 前掲，田辺『現代農地制度論』305-306頁にある香川県木田郡山田町，山形県河北郡の事例（原資料は「全国農業新聞」1962年7月27日付）．
7) 酒井惇一「請負耕作の諸形態と発展論理」（菊元・金沢編『現代農業の経営と経済』養賢堂，1975年）75頁で紹介されている山形県酒田市農協の例．

3) 現段階における経営受委託の構造

以上のような戦後における経営受委託は，60年代半ばに入り，一方で中型機械体系が完成し，他方で兼業化の一層の深化のなかで，更に新しい性格をそなえるに至る．今までの事例分析から要約しておこう．

①委託者に関していえば，農業従事者の病気等の特殊な事情による農家，一

第1章　稲作経営受委託の構造

表 II-1-76　経営受委託（請負耕作）の形態の変化（行田市の事例）

① 「請負耕作」という色彩の強いもの——収穫物は委託者が全量取得，受託者には請負料が支払われる．諸負担は委託者負担．
　(イ)　全収穫物が委託者へ，受託者は請負料を受取る——経費，諸負担，委託者負担．
　　　(例1)　70，71年発生，38a．種籾を渡す．除草剤は別に支払う．ヒエ抜き，肥料撒布は委託者がヒマな時にしている．
　(ロ)　5俵が委託者へ，受託者は請負料と5俵を超える分を受領する——水利費，共済費，航空防除費，委託者負担．
　　　(例1)　63年発生　17a．上記の条件
　　　(例2)　73年発生　30a．形式的にこう決めてあるが，実際は1.5俵（「地代」）を委託者が受けとる．
　　　(例3)　65年発生　30a．65年5俵受取って受託者へ6千円払う→72年5俵（反収7俵）受取って1万円払う→73年2俵8斗を受取る形態に変更（水利費，共済費—委託者負担）
　　　(例4)　70～72年　83a．71年委託者へ5俵渡して，2万円受取る．
② 「借地」としての色彩の強いもの——収穫量にかかわらず「地代」が決められている．諸負担（水利費，共済費）受託者負担．
　　　(例1)　戦前発生　10a．金納→70，71年から1.5俵，（水利費，土地改良費，共済費，受託者負担）
　　　(例2)　70年発生　24a.⎫
　　　　　　74年発生　35a.⎭ 1.5俵　水利費，共済費受託者負担
　　　(例3)　67，68年発生　14a.⎫
　　　　　　69年発生　15a.⎭ 2俵　水利費，共済費受託者負担
　　　(例4)　74年発生　7a．2俵　航空防除費，水利費，共済費委託者負担
　　　　　　　　　　　　　　　　（この事例のみ委託者負担）
　　　(例5)　72年発生　7a．2俵　航空防除費，水利費，共済費受託者負担
　(例外)　55年発生　20a．収穫物はすべて受託者．他の水田30aの耕うん，代かきをして相殺．

注：1)　農協が仲介しているものを除いて相対の事例を集計した．
　　2)　1974年8月調査の結果を整理したものである．

部の職員兼農家，安定的な賃労働兼業農家という範囲を越え，主婦までをもパート形態で賃労働者として包摂する一家総兼業段階ともいうべき兼業深化に規定され，委託者が広汎に作り出されるようになってきているという変化である．このような条件のある工業化地帯では経営受委託関係が無視しえない量的広がりを見せることになる．北陸の自営兼業地帯でも，自営兼業委託農家に加え，世代交代に伴って雇われ兼業農家の委託農家化が，70年代前半から著しい進展を示している．

　②他方，受託者側の変化として，自作地に匹敵，ないしそれをはるかに越える受託地を持つ「借地型」経営が特に70年代前半に成立している．これは，

一方で機械化投資を軸にしてつくり出された生産力格差と，他方で，委託要求の広汎化のなかで借地市場が借手市場的色彩を呈してきていることに基礎をおく．それによって，現在の経営受託は，主要には2類型——「借地型」と「借り足し型」（愛知の場合にはこの「借り足し型」にも2種類の性格の異なるものが存在したが，重要なのは農業中心の「借り足し型」受託農家なので，その意味で使用する）——があり併存している．しかし，経営受委託に占める比重，また借地料決定の規定性という点からも，前者の意味が増してきている．事実，兼業の深化したT町ではN町に比べ，「借り足し型」受託の比重は小さい．しかし，この型の受託は減少する傾向と同時に不況との関連，作業料金高騰を理由にした機械導入等を契機に，再生のメカニズムもあり，併存状況は続くであろう．

③中型機械にもとづく経営受託の展開と，兼業深化とによって，受委託関係は地域的にも，人間関係においても狭い範囲を越えて結ばれるようになる．そのなかで，個々の事情を反映して様々であった借地料も均一化され，その均一化される範囲も広がる．また耕耘機段階では借地料の規定要因として，豊度，集落からの田の遠近というものが重要であったが，中型機械段階になると，全体として借地料は平準化してくると同時に，そのなかでの差異を規定する要因としてはむしろ田の形状，大きさが重要になってくる．

④「借り足し型」受託は，中高年齢層の，日雇い兼業か，経営受託かという選択の下で行われており，その採算限界は，日雇い労賃水準並みの受託所得確保にある．この経営受託は，現在の経営主あるいは経営主夫婦が，農業専業的に就業していこうという志向にもとづくもので，一代限りとしての性格が強い．

⑤これに対し，特に70年以降その存在が目立つようになる「借地型」受託農家の場合，投資額も大きく，多くの場合，一代限りということではなく，「家」としての農業専業を目ざしている．そこには現に若い家族労働力が確保されているか，ないしは将来の確保を前提としている．そこでは自家労働評価は高く，経営受託の採算限界は他産業の恒常的労働労賃＝「正常な」他産業労賃水準の受託所得確保にある．自家労働評価が高まらざるをえないのは，第1に，現に就農している若年層は，学歴的にも他産業での恒常的勤務が可能な人間が，自らの意思で，家業としてではなく自分の職業として選択する傾向が強

まっているからであり，またT町SB組合の3人のように他産業での仕事を辞め帰農した者も現れている以上，自家労働評価が，同年齢の他産業従事者の労賃水準になることは当然であろう．また，後継者を引き止めるためにもそれが必要である．第2に，農業労働自体が複雑労働化してきている点である．一方で，オペレーター労働という高度な労働の比重が高まっており，他方で，規模拡大をとげながらそれにふさわしい農作業を行い，収量を維持し，工業との格差の著しい農業で，一定の経営採算を上げていくことは，易しいことではなく，能力と努力とを必要とする．以上の2点からしても，若い労働力を抱える，ないしは後継者の育つことを前提にした行動をとっている「借地型」受託農家においては自家労働評価は，「正常な」他産業賃金水準に高まらざるをえず，採算限界もその水準にレベルアップしている．「他産業並みの所得」，「サラリーマン並みの所得」，更には「我々は経営者だから勤め人以上の所得」というのが彼らの意見である．

⑥現在成立している「借地型」受託経営は，両者の併存状況下で打ち出されている借地料水準のもとでも，生産力格差によって，受託地部分について，正常な費用控除後に，今までに述べてきた水準の所得を確保しており，その点から言えば，全経営地が借地であっても経営として成立しうる状況となっている．中型機械体系を軸とする生産力の定着が見られるということである．それに加えるに特に，70年代前半における委託層の急増のなかで，借地市場が借手市場的色彩を帯びる地域も出てきており，このことが自作地の持つ意味を低下させ，所有面積序列を大きく崩して，大規模受託経営が成立しうる根拠となっている．つまりこの状況下では，「借地型」受託経営の成立要因として，土地所有の大小以上に労働力の問題——量・質・意欲等——がより決定的になってきたということである．

⑦「借り足し型」受託は現経営主一代限りという意味で過渡的性格が強く，分解のより進んだT町ではN町に比べその比重は小さくなっている．しかしこの層は分解分岐層であり，T町の事例が端的に示すように，10a当たり稲作収量は最も高く，またプラスα部門の導入，機械の過剰投資を防ぐ努力等の特徴を強く持っている．この背後に，性格を同じくするような自作農家層，作業委託農家層がいるのであり，これらの層の存在，及び生産力における継承すべ

き側面等を無視するわけにはいかない．

　所説との関連に触れよう．伊藤喜雄，梶井功両氏は，分解の方向性を明確化するという研究視角からであろうが，「資本型上層農」「小企業農」という「借地型」経営を主な研究対象として追及される．これらの層に，いち早く注目し，その実態分析を精力的に追及されたことは，現実に深く接しておられる２人の先見性を示している．しかし，そこから直線的に，伊藤氏の二階級構成論に見られるように，併存する「借り足し型」受託農家層を，「長期」的に見れば減少するものとして視野から欠落させることはいくつかの点で問題を残すことになっていると思われる．第１に，現実に併存する２種の経営受託の関係が明らかにならないため，問題とされている「資本型上層農」「小企業農」出現の普遍性が明確にならないのではないかという点である．例えば，２種の経営受託併存の下で，一定の借地料が打ち出されている時，両者を視野に入れた分析なしには借地料形成のメカニズムも明らかにならず，両者の対抗を通して，それら上層農が体制的に成立してくる構造の解明も不十分なものになる．第２に，そこから分解の展望を伊藤氏のように，「資本型上層農」とそれに土地を提供する「土地持ち労働者層」の２階級分解とする考えも出てくると思われるが，分解の進んだＴ町ですら，少数ながら「借り足し型」受託農家が存在し，その背後に，自作農家がおり，また作業委託農家のなかにもそれらと同質の性格を有する農家が存在する．Ｎ町であれば，その比重はなお高い．これらの階層，要約的に言えば，農業中心に就業する労働力の存在する農業専業的な分解分岐層を視野から欠落させる分解論，階級区分論は次の点で問題があるように思われる．（イ）分解の方向性を問題とするということで，分岐層として矛盾の集中したこれらの階層——そしてそれは一定の比重を持った層として存在している——の問題を素通りすることは，農業を規定している現在の外的な経済構造を結果として前提してしまうことになっていないだろうかという点である．とすれば，本来，その経済的環境の変革理論の一環として極めて主体的である分解論の立場，内容と異なり，極めて「客観主義的」な分解論になってしまうのではないかという点である．（ロ）それら分岐層における生産力展開の積極的側面——高い反収水準，プラス α 部門導入の努力，過剰投資を防ぐ努力等——を更に開花させる方向で問題を立てることが，これらの階層ばかりでなく，

第1章　稲作経営受託の構造

「借地型」経営の安定的展開にとっても必要なのではないか．この面からもこの層の問題を軽視しえないように思われる．（ハ）分解の展望から，生産力担当層として，大規模「借地型」経営が重視され，問題が，それらの階層の要求をどう実現し，それらの展開をどう保証していくかという方向で立てられがちとなり[1]，それのみが第1に主張されることになると，国の選別政策を一層拡大することにならないだろうかという問題である．後ほど触れるように，ほんの一部の例外を除いて，それら大規模受託農家も，階級的には小農と理解されうるし，稲作生産力担当層としてますます重要となってきているのであるから，それらの階層の要求に答え，経営展開の展望を保証することは正しいと考える．しかし，地域の最上層であり，行政との関連も深いそれら大規模受託農家の要求には，そのままでは正当と思えない屈折したものも多いように思えるからである[2]．これに対し，分岐層の要求は日本農業の再建方向と結びついた性格が強く，これらの層の要求が実現されるなかでこそ，大規模受託農家の存在も真に安定化してくるという関係にある．こういう質的な意味から言っても，長期的には減少するというだけで，これら分岐層を視野から欠落させることはできないと思われる．

これに対し，磯辺俊彦，宇佐美繁氏らは，経営受託の主流として逆に「借り足し型」を位置づける．宇佐美氏は，「3ha前後の自作経営が，請負耕作形態でもって上向展開を見通すことは，きわめて困難」[3]とされ，「借り足し型」受託経営の「借地型」受託経営への上昇・展開を否定される．それゆえ現に存在する「土地兼併型上層農」（富農）――自作地拡大を主流にしていようと，経営受託地拡大を主流にしていようと――の上向展開の要因は稲作部門でなく，「自営部門を擁することによる蓄積力の高さと，信用能力の大きさに裏づけられた資金回転力の高さ――それに対応する政策金融の存在にある」[4]とされる．このように，経営受託による上向展開を否定されるのは，現在の経営受託の性格を，「自作地拡大の条件を失いつつある中間層が，機械の償却と，労働力の完全燃焼のための必死の対応形態が，今日の請負耕作」[5]と理解されているからである．

このような理解は磯辺氏によって極めて整理した形で与えられている．氏は以下の式[6]を示した上で，経営受託の借地料は，「切り売り」労賃を基準とし

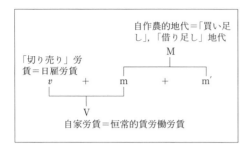

たM（=m+m'）であり，労働力の再生産費（=V）の確保のためには既存自作地の余剰m'を食いつぶしていかざるをえないとされる．そこから当然に，「全経営を借地経営化することは許されないのである．それゆえ，請負耕作としての借地拡大」「それはすぐれて自作農的構造のものなのである．」[7] という結論を出されるのである．

しかし現実においては自作地をはるかに越える受託地を持つ農家が一定現れてきているのであり，「借地型」経営を例外的存在とするのは実態の上からまず疑問であろう．これは両氏が素材とされた地域——宇佐美氏は上層農の存在が厚い蒲原，磯辺氏は庄内・蒲原——の特徴が関係していると思う．磯辺氏の指摘される構造を持つ「借り足し型」受託と対抗しながら，生産力格差の形成によって，「借地型」経営の成立，それのみならず採算の点だけからいえば完全な借地経営すら可能な状況が，70年代前半，借手市場的な地域では現れてきているのである．つまり「借り足し型」受託においてはM（=m+m'）である借地料水準が，「借地型」受託にとってはm'（あるいはそれ以下）という生産力格差が形成されているのである．ここに受託原理が「借り足し型」と異なり恒常的賃労働労賃原理に変化した「借地型」受託が成立し，展開しうる根拠がある．現実の借地料は更に借手市場的様相が濃くなってきている影響を受けて決定される地域も現れており，「借地型」受託の出現を例外的なものとするわけにはいかない．

神山安雄氏は図II-1-20を示した上で，60年代半ば以降の借地料水準が，自家労働評価をおしさげることによって統制小作料額の約3倍の水準に形成されてきていた50年代半ば以降のヤミ小作料以上であることから，「ここでは，〔昭和—引用者〕30年代の統制小作料の下で実現されていた自家労働を都市均衡労賃で十分に評価しうる小作料水準はすでに突破され，むしろ自家労働を農業臨時雇賃金水準以下におしさげて評価する形で，小作料が形成されている[8]」と評価されている．形態的に見れば確かにそう見える．しかし，その借

地料水準のもとで㋑農家，㋺農家とも，都市均衡労賃以上のものを実現しているのであり，そこに現段階における生産力格差の形成を見なければならないと思われる．

1) ただ，両氏の主張がこのように読みとれることと，他方で「小企業農」について梶井氏が「むしろその反動性を，古典的理論の枠内にはまりきれない事実を正確に評価することを通じて，明らかにすることが重要」（前掲『小企業農の存立条件』まえがき）と指摘されることとどう結びつくのかは，今のところ良く理解できない．
2) 例えば，調査で聞かれる「米価はもっと安くて良い．そうすれば分解は進む」というような意見．あるいは梶井氏が『小企業農の存立条件』のまえがきでとりあげている日本農業経営者連盟メンバーの発言．
3), 4) 田代・宇野・宇佐美『農民層分解の構造―戦後現段階』（農業総合研究所，1975 年）244 頁．
5) 前掲，田代・宇野・宇佐美，212 頁．
6), 7) 磯辺俊彦「請負耕作の論理」（『農業構造問題研究』1972 年 11 月号）10 頁．
8) 神山安雄「水田小作料の動向」（『農政調査時報』第 239 号）48 頁．

(3) 大規模「借地型」受託経営の生産力構造

第1に，大型受託経営の場合，特に大規模化している場合，稲作技術のうえですぐれていても，面積当たり収量において劣る傾向にあることを見てきた．従来の生産力展開と断絶した形で作り出された T 町の経営は，それが極端であるが，自生的展開をとげてきた，技術的にも優れた㋑農家でも，ある規模を越えると急速に低下させていた．それぞれの生産力展開のあり方は，その経営をとりまく条件に規定され合理性を持っているわけだが，その 10a 当たり収量の動向に，第1節で述べた急速に進行した機械化の内包する問題点を見るのである．進行する機械化は個々の労働過程の機械化であって，新しい農法展開の契機たりえていないばかりでなく，他の労働過程との有機的連関を欠き，特に，それにともなう栽培技術全体の変革も実現されていないため，反収はあいかわらず従来と同じ手労働に多くを依存する肥培管理労働に左右されている．機械化によって能率化された労働過程と手労働に依存する肥培管理労働とのギャップは拡大し，機械化によって規模拡大が可能になればなるほど，肥培管理労働は，家族労働力をフル回転しても粗放化傾向になりがちとなり，収量に響くの

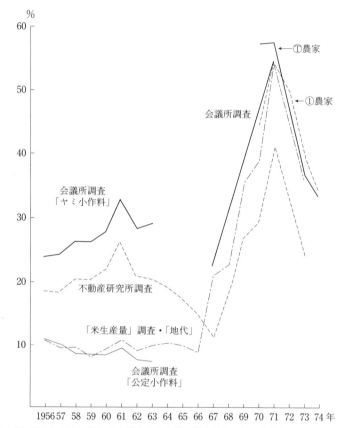

図 II-1-20 10a 当たり稲作剰余に対する借地料の比率

注：1) 10a 当たり剰余＝粗収益－第 1 次生産費－資本利子．但し①農家については借入金利子を差引いてある．
　　2) 自家労働評価は農業臨時雇賃金．
資料：全国農業会議所調査部（神山安雄）「水田小作料の動向」（『農政調査時報』第 239 号，1976・12）所収の図（第 3 図）に①農家，①農家のそれを加えたもの．

である．特に春作業時にこの矛盾は著しい[1]．圃場の分散が，この矛盾に一層拍車をかけている．

　このことを逆の面から言うと，このような生産力展開のもとで大規模経営の収量をその水準に支え，地代負担力を生み出し，経営の存立を支えている 1 つの要因は，家族労働力であるがゆえに可能な，緊張度の高い労働であるという

ことになろう．この点，雇用労働力依存の農業経営成立の大きな制約条件であると思われる．

　第2は，受委託関係の安定性の問題である．これは，1つは土地改良投資との関係で問題となる．専業経営をめざす「借地型」受託農家は，ある程度長期的にものを考えていることは事実で，一般的な単年度契約のなかでも，すぐ引き揚げられそうな田と，かなり長期に受託できそうな田（それは相手農家を見ればわかるという）とは作業の仕方においても区別して対応している．更に，単年度契約が一般的でも，借手市場的様相を示すなかで，N町の④農家の事例のように3年契約のものも出てきているし，また委託者側にも，「単年度契約だが，返してもらう時には，1,2年前に言わなければ気の毒だ」という意識も見られるようになってきている．一層借手市場的なT町や豊田市TO地区では3年契約となっている．そして，ここでは堆肥とまではいかないが生藁の還元に加えて，土壌改良材の投入が本格的に行われるようになってきている．

　他方で，受委託関係の安定化は，「借地型」受託経営の場合，機械投資等も，受託を見込んで行われているという面からも重要である．この点，「借り足し型」受託における機械の完全燃焼的意味とは決定的に違う．

　第3に，先に触れた，受託地の分散の問題である．この点の止揚，つまり農場制の確立は，大規模受託農家側にとっては重要な課題である．T町に見られる農協が仲介することによる地域分割は1つの方法であり，それによって相対で行われるよりも分散が抑えられていることは事実だがそれとて，先の図に見られるように完全ではない．それが実現するためには農地利用の集団的なコントロールが不可欠であるが[2]，このコントロールが現実化するための条件はなんであろうか．受託層と委託層という依存関係が明確化した階層には接点を見出しうるが，なお自作的な層が存在している時に，それらの層との接点がどう形成されてくるのであろうか．一方で土地改良が進み土地条件が地域としては均一化してくることや，他方で，自作農家においても，多くの作業が外部に依存する傾向が強まっていることなどは，地域としての土地利用上の合意を可能にする条件を強めてきていると考えられるが，この点の分析は今後の課題である．

　第4に，大規模受託経営でも，稲単作の場合農閑期における労働力の遊休の

問題があり（特に北陸のように作期の短い所では作業受託も多くは出来ず一層問題となる），T町の営農組合のように他部門導入の動きも見られる．しかしこれらの動きは内部連関を持った複合経営を目ざすというより，その動機はもっぱら労働力の完全燃焼にあるため，今の価格条件のもとで消長が激しいように見える．しかし，このような最上層ですら他部門導入が問題にならざるをえなくなってきていることは重要だと思われる．

1) この点を労働過程にまで下りて分析したものとして波多野忠雄「家族経営と土地集積」（『農業経営研究』No.25）．
2) 分散耕地制の農場制への移行の課題，それを実現するための地域的な統制の必要性については，前掲梶井『小企業農の存立条件』（240頁）をはじめ多くの人によって指摘されているが，それがどのようにして可能か，どのような条件がそれを可能にするかという点の解明は今後の課題であると思われる．

(4) 大規模「借地型」受託農家の性格について

主な論点は2つある．1つはその性格をどう把握するか，つまり，それら上層農の範疇規定をどう考えるかであり，他の1つは，その成立を安定的なものとして見ることができるかどうか，成立のメカニズムをどう理解するかという点である．

伊藤，梶井両氏は，経営受託を主要な手段として成立しているそれら上層農家を小農範疇で律しえないものとして，「あたらしい上層農＝資本型上層農」，「小企業農」と規定される．伊藤氏の新範疇提起の根拠を要約すれば，①現実の「新しい上層農」において，借地料控除後に，「労賃」部分（＝日雇労賃・土工賃金水準）の上に，更に「利潤」部分（少なくとも利子）が成立している，②そればかりでなく労働市場の展開および投下資本規模の拡大を契機に，利子率の規制を媒介として「利潤」意識を生み出すことによって，それらが「範疇」として成立するメカニズムが確立している，③それゆえ借地料＝「地代」水準は「労賃」「利子」にまで喰い入ることはできないメカニズムが確立している．（＝「合理的地代」）の諸点である[1]．梶井氏は，「自らの労働に対して農業臨時雇賃金水準であれ，V範疇が確立しており，かつ一般的な投資水準に見合う利潤率を自らの資本に確保でき，しかも剰余の剰余としての地代をも，

第1章　稲作経営受委託の構造

かなりの水準で形成しうる」[2]という実態を踏まえた上で，新範疇提起の根拠として，①「みずからの労働にたいしても標準的水準の賃金の確保が行動のベースになっており」[3]，②「みずからの資本にたいしても利子的形態水準であるにせよ利潤を求める」[4]の2点を指摘される．両氏は，その展望においても，具体的形態の違い（個別的形態での存在であるか，生産者組織・土地利用の集団的コントロールという補完のなかでの存在であるかという．この点は別の1つの大きな論点である）は別にして，小農範疇を越えたこれら上層農家を個々の不安定要因を持ちながらも，特殊的な存在としてでなく，層として把握しうるものとして，その発展的側面を評価している．

これら上層農の実態が，機械投資額の拡大，労働市場の展開，受委託関係展開のなかで，「労賃」「利潤（少なくとも利子）」「地代」の各部分の実現が「費用」として強制される段階にあること，裏返せばそれらの観念が行動原理に反映せざるをえない段階にあることでは大方の認識は一致しているように思う．ただ，それらが生産力格差に基づく単なる剰余部分の大小の差としてではなく，「範疇」として確立するメカニズムが存在しているのかどうかという批判[5]，またそういうメカニズムが存在するとしても，それはあくまで小農の変化として把握すべきではないかという批判[6]が出されている．

第2の論点に関しこれら上層農の不安定性をもっとも整理した形で指摘されているのが宇佐美繁氏である．その要点は，第1に，「存在の基盤が基本的に価格支持制度，制度系統融資及び体制化したインフレーションによって支えられている」こと，第2に「蓄積部分（ないし利子部分）」創出の源泉が「自己搾取」にあり，そのことが家族労働力の磨滅過程を附随する可能性を内包し，その点で転落の危険性を日常的に孕む存在であることの2点にある[7]．

これらの論点について今までの分析の限りでも以下の諸点は言いうるであろう．

①資本主義の経済論理が小農経済にも深く浸透してくるなかで，小農においても，「労賃」「利潤（少なくとも利子）」「地代（現実的には借地料）」という観念が，それぞれに強弱がありながら醸成されてきていることは当然である．労働市場の展開，借入資金の増加，借地関係の広汎化が，現実にまた観念上でもそれらの諸部分を「費用」化させている．投資規模も大きく，借地関係も多

い上層農においてはなおさらそうであろう．

②個々の内容について見ていこう．まず「労賃」であるが，上層農家の自家労働評価は二重性を帯びている．一方で，先に指摘したように農業経営において要求する他の一般農家のそれよりも高い，自家労賃水準としての「恒常的賃労働労賃」＝「V」がある．しかし他方で，実際に農外就業した場合に得られる賃金は「臨時雇賃金」＝「v」であるという現実のなかに存在する．そのことに規定され，彼ら上層農の自家労働評価は二重にならざるをえない．

「利潤」についてはどうか．確かに上層農家においては投資規模は増大してきている．しかしそうであっても伊藤氏の言うように，他産業への投資によって得られる利潤の水準との比較において農業投資が行われ，その利潤率の水準が農業投資を規制しているとは思われない．転業のリスクを考えただけでも，農業投資は，より自らの就業場面確保——後述するが「v」でなく「V」を実現しうる自家農業という就業場面の確保——の手段としての意味合いが強いのである．借入金も確かに表II-1-77のように増大している．そのなかでは，利子支払いが費用化してくる傾向も強いだろう．しかし借入金の割合は同表のように預貯金の40％前後であり，自らの資金を使用しないで，金利の低い制度系統融資を使用している側面も強いのである．この関係のもとでは利子部分の確保が不可欠だとは言えないであろう．大規模受託農家の場合にこれより借入金が多いことは事実で，例えば75年度末の都府県3ha以上層の借入金が208万円であるのに対し，N町①農家の76年1月時点のそれは1,355万円と6.5倍である．しかしその金利は7％のものが39万円あるのみで残りはすべて5％と3.5％のものである．また，そのうちでは農地取得に係る借入金が大半であり，経営受託を中心とした展開であればこれほどにはならない．

「地代」については，これら上層においては受託地の比重がかなり高くなっている以上，現実の借地料が「費用」として強制されている．

③以上のように考えた時，これら上層における行動原理は，借地料控除後に，混合所得として，恒常的賃労働労賃水準を確保することにあると思われる．混合所得の部分は，労働評価が二重であることに基づいて，次のように2通りに観念されることになっている．つまり，一方で恒常的賃労働賃金＝「V」水準の自家労働評価に基づく自家労働労賃として，他方で現実に農外就業した場合

の労賃である臨時雇賃金＝「v」水準での自家労働評価による自家労働賃金プラス利潤（利子）として．しかし個々の農家としては「農業で食っていくことが目標」であるという意味で，前者の意識の方が強いのである．そこでは利潤（利子）というものが観念としては醸成されながらも，実際の農業資本投下はそれを求めることを基準にして行われているわけではなく，外に働きにいけば臨時雇賃金水準しか得られない自家労働に，恒常的賃労働賃金水準の自家労賃を可能にする就業場面確保の手段として意識され，また行われているのである．

④その意味で，大規模受託農家において，「地代」「利潤」部分が範疇として確立したとはいえない．それら上層農の性格は，むしろ著しい農工格差，賃金格差のなかでの「正常な」労賃（＝V）水準確立に向けての上向と見なければならない．それより更に上の層で，「特別剰余価値」的部分を基礎に借地料控除後に「V」を越えて利潤部分を実現している農家が存在することは当然であるが，それはあくまで利潤部分の実現であって範疇としての利潤の確立でないことは明らかであろう．それゆえ，いろいろな意味で変質した点があるとはいえ小農的な動きであると見なければならないのである．と同時に，この層の存在と展望とが緊張のなかに位置づけられなければならない第1の根拠もここにある．それらが存続し続けるためには格差構造（農工格差，賃金格差）の底辺部に位置する農業部門において，農産物価格，委託層，農村労働市場等を貫く，「臨時雇賃金原理」との様々な関係のなかで，それを突き抜ける「恒常的賃労働賃金原理」を貫徹し続けなければならないからである．いくつかの例をあげ

表 II-1-77　借入金依存度（年度末）

(単位：%)

		1960年	1965年	1970年	1974年	(1974年)
都府県	2.0ha 以上	20.2	27.5	34.4	32.9	(29.3)
	3.0ha 以上			44.7	38.2	(33.7)
東北	2.0ha 以上	30.6	35.9	40.7	37.0	(32.7)
	3.0ha 以上	29.8	35.0	44.4	35.5	(31.0)
北陸	2.0ha 以上	14.9	28.9	25.7	20.9	(18.4)
東海	2.0ha 以上	11.4	15.1	19.4	24.6	(23.1)

注：接続させるため借入金依存度＝（借入金＋買掛未払金）÷（預貯金等＋売掛未収金）×100．但し，74年の（　）内は　借入金÷預貯金等．
資料：農林省「農家経済調査」．

よう．(イ)格差構造下で矛盾は底辺部により強く集中する．不況のなかで，一方で委託者の伸びの停滞，更には減少が，他方で逆に受託要求の増大がおこれば借地料の増大に繋がる可能性もある．そこでは上昇した借地料を「合理的地代」とするための生産力格差を目指した一層の内包的，あるいは外延的規模拡大が要請されるであろう．(ロ)受託農家層の「恒常的賃労働労賃原理」にもとづく作業料金の高騰，借地料の低下要求は，委託の引き上げなどによって歯止めを受けざるをえず，「恒常的賃労働労賃原理」を貫くためには，そこでも規模拡大が必要となろう．(ハ)農工格差の表れである農産物価格水準の相対的低下は，「V」と「v」との格差の拡大を意味し，そこでも規模拡大が要請される．

このように，著しい農工格差の下で大規模受託農家が上層農家として存続し続けるためには規模拡大が不可欠となる．要請される規模拡大が，従来の生産力展開——米単作化，労働生産性優位——の延長線上で考えられるのであれば，それは外延的拡大＝受託の拡大とならざるをえない．そのことは，受託の持つ問題点（契約内容，圃場の分散）や上記，(イ)，(ロ)というような矛盾を一層拡大することにつながる．

このような緊張のなかの存在であり不安定性をもたざるをえないがゆえに，規模拡大の過程において行政の支えが重要な意味を持つ．不安定性が「正常な」生産力展開のバネになる限り，ある意味では問題はないであろう．しかし，その不安定性をテコにして追及される生産力展開が従来の歪みの一層の拡大であるとすれば楽観視は許されないであろう．

このように，行き着くところ，著しい農工格差・賃金格差構造，「不正常な」生産力展開のあり方の克服のなかでしか，大規模受託農家層の安定的成立，更には一層の展開の可能性はない．そういう方向での動きの芽は出てきているのであり，それが実現するかどうかは，先の構造を変革しうるかどうかとの対抗のなかにある．

1) 前掲，伊藤『現代日本農民分解の研究』509-510頁．
2) 前掲，梶井『小企業農の存立条件』91頁．
3),4) 前掲，梶井『基本法農政下の農業問題』286頁．
5) 常盤政治氏は上層に「利子の再生産」基盤が存在しうるのは一種の特別剰余価値的なものであり，利子（利潤）の成立は新技術の普及によって消滅する経過的な事

態とされる(同氏「現代資本主義下の農民層分解」農協中央会『農業協同組合』1973年7月号,73頁).また花田仁伍氏は小農における農産物価格形成原理のなかに既に一部上層における賃金以上の超過分として「利潤」の成立が当然のこととして「論理的」にいって含まれており,上層における「利子(利潤)」「地代」部分の成立もこれら一般的な階層間格差の存在によるものにしかすぎないとされる(同氏「商品生産の論理と資本制商品生産の論理と」『農業協同組合』1973年10月号,113頁).
6) この点もっとも整理された形で論議を展開されているのは御園喜博「小農経営の発展と農産物価格形成,農民層分解の論理」(『土地制度史学』第52号,1971年7月).
7) 宇佐美繁「農民層分解の現段階的性格に関する一考察」(『土地制度史学』第50号,1971年1月)44-45頁.

(附記) この論文を書くにあたり貴重な助言をいただいたりまた調査地との初めての接触の機会を与えていただいたりした,阪本楠彦先生,橋本玲子先生,倉内宗一氏,川畠平一氏に心からお礼申し上げます.また調査のたびに御迷惑をおかけした安城市農協の江川松男氏を始めとする調査地の各機関の方々,農家の方々,及び調査に協力していただいた友人に対しても心からお礼申し上げます.ありがとうございました.

なお,この研究に対し,1975年,76年の文部省科学研究費の交附を受けました.

第2章
大規模農家の成長と経営耕地分散の動向
―石川県U集落―

　本章では「第1章第5節　大規模受託経営の成立構造」の(1)-1)「加賀・大規模受託農家の生産力構造――加賀上層農家との比較」において取り上げたU集落（旧寺井町）のT農家の動向を中心に，U集落の農業構造の変化を跡づける．その際，第1章ではT農家の経営状況（1970～74年の経営状況）についてのみ分析したが，ここでは集落の農業と関連させながらT農家のその後の経営の変化を分析した．

　また第1章で，規模拡大に伴う経営耕地の分散がT農家の稲作の土地生産性低下の一要因となっていることを指摘したが，本章では圃場整備の進展と経営耕地の一層の集積によって，圃場の分散状況が変化していく点を中心に分析した．T農家は労働生産性の上昇に力点を置く経営方針により，その時点では土地生産性は低くとも投下労働時間当たりでは高い収量を実現していた．そのような経営方針であったとはいえ，規模拡大に伴って進む経営耕地の分散化は，土地生産性の水準を規定する重要な問題だったからである．またこの問題は全国的に規模拡大の動きが一般化してくると，T農家に限らず規模拡大経営にとって共通の問題になってきているからでもある．なお先に触れたように本章の調査は2000～03年に実施したものであり，文中の現在・現時点等の表現はその頃を表している．

第1節　U集落の農業構造の変化

(1)　戦後農業の特徴

　U集落の戦後農業の特徴を要約しておこう[1]．

①Uは古い集落であり，江戸時代は前田藩に属する「能美郡U村」として存続してきた．明治になり1889（明治22）年に寺井野10ヵ村は寺井村，長野村，湯野村の3ヵ村に統合されたが，Uはそのときに長野村になった．1907（明治40）年の第2回目の合併でその3ヵ村が寺井野村となり，さらに1926（大正15）に町制がしかれ寺井野町となった．その後1956年に寺井野町，粟生村，吉田村と久常村の一部が合併して寺井町となったのである．行政町村はこのような変遷をたどってきたが，U集落は農業に熱心な集落としてその自立性を保ってきたと集落の人々は言う．それは1948年4月寺井野町農業会U支所の解散を受けて設立されたU農業協同組合が「うらら（私たち）のくんめ（組合）」として[2]，1975年の10農協合併による能美郡農協発足まで，100戸に満たない1集落の農協（正・準組合員戸数は1963年92戸，1974年110戸）として運営されてきたことからもわかる．また戦後，県下では農事研究会づくりが盛んであったが，U集落にはどこの集落より早く「増産の会」がつくられた．農業改良普及員制度ができてからは普及員も出席して会合が持たれるなど米つくりに熱心な集落だったのである．この研究会は保温折衷苗代の普及，施肥技術の改善，そして1963年からの流水客土事業の実施に大きな役割を果たしたという．

②耕地整理組合の資料によると，大正期のU集落では冬の水田にはレンゲがまかれている．畑には桑も栽培されていた．しかし耕地整理前（事業着工1919/大正8年11月），畑は耕地全体の2.7%，整理後（事業終了1934/昭和9年4月）は1.5%しかなく，言うまでもなく稲作中心の農業であった．しかし農地改革を経た戦後は，U集落でも全国と同様に畜産の展開の動きが見られた．

その一端を農林業センサスの家畜飼養農家数で見ると，1960年には90戸のU集落に乳用牛飼養農家4戸（6頭），肉用牛飼養農家5戸（5頭），豚飼養戸数（1戸）1頭，鶏飼養戸数16戸（200羽）と，家畜飼養農家が残っていた．しかし70年になると養鶏（2戸に減りながら飼養羽数は5,600羽に増えている）を除いて，家畜飼養農家は姿を消している．この養鶏も80年には消えてしまった[3]．

U集落の作物別の収穫面積の推移は表II-2-1の通りである．1960年時点で

表 II-2-1 作物種類別収穫面積

	経営耕地面積	田面積	収 穫 面 積					
			計（のべ）	稲	麦類	雑穀	いも類	豆類
1960年	8,490	8,330	8,920	8,330	60		60	250
70年	8,950	8,830	8,830	8,570	—	—	20	160
75年	8,310	8,186	7,902	7,860	—	—	7	4
80年	8,861	8,741	8,332	7,666	205	329	—	117
85年	10,054	9,933	10,061	8,157	1,003	183	4	688
90年	8,747	8,664	8,659	6,940	814	370	14	467
95年	8,924	8,844	8,533	8,442	75	10	1	2
2000年	8,973	8,851	7,947	6,292	762	272	10	611

注：1) 2000年の収穫面積は販売目的で作付した面積で95年以前と連続しない．
2) 耕地利用率は収穫面積を経営耕地面積で割ったもの．それゆえ注1にあるように2000年はそれ以
資料：農林業センサス集落カード．

は稲作が圧倒的に多く，水田にはすべて稲が作付けられている．外に豆類が2.5ha，野菜が1.8ha，麦・雑穀が60a，いも類が60a等，稲以外の作物が5.9ha作られている．畑面積は1.6haであるから，一部の水田では裏作が行われていたと思われる．この時点のU集落の耕地利用率は105％と100％を超えていたが，以後は100％を下回るようになった．それ以前，1950年の県及び寺井野町の二毛作田の割合を見ると，県26.6％，寺井野町79.1％であり，寺井野町ではレンゲが水田の裏作として広く蒔かれていたことがわかる．しかし60年には二毛作田の割合は県の4.5％以上に急減し1.7％となっている．レンゲから他の作物への転換は難しかったのである．

現在最も経営面積が大きいT農家も，戦後直後は水稲に加え繁殖豚や裏作の玉葱を組み合わせた経営を行っていた．豚に加え和牛，鶏，山羊なども飼っていた．しかし裏作玉葱はその後の晩稲の収量に影響すること，多角経営は労働負担が大きいことなどによって稲単作経営になっている．しかし65年頃に今後の方向として稲作と畜産の複合経営か稲単作経営か，どちらを選択するか検討した時期があった．前者は戦後50年代前半にかけて行っていた養豚に加え乳牛を導入して畜産部門を拡充し，これと稲作を結びつける複合経営への展開である．後者は集落内で自然発生的に始まっていた「請負耕作」等によって稲作の経営規模を拡大する稲専作経営の方向である．T農家は畜産との複合

工芸作物	野菜	飼料	耕地利用率
			(単位：a, %)
20	180	20	105
20	60	—	99
—	31	—	95
—	15	—	94
0	26	—	100
—	54	—	99
—	3	—	96
—	—	—	＊89

前とは連続しない．

経営を選択した場合の，当時の半湿田の小区画圃場という圃場条件等からくる労働過重や飼料供給の問題を考えて後者の道を選択し，その後稲専作経営として規模拡大の道を追求してきたのである．

戦前の石川県は，気候条件にも規定されて，米を有利に販売できる米価の高い端境期を狙った早場米生産地帯であった．戦後においても米専作化の下で，早場米生産，さらには優良米・コシヒカリへの生産特化の道を進んできた（1999年の能美郡農協の米取扱量に占めるコシヒカリの割合は80％，U支所は98年がピークで65％）．

③稲単作化は言うまでもなく兼業化と結びついている．農林業センサスによる専業農家数は1960年でも16戸（総農家数90戸の18％），その後減少し，1975年から1990年は1，2戸という時代が続いたが，その後，高齢専業農家によって若干増加している．

『寺井野町史』による1955年10月現在の世帯数と世帯の職業についての記述によれば[4]，総世帯数105，うち農業が58世帯（105世帯中約55％），その他世帯で特徴的なのは九谷焼絵付業17世帯を中心にして九谷焼関係が20世帯（総世帯105に占める割合は19％）と多いことである．九谷焼関係を含めた製造業への従事世帯が25世帯（同24％），運輸・通信業従事世帯が8世帯（同8％），公務・その他6世帯，小売業4世帯等となっている．

センサスによれば60年時点でも既にU集落の2兼農家率は55.6％に達している．また兼業の種類別でみると，60年の兼業農家の54％が自営兼業農家である．また兼業従事者に即してみると，70年の数字であるが男子で39％，女子で36％が自営兼業従事者である．早くから九谷焼関係の自営兼業農家が多かったことがわかる．

2000年になると2兼農家率は83％に高まり，また兼業の種類では自営兼業農家の割合が24％に減っている．2001年時点での聞き取りでは，集落で農家

と考えられている75戸のうち19戸（25％）は絵付けを中心として九谷焼関係の自営兼業農家である．景気の低迷は九谷焼産業の縮小をもたらしているが，それでも集落にとって依然として重要な位置を占めている．先の『寺井野町史』による1955年の状況との比較では，教員も含め公務員世帯が増えたこと（4戸から教員8戸，その他の公務員9戸，計17戸），年金世帯が増えたこと（0戸から9戸）も特徴的な変化である．

(2) 農業構造の変化

1) 農家戸数の変化

U集落の農家戸数の変化を見ておこう[5]．

1918（大正7）年頃の耕地整理組合員総数は，他の地域の土地所有者も含まれているので109人であるが，そのうちU集落の農家数は75戸（ただし在村の不耕作地主2戸を含む）である．その後，寺井野町ができた1926（大正15）年は88戸，1948年のU農協の設立同意農民は73名となっている．それぞれ異なる資料による数字であり，把握している範囲が同じとは限らないが，趨勢としては増加傾向にあった動きが，戦時下で減少したということが推測できる．また全国でも戦後の52，53年頃まで農家数が増加するが，U集落でもU農業協同組合の1954年末の組合員数は89名となっている．

表 II-2-2 農家数の変化

(単位：戸，％)

	総戸数	総農家数	専業	第1種兼業	第2種兼業	専業農家率	第2種兼業農家率	非農家数	農家率
1960年	106	90	16	24	50	17.8	55.6	16	84.9
65年	100	88						12	88.0
70年	115	72	0	28	44	0.0	61.1	43	62.6
75年		55	1	10	44	1.8	80.0		
80年	133	45	1	14	30	2.2	66.7	88	33.8
85年		47	2	13	32	4.3	68.1		
90年	136	37 (37)	2	8	27	5.4	73.0	99	27.2
95年		33 (33)	4	10	19	12.1	57.6		
2000年	137	30 (29)	1	4	25	3.3	83.3	107	21.9

注：1) 2000年の第2種兼業農家は販売農家の第2種兼業農家プラス自給的農家である．
　　2) 総農家戸数の欄のカッコ内の数字は販売農家戸数を表す．
資料：農林業センサス集落カード．

その後の動きをセンサスによる表 II-2-2 で見てみよう．1960年の農家戸数は 90 戸であるから 54 年の農協組合員数と比べると，この間，農家戸数はあまり変化がなかったことがわかる．その後農家数は減少しはじめ，1995 年には 33 戸，さらに 2000 年には 30 戸に減っている．特に減少が著しかったのは 65 年から 80 年にかけてで，15 年間で 88 戸から 45 戸と約 49% 減少している．しかし集落の総戸数は 60 年の 108 戸から 2000 年には 137 戸に増加し，15% であった集落の非農家率は 78% にまで高まっている．このように混住化の進展は顕著であった．

2) 農業構造の変化

戦前の農業構造について簡単に触れておこう．U 集落では大正から昭和にかけて耕地整理が行われたが（1918 年 8 月事業認可，19 年 11 月事業着工，30 年 2 月工事終了，34 年 4 月事業完了），その直前の農業構造は，耕地整理にかかわる資料によれば，耕作していない在村地主が 2 戸（ただし小面積）と農家が 73 戸，他に小面積耕作する U 集落外からの入作農家 1 戸および 11 戸の不在地主がいた．73 戸の農家の内訳は，自作地がなく借入地のみの農家が 7 戸，自作地のみ耕作する農家が 17 戸，自作地の外に貸付地を所有する農家が 1 戸，自作地の外に貸付地も借入地もある農家が 8 戸，自作地の外に借入地のある農家が 40 戸である．ただし自作地のみの農家と自作地がなく借入地のみの農家計 24 戸のうち 18 戸は 1 反未満の小規模農家である．したがって借入地のある農家は合計で 55 戸ということになる．

経営面積は合計 73 町 6 反 3 畝 10 歩（耕地整理組合資料）で，その内訳は，自作地が 63%，小作地が 37%[6]である．小作地の 68% は県で最も大きい地主（不在村地主）の所有で，これを含め小作地全体に占める不在村地主の小作地が 88%，在村地主の小作地が 12% であった．

耕地整理事業前の 1918 年からの経営耕地面積規模別の農家数の変化を表 II-2-3 で見てみよう．1918 年から 60 年の変化は 0.5ha 未満層の農家が増加し，またそれによって総戸数も増えていること，2〜3ha 層が 6 戸から 11 戸に増加しているが 3ha 以上層は逆に減少していることが特徴である．

1960 年以降の動向としては，まず 0.5ha 未満農家が．続いて 70 年以降は

表 II-2-3　経営耕地規模別農家数およびその割合

(単位：戸, %)

	1918年		1960年		1970年		2000年	
	農家数	構成比	農家数	構成比	農家数	構成比	農家数	構成比
0.5ha 未満	31	42.5	44	48.9	20	27.8	2	6.7
0.5〜1.0ha	11	15.1	15	16.7	16	22.2	3	10
1.0〜2.0ha	20	27.4	17	18.9	20	27.8	10	33.3
2.0〜3.0ha	6	8.2	11	12.2	11	15.3	9	30
3.0ha 以上	5	6.8	3	3.3	5	6.9	6	20
3.0〜5.0ha	5	6.8					3	10
5.0ha 以上	0	0					3	10
合計	73	100	90	100	72	100	30	100

資料：1918年はU耕地整理組合資料, 60年以降は農林業センサス.

0.5〜1.0ha層農家が大きく減少している．逆に3ha以上層農家を見ると，70年までは戸数も割合も戦前に比べて少なく，70年にやっと戦前の水準となっている．その後はこの階層の農家構成比が高まると同時に85年になると（表中での数字略），戦前には見られなかった5ha以上規模の農家が現れるようになり，2000年に3戸になっている．

以上のように農家の減少と中核的農家への農地の集積によって，現在は，農地の所有農家76戸（平均112a），生産組合員73戸，水稲共済加入農家60戸（平均172a）となっている．なお調査によれば，積極的な規模拡大農家は3戸（経営面積それぞれ約38ha，9ha，8ha）で，現在ではこの3戸に集落の農地は集中する傾向にある．他に3〜4ha規模の農家が3戸ある．違う視点から見ると借地のある農家が11戸，貸付地のある農家が46戸，自作地のみの農家19戸という構成である．

3) U集落農業の担い手の成長過程

経営規模3.5ha以上の農家5戸の経営面積は表II-2-4の通りである．1961年の数字は所有面積であるが，借地の展開はこの時期より遅いのでほぼ経営面積とみなしてよい．規模拡大農家の借地開始の時期は，例えばT農家は1965年（ただし本格的開始は1969年），B農家は1967年，D農家は1975年だからである．このうち地域農業の中心的な担い手である3戸の農家の農地集積過程

第2章 大規模農家の成長と経営耕地分散の動向

表 II-2-4　水田経営面積

農家		1961年 (所有面積)	2003年 (m²)		
			U集落	S集落	計
T	所有	31反1畝15歩	30,000	40,000	70,000
	貸付				
	借入		80,000	230,000	310,000
	経営		110,000	270,000	380,000
	転作受託		12,000		12,000
B	所有	14反6畝26歩	13,341	10,752	24,093
	貸付				
	借入		25,583	33,481	59,064
	経営		38,924	44,233	83,157
	転作受託		47,339		47,339
C	所有	39反3畝22歩	26,270		26,270
	貸付				
	借入		59,161	3,121	63,282
	経営		85,431	3,121	89,552
D	所有	17反22歩	17,296	1,200	18,496
	貸付				
	借入		18,884		18,884
	経営		36,180	1,200	37,380
E	所有	39反8畝13歩	36,376		36,376
	貸付				
	借入				
	経営		36,376		36,376

資料：集落資料による．ただし 2003 年の T 農家は聞きとりによる．

を2枚の地図（図 II-2-1 は 1958 年の所有水田，そして図 II-2-2 は 2003 年の経営水田）で跡づけてみた．

構造変化の特徴は，①まず経営規模の拡大は，農業に熱心な農家が多かったU集落ではなく，九谷焼産業が盛んで離農傾向が顕著であった隣のS集落への進出から始まっている．そのため早くから規模拡大に乗り出したT農家では自作地も借地も隣集落の比重が高くなっている．

②自作地についてみると5戸の農家とも自作地の拡大はU集落でなく隣集落で見られるのである．この点は全体の動きとして集落の資料による表 II-2-5

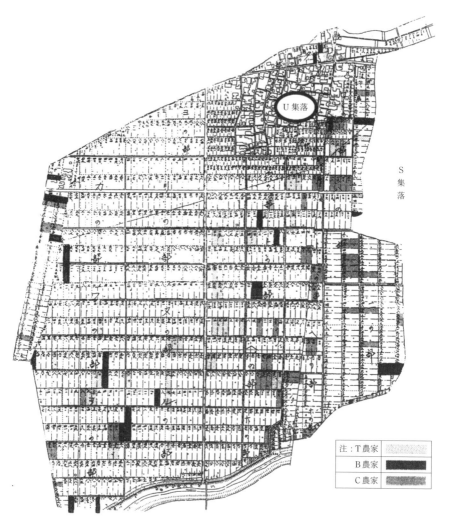

図 II-2-1　T・B・C 農家の 1958 年の所有水田

でも確認できる．1958 年の U 集落農家の所有水田は U 地籍が 91%，S 地籍が 8%，その他が 1% であった．しかし現在では S 集落内農地の所有割合は 14% に拡大している．この拡大は 1965 年以降顕著になったものである．

③規模拡大は借地が主であり，それは U 集落でも見られるようになるが，

第2章　大規模農家の成長と経営耕地分散の動向　　337

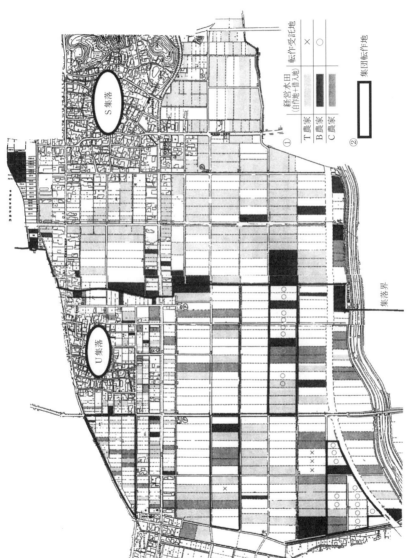

図 II-2-2　T・B・C 農家の 2003 年の経営水田

表 II-2-5　U 集落農家の所有水田面積の変化

		計		U 集落			S 集落			その他		
		面積		面積		割合	面積		割合	面積		割合
		畝	歩	畝	歩	%	畝	歩	%	畝	歩	%
1958	田	8980	16	8154	7	90.8	716	20	8.0	109	19	1.2
1964	田	8945	21	7992	13	89.3	874	2	9.8	79	6	0.9
1967	田			7987	14					—	—	—
1970	田	9141	13							—	—	—
年次不明	｛田			7142	10					—	—	—
	田畑計	8695	8	7287	16	83.8	1407	22	16.2	—	—	—
1979	＊			7369	21	84.5	1305	15	15.0	46	24	0.5
1983	＊	8045	8	7079	12	88.0	965	26	12.0	—	—	—
2003	＊	8594	10	7376	23	85.8	1217	17	14.2	—	—	—

注：1）　＊は田のみか田畑計か不明．
　　2）　年次についてはその前後の可能性もある．
　　3）　空欄は不明．
資料：1958 年は『土地名寄帳』，その他は集落による所有面積調べの資料．

しかし中心は S 集落である．前掲表 II-2-4 によると 2003 年の T 農家の借地面積率は 82％，B・C 農家は 71％，3 戸の合計では 78％ である．借入の相手は T 農家は 87 人（U 集落農家 15 人，S 集落農家 72 人．ただし農事組合法人のために，本人も法人に貸し付けているがそれを除く），B 農家は 29 人（U 集落農家 19 人，S 集落農家 10 人），C 農家は 10 人（集落別は不明）である．借地に占める S 地籍の面積の割合は順に，74％，57％，5％ である．借地面積があまり違わない B・C 農家を比較すると，B 農家では隣集落の比重が高く C 農家では U 集落の比重が高い．貸借が親戚関係から始まっているために本家であり親戚が多い C 農家と逆に親戚の少ない B 農家の違いが出ているのである．以上のように規模拡大の内容は，規模拡大に乗り出す時期とその後の拡大規模及びその農家の集落における社会的位置によって規定されていることがわかる．その結果，U 集落内にある経営耕地の割合は T 農家が 29％，B 農家が 47％，C 農家が 95％ となっている（表 II-2-4）．

　④ T 農家の拡大過程をみると中心は借地である．自作地の最初の購入は 1966 年度で，S 集落の農地（27a）であった．それ以前の自作地の増加は小作地の返還による．66 年度以降 72 年度頃までは毎年農地購入が続いている．購

入価格は 70 年代半ば以降急上昇しているが，購入の機会があれば購入するというのがこの農家の方針であった．しかし規模拡大の主流は借地である．コンスタントに増加し続けてきているが，借地拡大を本格化した 70 年代前半と 97 年以降の増加が顕著（69〜74 年約 5.5ha 増，97〜2003 年約 10ha 増）である．89 年以降増加のなかった自作地も 2000 年，2003 年と計 55a 増加している．借地していた農地の購入である．このように 90 年代の終わり頃以降再び農地の流動化（売買，貸借共に）が活発化してきている．これは後で触れる県営圃場整備事業の完成と米価の下落など米をめぐる環境の悪化の反映である[7]．

4） 担い手農家の現状

先に積極的な規模拡大農家は 3 戸で，他に 3〜4ha 規模の農家が 3 戸あると記した．3〜4ha 規模の農家は聞き取り等から判断すると，後継者が農業を継続することは期待できないように思われる．またこの積極的規模拡大農家 T，B，C，3 戸の中でも地域の農業の担い手は T・B の 2 戸に絞られてきている．ちなみに U 集落の農地について見れば，表 II-2-4 で計算すると，T・B・C の 3 戸で全体（圃場整備田約 60ha，集落周辺の未整備田約 25ha，計 85ha である）の約 27％ の農地を耕作していることになる（T，B〜E の 5 戸では約 40％）．転作の受託を加えれば 3 戸への集積割合は U 集落農地の約 34％，5 戸では約 47％ となる．図 II-2-2 からわかるように S 集落の農地に関しては T 農家の経営面積の比重が非常に高いことがわかる．

格段に規模の大きい T 農家（農事組合法人）は経営主も 51 歳と若く，現在大学生である長男も農業を継ぐ見通しである．ミニライスセンターを 95 年に建設済みであり，その場所も将来の直売等の取り組みを見通して道路に面して作られている．99 年から男子（31 歳）の雇用者もいる．B 農家と C 農家は，経営主は共に 60 歳を超えたばかりの農業専従者で，これまで規模拡大を積極的に行ってきた点，また長男は農繁期に農業を手伝うが共に会社員で将来農業を継ぐかどうかわからないという点で共通している．しかし奥さんが健康を害し農業ができなくなった C 農家に対して，B 農家の方が子どもあるいは孫にでも農業を継いで欲しいという気持ちが強く，自分が頑張れるうちは頑張りたいと考えている．そのために生産組合が受託する集団転作地の転作作業や水稲

直播作業はB農家が実際に請け負うようになってきている．具体的には集団転作地の転作受託 4.7ha と水稲直播作業の受託 13ha（16ha の直播のうちB農家が自分の 90a も含め 13ha を播種）である．これはB農家がT農家と並んで集落の農業を担う中核的農家と位置付けられているからである．T農家もその認識に立って，上記の受託作業はB農家の仕事としているのである．このように集落農業の担い手と位置付けられた2戸の農家には共存のための役割分担が自ずと出来ている．

(3) U集落農業の展開
1) 圃場整備の完成

U集落農業が稲単作農業の道を歩んできた1つの原因として，半湿田の圃場条件があったと述べた．第1次構造改善事業実施の名乗りを県内トップで上げたにもかかわらず結局集落がまとまらず頓挫し，大正・昭和期の耕地整理による圃場のままできたからである．機械化を伴う水稲作の規模拡大も，小区画（200 歩＝6.7a），6 尺（1.8m）の狭い農道，半湿田ではその効果を十分に発揮することができなかった．圃場整備は規模拡大農家，特に早くから規模拡大に取り組み，他集落での拡大が中心であったT農家にとっては長年の念願であった．小区画であることと経営耕地の分散が経営の足を引っ張ってきたからである．

農地の流動化が進み集落農業の担い手が明確になってくることを背景にして，1982 年正月の生産組合総会で圃場整備に対する組合員の意向調査を行うことが決められた．圃場整備に前向きな調査結果を受けて，1986 年3月に準備会の初会合が持たれ取り組みが始まり，86 年暮れには同意率が 95％ に達した．しかし寺井南部地区の起工式が 1990 年2月，そしてU工区の起工式が同年7月ということからわかるように，話し合いが始まってから事業実施までにかなりの年月を要している．決してスムーズに進んだわけではないが，バイパス用地を捻出しその買収対価によって工事費の農家負担をゼロにできたことが工事実施の推進力となった．

工事は区画整理が 90～92 年の3ヵ年で合計 57ha，暗渠排水は 91，92，94，95，96 年で同じく 57ha 実施された．換地処分は 99 年2月である．圃場の1

枚の区画は30aであるが将来を睨み，畦畔を除去すれば大区画となるようにできるだけ広く同盤とする工法が用いられている（最大のもので6.3ha）．また用水路はパイプライン化で集中制御・自動化が可能となった．

2) 地域農業の新しい展開

新しい圃場条件の下で転作にも変化が現れている．表II-2-6からわかるように，96年の転作は，85年に比べ調整水田や地力増進作物等が増え，実質的な転作は少なくなっている．この傾向は94年以降顕著であった．しかし圃場整備が終わり最近では保全管理や地力増進作物は減ってきている．

現在，転作はブロック・ローテーションにより集団転作として実施されている．集落周辺の圃場整備対象外であった水田では地力増進作物（えん麦）が多いが，圃場整備水田の集団転作地については集落の農家の集まりである生産組合が受託し大麦・大豆の2作を栽培するようになってきている．また直播や無農薬栽培による転作カウントが増えていることも，保全管理などの面積を減ら

表 II-2-6　転作の実施状況

(単位：m², %)

	1985年度		1996年度		2002年度	
	面積	構成比	面積	構成比	面積	構成比
転作						
大麦	66,341	44	—	—	97,617	26.2
大豆	35,768	23.7	39,073	21.7	84,323	22.6
大麦・大豆	—	—	—	—	44,526	11.9
小麦	3,851	2.6	—	—	—	—
そば	29,153	19.3	—	—	2997	0.8
地力増進作物	—	—	98,728	54.9	76,824	20.6
野菜・その他	6,072	4	8,709	4.8	16,796	4.5
計	141,185	93.7	146,510	81.5	323,083	86.6
直播・無農薬カウント	—	—	1,869	1	27,943	7.5
保全管理・調整水田	9,500	6.3	31,386	17.5	14,713	3.9
他用途利用米	12,455	8.3	21,389	11.9	(116.6袋)	—
実績算入・定着・潰廃	—	—	—	—	7,395	2
合計	150,685	100	179,765	100	373,134	100

注：2002年度の他用途利用米の面積がわからないので合計面積はそれを除いた合計面積．また作物別の面積構成比も他用途利用米面積を除いて計算してある．
資料：町および生産組合資料．

表 II-2-7　水田の利用状況（2003 年）

(単位：a，%)

		T農家	B農家	C農家	D農家	E農家
水田面積		3,800	832	896	374	364
水稲作付面積		2,800	631	657	266	279
	直播面積	900	91	38	50	—
	コシヒカリ作付割合	50	60	42	75	83
転作面積		1,000	200	239	108	84
同構成比	大麦・大豆	18	55	—	2	—
	大豆のみ	52	25	—	—	—
	大麦のみ	6	—	57	—	—
	えん麦	14	20	8	55	100
	レンゲ	—	—	29	—	—
	野菜	—	—	3	—	—
	水張り	10	—	2	—	—
米の販売先別割合	JA	1	71		87	100
	契約販売（菓子組合）	30				
	米屋等	22				
	直売（庭先・宅配便・消費者グループ）	47	29		13	
有機栽培面積		70				

注：販売先割合は，現物小作料，自家消費米を除いたものの割合である．

すことに役立っている．個々の農家についてみると，表 II-2-7 にあるように，中核的な担い手である T・B 農家の転作は地力増進作物（えん麦，レンゲ）が少なく，逆に大麦・大豆あるいは大豆のみの作付けが多い．集団転作の生産組合による受託は，先に触れたように実際は B 農家が請け負っている．この転作受託は，耕作者には収穫物，転作助成金 4 万円の半分である 2 万円プラス麦・大豆加算金の 3.2 万円が，土地所有者には転作助成金の半分の 2 万円がいく仕組みで実施されている．

　稲作についての変化としては，直播および直売の取り組みと有機栽培・減農薬栽培の動きが見られる．

　97 年度には 1.5ha（1 戸）しかなかった直播面積は，2001 年度 20ha（18 戸）まで急速に拡大した．技術革新，圃場整備事業による生産条件の改善，行政や農協の推進体制，転作へのカウント算入などが後押しをした．T 農家の話では，直播は春の作業期間を長くするという直接的なメリットの他に，倒伏を恐

れ肥料が少なくなる（＝食味が良くなる），米の外観が良くなる（乳白米，胴白米がなくなる）等のメリットがあるという．倒伏しやすいコシヒカリについてはまだ不安があるが，倒伏しにくいカグラモチについては既に技術的な問題はないという．しかしカグラモチの作付減少などによって2003年度には約16ha（15戸）に減少している．

販売についても，JA一本であった販売ルートが表 II-2-7 にあるように T 農家を先頭に多様化しつつある．T 農家は1989年から直売に取り組み始め（近くの人への庭先販売は親の代からあった），現在では菓子組合への契約販売（もち米），米屋さんのグループへの販売，精米して販売している農家への販売，消費者への直売（宅急便による販売，庭先販売，消費者グループへの販売），JA への販売と多様化している．契約販売は県内の大規模農家の共同による販売である．資材の購入にもこの農家グループが活かされている．販売の多様化は有機栽培（JAS）や減農薬栽培への取り組みとも繋がっている．宅急便による販売は9割が減農薬栽培米であり，米屋さんグループへは一般栽培米と合わせて有機栽培米，減農薬栽培米も販売されている．B 農家も T 農家よりかなり遅いが，2000年頃から直売を始めている．その割合は今のところ30％弱で，JA への販売が約70％を占めている．有機米に挑戦してみたい気持ちもあるという．C 農家も割合はわからないが直売を行っている．

生産調整の取り組みなども含め，生産組合の話し合いを通して始まったり広がったりしている新しい試みは，実質的には T 農家や B 農家が核となっている．そのような現実の流れの中で，逆にまた T，B 農家が集落農業の中核的担い手があることが地域の共通の認識になってきているのである．

(4) 地域農業・地域社会維持の担い手

農家の分解が進み均質性が失われ，生産組合が規模の大きい農家によって実質的に運営されるようになると，例えば小作料の引き下げ提案等がなかなかできなくなるという．そのことは逆に，農家の集まりである生産組合が，異質化した農家間の利害を調整し地域農業を維持していくために重要になってくることを示している．

しかし農家の分化が進み，先に触れたように非農家世帯も増加すると生産組

合という仕組みだけで集落のまとまりを維持していくことは難しくなる．2000年から始まった生産組合主催の全世帯を対象にした収穫祭の取り組みはこの流れの中で理解することができる．農業構造の変化を前提に，増加した非農家も含む全世帯にとっての生活の場である集落を維持していく仕組みを構築しなければならないからである．農業の担い手・組織を育て維持していくと同時に，生活の場としての地域を育て維持していく主体の形成が必要なのである．これがU集落にとっての今後の第1の課題である．

　第2として，農業後継者も大きな問題である．現在T農家は先に触れたように後継者確保の見通しがあるが，そのほかの農家については確たる見通しはない．B農家（62歳）は継がせたい気持ちはあるのだが，現在の農業経営の状況では自分の家の農業を継ぐという形で後継者になることは無理だろうという．集落で会社組織ができればそこに入るという形で農業を継ぐことはできるのだがという．

　後継者が育たずB農家までも地域農業の担い手でなくなってしまうような状況はT農家にとっても望ましくない．1戸でUとSの2集落の農地を管理・維持していくことは不可能だからである．分解が進み，農家として残るための競争の時代から地域農業の担い手を維持していくための共生の時代を迎えているのである．

1) 以下のU集落の記述については，U集落の歴史編集委員会編『Uの歴史』1995年，川良雄編・寺井野町史編纂委員会『寺井野町史』1956年等による．なお拙稿「U農業　激動の20世紀　歴史編」（県営圃場整備寺井南部地区U工区編『農魂不滅—県営圃場整備事業完工記念誌—』2001年，所収〉も参照のこと．
2) さらに遡るとU農協の出発点は1910（明治43）年2月に設立された「U信用購買組合」である．これが戦時下において，寺井野町農業会U支所となり，戦後U農業協同組合として再出発したのである．U農協はその後1975年に能美郡農協と合併するまで，まさに「うらら（私たち）のくんめ（組合）」として一集落で運営されるユニークな存在であった．農協の業務報告書を見ると1960年の正組合員の総会出席率は52%である．農家単位で見ればほとんどの組合員農家が出席していたであろう．高度成長以前はそのような状態だったのである．その出席率も1974年の総会では37%に低下している．なおその後能美郡農協は1999年4月合併により能美農協となっている．
3) もう少し詳しくわかる寺井野町の数字でこの時期の家畜飼養戸数，飼養頭数の動

第 2 章 大規模農家の成長と経営耕地分散の動向　　　345

きを確認しておこう．寺井野町の 1950 年→60 年→65 年の家畜飼養の変化は以下の通りである．乳用牛（3 戸→10 戸→1 戸，6 頭→12 頭→1 頭），役肉用牛（21 戸→14 戸→2 戸，22 頭→15 頭→2 頭），馬（34 戸→14 戸→0，34 頭→14 頭→0），豚（26 戸→21 戸→5 戸，31 頭→54 頭→65 頭），めん羊（2 戸→9 戸→0，2 頭→11→0），山羊（10 戸→8 戸→0，14 頭→8 頭→0），鶏（238 戸→167 戸→38 戸，1,589 羽→6,500 羽→12,556 羽）．

　この数字で見ると 1960 年が家畜飼養の転換点である．50 年と 60 年の家畜飼養を比較すると，役肉用牛，馬，山羊は飼養戸数，頭数共に減少しているが（U 集落では馬耕が行われていたので，戦後直後，規模の大きい農家には 1 頭ずつ農耕馬が飼われていたという），乳用牛，めん羊はいずれも増加している．また豚，鶏は，戸数は減少しているが頭数・羽数は増加している．つまり 60 年までは経営部門としての畜産は増加している．

4) 前掲『寺井野町史』343-345 頁.
5) 『寺井野町史』によれば，江戸期と明治期の U 集落の戸数は以下のようであった．1785（天明 5）年の資料（『村鑑』）では U 村は石高 1,447 石，戸数は 50 軒（42 軒は田を占有する農民，7 軒は田を占有せず雇われて耕作に従事する家，1 軒は未亡人．また 36 軒は本村，14 軒は八反田村）と記されている．また 1978（明治 10）年『皇国地誌』では世帯数 91 戸，うち農家 82 戸，非農家 9 戸（日稼 6 戸，大工 2 戸，傘製造 1 戸）となっている．農家のうち兼業農家が 22 戸あり，その内訳は古道具商 6 戸，雑穀仲買 3 戸，木綿小売 3 戸，養蚕 2 戸，石炭油小売 2 戸，提灯屋，醤油製造，綿小売，陶磁器小売，肥料小売，古着屋各 1 戸となっている（以上 340-341 頁）．
6) 永小作地 26%，一作地 11% に分かれる．拙稿「歴史編」参照のこと．
7) T 農家の経営面積の変化を理解するために，T 氏の著書から以下の図を引用しておく．ただし年号は西暦にかえた．
　　第 1 章の表 II-1-58 では 1970〜75 年までの経営面積が書かれている．付図はその期間を含む 1959〜74 年の推移がわかる．またその後の推移は後の図 II-4-1 にある．

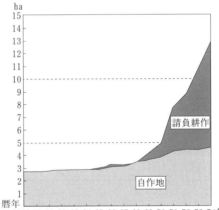

資料：『大型稲作に賭ける規模拡大の歩みとその技術』（富民協会，1974 年）より引用（78 頁）．

付図　T 農家の経営耕地面積の推移

第2節　圃場整備を契機とする担い手農家の経営耕地の変化

　第1節で触れた，U集落の現在の中核的な農家3戸について，経営耕地面積およびその耕地の位置を，大正中期以降の4つの時点について地図上に整理した．

　言うまでもなくこの間，農地改革による農地所有構造の変化と，戦後における階層分化によって，集落の農地の所有と利用の構造は大きく変化した．その変化は，中核的農家に則してみれば，農地改革による農地所有構造の変化，経営耕地の集積による規模拡大，規模拡大に伴う経営耕地の分散とその改善の動きである．中核農家の経営耕地の変化を地図上に整理したのは，それによって集落の農地の所有と利用の構造変化を視覚的に理解しうるということもあるが，規模拡大に伴う経営耕地の分散とその止揚という新たな課題を理解する上で意味があると考えたからである．

　U集落における中核的農家の経営耕地の分散の止揚は，耕地整理・圃場整備による圃場区画の拡大の結果としての分散の改善，担い手農家が少数に絞られ経営耕地がそれらに集中することの結果による分散の改善，少数に絞られた担い手農家間の僅かであるが交換耕作等による意識的な分散の改善などによって実現されてきたのである．

　地図を理解する前提として，必要な最小限のことにあらかじめ触れておきたい．

　①この集落では2度にわたって，農地の区画整理が行われている．第1回目は大正から昭和にかけて——工事着工1919（大正8）年11月，工事終了1930（昭和5）年2月，事業終了1934（昭和9）年4月——行われた耕地整理である．これによって不整形であった圃場が，1枚200歩（25間×8間，約7a）に整備された．第2回目は長年の念願であった県営圃場整備事業の実施であり（工事期間，1989〜95年），これによって1枚の圃場は30a（30m×100m）に拡大されると同時に，将来を見通して畦畔を取り除けば大区画となる（最大は6ha強）同盤工法が実施されている．

　区画整理は経営耕地の集団化に大きな意味を持つが，農家の分化の契機とし

ても大きい意味を持つ．それゆえ，先に触れた地図作成の4時点として，耕地整理直前（1919年）と耕地整理直後（1929年），農地改革後でしかし階層分解の進展がまだあまり見られなかった1958年，そして県営圃場整備を経た現時点（2003年8月）を取り上げた．

②また農家の取り組みとして交換分合事業が取り組まれたことにも触れておきたい．国の施策もあり，石川県でも1950より57年度までの8カ年で，3万町歩の農地（当時の耕地面積の約5割弱）について実施する計画の下に交換分合事業が進められた[1]．『石川県農地改革史』（613頁）によれば実施途中である1955年までの県の実績は，実施地区総面積約19,000町歩中，実際に移動した面積の割合は18.7%，移動筆数の割合は17.1%，移動した農家戸数の割合は65%となっている．なお『農地改革史』よれば，交換分合は町村単位の実施は難しく大体において集落単位の実施であると記載されている．

『寺井野町史』の交換分合についての記述によれば3つの集落で実施されており，U集落は1953年に実施されている．その規模は，農家数84戸中実施戸数は39戸（46%），耕地面積784反中移動面積は61反（7.8%）である．この交換分合によって交換前田畑枚数1,314枚が交換後は1,129枚に減少している（14%減）．しかし実施した3集落の中ではU集落の実施規模は最も小さい．実施戸数の割合65.1%，移動面積の割合26.5%，筆数の減少率25.6%という集落もある[2]．この交換分合によって実現した耕地の団地化が，対象とする農家の1958年の圃場図にあるのかどうかを確認する資料はない．

③ここで取り上げた3戸は，第1節で取り上げたU集落の中核的な農家である．先に触れたように北陸は農地賃貸借の展開が活発な地域であり，それゆえに農家の階層分化も進んでいる．その大きな要因は繊維等の地場産業の展開である．U集落のある寺井町も繊維ではないが地場産業である九谷焼の産地である．この地場産業の展開を背景に，主として賃貸借によって，隣のS集落の農地を含めて，3戸の農家が農地集積を進めてきたのである．U集落の農家の現状は，農地の所有世帯が76戸，生産組合員が73戸，農業共済加入農家が60戸ある．農地所有世帯76戸の内訳は，借地のある世帯が11戸，貸付農地のある世帯が46戸，自作地のみ世帯が19戸である．2000年センサスでは経営耕地面積5ha農家は3戸で，その経営面積は2003年時点の調査ではT農

表 II-2-8　T・B・C 農家の水田面積の変化

農家	水田	耕地整理前（1919年）	耕地整理後（1929年）	1961年 （所有面積）
T	所有 貸付 借入	2町8反8畝5歩 2畝20歩（①2畝20歩）	3町1反7畝11歩 3畝26歩（①3畝26歩）	3町1反1畝15歩
	経営 転作受託	3町25歩	3町2反1畝7歩	
B	所有 貸付 借入	7反5畝23歩 8反7畝20歩（①7反5畝25歩，②1反1畝25歩）	8反7畝14歩 8反9畝21歩（①7反7畝11歩，②1反2畝10歩）	1町4反6畝26歩
	経営 転作受託	1町6反3畝13歩	1町7反7畝5歩	
C	所有 貸付 借入	2町7反8畝28歩 1反1畝28歩（①1反1畝28歩） 5反7畝5歩（①3反9畝7歩，②1反7畝28歩）	3町1反28歩 1反3畝10歩（①1反3畝10歩） 5反9畝1歩（①3反9畝15歩，②1反9畝16歩）	3町9反3畝22歩
	経営	3町2反4畝5歩	3町5反6畝28歩	

注：耕地整理前後の貸付地，借入地の括弧内は内訳で，①は永作地，②は一作地である．両者は小作料に者のその他の違いについてははっきりしない．詳しくは前掲『農魂不滅－県営圃場整備事業完工記念』143頁．

資料：1）耕地整理前および整理後の面積は1929年U耕地整理組合資料（「新旧所有地清算書」「新旧永作人本位」），「新旧一作地清算書（地主本位）」，「同（小作人本位）」による．
　　　2）1961年，および2003年は集落資料．ただし2003年のT農家については聞き取りによる．

家が約38ha，B 農家が約8.3ha，C 農家が約9ha，加えて T・B 農家には転作受託がそれぞれ1.2ha，4.7ha ある．他に3～4ha規模の農家が3戸あるが，以上から分かるように，ここで取り上げる3戸の農家にU・S集落の農地は集積してきているのである．U集落の農地に関して言えば，3戸の農家への集積率は約27%，転作受託を含めると約34%である．

　④3戸の農家の所有および経営水田面積の変化は表II-2-8の通りである．畑地の比重はきわめて小さいので（耕地整理前の畑地の比率は2.7%，整理後は1.5%），この表でも，また煩雑になるので後の地図においても畑地は省略した．1961年については所有面積しか分からない．しかし第1節で触れたように借地の展開はこの時期より遅いのでこれを経営面積とみなしても大きな間違いはないと思われる．

第 2 章　大規模農家の成長と経営耕地分散の動向　　349

2003 年（m²）		
U 集落	S 集落	計
30,000	40,000	70,000
80,000	230,000	310,000
110,000	270,000	380,000
12,000		12,000
13,341	10,752	24,093
25,583	33,481	59,064
38,924	44,233	83,157
47,339		47,339
26,270		26,270
59,161	3,121	63,282
85,431	3,121	89,552

おいて大きな差がある．しかし両誌－』所収，拙稿「歴史編」138-

作地清算書（地主本位）」，「同（小

⑤地図は 1958 年までは U 集落のみ，2003 年は U 集落と隣の S 集落の両方を示した．1958 年の集落の資料では，U 集落農家の所有水田は U 地籍が 91%，S 地籍が 8%，その他が 1% である．それゆえ S 地籍での購入や借地はまだ 1958 年時点では少なかったものと思われる．また 58 年の地図は所有水田であることを付け加えておきたい．地図に記した 58 年，あるいは 61 年時点での，3 戸の農家の S 地籍での所有および借入水田の面積や位置を知る資料はないが，先に触れたように S 集落での拡大（借入が中心）はその後，顕著になるのであり，この時点ではあったとしてもまだ極めて僅かであったと考えてよい．

⑤表 II-2-9 は所有面積および経営面積別（畑を含むがそれは前に触れたように僅かである）の U 集落の農家数である．この元になる資料で 3 戸の農家の戦前の位置がわかる．経営面積で見ると，T 農家は 6 番目，B 農家は 14 番目，C 農家は 4 番目の規模であった．

　以上を念頭に，3 戸の農家について圃場図からわかることを簡単に触れておこう．

　①まず T 農家についてである．図 II-2-3 ①，同②，また表 II-2-8 からも分かるように，戦前は，借入地は僅かであり，ほとんどが自作地の農家であった．耕地整理によって区画は整えられたが圃場の分散には大きな変化はない．現地換地であったからである．その後の変化は図 II-2-3 ③（1958 年）と同④（2003 年）の比較からわかるように大きく，S 集落での自作地および借地の拡大が著しい．県営圃場整備による区画の拡大もあるが，借地の展開によって自ずと経営耕地の集団化が成されてきていることが分かる．

　② B 農家は，図 II-2-4 ①，同②にあるように，戦前は小作地の比重が大きかったが，戦後は図 II-2-4 ③によってわかるように農地改革の結果小作地の

表 II-2-9 耕地整理前の U 集落農家の所有および経営面積規模別戸数

	所有面積		経営面積	
	戸数	構成比	戸数	構成比
4.0〜4.5	1	1.3	1	1.3
3.5〜4.0			2	2.7
3.0〜3.5	2	2.7	2	2.7
2.5〜3.0	3	4	4	5.3
2.0〜2.5	2	2.7	2	2.7
1.5〜2.0	2	2.7	7	9.3
1.0〜1.5	7	9.3	13	17.3
0.5〜1.0	11	14.7	11	14.7
〜0.5 町	40	53.3	31	41.3
なし	7	9.3	2	2.7
計	75	100	75	100

資料：1929 年 U 耕地整理組合「新旧所有地精算書」，「新旧小作地精算書」等により集計．

多くが自作地化している．

58 年以降，この農家も借地での拡大を行うが，それは S 集落での比重が高く，同程度の借地面積を持つ C 農家が U 集落中心であるのと対照的である．農地の貸借は，耕作権に対する不安があり，当初は親戚関係で結ばれることが多かった．C 農家に比べ B 農家は，親戚が U 集落内に少なかったことの反映である．この点は既に第 1 節で触れた．

U 集落では，転作は 1 年ごとに場所を移動しながら，団地転作として実施されている．団地内での転作は生産組合が請け負っているが実質的には B 農家が行っている．図 II-2-4 ④の○印の水田である．また耕作地の集団化のために，1 枚の圃場について交換耕作が行われている（圃場 A と圃場 B）．

③ C 農家は，戦前は貸付地も借入地もあり，かつ自作地も集落の中では大きな農家であった．所有面積は T 農家と近いが，T 農家よりも圃場はまとまっているように見える．58 年の地図を比較すると（図 II-2-3 ③と図 II-2-5 ③）一層はっきりしてくる．

また先の表 II-2-8 から分かるように，61 年から 2003 年にかけて，他の農家が所有面積を拡大しているのに対して，この農家は分家等の理由によって逆に

第2章　大規模農家の成長と経営耕地分散の動向　　　　　　　351

注：1）　自作地　■
　　　　借入地（永作地および一作地）▨
　　　　貸付地（永作地および一作地）■
　　2）　一部地番を特定できない水田は除いてある．
資料：U耕地整理組合「新旧所有地精算書」，「新旧永作地
　　　精算書（地主本位）」，「新旧永作精算書（小作人本
　　　位）」，「新旧一作地精算書（地主本位）」，「新旧一作
　　　地精算書（小作人本位）」（1929年）による．

図 II-2-3①　T農家の耕地整理前（1919年）の経営水田

352　第Ⅱ部　農業構造変化の事例分析

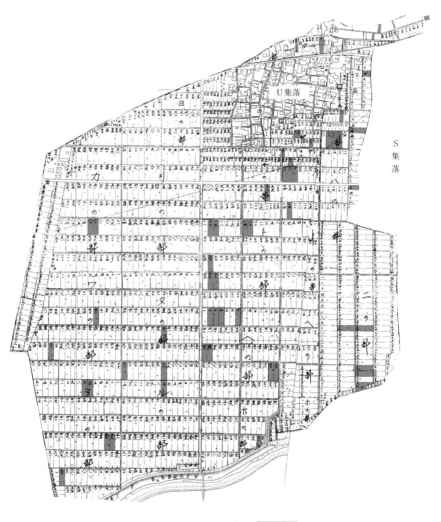

注：1）　自作地　▨
　　　　借入地（永作地および一作地）▨
　　　　貸付地（永作地および一作地）■
　　2）　一部地番を特定できない水田は除いてある．
資料：U耕地整理組合「新旧所有地精算書」，「新旧永作地精算書（地主本位）」，「新旧永作精算書（小作人本位）」，「新旧一作地精算書（地主本位）」，「新旧一作地精算書（小作人本位）」（1929年）による．

図 II-2-3 ②　T 農家の耕地整理後（1929 年）の経営水田

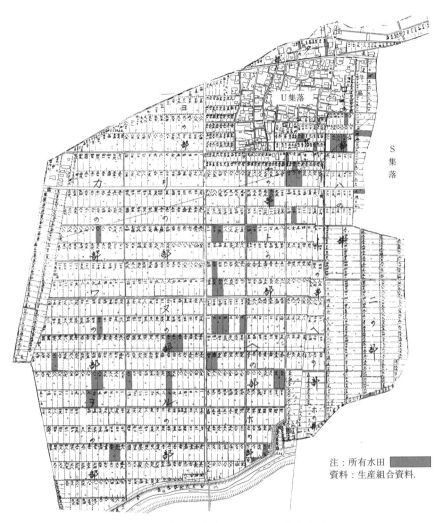

図 II-2-3 ③　T 農家の 1958 年の所有水田

減少させている．他方で同時期，B 農家と同程度の借地の拡大を行っているが，そのほとんどが U 集落であり S 集落での借地は僅かである．本家でかつ親戚が多いことが，U 集落での拡大を可能にしているのである．

　以上見てきたように，圃場の分散はいろいろな要因によって解消されてきた．

354　第Ⅱ部　農業構造変化の事例分析

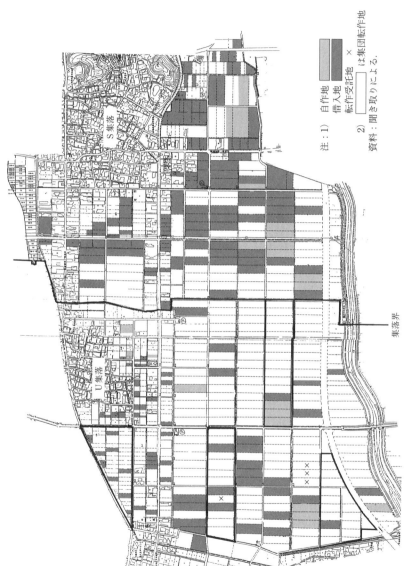

図Ⅱ-2-3④　T農家の2003年の経営水田

注：1）自作地　借入地　転作受託地　×は集団転作地
　　2）聞き取りによる。
資料：聞き取りによる。

第2章　大規模農家の成長と経営耕地分散の動向　　　355

図II-2-4①　B農家の耕地整理前（1919年）の経営水田

注：1）自作地　　　　　　　　　　　
　　　借入地（永作地および一作地）
　　　貸付地（永作地および一作地）
　　2）一部地番を特定できない水田は除いてある．
　資料：図II-2-3①に同じ．

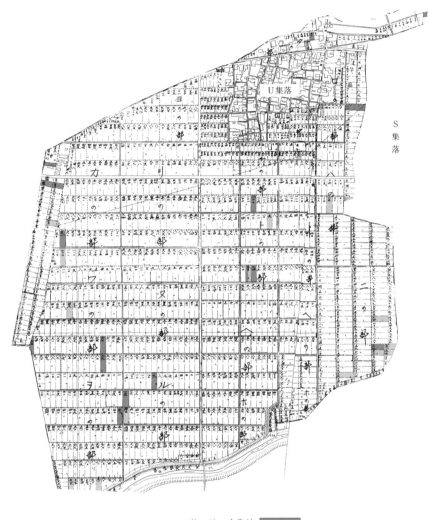

注：1) 自作地　■
　　　借入地（永作地および一作地）▨
　　　貸付地（永作地および一作地）■
　　2) 一部地番を特定できない水田は除いてある．
資料：図II-2-3②に同じ．

図II-2-4② B農家の耕地整理後（1929年）の経営水田

第2章 大規模農家の成長と経営耕地分散の動向

図 II-2-4 ③　B 農家の 1958 年の所有水田

　圃場整備は圃場分散の解消を直接的な目的としたものではないが，圃場区画の拡大とそれに伴う換地は必然的に分散を解消することに通じる．圃場分散の止揚を直接の目的とする交換分合や交換耕作も見られたが大きな役割を果たしてはいない（ただし地域農業の担い手が少数の大規模経営に絞られてくる状況

358 第Ⅱ部 農業構造変化の事例分析

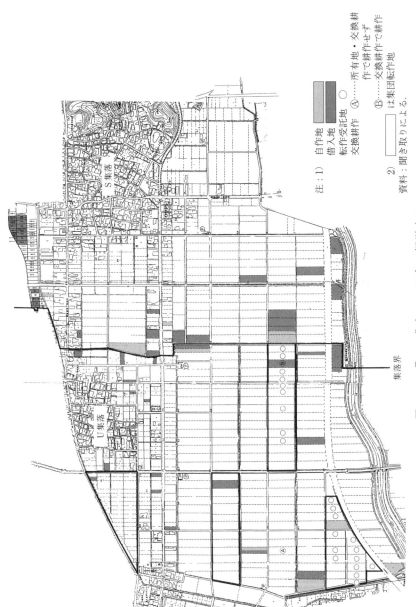

図Ⅱ-2-4 ④ B農家の2003年の経営水田

注：1） 自作地 借入地 転作受託地 交換耕作 Ⓐ……所有地・交換耕作で耕作せず Ⓑ……交換耕作で耕作 □ は集団転作地
2） 資料：聞き取りによる。

第2章　大規模農家の成長と経営耕地分散の動向

注：1）　自作地　■
　　　　借入地（永作地および一作地）　■
　　　　貸付地（永作地および一作地）　■
　　2）　一部地番を特定できない水田は除いてある．
資料：図II-2-3①に同じ．

図 II-2-5 ① 　C 農家の耕地整理前（1919 年）の経営水田

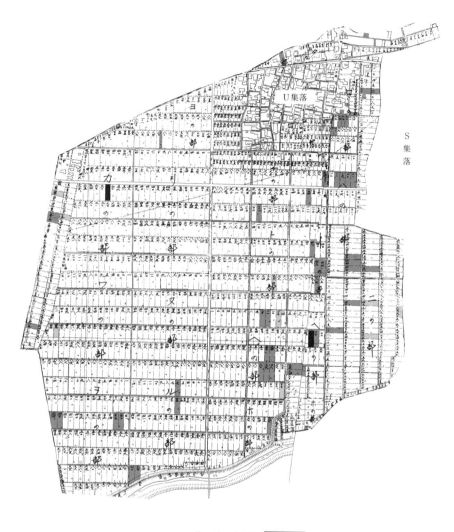

注：1) 自作地 ■
　　　　借入地（永作地および一作地）▨
　　　　貸付地（永作地および一作地）■
　　2) 一部地番を特定できない水田は除いてある．
　資料：図II-2-3②に同じ．

図 II-2-5② 　C農家の耕地整理後（1929年）の経営水田

第2章　大規模農家の成長と経営耕地分散の動向

図 II-2-5 ③　C農家の 1958 年の所有水田

になると担い手経営間での交換耕作が経営耕地の分散解消の重要な方法として取り組まれるようになることは第3章で触れる）．この地域の農業についてもう1つ大事な点は，T農家のように規模拡大が大きく展開すると自ずと耕作地の集団化が進むということである．これは集落の規模が小さいほど進む．以上のように，この時点までの圃場分散の止揚は，圃場整備や規模拡大の結果と

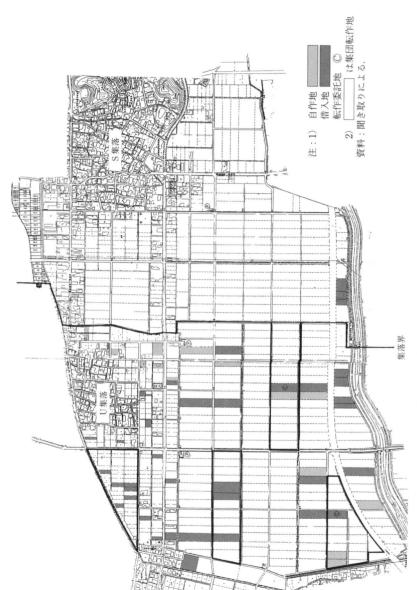

図 II-2-5 ④ C農家の2003年の経営水田

して進んできたのである．交換分合や交換耕作という意識的な取り組みも見られたが大きな役割は果たしてはいない．ただし転作については集団転作が行われている．

1) 国は1947年5月26日の中央農地委員会の決定に基づき，農林省通達（同年7月11日付）によって交換分合の基本方針を示した．それは耕作者の買受けの機会均等を図るための交換分合は極力実施すべきであるが，農地の集団化を目的とした交換分合は売渡し完了後に法の改正を以て強力に実施する方針なので慎重を期すようにとの内容であった．1949年8月，旧耕地整理法及び水利組合法を集大成し，耕作者を主体とした土地改良法を施行したが，その第3章に交換分合に対する規定を設けた．これによって農地のみでなく農業に関係のある土地，施設，水の使用に関する権利等も含め，またこの施行に必要な諸工事をも合わせて行い得る，農業経営の合理化のための交換分合が可能な制度が整えられたのである．その上，1950年度より5ヵ年間（後にさらに3ヵ年延長）で全国170万町歩を目標とした交換分合計画が財政措置とともに作られた．『石川県農地改革史』による．
2) 前掲『寺井野町史』216頁．

第3章
経営耕地分散解消の取り組み

　日本の農家の経営耕地の所有・利用の形態は零細分散錯圃と特徴づけられてきた．零細とされる圃場の大きさは基本的に労働手段の発展段階に規定されて形成される．ただし水田の場合には水を同じ深さに張るために圃場を均平にする必要があり，畑のように単に圃場の境界を取り払うだけで労働手段の高度化に応じて圃場の拡大を実現することはできない．労働手段の高度化に応じてそれに適合する圃場の大きさが形成されるためには，水利の問題や圃場の均平の問題があり，水田の場合は多額の投資が必要となる．それゆえ技術段階に適合する圃場の大きさは簡単には形成されず，圃場の零細性は絶えず問題にならざるをえない性格を持つ．しかしながら明治に始まる耕地整備，昭和30年代後半からの構造改善事業，最近時の大区画圃場整備事業というそれぞれの時代の圃場整備事業によって8ないし10a区画，30a区画，1ha区画と徐々に圃場の大きさは拡大されてきた．
　分散錯圃という圃場の在り方は労働手段が低位な段階ではむしろ危険分散という意味があった．しかし労働手段の高度化に伴って危険分散という分散のメリットよりも団地化による労働生産性向上のメリットの方が徐々に大きくなってきた．そのため圃場整備による区画の拡大や換地などによって，少しずつ圃場の分散も解消されてきた．
　問題は日本農業の担い手として期待される規模を拡大してきた経営についてである．分散錯圃の構造の下で，さらに1戸の農家が一挙にではなく少しずつ売りに出したり貸しに出したりする土地を集めて規模拡大が行われるために，これらの大規模農家・大規模経営にとって分散錯圃の解消は大きな課題となってきているのである．

第 3 章　経営耕地分散解消の取り組み　　　　　　　　　　　365

第 1 節　経営耕地の分散状況

　規模拡大の動きにともなって耕地の分散状況が問題とされるようになってきたため，近年（注：先に触れたように本章は 2000 年時点の状況を記述している），農地の分散状況やそのことの農業経営上の問題性について実態を把握するための全国レベルの調査がいくつか行われ，その結果が発表されている[1]．ここではそれらの調査結果によって経営耕地の分散状況，また分散の解消が経営にとってどの程度の課題として意識されているのかについて見ておこう．

(1)　経営水田の分散状況

　農家の経営耕地の分散状況は，農水省「中核農家の意識とニーズに関する調査（1991 年実施），同「平成 6 年農業構造動態調査—水稲部門構造—」（1994 年 1 月 1 日実施），同「1995 年農林業センサス」（1995 年 1 月 1 日実施）で知ることができるが，ここではセンサスの結果を使用する．表 II-3-1 によれば経営耕地面積規模（水田面積規模ではない．ただし水田面積については 1 戸当たり平均面積を記載してある）が大きくなるに従って都府県販売農家 1 戸当たりの団地数は増加している．特に 5〜10ha 規模層で 8.6 カ所であったものが 10〜15ha では 13.6 カ所，15ha 以上では 13.5 カ所と 10ha を境に圃場の分散が強まることが確認できる．次に団地数別の農家数割合で水田圃場の分散状況を見ておこう．団地 20 カ所以上の農家の割合は 2〜3ha では 0.8%，3〜5ha で 2.2%，5〜10ha で 7.6%，10〜15ha で 21.7%，15ha 以上で 20.1% と増加している．さらにこの内 30 カ所以上の農家の割合は順に 0.2%，0.5%，2.7%，12.1%，14.1% と変化しており，10ha を境に（平均水田面積は 5〜10ha 階層が 4.8ha，10〜15ha 階層が 8.0ha）水田が 20 カ所以上あるいは 30 カ所以上という農家が多くなっている．しかしこのセンサス結果では 10〜15ha 規模農家と 15ha 以上規模農家の 1 戸当たり団地数には差がない．これは 15ha 以上規模層で団地数 4 カ所以下の農家の割合が 53.1% と高いことによるものである．15ha 以上規模層のこの結果は，東北の数字の反映である（15ha 以上の農家数は都府県 1,654 戸，うち東北は 962 戸）．

表 II-3-1　田の分散状況（販売農家）

経営耕地規模	団地数別農家数の構成比（%）						1戸当たり水田面積（a）	1戸当たり団地数	1団地当たり水田面積（a）
	4カ所以下	5〜9	10〜14	15〜19	20〜29	30カ所以上			
都府県	73.4	22.6	3.1	0.6	0.3	0.1	88.4	3.8	23.5
2〜3ha	51.9	38.1	7.6	1.6	0.6	0.2	178.8	5.1	34.7
3〜5ha	41.4	41.3	12.0	3.2	1.7	0.5	278.8	6.2	44.8
5〜10ha	29.9	38.3	17.8	6.4	4.9	2.7	475.0	8.6	55.3
10〜15ha	27.9	24.8	17.2	8.5	9.6	12.1	801.4	13.6	58.7
15ha 以上	53.1	13.1	8.8	4.9	6.0	14.1	1,380.6	13.5	102.1
東北	77.9	19.4	2.2	0.3	0.1	0.1	130.0	3.4	38.7
5〜10ha	31.5	46.2	16.7	3.7	1.5	0.4	502.2	6.9	73.0
10〜15ha	36.8	30.6	18.3	7.2	5.2	2.0	719.3	8.0	89.5
15ha 以上	78.5	10.2	5.6	2.2	2.5	1.0	1,246.9	4.3	293.2
北陸	63.9	28.9	5.1	1.2	0.6	0.2	121.8	4.5	27.1
5〜10ha	15.4	31.0	24.7	13.0	10.5	5.4	567.3	11.9	47.7
10〜15ha	12.6	20.3	24.3	9.4	16.0	17.4	1,042.9	17.3	60.3
15ha 以上	7.1	24.1	16.3	10.6	15.6	26.2	1,856.7	21.9	84.8
北関東	76.7	19.7	2.8	0.5	0.2	0.1	91.5	3.5	26.2
5〜10ha	31.1	37.2	18.9	7.2	4.0	1.6	441.6	8.1	54.8
10〜15ha	23.8	27.5	17.2	10.9	11.6	9.1	741.6	12.9	57.7
15ha 以上	23.4	17.8	14.0	10.3	12.1	22.4	1,134.6	18.9	60.2
南関東	72.7	22.9	3.5	0.6	0.2	0.1	77.1	3.8	20.5
5〜10ha	18.4	32.0	23.1	9.9	10.5	6.1	446.2	11.5	38.9
10〜15ha	6.4	16.0	20.2	14.9	17.0	25.5	940.4	20.5	45.9
15ha 以上	13.0	10.9	23.9	6.5	4.3	41.3	1,502.2	25.9	58.0
東山	89.0	10.0	0.8	0.1	0.1	0.0	49.2	2.7	18.4
5〜10ha	44.6	27.0	14.1	6.5	4.5	3.3	336.0	7.7	43.5
10〜15ha	37.3	20.9	14.9	7.5	9.0	10.4	588.1	12.0	48.8
15ha 以上	34.5	24.1	13.8	6.9	6.9	13.8	1,496.6	15.4	97.3
東海	70.4	24.9	3.5	0.6	0.3	0.2	61.1	4.0	15.3
5〜10ha	19.9	19.7	14.5	10.4	15.6	20.0	515.4	18.1	28.4
10〜15ha	15.3	11.6	9.5	5.3	14.2	44.2	1,032.6	32.8	31.4
15ha 以上	7.6	8.2	13.9	8.9	8.9	52.5	1,991.8	44.6	44.7
近畿	66.0	28.8	3.9	0.7	0.3	0.2	69.2	4.3	16.2
5〜10ha	13.3	24.7	17.5	13.7	18.9	12.0	567.6	15.5	36.7
10〜15ha	9.6	19.2	8.0	6.4	11.2	45.6	1,069.6	27.7	38.6
15ha 以上	9.2	9.2	3.1	12.3	15.4	50.8	2,081.5	36.9	56.4

(つづき)

経営耕地規模	団地数別農家数の構成比（％）						1戸当たり水田面積（a）	1戸当たり団地数	1団地当たり水田面積（a）
	4カ所以下	5〜9	10〜14	15〜19	20〜29	30カ所以上			
山陰	79.0	18.8	1.6	0.3	0.2	0.1	71.0	3.4	20.7
5〜10ha	33.3	30.4	14.4	10.0	9.3	2.6	405.9	9.4	43.2
10〜15ha	57.1	7.1	10.7	7.1	10.7	7.1	560.7	10.1	55.5
15ha 以上	25.0	37.5	0.0	12.5	0.0	25.0	1,225.0	18.0	68.1
山陽	74.4	22.1	2.5	0.5	0.3	0.1	72.5	3.7	19.4
5〜10ha	32.2	33.9	17.0	6.1	6.9	3.9	466.8	9.6	48.8
10〜15ha	25.9	20.0	15.3	10.6	12.9	15.3	795.3	15.4	51.6
15ha 以上	20.0	25.0	20.0	2.5	7.5	25.0	1,082.5	18.9	57.3
四国	65.6	28.6	4.5	0.8	0.4	0.1	61.2	4.3	14.4
5〜10ha	29.3	19.4	14.7	11.0	15.7	9.9	418.8	12.8	32.7
10〜15ha	0.0	29.4	0.0	23.5	5.9	41.2	911.8	28.1	32.5
15ha 以上	33.3	66.7	0.0	0.0	0.0	0.0	400.0	4.5	88.9
北九州	71.4	24.3	3.2	0.6	0.3	0.1	88.7	3.9	22.7
5〜10ha	31.9	32.1	19.4	7.6	6.5	2.6	403.4	8.8	45.6
10〜15ha	23.7	21.6	16.5	13.7	12.9	11.5	782.0	13.1	59.6
15ha 以上	30.4	25.0	12.5	5.4	14.3	12.5	1,175.0	14.9	79.1
南九州	81.3	16.3	1.8	0.3	0.2	0.1	57.3	3.2	17.8
5〜10ha	58.6	25.0	8.6	3.0	2.7	2.1	195.3	5.9	33.3
10〜15ha	50.6	16.5	12.9	4.7	9.4	5.9	418.8	9.5	44.0
15ha 以上	64.3	7.1	0.0	7.1	7.1	14.3	521.4	11.5	45.5
沖縄	89.0	9.6	1.0	0.2	0.2	0.0	75.6	2.5	30.5
5〜10ha	82.1	11.5	2.6	1.3	2.6	0.0	200.0	3.5	57.4
10〜15ha	71.4	28.6	0.0	0.0	0.0	0.0	578.6	3.3	176.1
15ha 以上	87.5	12.5	0.0	0.0	0.0	0.0	287.5	2.1	135.3

資料：「1995年農林業センサス」．

　地域別に見ると大規模農家の圃場分散が著しいのは東海，近畿，次いで南関東，北陸であることがわかる．例えば15ha以上規模農家の1戸平均団地数は，東海は44.6カ所，近畿36.9カ所，南関東25.9カ所，北陸21.9カ所である．また15ha以上規模層で水田圃場が30カ所以上に分散している農家の割合は東海52.5％，近畿50.8％，南関東41.3％，北陸26.2％である．

(2) 経営耕地分散の問題性

問題は以上で見たような耕地分散の状況が大規模農家の経営にとってどの程度の障害となっているかである．

表 II-3-2 は経営改善・所得向上のための取り組みとして，「耕地の集団化」を最重要課題の第1順位にあげた経営の割合である．個人でも法人でも「経営耕地規模の拡大」をあげるものが最も多く，「耕地の集団化」を最重要課題としたものは個人農家では 17.0%，法人では 20.9% である．この割合は 15ha 以上規模の個人農家になると 24.5% に増える．また個人，法人とも北海道に比べ都府県の方が「耕地の集団化」を最重要課題とする割合が高い．地域別では東海でその割合が高くなっている．

表 II-3-3 によると，団地化の必要性を感じている農家（「団地化を進める」と「進めたいが困難」の合計）の割合は都府県で 47.8% を示し，「団地化は必要なし」の 37.5% を上回っている．また水稲作付け規模が大きくなると団地化の必要性を感じる農家の割合も高くなり，10ha 以上では 75.4% を示す．これは「団地化は必要なし」とする農家の割合 24.1% を大きく上回っている．この表でも東海，近畿で団地化の必要性を感じている農家の割合が高いことがわかる（東海 60.7%，近畿

表 II-3-2 経営改善・所得向上の取り組みとして「耕地の集団化」が最重要課題とする回答者の割合

(単位：%)

	個人	法人
全国	17.0	20.9
北海道	9.4	11.1
都府県	18.7	23.5
3～4	11.7	
4～5	19.0	
5～7.5	19.2	
7.5～10	20.5	
10～15	17.5	
15ha 以上	24.5	
東北	19.6	
関東	18.1	
東山	21.6	
北陸	14.4	
東海	27.0	
近畿	16.2	
中国	17.4	
四国	20.0	
九州	25.0	

注：経営改善・所得向上のための取り組みとして「経営耕地の規模拡大」「耕地の集団化」「稲作以外の作目への取り組み」「良質米の栽培等生産方式の改善」「販売方法の改善」「加工販売部門の拡充」「経営管理の合理化」「その他」の8項目から最重要なもの1つを回答させた結果である．

資料：全国農地保有合理化協会『大規模（借地）経営の経営展開に関するアンケート調査報告書』(1996年3月)．

第3章 経営耕地分散解消の取り組み

表 II-3-3 農地の集団化についての意向別農家数割合

(単位：%)

		団地化を進める	進めたいが困難	団地化は必要なし	わからない
全　　国		13.0	32.3	40.7	14.0
北　海　道		9.3	25.6	54.3	10.8
都　府　県		13.9	33.9	37.5	14.8
水稲作付面積	2～3ha	12.7	31.0	39.3	17.0
	3～5	15.7	37.9	35.5	10.9
	5～10	20.4	51.5	23.2	5.0
	10ha以上	16.8	58.6	24.1	0.9
東　　北		11.7	32.7	43.5	12.2
北　　陸		19.4	33.0	26.0	21.6
関東・東山		13.6	34.3	34.6	17.5
東　　海		15.9	44.8	32.3	7.1
近　　畿		21.1	43.6	19.9	15.5
中　　国		9.3	36.8	41.6	12.4
四　　国		7.1	53.4	21.7	17.8
九　　州		14.7	35.3	37.3	12.8

資料：農水省『平成6年農業構造動態調査（水稲部門構造）』．

表 II-3-4 耕地規模拡大上の問題点（複数回答）

(単位：%)

		購入したいが条件に合う農地がない	借地拡大したいが貸し手がいない	圃場が分散して手が回らない	管理作業や出役が大変	新たな設備投資が必要となる	農業の将来の見通しが立たない
個人	全国	21.4	34.8	35.6	30.8	28.1	68.2
	北海道	38.6	18.5	20.6	23.2	41.6	75.1
	都府県	17.7	38.3	38.8	32.1	25.2	66.8
	3～4ha	13.1	35.8	34.3	27.0	28.3	62.8
	4～5	21.0	37.0	42.6	24.7	26.3	60.5
	5～7.5	17.1	39.9	37.9	29.1	29.6	71.8
	7.5～10	20.1	39.0	40.9	35.8	23.6	71.1
	10～15	14.8	39.8	38.3	40.6	22.6	70.3
	15ha以上	19.6	39.2	35.3	52.9	25.0	60.8
法人	全国	26.2	33.3	42.9	42.9	14.3	42.9
	北海道	50.0	—	37.5	50.0	37.5	50.0
	都府県	20.6	41.2	44.1	41.2	8.8	41.2

注：上記の項目以外に「受託拡大したいが委託者がいない」「未整備田が多く作業効率が悪い」「土地改良償還金の負担を伴う」「運転資金の調達が困難」「集落内で農地利用の受け手対象から排除されている」「その他」の項目がある．

資料：表II-3-2に同じ．

表 II-3-5 規模拡大にあたって圃場の零細・分散問題の解決策（複数回答）

（単位：％）

		零細・分散農地は借りない	交換耕作・交換分合で集団化	品種配置等栽培・作業管理の合理化	農業委員会等の利用調整の取り組み	集落による作付の集団化の促進
個人	全国	33.2	67.8	30.1	31.5	16.8
	北海道	30.6	57.6	31.4	29.7	15.3
	都府県	33.8	70.0	29.8	31.9	17.1
	3〜4ha	25.2	67.4	33.3	24.4	22.2
	4〜5	38.0	63.3	23.4	27.8	21.5
	5〜7.5	30.5	73.6	30.2	35.9	14.9
	7.5〜10	38.2	72.6	33.8	35.7	10.8
	10〜15	39.7	73.0	31.0	30.2	15.1
	15ha以上	34.6	76.9	32.7	26.9	23.1
法人	全国	50.0	59.5	21.4	26.2	9.5
	北海道	12.5	62.5	37.5	12.5	12.5
	都府県	58.8	58.8	17.6	29.4	8.8

資料：表II-3-2に同じ．

表 II-3-6 土地利用調整活動で必要なこと（複数回答）

（単位：％）

	全国	北海道	都府県	2〜3ha	3〜5ha	5〜10ha	10〜20ha	20ha以上
計（戸数）	2,477	164	2,313	391	609	418	75	17
担い手を特定し集落で協力	39.3	40.9	39.2	36.3	39.7	46.2	49.3	41.2
農地の貸借などの調整	39.2	37.2	39.3	40.2	38.1	41.1	42.7	35.3
農作業受委託の調整	22.7	15.2	23.3	25.3	22.0	19.4	14.7	29.4
小作料・作業料金の申し合わせ	18.9	18.9	18.8	18.2	20.5	23.2	26.7	23.5
作付地等の集団化	35.8	46.3	35.1	39.2	35.8	40.9	52.0	58.8
農作業の共同	17.8	26.2	17.3	15.9	18.4	13.4	5.3	23.5
機械・施設の共同化	34.0	41.5	33.4	34.5	36.5	33.3	16.0	17.6
土地条件の整備	23.0	14.6	23.6	22.8	22.7	24.9	26.7	29.4
不作付地の解消・防止	8.0	7.9	8.0	7.2	8.5	4.5	6.7	—
副産物の有効利用	4.4	7.3	4.2	5.4	3.9	4.5	4.0	11.8
集出荷の改善	3.7	3.7	3.7	4.3	3.6	5.0	5.3	5.9

資料：農水省農政課『中核農家の意識とニーズに関する調査結果』1992年9月．

64.7％）．

　圃場の分散は規模拡大をする上でも障害の1つとなっている．表II-3-4によれば都府県農家の38.8％（法人経営では44.1％）が「圃場が分散して手が回

らない」を，規模を拡大する上での問題点の1つとしてあげている．それでは規模拡大にあたって圃場の分散をどのように解決しようとしているのであろうか．表II-3-5にあるように圃場の零細・分散の解決策としては，「交換耕作・交換分合」をあげるものが多い（複数回答，都府県個人経営では70.0%，都府県法人経営では58.8%）．次いで多い回答は「零細・分散農地は借りない」という対応である．都府県個人経営では33.8%，法人経営では58.8%を示している．個人的な対応あるいは問題を抱えた農家間での個別的な対応が中心となっている．しかし農業委員会等による利用調整の取り組みへの期待も表明されている．

表II-3-6は必要な土地利用調整活動の内容を聞いたものである．「作付地等の集団化」を都府県では35.1%の農家が必要な利用調整活動として挙げている．経営耕地が大きくなるにしたがってこのような農家は多くなり，10〜20haでは52.0%，20ha以上では58.8%の割合を示している．

(3) 望ましい団地の面積規模

「交換耕作・交換分合で集団化」を考えている農家（表II-3-5）の現在の1団地当たりの平均規模は表II-3-7にあるように，北海道497a，都府県114aである．北海道は平均団地面積が3〜5haあるいは5ha以上という農家が合わせて73.2%を占める．都府県農家では全体の75.6%は30a〜2haの平均団地面積を持つ．平均団地面積が一番小さいのは東海で81a，1団地の平均面積が10〜30aという農家が59.6%を占めている．

それらの農家が望ましいと考えている1団地当たりの平均規模は表II-3-8のように北海道で現状の約2倍の1,010a，都府県では約2.7倍の313aである．この調査による農家が目標としている経営耕地面積（作業受託を含む）からすると，北海道農家では約2団地，都府県農家は約5団地ということになる．望ましいと考える団地面積は規模が大きくなるに従って大きくなっている．

「交換耕作・交換分合を考える農家」，つまり圃場の集団化を課題として感じている農家について見た表II-3-7，表II-3-8とも10haを境にしてその数字は大きく違っている（具体的には表II-3-7では1団地当たりの平均面積，平均団地面積規模3〜5haおよび5ha以上の農家の比重等，表II-3-8では平均団地

第Ⅱ部　農業構造変化の事例分析

表 II-3-7　交換耕作・交換分合を考える農家の1団地の平均規模別農家数（現状・個人）

(単位：％（戸），a)

	計	1団地の平均面積（現状）						1団地当たりの平均面積
		10〜30a	30〜50a	50a〜1ha	1〜2ha	2〜3ha	3〜5ha	5ha以上	
全国	100.0 (837)	7.2	15.5	23.7	26.8	8.6	9.3	9.0	171
北海道	100.0 (123)	1.6	1.6	2.4	5.7	15.4	35.8	37.4	497
都府県	100.0 (714)	8.1	17.9	27.3	30.4	7.4	4.8	4.1	114
3〜4	100.0 (85)	9.4	24.7	31.8	24.7	3.5	3.5	2.4	84
4〜5	100.0 (89)	6.7	20.2	31.5	30.3	4.5	4.5	2.2	97
5〜7.5	100.0 (246)	7.7	15.4	31.3	29.3	7.7	4.1	4.5	117
7.5〜10	100.0 (112)	3.6	24.1	22.3	34.8	8.0	3.6	3.6	109
10〜15	100.0 (91)	5.5	8.8	24.2	34.1	12.1	8.8	6.6	156
15ha以上	100.0 (37)	18.9	10.8	21.6	27.0	8.1	8.1	5.4	146
東北	100.0 (323)	5.0	10.5	29.4	37.5	7.7	5.9	4.0	127
関東	100.0 (73)	8.2	19.2	24.7	34.2	4.1	5.5	4.1	117
東山	100.0 (28)	3.6	10.7	21.4	35.7	14.3	10.7	3.6	152
北陸	100.0 (165)	9.1	27.3	31.5	20.0	6.7	2.4	3.0	91
東海	100.0 (52)	28.8	30.8	13.5	11.5	11.5	—	3.8	81
近畿	100.0 (27)	7.4	25.9	22.2	25.9	11.1	—	7.4	108
中国	100.0 (30)	6.7	26.7	16.7	26.7	3.3	10.0	10.0	140
四国	100.0 (4)	—	—	75.0	25.0	—	—	—	83
九州	100.0 (12)	8.3	8.3	25.0	50.0	—	8.3	—	95

注：表頭の10a未満農家はいないので掲載していない．
資料：表II-3-2に同じ．

表 II-3-8　交換耕作・交換分合を考える農家の望ましい1団地の平均規模別農家数（個人）

(単位：％（戸），a)

	計	望ましい1団地の平均面積						1団地当たりの平均面積
		10〜30a	30〜50a	50a〜1ha	1〜2ha	2〜3ha	3〜5ha	5ha以上	
全国	100.0 (817)	0.5	1.0	3.3	31.6	17.1	18.1	28.4	411
北海道	100.0 (115)	0.9	—	—	4.3	—	13.0	81.7	1,010
都府県	100.0 (702)	0.4	1.1	3.8	36.0	19.9	18.9	19.7	313
3〜4	100.0 (85)	—	2.4	4.7	47.1	14.1	12.9	18.8	315
4〜5	100.0 (91)	—	—	1.1	47.3	23.1	14.3	14.3	308
5〜7.5	100.0 (237)	0.4	1.3	5.1	37.6	21.1	18.1	16.5	269
7.5〜10	100.0 (111)	—	—	2.7	26.1	24.3	29.7	17.1	318
10〜15	100.0 (89)	—	—	2.2	20.2	21.3	23.6	32.6	423
15ha以上	100.0 (37)	2.7	—	—	40.5	5.4	16.2	35.1	332

注：表頭の10a未満農家はいないので掲載していない．
資料：表II-3-2に同じ．

面積規模や平均団地面積規模 5ha 以上の農家の比重等)．例えば望ましい 1 団地の面積を 5ha 以上と答える農家の割合は 10ha を超えると大幅に増加する．これは圃場の団地化がより切実な課題となっていることを示すものであり，10ha は規模拡大の過程において，団地化問題を顕在化させる段階を示唆していると考えられる．

1) ①全国農地保有合理化協会「大規模（借地）経営の経営展開に関するアンケート調査」，②農水省「1995 年農林業センサス」，③農水省「平成 6 年農業構造動態調査（水稲部門構造）」，④農水省「中核農家の意識とニーズに関する調査」等である．①は稲作単一経営を目標とする 1 道 7 府県，182 市町村の認定農業者を対象に 1996 年 1 月に実施されたアンケート調査である（『大規模（借地）経営の経営展開に関するアンケート調査結果報告書』1996 年 3 月）．③は 1993 年産水稲の作付面積が 2ha 以上の農家（東京，山梨，大阪を除く）を対象に，94 年 1 月 1 日現在で調査したものである．④は全国の稲作を中心とする農家 3,000 を対象に 91 年に実施されたアンケート調査で，回答数 2,420 戸について集計・公表されている．なおここでは取り上げないが同じ調査が 1987 年にも実施されている（1988 年 2 月公表）．

第 2 節　経営耕地団地化の道筋

　第 1 節で見てきたように，規模拡大の段階や圃場条件によってその重要度に濃淡がありながらも，圃場分散解消の課題は大規模農家・大規模経営にとって徐々に重要なものとなってきていることが確認できる．それゆえに各地で経営耕地の団地化に向けての様々な取り組みが見られるようになってきた．同時に，直接経営耕地の団地化を目的とした取り組みではないが，集落営農の実践によって結果として経営耕地の団地化が進んでいる事例もある．以前，私は『零細分散錯圃の解消に関する研究』（NIRA 研究報告・950057，1995 年 5 月）所収の拙稿[1]で，日本農業において経営耕地の分散が解消され農場的な土地利用が実現する道筋を考えるために，経営耕地の分散の解消が見られる各地の取り組み事例を類型化してみたことがある．その要点を簡単に述べておこう．

(1)　取り組み事例の類型化
　主として水稲作に係わる圃場の分散が解消される方向での取り組み事例（こ

表 II-3-9　経営耕地集団化の取り組み事例の類型

(A) 集団化の意識的取り組み	担い手が明確な地域	(1) 規模拡大農家・経営の要求に基づく取り組み	(ア) 規模拡大農家・経営による個別的取り組み
			(イ) 規模拡大農家・経営による集団的取り組み
			(ウ) 自作農家も含めた地域的取り組み
		(2) 農地所有者集団の農地の維持管理要求に基づく取り組み	(エ) 集落外の担い手農家・経営確保の為の条件整備としての集団化
(B) 結果としての集団化の進展	担い手が不明確な地域	(3) 集落営農の結果としての圃場分散の解消	(オ) 集落を基盤とした共同経営による経営耕地の分散の解消
			(カ) 集落を基盤とした共同作業による経営耕地の分散の解消

こでは主たる目的が転作のための団地化の事例は除いた)[2] を改めて整理すると表 II-3-9 のようになる．

①経営水田の分散状況の改善が見られる各地の事例は表 II-3-9 にあるように，(A)団地化を目的とした意識的取り組みによるものと，(B)団地化を主たる目的とした取り組みではないが，集落営農への取り組みの必然的結果として団地化が進んだものとの2種類に分けられる．

②さらに(A)の経営水田の団地化を直接の目的とした取り組みは，(1)大規模農家・経営の圃場分散解消の要求を基礎にした取り組みと，(2)農地所有者集団の資産としての農地管理を動機とした取り組みの2つに分かれる．

③圃場の分散が経営にとって障害として強く意識されているのは言うまでもなく大規模農家・大規模経営である．日本のような零細分散錯圃の土地所有構造の下で規模拡大を進めていけば必然的に経営耕地は分散化していくからである．それゆえ経営面積の量的拡大がなによりも重要である時期を過ぎると，経営耕地や作業受託地の分散を抑え，できるだけ団地化することが課題となって

くる．この取り組み(A-1)は，(ア)規模拡大農家・経営の個別的な取り組み→(イ)規模拡大農家・経営の集団的取り組み，へと進んできている．規模拡大農家・経営の集団的取り組み(イ)は，各大規模農家・大規模経営の自作地および借地，作業受託地を交換し，合意により設定された各規模拡大農家の経営エリア内に収めることによって分散状況を改善しようとする試みである．これが現時点での一般的な到達段階であり，前掲研究報告書の中では袋井市山梨地区，安城市和泉地区の事例がそれにあたる．経営エリアを設定しての大規模農家・大規模経営による利用調整という方法による圃場分散の改善の取り組みでも，具体的な話になると利害の対立があり簡単には実現していない．借地料の均一化，どの借地農業者が耕作しても同じという技術水準の平準化は，集団的利用調整実現の基礎的な条件である．その上で，土地条件やこれまでの土作りの努力を背景とした大規模農家・大規模経営間の利害対立や，貸す相手はあの農家でなければだめという土地所有者の考え等を解きほぐしていかなければならず，当事者同士の話し合いではなかなかその解決は難しい．それゆえに大規模農家・経営間の利害調整，また貸付農家と借地している大規模農家・大規模経営との間の利害の調整を図るために，直接の当事者以外の，具体的には集落あるいは役場，農協等の機関が調整の実質的な主体となることが必要であることを各地の事例は示している．

　経営地域の設定という方法により大規模農家・大規模経営の圃場分散の解消が大変な努力を払って試みられても，いうまでもなく圃場の団地化は完全にはならない．自作農家の農地がその間に存在するからであり，これらの農地を含めた利用調整が行われない限り，より高次な圃場分散の解消は困難である．つまり(ウ)の段階，「自作農家をも含めた取り組み」によって初めて大規模農家・経営の経営耕地の団地化は完成するのであるが，このような質を持った取り組み事例は今のところないように思われる．

　④集団化の意識的取り組みとしてはもう1つ，農地所有者集団の資産としての農地の維持を目的とした取り組みがある．これは農業の担い手がいない集落に見られる取り組みで，担い手を育てるために，あるいは集落外の農家・経営に担い手として耕作してもらうために，その条件整備として土地所有者集団が農地の利用調整を行い，貸付地を集団化している事例である．前掲研究報告書

では佐倉市印旛沼土地改良区角来工区，安城市三別地区をその事例として挙げることができるが，外にも見られる．

⑤第3のタイプとして，意識的な集団化の取り組みである上記のタイプ(1)，タイプ(2)とは違って，担い手が明確に育っていない地域で，集落営農を実施している結果として経営耕地や作業圃場の分散が解消されている事例がある．担い手が育っていないという点ではタイプ(2)の地域に近いが，なんとか集落を基盤にした努力で営農を維持しうる点ではタイプ(2)の地域よりも農業からの離脱程度は弱い地域と言えるだろう．その事例として集落の農家20戸中18戸が参加する共同経営，石川県美川町井関協同生産組合を挙げることができる．不参加農家2戸は規模が大きい上にその農家を含めての利用調整は行われていないので完全ではないが，共同経営であるので集落の範囲でほぼ農場的な土地利用が実現している．この井関のように経営耕地の集団化が実現している事例（表II-3-9の事例(オ)）は稀ではあるが，集落を基礎にした組織が機械作業を実施することによって，その結果として作業レベル，つまり機械作業実施圃場については圃場分散の問題が改善されている（表II-3-9の事例(カ)）という地域は多く見られる．

(2) 圃場分散克服の道筋

①先に触れたように，エリア設定による大規模農家・大規模経営相互間での農地の利用調整では，自作農家の農地について手が触れられないので大規模農家・大規模経営の経営耕地の分散状況の解消には限度がある．この段階を超えてさらに大規模農家・経営の経営耕地の分散状況が改善されるためには，1つは自作農家の貸付農家への移行が徹底的に進展することである．そうすれば大規模農家・大規模経営間でのエリア設定という利用調整の延長線上においても，大規模農家・大規模経営の経営耕地の完全な団地化に近づくことはできる．このような状況は何もない場合には短期間の展望として想定することは難しい．しかし大規模区画圃場整備事業を契機に離農家が増え，担い手農家の圃場の集団化が著しく進展した地区も現れている．

②大規模農家・大規模経営の経営耕地の分散状況が，エリア設定という方法によって実現されている以上に改善されるためには，もう1つの方法として自

作農家を巻き込んだ利用調整がある．しかし大規模農家・大規模経営の圃場分散状況の改善を目的としつつ自作農家の農地を巻き込んでの利用調整は，大規模農家・経営にとってのメリットは明確だが，自作農家にとってのメリットはないか，あっても僅かなために難しい．自作農家にとっては大規模農家・経営の経営改善に協力するという意味あいが強いからである．それゆえこのような質を持った農地の利用調整の典型的な事例はまだ現れてはいないように思う．

③第2のタイプとして整理した角来や三別に見られる，資産として農地を保全していくためには集落外の担い手に耕作してもらうことが必要で，その条件を整えるために農地所有者集団が貸付地の集団化に取り組んだ事例において，現時点では大規模農家・経営の経営耕地の団地化が最もきれいに実現しているように思われる．ただしこのような方向に進む地域はそう多くは考えられないだろう．

④第3のタイプとした，集落を基礎にした集団営農の結果として圃場の分散が解消されている事例については，今後集落営農がどのように展開するかがその形態を左右する．共同経営が今後とも続くのか，構成農家の分解が進み少数の農家に担い手が絞られていくのか，あるいは中から担い手が育たず外部の担い手にそっくり集落の団地化された農地を貸し付けることになるのか，これらの場合には形態は異なるが農場的な土地利用を持った経営が継続する．作業レベルの集落営農の場合にも同じである．しかし他方では兼業深化の中で以上のような展開を見せずに分解してしまう危険も絶えず孕んでいる．

⑤日本における経営耕地の分散解消は，1つの道筋ではなく以上のような3つのタイプ・過程を通して進んでいくと思われる．

(3) 今後の課題

①自作農家はどの地域においても存在するから，自作農家をも含んだ農地の利用調整は，圃場分散のより完全な団地化を目指そうとすれば，大規模農家・経営の要求に基づく取り組みの延長線においてばかりでなく，農地所有者集団の農地維持要求に基づく取り組み（タイプ2）や集落営農地区（タイプ3）でも必要となる．しかし困難が大きいことは先に触れた通りであり，このような内容を持った農地の利用調整がいかにして可能になるのかが1つの課題であろ

う．このような質の利用調整をなんの契機もないところで作り出すのは困難が大きい．そのような取り組みが始まるには，それぞれの農家が自らの農業を含めた将来像を真剣に考えることになる，またそれらに従ってある程度白紙の状態から土地利用を考えることが可能になる，圃場整備などのきっかけが必要であろう．圃場整備事業は農場的土地利用の形成の契機として今後一層大きな意味を持つことになろう．

②同時に，そこでの農地の利用調整は，経営耕地の団地化という大規模農家・大規模経営の抱える課題に応えるためだけのものでなく，集落の農家全体の課題を解決するための内容を持ち，その中の1つとして大規模農家・経営の要求である経営耕地の団地化も実現するというものでなければ，先に触れた自作農家をも含めた利用調整は実現しないであろう．現在兼業化も深化し多くの集落には大規模農家，自作農家，飯米自作・貸付農家，貸付非農家など多様な農地所有世帯・農業経営農家が存在する．これらの多様な農家・非農家はそれぞれ多様な生活の仕方をしているし今後の生活設計もいろいろである．共通点はこの集落で今後とも生活していくということである．この共通点を基礎に多様な農家の多様要求が実現する土地利用調整が必要とされているのであり，その一環として初めて大規模農家・経営の要求である質の高い経営耕地の団地化も実現可能になると思われる．つまり大規模農家・経営の経営耕地の団地化という観点のみでなく，村づくり・地域づくりという大きな観点での取り組みが必要なのである．その中でこそ大規模農家・経営の経営耕地の団地化も実現するのである．

③ある時点でどんなに完全な経営耕地の団地化が実現しても，さらに農民層の分解が進むと再び団地化のための利用調整が必要となる．そのたびに圃場整備を行うことはできないから，そのようなきっかけがなくても必要に応じて利用調整が可能な仕組みが必要である．その有効な手段が農地保有合理化法人を介在させた所有権と利用権の完全な分離であろう．

1) 前掲『零細分散錯圃の解消に関する研究』の44-43頁，および83-90頁参照．なお以下で触れる事例のうち，佐倉市印旛沼土地改良区角来工区と美川町井関協同組合の事例については，研究会メンバーの田畑保氏が報告書の中で紹介している．

2) 転作を目的とする集団化は，集団化を重視する補助金の仕組みに規定された取り組みである．奨励金がなければ収益的に見て転作の定着は難しいから，転作のための集団化が安定的に継続するかどうかは結局は奨励金に左右される．奨励金がこのまま存続するとは考えられないから，転作のための集団化は不安定なものと言わざるを得ない．考察の対象から外した理由である．

第3節　経営耕地団地化の契機としての圃場整備

(1)　圃場整備事業の変化

　圃場整備事業は大区画圃場の造成を事業内容に取り入れたこと，および農業構造の変革を促すようなソフト事業を導入したことによって，担い手農家の育成とその経営耕地の集団化を促進する契機としての比重を増してきている．

　圃場の大区画化は，1989年の低コスト化水田農業大区画圃場整備事業（区画が概ね1ha以上のものの面積が受益面積の4分の1以上であることを要件に国の補助率を5％アップし50％とした）で，また連担団地の形成を促すソフト事業は1991年の21世紀型水田農業モデル圃場整備促進事業（1997年度で中止）によって整備された．その後1992年の「新しい食料・農業・農村政策の方向」を受け1993年度から現在に繋がる担い手育成基盤整備事業（ハード事業，補助率が一般の圃場整備に比べて5％高い50％）と担い手育成農地集積事業（ソフト事業）が新設され，1997年度に大規模な制度体系の再編を経て現在に至っている．1993～2002年度を計画期間とする第4次土地改良長期計画では，30a以上に整備された水田面積割合を75％（1992年度末現在50％），うち1ha以上の大区画水田面積の割合を30％（現状3％）に高めることを目標としている．現在の圃場整備事業の基本の制度は担い手育成圃場整備事業と担い手育成農地集積事業とを合わせて行うもので，補助率の50％へのアップと担い手育成の条件を加え（担い手と見込まれる農業者，生産組織等の基幹3作業受託面積を含む農業生産面積が事業完了後20％以上増加することを要件に農家負担額の5/6，事業費の10％以内の無利子融資），圃場整備の推進と担い手の育成を達成しようという内容となっている．ソフト事業には外にオプションとして高生産性農業集積促進加算と小作料一括前払い制度がある．前者は担い手への利用権設定と経営耕地の連担化を促すための加算金制度で，

利用権については利用権設定率に応じて，連担化については一定の水準を超えた連担化達成の場合に支払われる．後者の小作料一括前払いは，農地保有合理化法人が介在し貸付農家に10年分の小作料を前払いするもので，流動化の促進策である．この他に関連事業として基盤強化法の基本構想の達成を支援するために，認定農業者等への農用地の利用集積が一定以上となった農用地利用改善団体等（1997年度から土地改良区が新たに加えられた）に集積面積に応じて集積促進費を交付する先導的利用集積事業が作られた．

大区画圃場整備は1枚の区画の農地所有が複数となる状況が増えることと，従来の機械では対応が困難になることによって離農を促し流動化を促進する．ソフト事業は言うまでもなく，流動化と経営耕地の団地化の促進によって担い手農家・経営の育成を目的としている．

(2) 圃場整備による流動化の進展

現在の大区画圃場整備とソフト事業の組み合わせによって実施地区の多くで流動化が大きく進んでいる．新潟県三和村の担い手育成基盤整備事業・担い手育成農地集積事業の完了地区（北部地区，工事年度1994～99年度）と実施中の地区（東部地区，工事年度1997～2001年度）を取り上げよう．どちらも標準の圃場区画は1haの大区画である．1つは後継者のいない農家でこれを契機に農地を売却する農家が現れている．その動きが顕著であったのが東部地区のO集落である．表II-3-10はO集落における圃場整備を契機にした農地の売買の状況である．75戸の集落農家の28%，21戸が農地を売却している．これらの売却面積の合計は約10.2haで集落の水田面積約60.2haの17%にあたる．

もう1つは言うまでもなく利用権設定の増加である．この2つによって圃場整備を契機にした構造変動が進んだ．図II-3-1は北部地区農家の圃場整備の前と後との経営水田面積の変化である．また表II-3-11は東部O集落の圃場整備後の農地賃貸借の状況である．所有水田1ha未満の農家では水田の貸付が一般的で，それもすべての水田を貸し付け離農している農家が多いことがわかる．米の主産地である新潟でも圃場整備を契機とした離農，規模縮小の動きは顕著である．

表 II-3-10　圃場整備に伴う農地の売買
（新潟県三和村東部O集落）

(単位：戸, %)

	圃場整備前所有面積規模	農家総数	売却農家		購入農家	
			農家数	割合	農家数	割合
集落内農家	250a 以上	1	0	0.0	0	0.0
	150〜200	3	0	0.0	1	33.3
	100〜150	12	1	8.3	1	8.3
	50〜100	14	4	28.6	1	7.1
	30〜50	22	5	22.7	2	9.1
	10〜30	20	11	55.0	0	0.0
	10a 未満	3	0	0.0	0	0.0
集落外農家	なし	6	0	0.0	6	100.0
合計		81	21	25.9	11	13.6

注：集落外取得農家の購入シェアは64%．
資料：全国農地保有合理化協会『事業効果フォローアップ検討調査（農地流動化促進効果調査）報告書』（1999年3月）所収の拙稿．

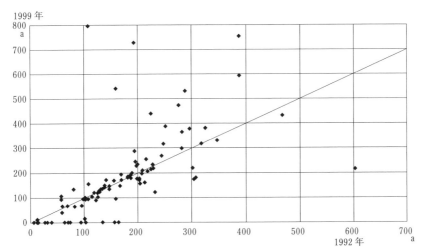

資料：表II-3-10に同じ．

図 II-3-1　北部地区農家の経営水田面積の変化（1992年→1999年）

(3) 圃場整備を契機とした担い手農家の経営耕地団地化の進展

　これら圃場整備実施地区はどこでも助成金を増やし工事費の農家負担を減らすべく流動化と同時に連担化にも積極的に取り組んでいる．表II-3-12は同じ

表 II-3-11　換地面積規模別に見た農地賃貸借の状況（新潟県三和村東部 O 集落）

換地（所有）面積規模	総戸数	貸付農家		うち離農農家		借入農家		貸借のない農家	
		戸数	割合	戸数	割合	戸数	割合	戸数	割合
250a 以上	1	1	100.0	0	0.0	0	0.0	0	0.0
200〜250	2	0	0.0	0	0.0	1	50.0	1	50.0
150〜200	4	1	25.0	1	25.0	3	75.0	0	0.0
100〜150	17	8	47.1	5	29.4	6	35.3	3	17.6
50〜100	26	18	69.2	18	69.2	3	11.5	5	19.2
30〜50	7	5	71.4	5	71.4	0	0.0	2	28.6
10〜30	4	4	100.0	4	100.0	0	0.0	0	0.0
10a 未満	2	0	0.0	0	0.0	1	50.0	1	50.0
計	63	37	58.7	33	52.4	14	22.2	12	19.0

資料：表 II-3-10 に同じ．

く担い手育成基盤整備事業・担い手育成農地集積事業を実施した新潟県三島町三島南部地区（1994 年秋工事着工，1996 年 5 月一時利用地の指定，受益面積 1,226ha）の事業実施前後の担い手農家の経営耕地の変化を示したものである[1]．工事終了後 1998 年 2 月の実績で担い手農家 16 戸，生産組織 3 の計 19 経営の経営面積は事業実施地区内で 66.3ha から 73.4ha に 7.1ha，率にして 10.7％ 増

表 II-3-12　担い手への集積状況（新潟県

		事業実施前					事業実施後（1998 年 2 月）				
		自作地	借地	小計	3 作業受託	合計	自作地	借地	小計	3 作業受託	合計
個人計	地区内	30.2	7.5	37.7	0.3	38.0	29.6	43.8	73.4	23.5	96.9
	地区外	7.6	4.2	11.8	0.0	11.8	7.5	6.2	13.7	2	15.7
	計	37.8	11.7	49.5	0.3	49.8	37.1	50	87.1	25.5	112.6
組織計	地区内	27.9	0.7	28.6		28.6			61.7		61.7
	地区外	5.7	0.0	5.7		5.7			9.3		9.3
	計	33.6	0.7	34.3		34.3			71.0		71.0
合計	地区内	58.1	8.2	66.3	0.3	66.6	29.6	43.8	73.4	85.2	158.6
	地区外	13.3	4.2	17.5	0.0	17.5	7.5	6.2	13.7	11.3	25.0
	計	71.4	12.4	83.8	0.3	84.1	37.1	50	87.1	96.5	183.6

注：1）増加面積の欄の経営面積は自作地＋借地，集積面積はそれに 3 作業受託面積を加えたものである．
　　2）「個人計」とは担い手である個別経営 16 戸の計，「組織計」とは担い手である生産組織の計である．
資料：表 II-3-10 に同じ．

加している．基幹3作業受託面積を加えると同じく地区内で66.6haから158.6haへ92ha，率にして138.1%増加している．同時に事業実施地区内の2ha以上の団地面積は経営耕地で52.1ha，3作業受託地で75.9ha，合計128.0haとなっていて，その割合は経営面積では71.0%，3作業受託を加えると80.7%となっている．圃場整備事業が流動化と水田の団地化を促す仕組みとなっているために，多くの実施地区で現時点では作業受託の比重も大きいが，団地化が進んでいる．

(4) 今後の課題

第4次土地改良長期計画では，大区画の圃場を未整備水田から49%，30aの標準水田を51%造成する計画である．しかし実際は大区画の圃場整備に取り組む地域はこれまで未整備であった地域がほとんどである．30aに整備された地域が農家の同意を得て現在の農業情勢の下で再度の圃場整備に取り組むことには困難が大きい．大規模農家・経営がそれなりに育ち経営耕地の分散に悩みその解決を課題としている地域は基盤が一応整備された地域に多い．とすれば圃場整備は大規模農家・大規模経営の経営耕地の団地化をすすめる上で極めて

三島町三島南部地区）

(単位：ha，%)

増加面積				地区内2ha連坦団地面積				連坦化率
経営面積	同増加率	集積面積	同増加率	所有地	利用権	3作業受託	計	
35.7	94.7	58.9	155.0	21.8	30.32	19.18	71.3	73.6
1.9	16.1	3.9	33.1					
37.6	76.0	62.8	126.1					
		33.1	115.7	0.0	0.0	56.7	56.7	91.9
		3.6	63.2					
		36.7	107.0					
7.1	10.7	92.0	138.1	21.8	30.3	75.9	128.0	80.7
-3.8	-21.7	7.5	42.8					
3.3	3.9	99.5	118.3					

有効なきっかけではあるが，それが課題となっている地域で機能させるには限界があるように思われる．

1) 全国農地保有合理化協会『事業効果フォローアップ検討調査（農地流動化促進効果調査）報告書』(1999年3月) 所収の拙稿参照のこと．なおこの報告書は現在の圃場整備事業が担い手農家への農地の流動化と経営・作業受託耕地の団地化をどのように促進しているかを課題に13地区について実施した調査報告書である．

第4節　農場的土地利用に向けた利用調整の仕組み──所有権と利用権の分離

　構造変化に伴って経営耕地の団地化のための農地の利用調整は何度も必要となる．圃場整備が有効な手段であっても同じ地域で何度も実施することはできない．農場的土地利用の形成に向け，必要な段階で何度でも農地の利用調整が可能な仕組みが必要となる．そのための方法として利用権を所有権から切り離し，経営耕地の集団化を実現する方法は有効であろう．そのための仕組みとして農地保有合理化法人に全所有者の農地を貸し付け，団地化した経営耕地を耕作者が農地保有合理化法人から借り入れる方法が具体的には有効である．その取り組みを援助（話し合いのための資金援助）する集合的利用権等調整事業も用意されている．

　この取り組みの典型として香川県綾上町東栗原地域営農集団の事例がある[1]．圃場整備を契機に，①農地は各農家が所有しているが利用するのは集落全体である，②意欲ある農家に農地を集積し可能な限り連担化を図る，③規模拡大農家・現状維持農家・縮小農家それぞれの農家群の意向を反映させた経営の合理化（ムダ，ムリをなくす）を図る，等の合意を基にそれを実現する方法として，県農業開発公社（農地保有合理化法人）の集合的利用権等調整事業に取り組み，1986年度から各農家は所有農地を県公社に利用権設定し，県開発公社は実際に利用する農家に利用権を再設定している．県公社との利用権設定は10年契約であるが，農家への再設定は，転作団地を毎年移動しその転作は意欲ある農家に請け負わせるという仕組みのために1年毎となっている．1986年2月か

第3章 経営耕地分散解消の取り組み

らから 1996 年 2 月までの第 1 期は集落 16 戸の農家中 12 戸の農家が参加し（県公社への貸付），うち 11 戸が実際に耕作（県公社よりの借入）している．1996 年からの第 2 期は，参加農家（県公社への貸付農家）は 13 戸と 1 戸増え，耕作農家（県公社からの借入農家）は 8 戸に減っている．13 戸の内訳は規模拡大農家 4 戸，現状維持農家 2 戸，規模縮小農家 2 戸，離農農家 5 戸で，それぞれの県公社への貸付面積と県公社よりの借入面積を 1996 年度につい見ると，規模拡大農家（貸付面積 29,569m^2 ― 借入面積 48,277m^2），現状維持農家（7,409m^2 ― 8,513m^2），規模縮小農家（8,354m^2 ― 5,118m^2），離農農家（16,576m^2 ― なし）となっている．この方法による集団化の達成状況は図 II-3-2 の通りである．

東栗原地域農業集団の取り組みは，所有権と利用権を完全に分離し，個々の耕作者の経営耕地の完全な団地化（転作と水稲作それぞれについて団地化）を実現している注目すべき事例である．圃場整備が契機になっているが，この地域でこのような取り組みが実現できた背景として，①農家数は少なくかつ出入り作も少なく，地域的まとまりのある小さい集落であること，②中核農家と言っても 1.0～1.4ha，第 1 期の時には離農農家は 1 戸というように農家の分化・分解が進んでいないために利害の共通性があったこと，③優れたリーダーの存在と町・町農業委員会・県公社等の熱心な取り組みがみられたこと等を指摘しておく必要があるだろう．

東栗原地域農業集団の取り組みを見ると，他の地域でも圃場整備事業を契機に大規模農家・大規模経営の圃場のより徹底した団地化を実現する可能性がないわけではないように思われる．しかし東栗原地域に比べ農家間の分化・分解が進んでいる地域が一般的であり，そのような地域では大規模農家・大規模経営の圃場のより徹底した団地化を実現する方向で，このような見事な利用調整を実現することは実際には極めて難しい．これまでは綾上町の外に集合事業の事例として亘理町荒浜地区が紹介されてきたが[2]，そのような事例は少ない．

分解が進んだ地域での集合事業の取り組みとしては原町高地区が注目される[3]．ここは低コスト化水田農業大区画圃場整備事業（1993 年度採択，94 年度工事開始）とソフト事業である 21 世紀型水田農業モデル圃場整備促進事業に取り組み，未整備であった圃場を標準 1ha の区画に拡大した（受益面積

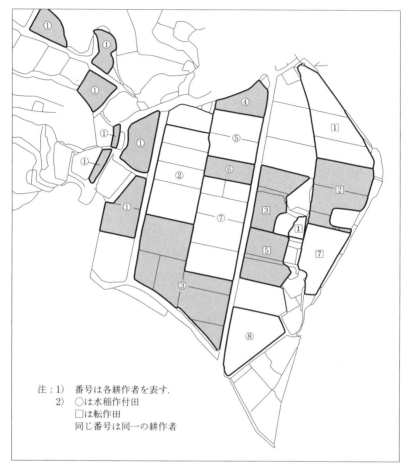

図 II-3-2 綾上町東栗原地域農業集団の土地利用（1996年度）

97.5ha）．圃場整備の関係農家は122戸あるが地区の農家数は71戸で，担い手として9戸の農家による生産組織が組織されている．この生産組織への1998年度の農業生産集積率（担い手生産組織の2ha以上の生産団地面積合計／高生産農業区面積）は51.7%である．この地区では団地化を一層進めるために集合事業への取り組みを開始している．その取り組みが成功するかどうかもう少し時間が必要であるが注目される．

1) 綾上町・香川県農業開発調査・綾歌地域農業改良普及センター『集合事業による集落主体の土地利用―東栗原地域農業集団』および聞き取り等による．
2) 宮城県農業公社・亘理町荒浜地区集合事業推進部会『地域に活着，公社の集合事業』（1991年3月）．
3) 拙稿「福島県原町市の実態」（農政調査会『稲作・作業受委託農家の意向と農作業受委託の実態』1999年3月所収）．

第5節 むらづくり・地域づくりとしての農地の利用調整と農場的土地利用の実現

先に担い手である大規模農家・大規模経営の圃場のより徹底した集団化の実現のためには，集落の全構成員の要求を実現する農地利用調整の取り組みの中で行うことが必要であると指摘した．つまりむらづくりとしての農地の利用調整である．

このような質を持った利用調整は部分的に安城市三別地区等の取り組みに見られる．三別地区の取り組みは，地区内に担い手農家が育たず集落の農地を維持するためには担い手農家を地区外に求めなければならず，そのためには提供する農地の集団化が必要だったという動機から出発している．しかし飯米農家用の水田を集落近くにまとめる等，実現している利用調整の内容には大規模農家以外の農家の要求も反映されている．安城市の集落農場構想には集落の多様な構成員の多様な要求――専業農家のやりがいのある農業，兼業農家の楽しみ・生きがい農業，地域住民を巻き込んだふれあい農業（市民農園）――を実現し，ともに暮らしやすい環境を創り出すという発想があるからである．

今後は農地ばかりでなく集落の非農地をも視野に入れた利用調整が必要になるだろう．

第6節 おわりに――農場的土地利用実現のために

農場的土地利用の実現のためには集落を基盤とした土地利用調整が必要である．しかしその土地利用調整が担い手農家・経営の経営耕地の集団化を専ら目的としたものであればそれは成功しない．集落には多様な農家が存在し土地利

用に対する多様な要求を持っているからである．大規模農家・経営の経営耕地集団化の要求は，それら多様な農家が今後とも地域に根ざして共存して生活していく基盤としての土地利用調整という取り組みの中で初めて実現可能性を持つ．そしてその土地利用調整は農地の範囲に留まらず，非農地をも視野に入れたものに広がらざるをえないであろう．つまりむらづくり，地域づくりの基盤としての土地利用調整である．

そのような土地利用調整は，土地は私有財産であっても，人間存在に不可欠であり，有限かつ生産不可能であるという土地の性質からして，社会的財産であり社会全体の厚生を高めるように利用することが要請されているという認識の広がりに根ざして初めて可能になる．

農地は私有財産とはいっても農業を継続し子・孫に引き渡していく家の財産であり，農業を継続する限りにおいて兄弟から預けられたものという認識があった．その意味で私有財産（家の）ではあったが所有者の個人的財産ではなかった．それゆえかつては貸すことにさえ恥ずかしさを感じて躊躇していた時代もあった．このような意識が薄れていく中で農地を貸すことは言うに及ばず，売却することさえ大きな抵抗を感じない世代が増えてきた．つまり家の財産という意識の弱まりが農地の流動化を進める要因の1つになっている．個人財産という意識の広がりの中で流動化が進んだということであるが，これは今後広めるべき土地認識の方向とは反する[1]ように思われる．むしろ必要なことは，所有者個人の財産ではないという意識をさらに共有化することではないか．つまり少し見方を広げると，農地は家の財産であると同じにそれは集落の共同的な労働投下によって維持されてきたのである．土地改良等多くの国家資金も投入されてきた．つまり家の財産であるという意識を社会的財産であるという意識につなげていくことが必要なのではないか．それを基礎にして初めて先に触れたような質を持った土地利用調整が可能になると思われる．

ただし資産としての農地意識を強めてきた地価の高騰，非農地への転用等を抑制する仕組みを強化すべきことが前提になることは言うまでもない．

（補足）2015年，各都道府県に農地所有者からの農地を借り受け中核農家へ貸し付けることによって経営耕地の効率的な集積を促進する目的で農地中間管

理機構が設立された．その機構の事業の1つに経営耕地の集団化もある．この機構の実績や評価の検討は今後の課題とし，ここでは機構の発足についてだけ記しておく．

1)　1999年11月に安城市和泉地区の調査をした時にある農家から以下のような話を聞いた．娘夫婦がアパート経営のために農地を転用する際に，この農地は農業をするために兄弟から託された土地であるとして反対したという．どうしても転用するのであれば自分の兄弟のところに行って了承をもらうように話している．また一部の土地が道路の拡張で買収されたときには買収代金を兄弟で分けている．現在でもこのように農地は個人の財産ではないという意識を強く持っている農家もいる．このような意識は急速に薄れ，既にこの農家の行動は例外的になっているだろうが，このような意識はもう少し広い視野から再構築される必要がある．

第4章
2 地域の農業構造変化の現段階
―担い手経営体の現状と地域農業―

第1節　安城市T町T営農組合

愛知県T町（農業センサスの1つの農業集落である）における中核的担い手経営，T営農組合の現状と地域との関連について主に2005年2月及び2014年2月の調査に基づき検討する．

(1) T営農組合の現状と地域農業における比重

まずはじめに2010年世界農林業センサスの集落カードによって地域の農業構造を概観しておこう．表II-4-1によると1970〜2010年の40年間で，T町

表II-4-1　T町の総戸数，農家戸数などの推移
(単位：戸)

	総戸数	非農家	農家	販売農家	主業農家	うち65歳未満農業専従者がいる
1970	480	65	415			
75			368			
80	785	455	330			
85			328			
90	914	696	218	184		
95			174	145	26	21
2000	1055	899	156	132	22	16
5				95	26	21
10	1296	1174	122	77	16	16

資料：農水省「2010年農林業センサス農業集落カード」．

表 II-4-2　T町の農業

	計①	販売農家	農事組合法人		
			②	構成比	シェア②/①
経営体数	79	77	1		
	a	a	a	%	%
経営耕地	32,496	7,484	25,012		77.0
田	31,354	6,354	25,000	100.0	79.7
稲を作った面積	18,699	3,699	15,000	60.0	80.2
二毛作をした面積	904	304	600	2.4	66.4
稲作以外作付面積	11,541	1,541	10,000	40.0	86.6
不作付地	1,114	1,114	0		0.0
畑	390	378	12		3.1
樹園地	752	752	0		0.0
借入耕地	25,904	904	25,000		96.5
販売目的で作付けた面積					
稲	18,177	3,327	14,850	59.4	81.7
麦類	15,482	482	15,000	60.0	96.9

注：表中にあるように農業経営体は79であり，農事組合法人と77の販売農家の他に経営耕地面積が30a未満の家族経営が1戸ある．その農家に関する数字は集落カードからはわからないので79農業経営体の合計数字から77戸の販売農家の合計数字を引いたものを農事組合法人の数字としている．面積が30a未満と少ないので大きな問題はないと思われる．
資料：農水省「2010年農林業センサス農業集落カード」．

の総戸数は480から1,296，2.7倍に増加し，他方で農家は415戸から122戸に約7割減少している．その結果86.5％だった農家率は9.4％に減少し，非農家世帯が9割を超える地域に大きく変化した．2010年の農家に占める販売農家の割合は63％，主業農家の割合は13％，65歳未満の農業専従者のいる家の割合も同じく13％となっている．農家の中でも農業を主としている家は1割強にしか過ぎない．

農地利用の状況をまとめた表II-4-2によると，農業経営体としては販売農家が77戸，法人経営（農事組合法人）が1つ，他に表注にあるように経営耕地面積0.3ha未満の農家が1戸，合計79存在する．この農家の数値はわからないが30a未満と小さいので，大きな問題はないと考え，79農業経営体の合計から77の農業経営体（販売農家）の数字を差し引いたものを農事組合の数字として記載してある．

第1章で述べたように法人の出発点は1970年に集落の3つの地区にそれぞ

れ設立された営農組合である．自動車産業の発展による兼業の進展を背景に地域農業を維持するために設立され，74 年に法人化（農事組合法人），79 年には 1 つに統合されて現在に至っている．統合化はそれまで 3 地区別に実施していたブロック・ローテーションによる転作を集落で一本化して実施するためであった[1]．

このセンサスの数字では集落の農家，営農組合が耕作する経営耕地の 77％，水田の約 80％をこの営農組合が耕作している．加えて育苗 10ha，耕起・代掻 14.5ha，田植 9.9ha，防除 40ha，収穫 18.9ha の作業受託もしている．当初は転作地を 3 年固定してローテーションさせる方式だったので，農家によっては 3 年間米を作れない場合もあり，兼業の深化と同時にこの転作の方式が，農家の稲作からの離脱を促進し営農組合への集積を促進したのである．

営農組合の水田利用の内容を見ると，稲作が 60％，稲作以外が 40％，不作付地はない．米，小麦，大豆の 2 年 3 作なので，稲作以外の水田では小麦－大豆の栽培をしている．これに対して販売農家 77 戸の合計では，稲作の割合は転作目標面積に規定され 58％と営農組合とほぼ同じであるが不作付地が 18％と多い．この集落の 2014 年度の転作目標面積率は約 39％（基本面積・属人 320.4ha，転作面積 125.3ha）である．

販売農家について同じ集落カードで経営組織別経営体数を見ると稲作単一経営は 27 戸，露地野菜，果樹，花卉・花木，肉牛の単一経営が合計で 26 戸，複合経営が 14 戸である．経営耕地面積規模別の販売農家数を見ると，最も大きくて 3～5ha 階層に 2 戸あるに過ぎない．稲作単一経営といっても専業的農家とは言えない．この集落の農業は，水田（水稲，麦）は営農組合に集積され，少数の専業的農家は露地野菜，果樹，花卉・花木，畜産などの集約的部門を中心にして存続しているのである．水田農業とそれ以外の集約部門の担い手への分化が明瞭である．

もう少し詳しく見ておこう．表 II-4-3，II-4-4 は組合の資料と聞き取りにより経営面積の状況を整理したものである．借地と集団転作地の受託の 2 つが経営部門の柱である．集団転作地の受託は，受託者（耕作者）が収穫物（小麦，大豆）と転作補助金の 30％を，委託者（土地所有者）が転作補助金の 70％を受け取る仕組みで行われている．借地料は 10a 当たり 1.4 万円と明治用水費，

第4章　2地域の農業構造変化の現段階

表 II-4-3　T営農組合の経営面積の推移

年度	1990	1996	2003	2009	2012
構成員（人）	9	8	8	8	7
経営規模（ha）	184.6	203.0	218.8	253.1	266.4
借地	126.2	149.8	191.8	238.8	244.5
集団転作受託	58.4	53.6	27.0	14.3	21.9
構成員1人当たり	20.5	25.4	27.4	31.6	＊33.3
作業受託面積（延べ）	89.3	58.0	不明	不明	17.7

注：1)　2012年は構成員7人の他に1人常勤の雇用者がいるので実質は8人である．
　　2)　2012年1人当たりの経営面積（＊）は常勤の雇用者を含め8人で算出．
資料：市役所及び組合の資料により作成．

安城土地改良区費の合計18,450円である．

表 II-4-3 によれば，借地は1990年から2009年までの20年間に90％ほど増加している．その増加にしたがって集団転作田の受託は減少している．構成員1人当たりの借地と転作受託の合計面積は90年度の20.5haから13年度には33.3ha（ただし表注にあるように常勤雇用者を含めた8人で割った面積）に増加している．

表 II-4-4　T営農組合の経営規模（2012年）

	面積（ha）	貸付者（人）
利用権設定面積	244.5	
土地所有者・構成員	2.5	3
・構成員外	242.0	668
契約期間　（構成員外）		
3年未満	23.0	68
3～6年	32.3	103
6～10年	186.6	497
うちT町内	228.4	
転作受託	21.9	
作業受託	17.7	

資料：T営農組合資料及び聞き取りによる．

2012年度の状況を概観しておこう．表 II-4-4 によれば7人の構成員，1人の常勤雇用者のうち組合に水田を貸し付けている家は3戸である．この組合の農作業は基本的には構成員によって担われており（構成員の家族が臨時雇用者として働くことはある），構成員の家族は自分の家の農業を継続しているのである．組織の正式の構成員は農家世帯員のうちの1人であっても他の世帯員も雇用者として働くことを前提とする家族ぐるみで参加する形の組織もあるが，この組合はそうではない．構成員が勤める会社的な性格が強い．

構成員3人以外の668人から242ha借地している．借地の合計面積244.5haのうちT町内の農地が228.4ha，93％を占める．この面積はT町の農地面積（属地）の72％，転作受託地を含めると84％にあたる．このようにT営農組合は町内の水田を対象に活動し，町内の水田の8割強を集積しているのである．

(2) T営農組合の経営状況

構成員は表II-4-5にあるように7名であるが，常勤の雇用者が1人いるので実質的な労働力は8名である．3地区にそれぞれ営農組合が発足した時（1970年）の構成員は3組合合計で11人，統合時（1974年）は1人がそれを機に世代交代したが人数は同じく11人であったから，規模は拡大しながら労働力としての人数は減少している（表II-4-3参照）．

60歳定年を基本とし希望すれば後継者が交代で構成員になることができる．3組合発足時から通して見ると合計11人であった構成員の内，2名は引き続き構成員である．世代交代した構成員が4人（1名は2代目，2名は3代目．また先に触れた常勤の雇用者（表II-4-5，No.6）も最初からの構成員の孫，つま

表II-4-5　構成員

	2004年度の状況				2004〜13年の変化			2013年度の状況					備考
	構成員	1代目	2代目	新規	継続	退職	新規	構成員	常雇	1代目	2代目	3代目	
1	56歳	○				○							定年
2	54歳	○			○			63歳		○			
3	54歳	○			○			63歳		○			
4	53歳		○		○			34,5歳				○	
5	48歳		○		○			32歳				○	
6	47歳		○		(世代交代)				31歳			△(常雇)	
7	32歳		○		○			41,2歳			○		
8	40歳			○ JA職員	○			48歳					
9	退職（定年）												
10	1980年離職（イセキ農機へ転職）												
11	離職（体調が悪く）												
12	1979年離職（体調．養鶏）												
13							○	43歳					園芸農家

資料：聞き取りによる．2004年度の離職者については小林月子「農業生産組織の『統合』をめぐる問題状況」（岐阜大学教育学部研究報告『人文科学』第49巻第1号（2000））により補足．

第4章 2地域の農業構造変化の現段階

表 II-4-6　T 営農組合の農地利用

(単位：ha)

	2012年		
	合計	米	種子用
経営面積（＝借地面積）	244.5		
稲作	155.0	136.9	18.2
コシヒカリ	56.3	51.1	5.2
移植	34.3	29.1	5.2
直播	22.0	22.0	
あいちのかおり	98.8	85.8	13.0
移植	41.2	28.2	13.0
直播	57.6	57.6	
小麦	89.5		
大豆	87.1		
転作受託	21.9		
借地面積＋転作受託面積	266.4		
①作付延べ面積（除く転作受託）	331.6		
②同（転作受託を含む）	375.4		
作業受託	17.7		
農地利用率（％）＝①÷借地面積	135.6		
1人当たり経営耕地面積	30.6		
同　経営面積＋転作受託面積	33.3		
同　作付延べ面積①	41.5		
同　作付延べ面積②	46.9		

注：1人当たりは，構成員7人プラス通年雇用者1人の8人の平均．
資料：組合資料，および聞き取り．

り3代目）である．後継者が交代で入らずに5人が辞め（2人は定年，1人は転職，2人は体調悪化が理由），JA職員（表II-4-5，No.8）とキュウリ栽培の農業者（同，No.13）の2人が新しく参加し，構成員7人（プラス常勤雇用者1人で労働力としては8人）となっている．

表II-4-6によれば，2012年度は経営耕地面積はすべてが借地で244.5ha，これに水稲155ha，小麦89.5ha，大豆87.1haを作付けている．この外に転作受託地が21.9haあり，小麦・大豆を作付けている．以前は小麦しか作っていなかったが，14，5年前から稲・小麦・大豆の2年3作体系を導入したので転作受託地を含めると作付面積は稲155ha，小麦111.4ha，大豆109haで合計375.4haである．稲作は，品種（2種類）と不耕起直播を組み合わせて省力化

表 II-4-7 2012 度，T 組合の経営収支の主要項目の概数

(単位：万円)

	2012 年度
売上高	20,600
農産物	20,000
米	16,000
小麦	3,000
大豆	1,000
作業受託	600
補助金	11,300
転作	9,000
稲作	2,300
①合計	31,900
作業委託費（カントリー）	3,200
農薬	2,000
肥料	2,000
種子	1,500
雇用賃金	800
地代	4,800
減価償却費	2,500
②合計	16,800
①－②	15,100
構成員1人当たり	2,157

注：金額は四捨五入した概数で示した．
資料：聞き取り及び組合資料による．

表 II-4-8 2003〜04 年度 T 組合の経営収支概況（2003〜04 年度平均）

(単位：万円)

組合員（人）	8
売上高	22,964
売上原価	4,188
売上総利益	18,776
販売費・一般管理費	13,904
労務費・福利厚生費	110
減価償却費	2,459
営業利益	4,872
営業外収益	8,087
補助金	7,104
経常利益	12,852
当期純利益	12,748
当期未処分利益	12,754
従事分量配当	12,753
構成員1人当たり	1,594

資料：組合資料．

と作期の分散を図っている[2]．155ha のうち移植が 75.5ha，直播が 79.6ha である．市内全体の直播の割合 30％強よりはるかに高い割合で直播が行われている．なお稲作には一部採種栽培がある．全量 JA に出荷され，主食用米には「安心あいち米」「減農薬米」「JA 米」の 3 つの区分がある[3]．

表 II-4-7 は 2012 年度の経営収支の主な項目の概数である．農作物の販売額が 2 億円弱（表中の数字は注にあるように概数：米 78％，小麦 17％，大豆 6％），稲作と転作の補助金が 1 億円強，収穫作業を中心とする作業受託料が 500 万円，合計 3 億円強が粗収益である．経費としては，地代（10a：14,000 円プラス用水費等負担金 10a：4,450 円，合計 18,450 円）が最も多い．乾燥調製はすべて農協のカントリー・エレベーターに委託しているので作業委託料が

次いで多くなっている．常雇と臨時雇用の労働費支出を除く経費は減価償却費も含めて収入全体の約5割である．

構成員の所得は1人平均2,000万円を超えている．ただしこれは元々の構成員の後継者の1人が事情によって構成員でなく常時雇用者になっていることも要因となっている．この人が構成員となれば1人平均の所得は2,000万円弱となる．表II-4-8に参考として2003年度と04年度の経営収支の概要を示したが，この時点では構成員1人当たりの所得は約1,600万円であった．その当時と比べると米価の下落[4]の影響等により売上高は減少しているが，農業者戸別所得補償制度による稲作補助金により補助金が増加し，収入の合計は増加していることがわかる．なお労務費の増加は何度も触れてきたように構成員の代替を通年雇用者で行ったからである．

JAでの聞き取りでは経営耕地面積30ha，作付延べ面積40ha（水稲15ha，麦10〜15ha，大豆8〜10ha）の個別農家の農業所得はおおよそ1,500万円程度（補助金を含む）であり，この規模があれば，そして戦略作物の補助金が継続すれば，農業の継続は可能であるという[5]．営農組合の場合，機械化と協業の効果によって1人当たりの耕作面積の拡大が可能になり，この農家所得以上の所得を1人当たりの所得として実現している．但し，退職金はないこと，単年度毎に収支をゼロにしてしまうので負債は解散等が起これば現役の負担になること，年間実労働時間おおよそ2,400時間，340日出勤と多く，仕事はきついことなど考慮しなければならない．構成員の子弟が全員必ずしも継続していないのはこのことと関係しているだろう．とはいえJA管内でも際立って大規模なこの営農組合の構成員の所得は，組合資料や組合での聞き取りの数値であっても周りの農家と比べて，また他産業従事者の所得と比べても極めて高い．

(3) 新たな課題

T営農組合が，この間日本の農政が目指してきた水田農業の構造変革あるいは経営規模や収益という点で目標とする姿を実現している先進事例であることは間違いない．それでは逆に構造変革の進展ゆえに浮かび上がってきた課題はあるだろうか．

指摘されていることの1つは，地域農業を支える営農組合という出発点での

あり方が薄れてきているという危惧である．年月を経て体制や経営基盤・規模が整い，労働は厳しいが高所得が可能な営農組合は，後継者として構成員となる2代目，3代目にとって，また新たに加わる構成員にとって高所得の就職先という性格になってきているのである．営農組合の農業は所得を得るための会社の仕事であり，地域農業を支え地域に貢献するという組織を立ち上げた1代目の意識は薄くなってきているという指摘である．これはそのことを意識した取り組みがなければ必然的なことであろう[6]．

この構成員の意識の変化は地力問題と無関係ではない．2年3作体系を継続してくる中で麦・大豆の収量，品質の伸び悩み，むしろ低下が起きてきている．藁は畑作物栽培のために圃場外に持ち出され，籾殻もカントリーを利用するために水田には戻っていない．土壌改良剤の投入だけでは地力の回復は難しいのだが，転作受託地へは土壌改良剤の投入さえ躊躇しているという．もともと洪積土壌で地力が少なく土作りが大切な地域であるのにこのような状況にある．試験的に2013年度は堆肥の散布が行われたが，畜産が衰退した状況下では堆肥の確保は容易ではない（現状の畜産では40ha分の堆肥しか供給できないという）．つまり本格的な土作りには地力の再生産を可能にする地域農業の再構築が必要なのである．もちろんその基盤として農業者の意識変革が必要とされている．

この地域を管轄とするJAの農産物の販売額は近年横ばいで推移し，内容的には市場出荷が減り産直が増えてきている．全国市場を相手にしてきたこの地域の農業も地元市場の比重が増えていくだろう．この点でも地域との繋がりが大切になってきている．

構成員の意識が変化し，営農組合と地域との繋がりが希薄化する傾向にあって，その両者をつないでいるのが生産組合や利用改善組合[7]であり，町内会である．現時点ではこれらの組織の中心に営農組合を立ち上げた人々がいる．例えば圃場の再整備は利用改善組合が検討し推進した．事業実施には地権者1,200人のうち最低95％の同意が必要というのが市の指導であった．1,200人中市外の地権者が約700人いたが，この人たちの同意は改善組合の役員が集めた．また混住によって潰れてきていた祭りの復活は町内会が取り組んできた．「農地・水・環境保全向上対策」の補助金を使ってビオトープづくりや花の栽

培などにも取り組んでいる．

　この地域の場合，構造変化が進み担い手が１経営体に絞られ大規模化する中で，この担い手経営と地域との結びつきが希薄化してきているのである．これには先に見たようにいろいろな要因がある．家族経営でなく共同経営，それも構成員が対等な権利を持つ農事組合法人であるという組織形態も組合の理念を継承していくことを困難にしている要因の１つである．しかし経営が企業的色彩を強めてくれば，一概には言えないが，この地域の事例のように，企業化した経営体側の意識に規定されて地域との繋がりの希薄化が生じる傾向も否定できないように思われる．しかし地域の人々はそれを望ましいものとは考えていない．この地域では営農組合の農業が地域との結びつきを失わないように生産組合，利用改善組合や町内会が努力をしている．営農組合の構成員も地域で育った人たちなので，生産組合や町内会のコントロールも機能しているのである．

1)　この統合の過程を個々の構成員農家の状況，３営農組合の状況という観点から検討したものに小林月子「農業生産組織の『統合』をめぐる問題状況―愛知県安城市Ｔ営農組合の事例研究―」（岐阜大学教育学部研究報告『人文科学』第 49 巻第 1 号，2000）がある．そこでは当然のことながら，統合は賛成，反対などいくつかの問題を克服しながら進んだこと，統合によって今までの組合のあり方が変化していくことが分析されている．
2)　1994 年頃から県試験場が開発した「不耕起Ｖ溝直播栽培」に取り組み始めた．作業幅の広い特注の播種機を２台導入し，先の表 II-4-6 にあるように 2012 年は 51％ が直播栽培である．また 2006 年頃に無人ヘリを１台導入している．品種の分散にこれらが加わり作業効率の上昇と作期幅の拡大をもたらし，構成員１人当たりの栽培可能面積を拡大したのである．

　　なお県試験『直播の取り組み』（2003 年 3 月，2007 年改訂）によれば，農業総合試験場が播種作業に天候の影響を受けにくい不耕起乾田直播技術の開発に取り組み，不耕起Ｖ溝直播機（愛知農総試式不耕起播種機）を開発したのが 1989 年，同播種機を使用した栽培技術体系（不耕起Ｖ溝直播栽培体系）を完成したのが 1993，4 年ころであった．この直播は機械移植栽培に比べて 10a 当たりの労働時間は 3 割減，経営費は約 1 割低減できるという．
3)　2012 年産の作付面積割合で見ると「減農薬米」が 32.9％，「安心あいち米」が 60.9％，「JA 米」が 6.1％ である．JA 全体ではそれぞれ 19％，44％，38％ であるから T 営農組合は「減農薬米」「安心あいち米」の割合が高い．「安心あいち米」は 60kg 当たり上限 500 円のプレミアが加算される．しかし総額がありそれを全体で均すので 500 円が上限である．

4) 農水省「米をめぐる関係資料」等による主食用米の全銘柄平均価格の推移は傾向的に低下傾向をたどっているが，2003年は不作の影響で60kg 22,296円と高く 2004年度は16,660円と傾向線上の価格であった．したがって両年を平均せず03年と04年の経営収支を見ると2003年の方がよく，構成員1人当たりの配分も03年は1,700万円，04年は1,490万円であった．2012年度の米価は2010年を底に上向きに転じ60kg当たり16,501円であったが（13年産，14年産とまた下落している），しかし2003年，04年の単純平均米価19,478円に比べれば低い．価格は，2003年産2004年産は(財)全国米穀取引・価格形成センター入札結果を元に作成，2012年産以降は相対取引価格の平均値である．
5) さらに参考に3戸夫婦6人と途中から加わった1人の7名が法人構成員となっている市内の他町の営農組合の経営を見ておこう．1999年度の作付面積は水稲38ha，小麦68ha，大豆50haの外に電照菊59a，加工キャベツ180aである．電照菊も拡大の意向であり稲作と同時に野菜栽培にも取り組んでいく方向を目指している経営である．この経営の1998年の基幹男性の所得は平均1,400万円である．他の3人（構成員である基幹男性の妻）とパート8人の賃金が合計で約500万円であるから3戸の1戸当たり所得はおおよそ1,500万円程度であろう．この経営に比べてもT営農組合の所得は高い（『農業愛知』および組合資料による）．
6) 今の若い人達は昔のように組合で飲まないので，お互いに意見をぶつけ合って問題を解決する訓練ができていない，そのために構成員間の団結も弱いのではないかとの指摘もある．また農事組合法人という構成員が平等な組織であるために古い構成員もリーダーシップを発揮する上で困難があり，そのために設立時の理念の継承などにおいても弱点となっているということもいわれる．
7) 安城市では集団転作のために組織された転作推進委員会が1982～84年に転作だけでなく集落内農地の利用調整とむらづくり活動を担う農用地利用改善組合に発展的に編成替えされた．それまでに進めてきていた集落を単位とする営農組合による組織化と農用地利用改善組合設立を基盤としてJAの提案による集落農場化の取り組みが1989年以降始まった．田は所有権と利用権を分離し農用地利用改善組合が調整し，畑作（果樹を含む），畜産，施設は水田農業と切り離して各人が自分に合った形で行うという構想であった．

第2節　U集落の農業とT農場

以下のU集落（石川県旧寺井町，2005年2月1日能美市）の担い手経営と地域農業についての記述は主に2014年2月の調査による．

(1) T農場の経営

U集落において突出した経営に成長しているT農家の現状を見よう．なお

T農家は1993年2月に農業生産法人（1戸1法人，有限会社）になっているので，本章ではT農場とする．

法人の現在の代表者が経営継承したのは1983年，32歳の時であった．経営開始時の経営面積は17ha（1984年17.0ha，自作地6.1ha，借入地10.9ha，作業受託3.5ha）で，父親は3haから出発しこの規模に拡大してきたのである．その後，図II-4-1のように引き続き規模拡大を続け42.5haとなっている．表II-4-9が現在の経営面積等の状況である．1984年と比較すると，自作地は1.4ha，借入地は約24.1haと拡大している．耕起・田植・収穫の作業受託は1982年の6haをピークに，借地への移行によりなくなっていった[1]．しかしその後1996年のミニライスセンター建設があり，水稲・麦の乾燥調製作業の受託はわずかであるが復活している（2013年6ha）．自作地も借入地もいずれもU集落の農地が4割，隣のS集落の農地が6割と，S集落が多い．作付面積は水稲33ha，転作9.5haで，転作の内訳は麦茶，飼料用の大麦を9.5ha作付し，その後作として大豆を3.3ha作付している．雑草の問題があり大麦の後すべてに大豆を播種するのは現在の技術レベルでは無理だという．現在の経営耕地の分布状況は図II-4-2の通りである．特にS集落に水田についてはそのほとんどを集積していることがわかる．

経営の特徴の1つは，表II-4-10と表II-4-11からわかるように，品種と栽

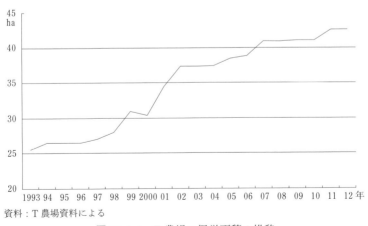

資料：T農場資料による

図II-4-1 T農場の経営面積の推移

表 II-4-9　T 農場の経営面積等（2013 年）

	面積等（ha）
経営耕地面積	42.5
T 農家所有耕地	7.5
U 集落内	42%
S 集落内	58%
借入地	35.0
U 集落内	40%
S 集落内	60%
作目別作付面積（延べ）	45.8
水稲	33.0
転作	9.5
大麦（麦茶・飼料）	9.5
大豆	3.3
作業受託（乾燥調製）	6.0

資料：T 農場資料および 2014 年 2 月聞き取り．

培方法によって販売するコメと販売方法の多様化を進めてきたことである．作付面積の 6 割を占める中心品種コシヒカリは，減農薬・減化学肥料の特別栽培米が 55% を占め，有機栽培米と合わせると 60% に達する．また就農した後継者の新しい取り組みとして，イタリアンレストランへの販売を念頭にイタリア米の栽培を始めている．販売先は，2007 年と比較しても多様化してきていることがわかる．中心は直売で 40% を占めている．他に米屋など専門店への販売が 23%，精米の卸（モチの仲卸）との契約が 18%，有名な寿し会社などの食品メーカーとの契約が 12% などである．JA を通しての販売は僅か 2% に過ぎない．これらの本格的展開は注 10 で触れてあるが平成の大凶作（1993 年）を契機としている．川下に関する様々な情報が入ってくるようになったからである．

　40% を占める直売の 2013 年産米の品揃えを見ると，中心のコシヒカリは有機栽培米（JAS 認定），特別栽培米，一般栽培米，ひとめぼれは一般栽培米で，これらを白米，無洗米，玄米，7 分搗き米，5 分搗き米として販売している．この他カグラモチ（白米・玄米）がある．2015 年の秋の品揃えを農場の HP で見ると，上記に加えてコシヒカリの無農薬米，ミルキークイーンの一般栽培米，低たんぱく米春陽（しゅんよう），発芽玄米，イタリア米カルナローリが加わり直売は一層きめ細かく展開されている．販売方法も定期購入や年間総量を予約して適宜送ってもらう方法などがあり，販売にいかに力を注いでいるかがよくわかる[2]．

　T 農場も直播を取り入れている．2013 年の直播栽培（カルパーでコーティングしての湛水直播）は表 II-4-10 にあるように 6.7ha である．直播は遅い品種に適しているのでカグラモチで実施してきたが，価格低下に伴うカグラモチ

第4章　2　地域の農業構造変化の現段階

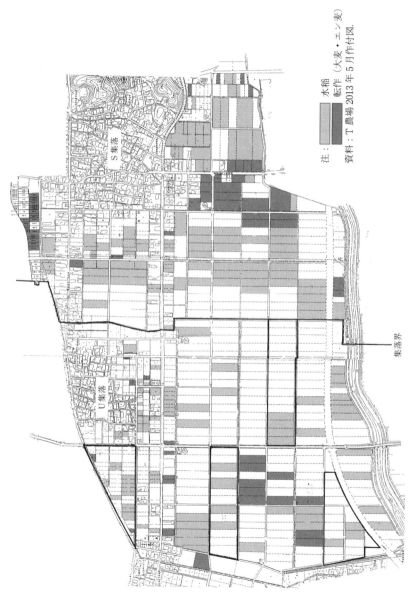

図 II-4-2　T農場経営水田（2013年5月）

注：水稲／転作（大麦・エン麦）
資料：T農場2013年5月作付図．

表 II-4-10　稲作の作付内容等

(単位：ha)

	合計	移植	直播
合計	33.0	26.3	6.7
コシヒカリ	20.6	16.5	4.1
有機米（JAS認証）	1.1	1.1	—
特別栽培米	11.3	11.3	—
一般栽培米	8.2	4.1	4.1
ひとめぼれ・一般栽培	5.6	5.6	—
カグラモチ・一般栽培	2.6	—	2.6
その他うるち米・一般栽培米	4.2	4.2	—

資料：T農場資料および2014年2月聞き取り．

表 II-4-11　米の販売方法

2007年		2012年	
出荷数量	4,232袋	出荷数量	4,407袋
直売・宅配	30%	ネット・直売・宅配	41%
小売店	24%	飲食店	4%
食品メーカー	10%	有機米専門の米屋	23%
		食品メーカー契約	12%
		精米卸契約	18%
		JA	2%

資料：T農場資料．

の作付けの減少によって直播は減ってきている．

　農場は設立者夫婦と後継者夫婦の4人の家族による法人である．そのうち設立者夫婦と後継者の3人が役員である．雇用者は3人で，31歳（2009年入社），38歳（2013年入社）の2人が常雇，25歳（2014年入社）が通年のアルバイト社員である．雇用者3人は月給制と時給制の違いはあるが年間の手取り額は同じくらいという．つまり合計7人の社員によって運営されている．

　2013年の経営の大まかな状況を見ておこう．粗収益は作物販売額4,780万円と補助金1,800万円（転作1,405万円，米の補助金495万円）の合計で約6,600万円である．販売額の内訳は米4,600万円，大麦と大豆で180万円である．作物販売が73%，補助金が27%である．

　経費の内訳で，金額が大きい項目は，肥料約520万円，雇用者賃金700万円弱，小作料540万円，減価償却費640万円，農薬・除草剤，ラジコンヘリの作

表 II-4-12 寺井町標準小作料

	10a 当たり (円)
1971～73	13,500
1974～76	19,500
1977～79	26,000
1980～82	27,000
1983～85	28,000
1986～88	28,000
1989～91	25,000
1992～94	23,000
1995～97	20,000
1998～2000	
大区画	17,000
小区画	11,000
2002～04	
大区画	11,000
小区画	5,000
2005～07	
大区画	11,000
小区画	4,000
2008～	
大区画	9,000
小区画	3,000
中山間	1,500

注：1) 1998～2000 年の小作料は転作率 (30%) を加味.
　　2) 2008～ は合併したので，能美市一円の小作料.
資料：能美市資料.

表 II-4-13 U 集落の小作料

	坪当たり	10a 当たり(kg)	金額 (円)
～1995	3 合	135	
1996～97	2 合 3 勺	103.5	
1998～01	2 合	90	
2002～04	1 合 6 勺	72	
2005～07	据え置き		
2008～			
大区画	1 合 4 勺	63	14,280
中区画	1 合 2 勺	54	12,240
小区画	1 合	45	10,200

注：1) 大区画は 30a 整備田，中区画は 10～30a，小区画は 10a 未満．中・小区画は S 集落.
　　2) 2007 年産コシヒカリ 60kg13,600 円より算出.
　　3) 72kg を 60kg 13,600 円の米価で計算すると 16,315 円相当.
　　4) 今後は能美市の標準小作料に統一するが，2008 年は折衷型の小作料となっている.
資料：寺井町，U 集落資料，および 2014 年 2 月聞き取り.

業委託料，光熱費などがそれぞれ約 250 万円，役員報酬約 1,400 万円弱を含む一般管理費 2,160 万円などである．経営者 2 世代の家族の所得は役員報酬，後継者妻の労賃，ライスセンター施設・用地および農地の法人への賃貸し料の合計ということになる．小作料は寺井町の標準小作料が表 II-4-12 のように金額で決められているが，U 集落，S 集落ではそれとは別に表 II-4-13 のように現物で決められ，それを米価で換算して支払われてきた．町の標準小作料に比べれば高く設定されてきている．10a 5,800 円の用水費（宮竹用水）は U 集落では土地所有者が負担，S 集落では耕作者が負担すると以前から決められている．2005 年に寺井町を含む 3 町の合併により能美市が誕生したので，表中にある

ように2008年から寺井町の標準小作料は能美市一円の標準小作料に統一された．U集落の小作料は能美市のそれに統一することを視野に入れながら2008年の小作料は折衷的な水準で決められ現在までそれが使われている．T農場の支払い小作料は表II-4-13に基づいている．

(2) T農場の特徴

T農場の特徴はどのような点にあるのだろうか．T農場設立の基盤を作った現経営主T氏の父親は，石川県の各地で設立される共同経営をにらみながら，家族経営こそが農業にとって最もふさわしい経営の在り方であるという確固たる信念の持ち主であった．それは，農業は工業とは違う生物を相手にする仕事であり，工業のように画一的にはいかずそれに携わる人の哲学が大切な産業であるという点を重視していたからである．自然に対する働きかけの積み重ねの上に成り立つ産業であり，それはまさに土づくりに象徴される．このような理念を継承していくことが農業にとっては重要であり，それゆえに背中で教えることのできる家族経営こそが農業にとって望ましい経営形態と考えていたのである．T農場は雇用者のいる法人経営であるが性格は家族経営であり，この理念の核心はT農場にも引き継がれていると感じられる．

T農場は先代の理念を引き継ぎ土づくりに力を入れてきた．HPにはT農場の原点は土づくりであり，これは米作りで天皇賞に輝いた父の時代から受け継いでいると書かれている．具体的には有機質肥料，堆肥，ミネラル成分の施用による土づくりである．ぼかし鶏糞，珪酸分をすべての圃場に投入している．また特栽米と有機JAS米の圃場には冬季間水張りをし，特栽米の圃場には土壌改良剤を投入している．堆肥と籾殻は一部の圃場に投入している．

同じ集落の農家（元県農業試験場長）は先代の目指した21世紀の稲作を，家族経営を基本とした借地大経営，麦・大豆を組み合わせた水田利用，その基盤としての圃場分散の解消，田畑輪換可能な汎用型水田と整理している[3]．しかしT氏は水田で麦を作ると地力が落ちる，畑作の後は草が生え作業が少し困難になるなどのデメリットが発生するという．したがって転作にはあまり重きを置いていないように見える．大麦による転作を主としながら有機米や直播の場合にカウントされる特別減収カウントなどで転作へ対応している．また水

稲連作の弊害は研究者が言うほどには発生しないので現時点では田畑輪換が必要だとは考えていない．

もう1つは地域社会のとのかかわりである．T氏はこれまでの経営を振り返りまとめた論稿の中で，自らの農場の今後のあり方について以下のように書いている[4]．「地区内（隣接地区も含めて）全面積を当農場が一手にお引き受けすることはない．これはほぼ断言できる．百年後はどうなっているか分からないが……T農場がなくなっている可能性の方がうんと高い．だとすれば，地区内の他の農家や組織とどのように共生していくか，そのなかでT農場の役割は何か，何が障害になるか，どんな協力関係を築くかを考えねばならない」「一人勝ちを目指して，あの手この手を打つより，共生の道を歩む方がはるかに楽で，皆とワイワイ言って飲む酒も数倍うまいだろう」「高齢者も兼業農家も委託農家も皆元気で田んぼ仕事をし，水路を守り，農・食・風土，このムラの歴史を語り続けることを切望している」「農地・水・環境向上保全組合」の「立ち上げに直接かかわり，現在も役員をしている」．ここにも父親の農業感や地域に関する考え方が色濃く継承されているように思える[5]．

T農場は中学生の職場体験や小学生の総合的な学習の受け入れ，小中学校への出前授業など積極的に行っている．新たな段階での地域との結びつきが展開されてきている．

(3) 集落農業の変化と地域

第2章で，2003年頃の状況について，積極的な規模拡大農家は3戸（経営面積それぞれ約38ha，9ha，8ha．T・B・C農家），他に3〜4ha規模の農家が3戸（D・E・F農家）いると述べた．そして集落の農業はT・B・C農家，その中でも特にT・B農家に集積される傾向にあると指摘した．表II-4-14は2003年以降の6つの経営の経営耕地面積の変化である．2003年からの変化として，E農家が拡大経営面積を3.6haから8haに拡大しているのが目立つ．逆にC農家は高齢化により9haから5haに縮小，3.7haのD農家は世帯主の死亡によって離農した（教員である後継者は耕作せず）．他に3ha規模の農家が2戸ある．中核的農家と位置づけられた1法人と5農家の数に変化がないが，D農家が外れ他の3ha規模の農家が新しく中核的農家として位置づけられて

表 II-4-14　中核的農家の経営面積の変化
(単位：ha)

	2003年		2013年	
	経営面積	うち借入	経営面積	うち借入
T農場	38.0	31.0	42.5	35.0
B農家	8.3	5.9	10.0	(不明)
C農家	9.0	6.3	5.0	2.7
D農家	3.7	1.9	—	—
E農家	3.6	—	8.0	5.0
F農家	3.0	—	4.0	1.0

注：T農場は法人でありすべてが借地であるが，うち7.5haはT農家の所有地なので借入面積はそれを除いてある．
資料：生産組合資料，および聞き取りによる．

表 II-4-15　営農組合の大麦生産

	2011年	2012年	2013年
作付面積（㎡）	72,768	103,007	83,255
耕作者（人）	14	16	15
10a当たり収支（円）			
収入	83,726	93,999	88,348
作物収入	4,547	8,543	6,326
補助金	79,178	85,456	82,021
労賃・役員手当を除く生産費	25,008	34,921	38,771
労賃・役員手当・地代	58,717	59,077	49,577
うち地代	54,652	51,665	42,910

資料：営農組合資料．

いる．また「人・農地プラン」に基づいて，2014年には高齢化に伴って新たに5haの貸付希望が出ている．

　変化はT農場が唯一の担い手経営として成長し，それ以外の農家が貸付農家になっていくという単線的な分解が進んでいるわけではない．2006年10月，多様な経営，農家が共存できるシステムの構築の一環として集落の全耕作者で構成する「U町営農組合」が設立された．これは設立時は経営所得安定対策の補助金の受け皿という性格が強かった．その後T農場とB農家が抜け，他の中核的農家4戸と11戸による営農組合として再編され，表II-4-15にあるように共同で転作の大麦栽培を行っている．中心は規模拡大をしたE農家で

ある．現時点では転作のみの共同経営であるが，中心的な参加農家はこの組合が地域の中小規模の農家の農業継続を支える組織として機能することを念頭に置いている．定年退職者や兼業農業従事者の協力や共同によって農業を継続しようというのである．T 農場を除く地域の中小規模農家が稲作を含め協力し，一緒に農業を継続していくための組織，もう 1 つの違うタイプの地域農業の担い手・支え手を目指すということである．現在この 15 戸の合計経営面積は約 30ha である．農業に熱心である集落だけに農業を継続しようとする農業者の意向は強いのである．農業から切り離されて農村集落に居住する存在は考えられないのかもしれない．つまり T 農場とそれへの貸付農家，あるいは一部の自作部分を残した貸付農家への二極分解という方向を一直線にたどっているわけではないのである．

最後に地域の活動について触れておきたい．転作（転作率 27.8%）は 1 年毎に作付圃場を移動させるブロック・ローテーションで実施されているが，排水の良い圃場で実施することが必要なので完全に移動するわけではない．転作を実施する水田の指定は生産組合が行っている．転作の中心は大麦であるが，大麦を栽培できない家の分を含めて加工用米で調整し（一定割合が転作にカウントされる），その上でとも補償で微調整している．

町会の総会は 1 月上旬に行われ約 140 世帯で 80 人程が集まる．町会費は 2013 年から均等割りとなり年約 2.6〜2.7 万円とかなり高い．これは消防団や各種団体の経費，役員手当て，樹木の消毒，土木工事の地元負担金，公民館活動等に当てられる．町内の祭りは神社主催の春祭りの外に秋祭り（11 月，文化祭，収穫祭），公民館祭り（8 月 10 日頃）の 3 回行われる．

生産組合（組合長 1 人，副組合長 2 人，会計 1 人，その他役員 5 人）は，3 月に春の川掃除・草むしり，8 月に秋の川掃除を行う．各半日で参加した人には 4,500 円の手当が支払われる．耕作していない人を含めて 30 人位は作業に出てくる（2013 年下期は 26 人出役）．また生産組合の役員と町内会長で田回りも行われている．総会は 7 月に行われ 20 人くらい出席するという．水田に賦課される万雑は年間 3 円/坪で所有者が負担する．

また農地・水・環境保全事業の補助金（約 160 万円）は，花を植え景観をきれいにする活動，それを行う老人会等の組織への補助等に使われている．

1) 夫婦2人では拡大する経営面積を耕作するので手一杯で，借地への移行によって減少する作業受託面積を他地域へ進出して挽回する余裕はなかったという．加えて米の直売を始め毎日精米して出荷する，イベントへの参加，米の商談等にも労力を取られるようになったからであると，T氏は記している．「加賀平野『T農場』営農伝」37頁（石川県農村文化協会『石川農の風土記（第4集）』2010年2月所収）．
2) T氏は冷夏と台風による平成の大凶作（1993年）による米騒動によって，消費地からの買い注文が殺到したが，これを機に産直志向の米生産者の増加や関連業者からの様々な資材や情報がもたらされるようになったという．ここからエンドユーザーだけの産直米販売から，生協や都会の専門店とのつながりが始まり，こだわり米の生産が本格化していったと述べている．前掲『石川農の風土記（第4集）』50頁．

また，経営のあり方について，成熟社会を迎え食味品質重視に大きく舵を切らなければ時代に取り残されてしまうという危機感が強かったと述べている．規模拡大，数量増大の経営路線を転換することにエネルギーを注ぎ，価格水準等で購入基準に当てはまらない田は購入しない，他の地区からの耕作依頼も断るように心がけてきたと書いている．同書38頁．
3) 前掲『石川農の風土記（第4集）』31頁（川畠平一稿）．
4) 前掲『石川農の風土記（第4集）』60-61頁．
5) 川畠平一氏は，現在の経営主T氏の父親が自らの経営を著書『21世紀型稲作農業』の中で「農民的生産組織」と呼んでいることに触れ，彼は借地を単なる農地の貸借関係とせず「一人の人格を持つ人間同士の心のふれあいまでに発展させるようなことを常に心がけて実行していたと思う」と述べている．つまり地主との関係において気を配ったこと（例えば契約書を作成し，そこに耕作権を主張せず1年契約であることを明記して地主の不安の除去に努めたこと，自作田と同様に請負耕作地についても地力づくり，圃場の均平やコンクリート畦畔の修理などに取り組んだこと，また「むらの秋祭りや正月に手作りの餅を地主に届けたり，事故で一時的に農作業のできなくなった農家の部分作業を快く引き受けたり，契約期間中の農地でも地主の要望や事情によって即座に返還したり，転作物の播種・収穫作業の手伝いに出かける等，単なる顧客サービスの域を超えた行動が多かった」こと等）は請負耕作（借地）を単なる規模拡大の手段としてのみ理解せずに，地主の感情と立場を尊重し，つまりパートナーシップ，経営参加型のイメージで捕まえていたからその関係を「農民的生産組織」と呼んだのだろうと解説している．前掲『石川農の風土記（第4集）』28頁．

第3節 小括

安城市T町も旧寺井町U・S集落も担い手経営への農地集積が顕著であり，前者では1組織にほぼ全部が集約され，後者では1個別経営に大方が集約され

る方向で進んできた．ともに現在の農業では最先端に位置する経営といって良いだろう．

　この２集落の農業の動きを見てくると，ともに持続性ということに関わる２つの問題が提起されていると思う．

　Ｔ営農組合は，その労働は時間も強度も楽ではないし，体調を悪くして辞めている人，退職した人もいるが，他産業賃金水準をはるかに上回る１人当たり所得を実現している．所得の高さは必要な時に新規の構成員を確保できていることが示している．その意味で農業経営の組織として成立している．しかしＴ営農組合として地域とのかかわりを持つ等の動きは極めて弱い．あくまで企業としての性格が強い．しかし強弱はあれ，農業は地域とのかかわりを無視しては成り立たないという性質がある．この地域では従来からしっかりした町内会があり，その町内会や生産組合，利用改善組合がＴ営農組合と地域との必要な橋渡しをしている．

　他方Ｔ農場は１人当たりの所得としてはＴ営農組合の水準にははるかに及ばない．しかし生きがい等を含めた「総体の家としての所得」はそれぞれ２世帯とも農業を継続するに足る額を確保できていると評価しているのだと思う．生きがい等というなかには，地域社会の一員としてその存在を認められ期待されているということが大きな要素としてある．それは金額で評価はできないが大切な「所得」であろう．

　農業において突出した存在になったということは，地域との関係においても従来とは異なる役割や関係を持つことが必要になるということである．Ｔ農場が生徒たちの農場見学の受入れや収穫祭等の新しい取り組みを行うようになったのは，地域との繋がりが直売等に結びつき，経営にとっても必要になってきたという面もあるが，地域に根差した産業としての農業，地域社会の一員としての農家という，本質的な特徴がなせる業でもあるだろう．

　多面的機能がいわれるように，農業は地域社会において多様な役割を果たすことのできる産業である．農業が地域と結びつきそのような産業としてあり続けることの重要性を改めて認識することが大切である．なぜならグローバル資本主義は環境や地域の収奪の強化によって蓄積を加速させてきたからである．持続可能な農業，持続可能な地域・社会の確立・維持は現在重要な課題である．

これらの課題の解決，少なくとも解決の一端は地域に根差した農業を基盤にして可能になるだろう．そのような取り組みを昔とは違い，農民層が分化した地域でどのように作り出すのかが問われている．

　もう1つはどんな経営でも永遠に続くということはありえないから，担い手が絞られてくればくるほど，この問題を念頭に地域の農業が維持されていく仕組みを考えておかなければならない．少数の大型経営を作り出せばよいというものではない．T営農組合のような組織化も1つの方法であろう．またT農場を見ていると，農業は例えば土作りに見られるように理念に基づく長期的な取り組みを必要とする産業でもある．その意味で理念や技の継承という面も重要な産業である．とすれば家族農業の特性が生きる産業でもある．地域農業が百年，千年と持続していくためには複数の多様な農業経営の存在が必要に思われる．

あとがき

　本書の出版を思い立ち，取り組み始めてからかなりの月日が経ってしまった．その間に出版された本や論文の中には，私の知らないものも含めれば，取り上げて触れなければならないものがたくさんあるに違いない．本来そうすべきであるが，しかし今回は，まずは一区切りつけることを優先させたことをお許しいただきたい．

　ただし 2015 年農業センサスが公表され始めているので，その結果が本書の評価と大枠として異なる方向を示すものなのか，あるいは同じ方向を示すものなのかについて 2017 年度食料・農業・農村白書の内容も含めて簡単に触れておきたい．結論をいえば，2015 年農業センサスから読み取れる構造変化は，本書が指摘した方向や性格を否定するものではなく，その延長線上で理解できるものであり，本書の記述がセンサス結果によって大きく修正を迫られることはないと考えている．

　第 1 に日本農業の縮小化は継続している．食料自給率は，カロリーベースでも生産額ベースでも，回復の兆しは見られない．農地面積の減少もその減少テンポが続けば，食料・農業・農村基本計画の確保目標（2025 年 440 万 ha）を下回ることになるだろう．加えて増大・上昇を目標とした作付け延べ面積，耕地利用率はそのようには推移していない．農業総産出額も 2001 年以降 8 兆円台で推移している，等々である．第 2 に，したがって 2015 年農業センサスが明らかにしたことも，農業構造の脆弱化の進行が主たる側面である．販売農家の減少率が高まっただけでなく（2005〜10 年 16.9％ 減，2010〜15 年 18.5％ 減），主業農家の減少率も 16.1％ 減から 18.3％ 減に高まっているし，販売農家の基幹的農業従事者の減少率も高まっている．第 3 に，確かに法人経営体の増加や規模の大きな農業経営体の増加（都府県 5ha 以上，北海道 50ha 以上）は継続している．しかし本書でも指摘したように，販売金額で見たとき，中核となるべき経営，例えば販売金額 1,000 万円以上の農業経営体は 2005 年以降も

減少しているのである．規模の拡大や法人化の進展という農業構造の変化は，経営体としての確立にはつながっていないのである．

　本書のテーマである農業構造分析の基礎にあるのは土地問題，農地の所有と利用の問題である．私は農地が23区内では最も多く残る練馬区の大学に勤めたことの縁もあって，ある時から都市農業論をもう1つの研究テーマとして勉強してきた．都市農業は農地の所有と利用の問題がもっともシビアに提起される領域である．都市農業も他の地域の農業と変わらず，私有財産である農地の上で営まれる私的な経済行為として営まれる．しかし都市農業の場合には，農産物の供給と同時に農業・農地の多面的機能の発揮が大きく住民から期待されるという特徴を持っている．またその多面的機能としては，環境保全や景観維持と同時に，人々の健康や生きがい，農業体験や交流の場　高齢者や障がい者の福祉，子供たちの教育，災害時の防災機能など，人々のより豊かな暮らしや生活を支える機能の発揮が大きく期待されている．言い換えると都市の社会資本（都市施設）としての役割が期待される農業・農地利用である．それゆえに土地の所有と利用の矛盾が先鋭的に顕在化する可能性のある農業・農地であるという特徴を持つ．残された時間と乏しい能力で自信はないが，土地所有論をテーマに，これまでの2つの研究，農業構造論と都市農業論を結び付ける研究が少しでもできたらと考えている．

　今回，定年を迎え研究室を整理しながら，いろいろな研究会の資料や調査報告書をパラパラめくることも多かった．改めて，ささやかな業績しかあげられなかったが，それさえも，なんと多くの先生方，研究者仲間，調査地の方々に支えられてのことであったかを改めて考えさせられた．最初のまとまった論文であった本書収録第Ⅱ部第1章の最後には何人かの先生に対する謝辞を記している．しかし今，本書の最後にお名前を挙げて感謝の気持ちを記そうと思えば，その何倍ものスペースを必要とするということである．それゆえ名前を記すことはできないが，これまでお世話になった方々に改めて心からお礼を申しあげたい．

　本書の編集は，前著『都市農業の市民的利用　成熟社会の「農」を探る』を担当していただいた日本経済評論社の清達二氏にお願いした．お忙しい中，快く引き受けていただいた同氏にもまた心からお礼を申し上げる．

あとがき

　個人的なことだが，やっと「あとがき」を書くところまでたどり着いてほっとしている．本書の第II部第1章を東京大学社会科学研究所の助手終了論文として発表した時に，出版社から本にすることを勧められた．その時はもう少し時間をかければもっと良いものが書けるのではないかと考えお断りしたが，自分の能力の買被りで，そのままになってしまった．研究者の出発点となったその論文を本書に収めることができたことがほっとしている理由の1つである．最後に，私が好きな道を自由に進むことを許してくれた亡き両親とそれを応援してくれた兄弟に感謝の気持ちを記しておきたい．

2016年9月7日

後 藤 光 蔵

索引

[あ行]

アグリビジネス　57-59, 73-75, 77, 85, 92, 115
アグリビジネスの農業支配　81
アタック（ATTAC）　103
新しい上層農　130, 303, 322
アベノミクス　113, 115
安全性（農産物）　81
磯辺俊彦　317, 318
一家総兼業段階　313
伊藤喜雄　148, 149, 305, 316, 322
稲単作経営　330
岩崎徹　116
インテグレーション　75, 81
ウェーバー（GATT）　45
ウォルマート　75, 83
請負耕作　171, 183, 196, 198, 204, 205, 225, 293, 305, 306, 330
請負小作　305
宇佐美繁　1, 41, 317, 318, 323
内橋克人（FEC自給圏）　125
ウルグアイ・ラウンド　7
ウルグアイ・ラウンド農業合意　115
エアハルト　63
栄養不足人口　83
（2008年）エクアドル憲法　121
エコファーマー　123
エコロジカル・フットプリント　107, 108
N町（石川県小松市）　171, 183, 196, 198, 204, 205, 225, 293
大型小農　130
岡田知弘（地域内再投資力）　125
尾関周二　112, 117, 125
汚染者負担原則　96
小田切徳美　11, 125
オルター・グローバリゼーション　10, 103

[か行]

価格支持制度　46, 47, 80, 81, 323
価格支持融資（アメリカ）　44, 45
香川県綾上町東栗原地域営農集団　384, 385
カーギル　58, 74, 75, 77, 78
家計費充足率　23
家計費の均衡化　158, 166
家計費の膨張　166
下向分解　170
梶井功　130, 184, 308, 316, 322
家事労働の社会化　160
学校給食法　59
加藤榮一　101
家父長的家族労働力支配　159
可変課徴金　47
「借り足し型」受託農家　228-231, 238, 240, 245, 259, 280, 314, 315
カロリー自給率／目標　5
（農業）環境政策　96
環境保全型農業　123
環境問題／農業の環境問題　58, 81, 93
基幹的農業従事者　10, 26, 323
飢餓／飢餓問題／飢餓の撲滅　81, 82
飢餓人口／飢餓人口割合　83
基盤整備　213
木村昇　307
休耕奨励金　196
共通農業政策（CAP）　47, 95
共同利用組織　147, 172-174
京都議定書　93
クロス・コンプライアンス　96
グローバル資本主義　80, 82, 133
グローバル・ジャスティス運動　103, 104
経営エリア　375
経営間競争　149

経営主宰権　310, 311
経営受委託／経営委託農家　147, 172, 174, 185, 190, 191, 194, 196, 211, 215, 250, 304, 309, 312
経営受託の採算性　251
契約生産　75
減反政策　147, 194, 204
減農薬栽培（米）　342, 343
交換耕作　350, 363, 371
交換分合　347, 363, 371
工業的農業　89, 93, 134
耕作権　210
耕作放棄地　21
工場的畜産　58, 68
恒常的賃労働賃金原理　325, 326
構造改善事業　364
構造調整計画（ワシントン・コンセンサス）　82, 87, 89
構造変革的流動化　11
構造変動　3
耕地集団化　368
耕地整理　329, 333, 347, 364
耕地面積の変化　7
耕地利用率　8
後発途上国　83
効率的かつ安定的な農業経営体　29-31, 33
合理的地代　326
国際小麦協定　55, 59
国際食料・農業システム　44, 80
国際分業論　64
国内消費仕向け量　5
穀物／（食用・粗粒）　5, 6
穀物在庫　59
コナグラ　74
コーヒー　84-86
小麦　46, 49, 50, 52-56
雇用労働　284

[さ行]

作業受委託／作業委託農家　147, 172, 174, 215, 216
作業料金　247
作付け制限　46

山間農業地域　10
産直運動　103, 108
自営兼業経営委託農家　198, 201
自家労働評価（の確立）　161, 164, 324
「自己完結型」農家　216
自作農　148
自作農の土地所有　148
自主管理　108
自然資本の経済　117, 122
自然循環（機能）　81, 123, 134, 135
自然農業　122
自然の権利　120, 121
持続可能な開発　120
持続的農業　135
資本型上層農　130, 316, 322
島野卓爾　63
社会的市場経済　63, 64
「借地型」受託農家／経営　228, 230, 231, 234, 240, 244, 249-251, 255, 263, 313-315, 319
借地料　247, 249, 251, 260, 262, 263, 375
ジャン＝ルイ・ラヴィル　102
集団栽培　147
集団転作　339, 341
集落営農　29, 33, 374
主業農家　27
受託料　248
シューマッハー　116, 117, 136
小企業農　130, 131, 316, 322
食の格差　90
商品金融公社（CCC）　44
食品産業　73
食料援助　46
食糧管理法／食糧管理制度　60, 62
食料危機　89
食料サミット　83
食料自給率　62
食糧増産5か年計画　60
食料増産政策　59
食料・農業・農村基本計画　5, 28, 33
食料・農業・農村基本法　5, 123
食料のロス・廃棄／ロス率　90, 91
所有権と利用権の分離　378
飼料需給安定法　61

飼料総合需給表　61
新自由主義的グローバリゼーション　102
垂直的統合　75
水田・畑作経営所得安定対策　12
水田酪農　68
末原達郎　112
スーザン・ジョージ　102-104
鈴木秀和　121
スポット取引　76
スローフード（運動）　92, 108
生計費水準の均一化　151
生産組合　344
生産者組織　131
生産調整　343
生産農業所得　37, 39
生産費・所得補償方式　62, 155
生産力のトレーガー　133
生産力格差　152, 168, 191
生産力の階層間格差　185
生産力担当層　299
生態系　112
成長の限界（ローマクラブ）　120
政府特定計画輸出　47
世界銀行　82, 87
世界社会フォーラム　105
セルジュ・ラトゥーシュ　102
先導的利用集積事業　380
増産政策　61
相対的過剰人口　150
組織経営体　27
祖田修　64, 116, 117, 120

[た行]

大企業熟練労働力群　162
大企業不熟練労働力群　162
大区画圃場整備（事業）　364, 376
大豆（粕）　46, 49, 50, 53, 55
タイソン・フーズ　74, 76
対米従属構造　154, 155
高木督夫　162
多国籍企業　82
田代洋一　133
タックス・ヘブン　103, 104, 107

脱成長　103, 107, 108
田畑輪換　407
単一経営　58
団地化　373, 374
団地転作　350
ダンピング輸出　46
地域複合農業　122
地代（地価）の格差構造　155
地代負担力格差　169
中小・零細企業労働力群　162
中農標準化論　130
中間農業地域　10
直営農場　75, 81
直播　342, 402
低賃金構造　154, 156
低投入農業　122
ディープ・エコロジー　120, 121
T町（愛知県安城市）　171, 183, 205, 214, 215, 225, 235, 293, 305, 390
D村（秋田県平鹿郡）　221, 305
適切な農業活動基準　96
ドイツ農民連盟　63
トウモロコシ　46, 49, 50, 53, 55
独占資本主義（段階）　42, 132, 148
途上国　81, 83
土地価格化　176
土地利用調整　371, 375, 388
土地利用率　22
ドーハ・開発アジェンダ　115
トービン税　103

[な行]

新潟県三和村　380
新潟県三島町　382
二重米価　62
担い手　132, 133, 339, 343, 344, 346
日本食生活協会　59
日本農業の縮小段階　3, 7
日本農業の絶対的縮小期　5
日本農業の相対的縮小期　5
人間中心的自然観　113
認定新規就農者　29-31, 33
認定農業者　33

熱帯産品（非伝統的熱帯産品／伝統的熱帯産品）　83, 84, 89
農業解体論　131
農業革命　152, 169
農業環境問題　95
（経済・社会の）・（工業の）農業化　108, 114
農業危機／国際的農業危機　44, 81, 82, 113
農業基本法　61
農業経営体　12, 20, 25, 26
農業後継者　27
農業構造（変化）　3, 11, 15, 129
農業構造分析　129, 132
農業就業人口　10
農業所得率　24
（販売目的の農家以外の）農業事業体　11, 19, 22, 23, 41
農業衰退的流動化　11
農業生産指数　3
農業生産所得／実質農業生産所得　3
農業政策　42, 44
農業生産組織　131, 172, 175
農業総産出額　3, 24, 35, 39
農業調整法（1933年・1938年，アメリカ）Agricultural Adjustment Act　44
農業の工業化　57, 58, 81
農業の有する多面的機能の発揮に関する法律　124
農業変革　7
農業貿易促進援助法（PL480）The Agricultural Trade Development and Assistance Act of 1954　46
農業法（1973年，アメリカ）The Agriculture and Consumer Protection Act of 1973　45
農業法（1996年，アメリカ）The Federal Agriculture Improvement and Reform Act of 1996　45
農業法（西ドイツ）　63
農業法（1986年，イギリス）　94
農業保護政策　44, 48
農業労働力の自立化　159
農工格差　156
農産物自給　155

農産物貿易　49
農産物輸入（額・数量）　3, 5
農場的土地利用　384, 387
農地集積率　25, 33, 39
農地中間管理機構　30, 40
農地流動化　41
農用地利用改善団体　380
農用地利用増進事業　171
農民層分解／農民層分解論　129, 132, 147, 149, 152, 297, 298

[は行]

パリティ価格　44
バンゲ　74
（ヘンリー）バーンスタイン　136
ピグー税　104
複合経営　58, 330
福祉国家／新しい福祉国家　101, 106
不作付け地　9
不等価交換　42
フード・システム　74
フード・スタンプ（食料配給券）　46
（ハリエット）フリードマン　93
ブロック・ローテーション　341, 409
分化と分解　150, 151
分配所得（営農組合員）　287, 289, 291, 292
ベーシック・インカム　139
法人経営体　29
保志恂　148
圃場整備／県営圃場整備事業　214, 339, 340, 346, 349, 379
圃場分散　357, 367, 374-376, 380
ポスト・グローバル資本主義　135
ポール・ホーケン　117

[ま行]

マイペース酪農　124
前川レポート　6, 114
マクシャリー改革　95
マーシャル・プラン　46, 55, 56
三上禮次　64
水野和夫　101
ミレニアム開発目標（MDGs）　83

目標価格　45

[や行]

野生生物・田園地域法（イギリス）　94
雇われ兼業経営委託農家　198, 235
有機農業／有機栽培（米）　122, 342, 343, 402
有業人員率　165
U集落（石川県寺井町）　264, 328, 333, 334, 336, 339, 340, 400
輸出競争　81
輸出補助（金）　45-47, 81
輸入数量制限　46
輸入制限　45, 47
輸入制限品目　7
余剰農産物（輸出・処理）　46, 47, 55, 56

[ら行]

利用改善組合　399
両極分解論　130, 132
良好な農業・環境条件（GAEC）　96
輪作　58
臨時雇賃金原理　325, 326
零細農耕様式　148
零細分散錯圃　364, 374
レーニン　150
レプケ　63, 64
連帯経済　103-105
労賃の格差構造　155, 156, 163, 166
労働者の階層構造　154

労働生産性　169
労農同盟　129
ローカリゼーション　108

[欧文]

ADM（アーチャー・ダニエル・ミッドランド）　74, 75
AMAP　92, 103, 108
CAP　48
（2003年）CAP改革　95
CSA　92, 103
EEC　63
EPA　115
ESA　95
EU　54, 55
FAO（国連食糧農業機関）　45, 59, 83, 89, 91, 92
FTA　115
GATT（協定）　45, 46
GATT・UR　114, 115
IMF　87, 103, 154
ITO憲章　45, 46
MSA協定（相互安全保障法）　46, 59
OECD　58, 103
PL480　59
SPD　63
TPP　115
WTO　103, 115

著者紹介

後藤 光蔵 (ごとう みつぞう)

武蔵大学名誉教授．1945年富山県生まれ．1968年東京大学農学部農業経済学科卒業，1974年同大学大学院博士課程単位取得退学（農業経済学専攻）．1978年農学博士（東京大学）．東京大学社会科学研究所助手，(財)農政調査委員会専門調査員，武蔵大学経済学部助教授，同教授．2016年3月定年退職．

著書に『都市農業の市民的利用　成熟社会の「農」を探る』（単著，日本経済評論社，2003年），『都市農業』（単著，筑波書房ブックレット，2010年），『国際農業調整と農業保護』（共編著，農山漁村文化協会，1990年），『技術の社会史6‐技術革新と現代社会』（共著，有斐閣，1990年），『世界の穀物需給とバイオエネルギー』（共著，農林統計協会，2008年），『農業構造問題と国家の役割』（共著，筑波書房，2008年），ほか．

農業構造の現状と展望
持続型農業・社会をめざして

2016年10月15日　第1刷発行

定価（本体6000円＋税）

著　者　後　藤　光　蔵
発行者　柿　﨑　　　均
発行所　㈱日本経済評論社

〒101-0051　東京都千代田区神田神保町3-2
電話 03-3230-1661／FAX 03-3265-2993
E-mail: info8188@nikkeihyo.co.jp
振替 00130-3-157198

装丁＊渡辺美知子　　　太平印刷社／高地製本

落丁本・乱丁本はお取替いたします　　Printed in Japan

Ⓒ GOTO Mitsuzo 2016
ISBN978-4-8188-2442-3

・本書の複製権・翻訳権・上映権・譲渡権・公衆送信権（送信可能化権を含む）は，㈱日本経済評論社が保有します．
・JCOPY〈㈳出版者著作権管理機構　委託出版物〉
本書の無断複写は著作権法上での例外を除き禁じられています．複写される場合は，そのつど事前に，㈳出版者著作権管理機構（電話03-3513-6969，FAX 03-3513-6979，e-mail: info@jcopy.or.jp）の許諾を得てください．

経済後進性の史的展開　　A. ガーシェンクロン／池田美智子訳　本体 5500 円

歴史家 服部之總　　　　　　　　　　　　松尾章一編著　本体 9800 円
日記・書翰・回想で辿る軌跡

それからの琉球王国　上・下　　　　来間泰男　本体 上 3600 円／下 3200 円
日本の戦国・織豊期と琉球中世後期

IMF と新国際金融体制　　　　　　　　　　　　大田英明　本体 4900 円

日本銀行の敗北　　　　　　　　　　　　　　　相沢幸悦　本体 1500 円
インフレが日本を潰す

家と共同性　　　　　　　加藤彰彦・戸石七生・林研三編著　本体 5200 円
家族研究の最前線①　　　比較家族史学会監修

現代日本経済史年表　　　　　　　　　　矢部洋三代表編者　本体 3700 円
1868〜2015 年